W0256350

Lehrbuch

der

Arithmetik und Algebra

für

höhere Lehranstalten bearbeitet

von

Dr. E. Meißel,

Direktor der Königl. Provinzial-Gewerbeschule
in Iserlohn.

Springer-Verlag Berlin Heidelberg GmbH

1861.

Softcover reprint of the hardcover 1st edition 1861

ISBN 978-3-642-90092-1   ISBN 978-3-642-91949-7 (eBook)
DOI 10.1007/978-3-642-91949-7

Vorwort.

Zur Bearbeitung des vorliegenden Lehrbuchs wurde der Unterzeichnete durch den Wunsch veranlaßt, das Pensum der Arithmetik und Algebra für höhere Lehranstalten in gegliederter Form und möglichster Kürze seinen Schülern vorzuführen. Der Verfasser setzt bei letzteren eine gewisse Uebung in den vier Species des gemeinen Rechnens, in den Decimalbrüchen, sowie im Ziehen der Quadrat- und Cubik-Wurzeln voraus und hilft beim Vortrage der allgemeinen Arithmetik durch Beispiele dort nach, wo den Schülern die erforderliche Fertigkeit und Umsicht im praktischen Rechnen abgehen sollte. — Sind die Lehrsätze über Potenzen, Wurzeln und Logarithmen vom Schüler verstanden und durch viele Beispiele in einer Weise eingeübt, welche ihm den sicheren Besitz verbürgt, so geht der Verfasser zur Behandlung der quadratischen Gleichungen über, in welche er den Schwerpunkt seines Unterrichts der Arithmetik und Algebra verlegt. Hier gewinnt der Schüler Uebung in der Anwendung erlernter Lehrsätze, Umsicht im algebraischen Rechnen, Fertigkeit im Substituiren und — Interesse für die Sache. Der Verfasser läßt viele Gleichungen von den einzelnen Schülern an der Tafel rechnen, führt letztere durch eine angemessene Fragstellung nöthigenfalls auf den richtigen Weg und bespricht schließlich die hauptsächlichsten Methoden zur Lösung einer jeden Aufgabe.

Wichtig für die Anwendungen der Arithmetik auf die Stereometrie und Mechanik sind ferner die beiden Summenformeln

$$\int_0^x (a + bx)^\alpha \, dx = \frac{(a + bx)^{\alpha+1} - a^{\alpha+1}}{b\,(\alpha+1)}$$

$$\int_0^x \frac{dx}{a + bx} = \frac{1}{b} \log \text{ nat. } \left(1 + \frac{b}{a}\, x\right)$$

welche ganz allgemein aus den arithmetischen und der geometrischen Reihe hergeleitet werden. — In dem Abschnitt über das Rationalmachen der Nenner algebraischer Funktionen erhält der Schüler ein Mittel, seine Kenntnisse der Algebra durch Uebung zu befestigen. Die Auflösung der Gleichungen durch allmähliche Annäherung (Newton'sche Methode) und die Theorie des Größten und Kleinsten durften nach des Verfassers Ansicht um so weniger fehlen, als beide Disciplinen, abgesehen von ihrer Unentbehrlichkeit, ohne Entfaltung eines schwerfälligen Apparats begründet werden konnten.

Iserlohn im März 1861.

Dr. E. Meißel.

Inhaltsverzeichniß.

Einleitung.

Die Mannigfaltigkeit der von uns wahrgenommenen Gegenstände führt zum Begriff der Zahl.

Zählen heißt die Einheit wiederholen.

Der Inbegriff dieser Einheiten ist die Zahl. Die Reihe der natürlichen Zahlen beginnt mit der Einheit und erreicht kein Ende, weil zu jeder Zahl die Einheit immer wiederholt werden kann.

Zwei Zahlen sind einander gleich, wenn sie dieselbe Stelle in der Reihe der natürlichen Zahlen einnehmen. Eine Zahl ist größer als eine andere, wenn man sie durch Wiederholung der Einheit später erhält, als die andere — oder wenn sie in der Reihe der natürlichen Zahlen eine höhere Stelle einnimmt als die andere.

Die allgemeine Zahl soll jede Zahl der natürlichen Zahlenreihe darstellen; daher ist sie keine bestimmte Zahl; — es kann aber für eine allgemeine Zahl stets eine jede bestimmte Zahl gesetzt werden, da jede bestimmte Zahl durch die allgemeine Zahl dargestellt wird.

Für die Bezeichnung der allgemeinen Zahlen sind besondere Zeichen erforderlich; man bedient sich hierzu des kleinen lateinischen und griechischen Alphabets.

Bei derselben Rechnung bedeutet in der Regel derselbe Buchstab dieselbe Zahl und man pflegt unter verschiedenen Buchstaben auch gewöhnlich verschiedene Zahlen zu verstehen; darin aber, daß die Zahlen, welche durch Buchstaben dargestellt werden, durchaus keine bestimmten sind — besteht ihr hauptsächlicher Vortheil bei der allgemeinen Aufstellung der Gesetze des Rechnens, insofern man für eine allgemeine Zahl stets eine bestimmte setzen kann. Das Zeichen der allgemeinen Zahl, d. h. der Buchstab, welcher die allgemeine Zahl bezeichnet, behält aber in der ganzen folgenden Rechnung denselben bestimmten Werth, welchen man für dieselbe einmal gesetzt hat.

Die Gleichheit der beiden allgemeinen Zahlen a und b wird bezeichnet durch:

$$a = b$$

Das Zeichen $=$ heißt das Gleichheitszeichen, — die Zahl a bildet die linke und die Zahl b die rechte Seite der Gleichung. — Zwei Zahlen sind nur dann einander gleich, wenn die eine derselben statt der andern gesetzt werden darf. Wenn nun statt a die Zahl b und statt b die Zahl a gesetzt wird, so erhält man aus der Gleichung

$$a = b$$

die folgende

$$b = a$$

d. h. die beiden Seiten einer Gleichung können mit einander vertauscht werden.

Die Bezeichnung, daß a größer als b sein soll — ist

$$a > b$$

und daß a kleiner als b ist

$$a < b$$

Das Zeichen $a > b$ wird gelesen: a größer als b und das Zeichen $a < b$ wird gesprochen: a kleiner als b.

Die beiden Zeichen $>$ und $<$ heißen Ungleichheitszeichen. Wie bei Gleichungen, so spricht man auch bei Ungleichheiten von der linken und der rechten Seite.

In der Ungleichheit

$$a > b$$

ist wieder a die linke und b die rechte Seite. Ist a nun größer als b, d. h. nimmt a eine höhere Stelle in der Reihe der Zahlen ein als b, so ist b kleiner als a; d. h. es folgt aus der Ungleichheit

$$a > b$$

die folgende

$$b < a.$$

Allgemeine Zahlen nennt man auch Größen oder Ausdrücke. Größe einer allgemeinen Zahl ist der Inbegriff der Einheiten, durch deren Wiederholung die allgemeine Zahl entstanden gedacht wird. Ausdruck einer allgemeinen Zahl ist das Zeichen, durch welches diese Zahl dargestellt werden soll.

Sind zwei Größen einer dritten gleich, so sind sie unter einander gleich.

Gesetzt es wäre

$$a = c$$
$$\text{und } b = c$$

so würde auch

$$a = b$$

sein müssen. — Denn, da man für c die Größe a, welche gleich c ist, setzen kann, so folgt, wenn dieses geschieht, aus der zweiten Gleichung

$$b = c$$

die folgende

$$b = a$$

welche mit der Gleichung

$$a = b$$

übereinstimmt.

Allgemein folgt, wenn

$$a = b; \quad b = c; \quad c = d; \quad \ldots$$

daß $a = c$ oder $a = d$ u. s. w. sein muß.

Ist ferner

$$a > b; \quad b > c; \quad c > d; \quad \ldots$$

so folgt

$$a > c \text{ oder } a > d \text{ u. s. w.}$$

Denn wollte man die Zahl a durch Wiederholung der Einheit wirklich bilden, so würde man zuvor die Zahl b erhalten, welche kleiner als a ist. Wollte man dagegen b durch Wiederholung der Einheit bilden, so würde man zuvor c erhalten, welche kleiner als b ist u. s. w. Man erhält daher bei der Bildung der Zahl a durch Wiederholung der Einheit der Reihe nach zuerst c, dann b und endlich a. Daher muß a größer als c sein u. s. w.

Ist $a > b$ und $b = c$, so ist auch $a > c$; da für b die Größe c gesetzt werden kann.

Rechnen heißt aus zwei gegebenen Zahlen eine dritte bilden.

Sollen mehrere Zahlen durch Rechnung mit einander verbunden werden, so geschieht dieses — indem man erst je zwei derselben mit einander verbindet, — die neu gebildete Zahl mit der dritten u. s. f.

Die Ausführung der Rechnung kann nur mit bestimmten Zahlen geschehen. Der Zweck der allgemeinen Arithmetik ist daher nicht die Herleitung einer bestimmten Zahl als Resultat der Rechnung, sondern es stellt die allgemeine Arithmetik nur die Gesetze auf, nach welchen die Vereinigung zweier Zahlen zu einer dritten u. s. w. erfolgen muß.

Der Klammern $( )$, $[ ]$, $\{ \}$ bedient man sich, um darzustellen, daß diejenigen Zahlen, welche sich innerhalb derselben befinden — durch Rechnung mit einander verbunden gedacht werden sollen. Die ganze Klammer mit den in ihr enthaltenen Zahlen ist also als Resultat einer Rechnung, wenn auch nur als gedachtes — wie eine einfache Zahl zu betrachten.

Als Regel hat man aber zu bemerken, daß die Klammern nur dann angewendet werden, wenn ohne dieselben ein Mißverständniß in die Rechnung sich einschleichen könnte. Dem Anfänger ist jedoch

der Rath zu ertheilen, einen häufigeren Gebrauch von den Klam=
mern zu machen, damit derselbe sich an ihre Bedeutung gewöhne,
und nicht dieselben da zu setzen verabsäumt, wo ihre Weglassung ein
entschiedenes Mißverständniß hervorrufen könnte.

Die Art und Weise der Verbindung von zwei oder
mehreren Zahlen zu einer dritten heißt Rechnungs=
Operation.

Die sogenannten einfachen Rechnungs=Operationen sind
1. die Addition,
2. die Subtraktion,
3. die Multiplikation,
4. die Division.

Erster Abschnitt.

Addition.

Erklärung:

Die Summe zweier Zahlen ist diejenige Zahl, welche
dadurch erhalten wird, daß man zu einer der gegebenen
Zahlen die Einheit so oft wiederholt — als die andere
derselben angiebt.

Zu einer Zahl a eine andere Zahl b addiren — heißt
die Einheit zu der Zahl a so oft hinzuzählen, als die Zahl
b Einheiten enthält.

Ist a diejenige Zahl, zu welcher b addirt werden soll, so be=
zeichnet man die Summe dieser Zahlen durch
$$(a + b).$$
Das Zeichen + heißt das Pluszeichen; die Summe (a + b)
wird gelesen
a *plus* b (in Klammern)

Beispiel:

Zur Zahl 5 die Zahl 3 addiren heißt nach der Erklärung der
Addition — es soll zur Zahl 5 die Einheit dreimal hinzugezählt
oder wiederholt werden. Durch einmalige Wiederholung der Ein=
heit entsteht aus der Zahl 5 die Zahl 6. Wiederholt man die Ein=
heit noch einmal, so entsteht die Zahl 7. Durch dreimalige Wieder=
holung der Einheit zur Zahl 5 oder einmalige zur Zahl 7 entsteht
die Zahl 8. Daher ist
$$(5 + 3) = 8.$$

Wenn man die Einheit als Punkt (.) darstellt, so kann jede bestimmte Zahl durch Wiederholung einer gewissen Anzahl von Punkten der Anschauung vorgeführt werden, — denn jede Zahl wird durch Wiederholung der Einheit (Zählen) gewonnen.

Es stellen hiernach

die Zeichen: die folgenden Zahlen dar:

(.) $\quad=\quad$ 1

(..) $\quad=\quad$ 2

(...) $\quad=\quad$ 3

(....) $\quad=\quad$ 4

u. s. w.

Die allgemeine Zahl a läßt sich, weil sie keine bestimmte Zahl ist — zwar nicht durch eine bestimmte Anzahl von Punkten darstellen; jedenfalls aber würde sie durch eine solche Anzahl von Punkten darzustellen sein, welche der Anzahl der Einheiten gleich kommt, die in der Zahl a enthalten gedacht sind. Das Zeichen

$$\overbrace{(\ldots \text{ u. s. w.} \ldots)}^{a} \quad \text{[gesprochen: a solcher Punkte]}$$

würde demnach ein Bild der Zahl a sein.

Erster Additionssatz.

$$(a + b) = (b + a)$$

d. h. die Summe der beiden Zahlen a und b bleibt dieselbe, gleichviel, ob man die Zahl b zur Zahl a — oder die Zahl a zur Zahl b addirt.

Beweis: Das Zeichen (a + b) bedeutet, daß zur Zahl a die Einheit so oft wiederholt werden soll, als die Zahl b Einheiten enthält. Stellt man sich die beiden Zahlen in der vorher angegebenen Weise bildlich dar, so erhält man

$$(a + b) = \left(\begin{array}{c} \overbrace{(\ldots \text{ u. s. w.} \ldots)}^{a} \\ + \underbrace{(\ldots \text{ u. s. w.} \ldots)}_{b} \end{array} \right)$$

Das Zeichen (b + a), welches bedeutet, daß zur Zahl b die Einheit so oft wiederholt werden soll, als die Zahl a Einheiten enthält — läßt sich folgendermaßen bildlich darstellen

$$(b + a) = \left(\begin{array}{c} \overbrace{(\ldots \text{ u. s. w.} \ldots)}^{b} \\ + \underbrace{(\ldots \text{ u. s. w.} \ldots)}_{a} \end{array} \right)$$

Die beiden Darstellungen von (a + b) und (b + a) enthalten nun gleichviel Punkte, da die eine dieser Darstellungen nur die Umkehrung der anderen Darstellung ist. Beide Zeichen stellen also ein und dieselbe Zahl dar, welche man durch Abzählen der Punkte in einer der beiden Darstellungen gewinnen würde. Also ist

$$(a + b) = (b + a)$$

Erklärung: Da die Summe der beiden Zahlen a und b dieselbe bleibt, ob man b zu a oder a zu b addirt; so kann man die beiden Zahlen a und b mit dem gemeinschaftlichen Ausdruck Summanden belegen. Nach dem vorhergehenden Satz ist die gegenseitige Vertauschung der beiden Summanden einer Summe gestattet, ohne daß hierdurch die Summe verändert wird.

Zweiter Additionssatz.

$$[(a + b) + c] = [(a + c) + b] = [(b + c) + a]$$

d. h. eine Summe, deren einer Summand wieder eine Summe von zwei Summanden ist — ist gleich einer Summe, deren einer Summand gleich der Summe von irgend welchen zwei der gegebenen Summanden und deren anderer Summand gleich dem andern der gegebenen Summanden ist.

Beweis: Das Zeichen $[(a + b) + c]$ bedeutet, daß zu a Einheiten (der Zahl a) die Einheit b mal hinzugefügt werden soll. Das Zeichen $[(a + b) + c]$ stellt sich bildlich folgendermaßen dar:

$$[(a + b) + c] = \left\{ \left[+ \left(\frac{\overline{\cdots\ \text{u. f. w.}\ \cdots}}{\begin{array}{c} a \end{array}} \right) \right] \right\}$$

Die Anzahl der Punkte (Einheiten), welche hier abgezählt (wiederholt) werden sollen — bleibt nun ungeändert, in welcher Reihenfolge auch die Abzählung erfolgt. Daher kann man erst zu den a Punkten die c Punkte hinzuzählen und zu der Anzahl der erhaltenen Punkte die noch übrigen b Punkte hinzuzählen; oder man kann zu den b die c Punkte zählen, und zu der erhaltenen Anzahl die noch übrigen a Punkte. Zählt man zu a Punkten c hinzu, so erhält man $(a + c)$ Punkte und wenn man zu dieser Anzahl die übrigen b Punkte hinzuzählt, so erhält man im Ganzen

$$[(a + c) + b]$$

Punkte. Daher ist

$$[(a + b) + c] = [(a + c) + b]$$

Auf dieselbe Weise findet man, daß

$$[(a + b) + c] = [(b + a) + c] = [(b + c) + a]$$

ist.

Die Gleichheit der drei Zeichen
$$[(a + b) + c]; \quad [(a + c) + b]; \quad [(b + c) + a]$$
gestattet jetzt jedes derselben mit Aufhebung der Klammern einfacher folgendermaßen darzustellen
$$[a + b + c].$$
Dieses Zeichen ist das einer Summe von drei Summanden.

Nach dem zweiten Additionssatz wird also die Summe von drei Summanden gebildet, indem man zunächst je zwei der gegebenen Summanden addirt und zu der Summe derselben den dritten Summandus.

Die Verallgemeinerung des Satzes
$$[a + b + c] = [(a + b) + c] = [(a + c) + b] = [(b + c) + a]$$
lautet:

Um die Summe von beliebig vielen Summanden zu bilden, addire man je zwei derselben; zu der erhaltenen Summe den dritten; zu dieser Summe den vierten u. s. f. bis alle gegebenen Summanden erschöpft sind. Die Reihenfolge, in welcher die einzelnen Summanden addirt werden, ist hierbei gleichgültig.

Beispielshalber würde hiernach sein
$$[5 + 3 + 4 + 8] = [((5 + 3) + 4) + 8] = [((5 + 8) + 3) + 4]$$
u. s. w.

In der That ist
$$(5 + 3) = 8$$
$$((5 + 3) + 4) = (8 + 4) = 12$$
$$[((5 + 3) + 4) + 8] = [12 + 8] = 20$$
ferner
$$(5 + 8) = 13$$
$$((5 + 8) + 3) = (13 + 3) = 16$$
$$[((5 + 8) + 3) + 4] = [16 + 4] = 20$$
Also bedeuten die beiden Zeichen
$$[((5 + 3) + 4) + 8]$$
$$[((5 + 8) + 3) + 4]$$
dieselbe Zahl 20.

Zweiter Abschnitt.

Subtraktion.

Erklärung:

Differenz zweier Zahlen ist diejenige Zahl, welche ich zu einer derselben zu addiren habe, um die andere zu erhalten.

Von den beiden gegebenen Zahlen heißt diejenige, zu welcher ich die Differenz zu addiren habe, um die andere zu erhalten — der Subtrahend; die andere aber Minuend der Differenz.

Bezeichnungsweise:

Ist von den beiden gegebenen Zahlen a der Minuend, b der Subtrahend und wird die Differenz durch d dargestellt, so bezeichnet man d durch das Zeichen

$$d = (a - b)$$

Das Zeichen der Differenz zweier Zahlen a und b

$$(a - b)$$

wird ausgesprochen

$$a \; minus \; b$$

Der horizontale Strich, welcher bei der Bezeichnung der Differenz den Minuenden a von dem Subtrahenden b trennt, heißt „Minuszeichen." Der Minuend muß stets vor das Minuszeichen und der Subtrahend hinter dasselbe gesetzt werden.

Da nach der Erklärung einer Differenz der Minuend gleich der Summe der Differenz und des Subtrahenden ist, so folgt aus der Gleichung

$$d = (a - b)$$

sogleich

$$a = (b + d)$$

und umgekehrt folgt aus der Gleichung

$$a = (b + d)$$

erstlich:

$$d = (a - b)$$

zweitens aber auch, da die Vertauschung der beiden Summanden b und d in der Summe

$$a = (b + d)$$

gestattet ist:

$$b = (a - d)$$

d. h. der Subtrahend einer Differenz ist selber gleich einer Differenz, deren Minuend gleich dem Minuenden der gegebenen Differenz ist und deren Subtrahend gleich der gegebenen Differenz ist.

Beispiele:

1) Das Zeichen $(8 - 5)$ drückt eine Zahl aus, welche ich zum Subtrahenden 5 zu addiren habe, um den Minuenden 8 zu erhalten. — Diese Zahl ist gleich 3, denn $(3 + 5) = 8$. Der Subtrahend der gegebenen Differenz 5 ist ferner
$$5 = (8 - 3)$$
2) Das Zeichen $(17 - 9)$ bedeutet die Zahl 8, denn
$$17 = (8 + 9)$$

Anmerkung:

Wenn in einer Differenz der Subtrahend b dem Minuenden a gleich wird, so ist die Differenz gleich Null. Denn, da
$$a = (a + o)$$
so muß nach der Erklärung einer Differenz
$$o = (a - a)$$
sein.

Erster Subtraktionssatz.

I. $$[(a + b) - \alpha] = [(a - \alpha) + b]$$
d. h. eine Differenz, deren Minuend eine Summe ist, ist gleich einer Summe aus dem einen Summanden des gegebenen Minuendus und aus einer Differenz, deren Minuend gleich dem anderen Summandus des gegebenen Minuendus und deren Subtrahend gleich dem gegebenen Subtrahendus ist.

Umgekehrt ist eine Summe, deren einer Summand eine Differenz ist, gleich einer Differenz, deren Minuend die Summe ist aus dem einfachen Summanden der gegebenen Summe und dem Minuenden des anderen Summanden und deren Subtrahend gleich dem Subtrahenden des zusammengesetzten Summandus ist.

Beweis:

Soll die Gleichung
$$[(a + b) - \alpha] = [(a - \alpha) + b]$$
richtig sein, so muß ein richtiges Resultat erhalten werden, wenn man auf beiden Seiten derselben die Zahl α addirt. Dadurch ergiebt sich
$$[(a + b) - \alpha] + \alpha = [(a - \alpha) + b] + \alpha = (a - \alpha) + b + \alpha$$
Die linke Seite dieser Gleichung ist nach der Erklärung einer Differenz $= (a + b)$; in der rechten können die beiden Summanden b und α miteinander vertauscht werden; so daß man erhält
$$(a + b) = (a - \alpha) + \alpha + b$$
Addirt man aber zu der Differenz $(a - \alpha)$ den Subtrahenden der-

selben α, so erhält man nach der Erklärung einer Differenz den Minuendus der Differenz a. Daher folgt:
$$(a + b) = a + b$$
ein richtiges Resultat. —

Es ist hierdurch die Richtigkeit der Gleichung
$$[(a + b) - α] = [(a - α) + b]$$
erwiesen.

Anmerkung:

Da in dem Minuenden der gegebenen Differenz die Vertauschung der beiden Summanden a und b gestattet ist, so wird man auch erhalten müssen:
$$[(a + b) - α] = [(b - α) + a]$$
und demnach wird die Formel I sich allgemeiner folgendermaßen darstellen lassen:

I. $[(a + b) - α] = [(a - α) + b] = [(b - α) + a]$

Zweiter Subtraktionssatz.

II. $[(a - b) - α] = [a - (b + α)]$

d. h. eine Differenz, deren Minuend wieder eine Differenz ist, ist gleich einer Differenz, deren Minuend gleich dem Minuenden des gegebenen Minuendus und deren Subtrahend eine Summe ist aus dem Subtrahenden des gegebenen Minuendus und dem gegebenen Subtrahendus.

Umgekehrt ist eine Differenz, deren Subtrahend eine Summe ist, gleich einer Differenz, deren Minuend eine Differenz ist aus dem Minuendus der gegebenen Differenz als Minuend und dem einen Summandus des gegebenen Subtrahendus als Subtrahend und deren Subtrahend gleich dem anderen Summandus des gegebenen Subtrahendus ist.

Beweis:

Soll die Gleichung
$$[(a - b) - α] = [a - (b + α)]$$
richtig sein, so muß ein richtiges Resultat sich ergeben, wenn auf beiden Seiten derselben die Größe (b + α) addirt wird. — Geschieht dieses, so erhält man
$$[(a - b) - α] + (b + α) = [a - (b + α)] + (b + α)$$
Die rechte Seite dieser Gleichung ist gleich a, da nach der Erklärung einer Differenz die Summe der Differenz und des Subtrahendus gleich dem Minuendus der Differenz wird. — Der linken Seite kann man mittelst des Additionssatzes, daß die Summanden einer Summe miteinander vertauscht werden dürfen, die Form geben
$$[(a - b) - α] + α + b$$

Alsdann ist nach der Erklärung einer Differenz
$$[(a - b) - \alpha] + \alpha = (a - b)$$
und daher
$$[(a - b) - \alpha] + (b + \alpha) = (a - b) + b$$
Endlich ist wieder nach der Erklärung einer Differenz
$$(a - b) + b = a$$
Also stellt die Gleichung
$$[(a - b) - \alpha] + (b + \alpha) = [a - (b + \alpha)] + (b + \alpha)$$
das richtige Resultat dar
$$a = a$$
Folglich muß der II. Subtraktionssatz
$$[(a - b) - \alpha] = [a - (b + \alpha)]$$
richtig sein.

Anmerkung:

Da die beiden Summanden b und α des Subtrahendus der rechten Seite mit einander vertauscht werden können, so muß auch sein
$$[(a - \alpha) - b] = [a - (b + \alpha)]$$
und man kann daher den II. Subtraktionssatz folgendermaßen allgemeiner darstellen:
$$\text{II.} \quad [(a - b) - \alpha] = [(a - \alpha) - b] = [a - (b + \alpha)]$$

Dritter Subtraktionssatz.

$$\text{III.} \quad [a - (\alpha - \beta)] = [(a + \beta) - \alpha] = [(a - \alpha) + \beta]$$
d. h. eine Differenz, deren Subtrahend wieder eine Differenz ist, ist gleich einer Differenz, deren Minuend eine Summe ist aus dem Minuenden der gegebenen Differenz und dem Subtrahenden des gegebenen Subtrahendus und deren Subtrahend gleich dem Minuenden des gegebenen Subtrahendus ist; oder es ist eine Differenz, deren Subtrahend wieder eine Differenz ist, gleich einer Summe aus dem Subtrahenden des gegebenen Subtrahendus und aus einer Differenz, deren Minuend gleich dem gegebenen Minuendus und deren Subtrahend gleich dem Minuenden des gegebenen Subtrahendus ist.

Die Umkehrung dieses Satzes vervollständigt den I. Subtraktionssatz; sie lautet:

Eine Differenz, deren Minuend eine Summe ist, ist gleich einer Differenz, deren Minuend gleich dem einen Summanden des gegebenen Minuendus ist und deren Subtrahend wieder eine Differenz ist aus dem anderen Summanden des gegebenen Minuendus als Subtrahend und dem gegebenen Subtrahenden als Minuend.

Beweis:

Soll die Gleichung
$$[a - (\alpha - \beta)] = [(a + \beta) - \alpha]$$

richtig sein, so muß auch ein richtiges Resultat erhalten werden, wenn auf beiden Seiten derselben Gleiches addirt wird. Nun ist nach der Erklärung einer Differenz

$$(\alpha - \beta) + \beta = \alpha$$

Wir addiren diese Gleichung zu der obigen

$$[a - (\alpha - \beta)] = [(a + \beta) - \alpha]$$

und untersuchen, ob ein richtiges Resultat erhalten wird. Es er= giebt sich dann:

$$[a - (\alpha - \beta)] + (\alpha - \beta) + \beta = [(a + \beta) - \alpha] + \alpha$$

Nach der Erklärung einer Differenz ist nun:

$$[a - (\alpha - \beta)] + (\alpha - \beta) = a \quad \text{und}$$
$$[(a + \beta) - \alpha] + \alpha = a + \beta$$

Daher würde folgen:

$$a + \beta = a + \beta$$

ein richtiges Resultat.

Also muß der III. Subtraktionssatz

$$[a - (\alpha - \beta)] = [(a + \beta) - \alpha]$$

richtig sein.

Anmerkung:

Da in der Formel

$$[a - (\alpha - \beta)] = [(a + \beta) - \alpha]$$

die beiden Summanden a und β des Minuendus der rechten Seite mit einander vertauscht werden dürfen, so muß auch

$$[\beta - (\alpha - a)] = [(a + \beta) - \alpha]$$

sein. — Da ferner einige Umformungen der III. Formel der Sub= traktion aus dem I. Subtraktionssatze hergeleitet werden können, so ist es leicht einzusehen, daß man die Differenz $[a - (\alpha - \beta)]$ auf folgende Arten anders darstellen kann:

$$\text{III.} \quad \begin{cases} [a - (\alpha - \beta)] = [\beta - (\alpha - a)] = [(a + \beta) - \alpha] \\ \qquad = (a - \alpha) + \beta \end{cases}$$

Beispiele:

Nach dem ersten Subtraktionssatze ist

$$(5 + 7) - 3 = (5 - 3) + 7 = (7 - 3) + 5$$

d. h.

$$12 - 3 = 2 + 7 = 4 + 5 = 9$$

Nach dem zweiten Subtraktionssatze ist

$$(11 - 4) - 2 = 11 - (4 + 2) = (11 - 2) - 4$$

d. h.

$$7 - 2 = 11 - 6 = 9 - 4 = 5$$

Nach dem dritten Subtraktionssatze ist

$$27 - (15 - 8) = (27 + 8) - 15 = (27 - 15) + 8$$

d. h.

$$27 - 7 = 35 - 15 = 12 + 8 = 20$$

Ferner ist nach dem dritten Subtraktionssatze
$$13 - (17 - 9) = (13 + 9) - 17 = 9 - (17 - 13)$$
d. h. $$13 - 8 = 22 - 17 = 9 - 4 = 5$$

Ueber die negativen Zahlen.

Erklärung:

Eine negative Zahl ist eine solche Zahl, zu welcher ich die Einheit eine gewisse Anzahl mal zu wiederholen habe, um Null zu erhalten — oder zu welcher ich eine gewisse Zahl zu addiren habe, um Null zu erhalten.

Die Zahl, welche man zur negativen Zahl zu addiren hat, um Null zu erhalten — nennt man den Zahlwerth der negativen Zahl.

Bezeichnungsweise:

Ist a der Zahlwerth einer negativen Zahl, so bezeichnet man die negative Zahl durch das Zeichen

$$(- a) \text{ oder } - a$$

Das Zeichen — nennt man das Vorzeichen der negativen Größe. Die Bezeichnung — a muß man sich entstanden denken aus der Bezeichnung einer Differenz, deren Minuend gleich Null ist, deren Subtrahend dagegen gleich dem Zahlwerth a der gegebenen negativen Zahl ist.   Das Zeichen — a hat mit der Differenz

$$(o - a)$$

die größte Aehnlichkeit; denn sieht man einen Augenblick eine Differenz $(o - a)$, deren Subtrahend den Minuenden übertrifft, als statthaft an, so würde dieselbe diejenige Zahl bedeuten, zu welcher der Subtrahend a hinzuzufügen ist, damit der Minuend $= o$ erhalten wird.   Die beiden Zeichen

$$- a \text{ und } (o - a)$$

bedeuten demnach eine negative Zahl, deren Zahlwerth gleich a ist.

Die Erklärung der negativen Zahl stellt sich in der Formel dar:

$$(- a) + a = o$$

Hiernach ist — 1 die erste negative Zahl
     — 2 die zweite   "   "
     — 3 die dritte   "   "
      u. s. f.,

es ist ferner ersichtlich, daß die Reihe der negativen Zahlen eben so wenig begrenzt ist, als die Reihe der positiven.

Lehrsatz:

Von zwei negativen Zahlen ist diejenige die kleinere, welche den größeren Zahlwerth hat — und umgekehrt.

Beweis:

Betrachten wir einen Augenblick zuerst die beiden negativen Zahlen — 1 und — 2. Die Zahl — 2 ist eine solche Zahl, zu der ich die Einheit zweimal zu wiederholen habe, um Null zu erhalten. Würde ich zur Zahl — 2 die Einheit erst einmal hinzugefügt haben, so müßte ich dasselbe noch einmal thun, um Null zu erhalten. Durch einmaliges Hinzufügen der Einheit zur Zahl — 2 erhalte ich demnach eine Zahl, welche gleich — 1 ist, da durch Hinzufügung der Einheit zu — 1 ebenfalls Null erhalten wird. Demnach ist

$$(- 2) + 1 = (- 1),$$

oder es ist von den beiden negativen Zahlen — 1 und — 2 die Zahl — 1, welche den kleineren Zahlwerth besitzt die größere. —

Um den Beweis allgemein zu führen, ist zu beachten, daß nach der Erklärung einer negativen Zahl

$$(- a) + a = o$$
$$(- b) + b = o$$

ist. Wenn nun a > b, so erhält man, da

$$(- a) + a = (- b) + b \ \text{ist,}$$

indem von beiden Seiten dieser Gleichung b subtrahirt wird

$$(- a) + (a - b) = (- b)$$

d. h.:

Von den beiden negativen Zahlen — a und — b ist die letztere, welche den kleineren Zahlwerth besitzt, die größere; weil man zur ersteren — a die Zahl (a — b) hinzuzufügen hat, um die andere — b zu erhalten.

Mit Hülfe des so eben bewiesenen Satzes wird der allmähliche Uebergang von der Reihe der negativen Zahlen zur positiven Zahlenreihe durch folgendes Schema dargestellt:

$$..., - 4, - 3, - 2, - 1, 0, 1, 2, 3, 4; ...$$

Der Werth einer Zahl ist um so größer, je weiter dieselbe in diesem Schema rechts von der Null sich befindet und um so kleiner, je mehr links von der Null dieselbe steht. Von zwei in diesem Schema nebeneinander stehenden Zahlen ist diejenige um die Einheit größer, welche um eine Stelle rechts von der anderen steht; umgekehrt ist diejenige um eine Einheit kleiner, welche links von der anderen steht. — Durch diesen Gegensatz der gewöhnlichen Zahlenreihe und der Reihe der negativen Zahlen wird der Begriff des Zählens nach einer oder der entgegengesetzten Richtung begründet.

Im negativen Sinne zählen heißt eine Reihe von negativen Zahlen angeben, deren Zahlwerthe durch Wiederholung der Einheit gebildet werden; deren Größen aber durch fortgesetzte Wegnahme oder Subtraktion der Einheit dargestellt werden.

Lehrsatz.

$$(- a) + (- b) = - (a + b)$$

d. h. die Summe zweier negativen Zahlen ist gleich einer negativen Zahl, deren Zahlwerth die Summe der beiden gegebenen Zahlwerthe ist.

Beweis: Wenn die Gleichung
$$(-a) + (-b) = -(a+b)$$
richtig sein soll, so muß ein richtiges Resultat erhalten werden da=
durch, daß auf beiden Seiten derselben addirt wird
$$a + b = (a+b)$$
Hierdurch ergiebt sich
$$(-a) + a + (-b) + b = -(a+b) + (a+b)$$
d. h. nach der Erklärung der negativen Zahl
$$o = o$$
Also ist:
$$(-a) + (-b) = -(a+b)$$

Lehrsatz.

$$(-a) + b = \quad b - a, \text{ wenn } a < b$$
$$(-a) + b = -(a-b), \text{ wenn } a > b$$

Beweis: Wenn die beiden Gleichungen
$$(-a) + b = \quad b - a, \quad a < b$$
$$(-a) + b = -(a-b), \quad a > b$$
richtig sein sollen, so muß ein richtiges Resultat erhalten werden,
wenn man auf beiden Seiten derselben a addirt. Es müßte sich
hierdurch ergeben
$$(-a) + a + b = (b-a) + a$$
$$\text{oder} \quad (-a) + a + b = a - (a-b)$$
Die Richtigkeit beider Gleichungen ergiebt sich leicht; denn da
nach der Erklärung der negativen Zahl
$$(-a) + a = o$$
ist, so sind die beiden linken Seiten gleich b; die erste rechte Seite
ist nach der Erklärung einer Differenz ebenfalls gleich b; die zweite
rechte Seite dagegen gleich
$$(a-b) + b - (a-b)$$
oder gleich $b + (a-b) - (a-b)$, d. h. gleich b.
Also müssen die beiden Gleichungen
$$(-a) + b = \quad (b-a), \text{ wenn } b > a$$
$$(-a) + b = -(a-b), \text{ wenn } a > b$$
richtig sein.

Die vorstehenden Lehrsätze enthalten den nöthigen Ausweis über
die Addition negativer Zahlen. — Die Subtraktion negativer und
positiver Zahlen geschieht nach folgenden Sätzen.

Lehrsatz.

$$a - b = \quad (a-b), \text{ wenn } a > b$$
$$= -(b-a), \text{ wenn } b < a$$

d. h. die Differenz zweier gewöhnlichen (positiven) Zah=
len ist gleich einer positiven Zahl, wenn der Minuend
größer ist als der Subtrahend und gleich einer negativen

Zahl im entgegengesetzten Falle. — Der Zahlwerth ist in beiden Fällen gleich der Differenz der beiden gegebenen Zahlen.

Beweis: Da der zweite Fall des Satzes nur noch eines Beweises bedarf, so addire man zu der Gleichung

$$a - b = -(b - a)$$

die folgende

$$b = a + (b - a)$$

Es ergiebt sich dann mit Berücksichtigung der Erklärung einer Differenz und einer negativen Zahl

$$a = a$$

also eine richtige Gleichung.

Lehrsatz.

$$(-a) - b = -(a + b)$$

d. h. eine Differenz, deren Minuend eine negative und deren Subtrahend eine positive Zahl ist, — ist stets gleich einer negativen Zahl, deren Zahlwerth die Summe der beiden gegebenen Zahlwerthe ist.

Beweis: Um zu untersuchen, ob die Gleichung

$$(-a) - b = -(a + b)$$

richtig ist, addire man auf beiden Seiten derselben $(a + b)$. Hierdurch ergiebt sich

$$[(-a) - b] + b + a = -(a + b) + (a + b)$$

d. h. nach Erklärung einer Differenz und einer negativen Zahl

$$(-a) + a = 0 \text{ oder } 0 = 0$$

eine richtige Gleichung.

Lehrsatz.

$$a - (-b) = (a + b)$$

d. h. eine Differenz, deren Minuend eine positive und deren Subtrahend eine negative Zahl ist, — ist stets gleich einer positiven Zahl, deren Zahlwerth die Summe der beiden gegebenen Zahlwerthe ist.

Beweis: Addirt man, um die Richtigkeit der Gleichung

$$a - (-b) = (a + b)$$

zu prüfen, auf beiden Seiten derselben die Größe $(-b)$, so ergiebt sich nach der Erklärung einer Differenz und einer negativen Zahl das richtige Resultat

$$a = a + b + (-b) = a$$

Also muß die vorgelegte Gleichung richtig sein.

Lehrsatz.

$$(-a) - (-b) = -(a - b) \text{ wenn } a > b$$
$$= (b - a) \text{ wenn } b > a$$

d. h. eine Differenz, deren Minuend und Subtrahend negative Zahlen sind — ist entweder gleich einer negativen

oder positiven Zahl, je nachdem der Zahlwerth des Mi=
nuenden größer oder kleiner ist, als der des Subtrahen=
den. Der Zahlwerth ist in beiden Fällen die Differenz
der gegebenen beiden Zahlwerthe.

Beweis: Um die Gleichung
$$(- a) - (- b) = - (a - b), \text{ wenn } a > b$$
zu prüfen, addire man die nach einem früheren Satze stattfindende
Gleichung
$$a + (- b) = (a - b), \text{ wenn } a > b$$
hinzu. Es ergiebt sich dann:
$$a + (- a) = o, \text{ oder } o = o$$
Addirt man ferner zu der Gleichung
$$(- a) - (- b) = (b - a) \text{ wenn } b > a$$
die früher als richtig erwiesene Gleichung
$$a + (- b) = - (b - a) \text{ wenn } b > a$$
so folgt wieder
$$o = o$$
Also müssen die beiden Gleichungen
$$(- a) - (- b) = - (a - b) \text{ wenn } a > b$$
$$(- a) - (- b) = \quad (b - a) \text{ wenn } b > a$$
richtig sein.

Anmerkung: Aus den so eben bewiesenen Lehrsätzen über die
Subtraktion der negativen Größen läßt sich die allgemeine Regel
der Subtraktion herleiten,

anstatt irgend welche Größe zu subtrahiren, kehre
man ihr Vorzeichen um und addire.

In der That sind die Differenzen
$$(+ a) - (+ b); (- a) - (+ b); (+ a) - (- b); (- a) - (- b)$$
der Reihe nach gleich den Summen
$$(+ a) + (- b); (- a) + (- b); (+ a) + (+ b); (- a) + (+ b)$$

Beispiele.

In den folgenden Beispielen sind die Subtrahenden unter die
Minuenden gesetzt.

Man erhält die Differenzen:

1)
$$\begin{array}{l} + a - b + 8 - (b - a) \\ \underline{- b - 13 + a} \\ \text{Differenz} = + a - b + 21 \end{array}$$

2)
$$\begin{array}{l} a + b + 3 - (a - b) + (5 + b - a) \\ \underline{- a - 4 - (5 - b) + (a + b)} \\ \text{Diff.} = - a + b + 17 \end{array}$$

3)
$$\begin{array}{l} - 8 + b - a + (c - a) + (b - c) \\ \underline{(b - c) - (a - 15) + (3 - a) + (c - a)} \\ \text{Diff.} = - 26 + a + b \end{array}$$

$$4) \quad \frac{a - (b - a) - (c - b)}{(a - c) + (b - c)}$$

$$\text{Differenz} = a - b + c$$

$$5) \quad \frac{- a + (b - c) - (11 - b)}{- (c - a) - (8 - b) + (5 - a)}$$

$$\text{Diff.} = - a + b - 8$$

$$6) \quad \frac{(a - b) - (c - b) + (d - c)}{(b - d) + (18 - c) - (24 - d)}$$

$$\text{Diff.} = a - b - c + d + 6$$

Dritter Abschnitt.

Multiplikation.

Erklärung:

Produkt zweier Zahlen ist eine Summe von lauter gleichen Summanden, deren Größe durch die eine der beiden gegebenen Zahlen und deren Anzahl durch die andere bestimmt ist.

Die Größe der einander gleichen Summanden heißt Multiplikand des Produktes; die Anzahl derselben Multiplikator des Produktes.

Bezeichnungsweise:

Ist von den beiden gegebenen Zahlen a der Multiplikand, b der Multiplikator und wird das Produkt durch p dargestellt, so bezeichnet man p durch das Zeichen

$$p = a \cdot b$$

Das Zeichen des Produktes zweier Zahlen a und b

$$a \cdot b$$

wird ausgesprochen

$$a \text{ mal } b.$$

Der Punkt, welcher den Multiplikanden a von dem Multiplikator b trennt, muß vorläufig stets hinter den Multiplikanden und vor den Multiplikator gesetzt werden.

Beispiele:

Das Zeichen $8 \cdot 9$ drückt eine Summe von neun Summanden aus, deren jeder gleich der Zahl acht ist — oder es ist:

$$8 \cdot 9 = 8 + 8 + 8 + 8 + 8 + 8 + 8 + 8 + 8 = 72.$$

Das allgemeine Produkt $a \cdot b$ drückt die Summe aus:

$$a + a + a + \ldots \text{ und zwar } b \text{ solcher Summanden.}$$

Erster Multiplikationsſatz.

I. $$a \cdot b = b \cdot a$$

d. h. in einem Produkt iſt die gegenſeitige Vertauſchung des Multiplikanden mit dem Multiplikator geſtattet.

Da die allgemeine Beweisführung dieſes Satzes durch den Beweis deſſelben in einem ganz beſtimmten Falle weſentlich verſtändlicher und deutlicher wird, ſo mag der Beweis der ſpeciellen Zahlenformel

$$4 \cdot 7 = 7 \cdot 4$$

zuerſt geführt werden.

Das Produkt $4 \cdot 7$ drückt eine Summe von ſieben Summanden aus, deren jeder gleich der Zahl „vier" iſt. Stellt man ſich nun die Zahl vier in dem Schema dar

$$4 = \cdot \ \cdot \ \cdot \ \cdot$$

ſo läßt ſich das Produkt $4 \cdot 7$ folgendermaßen ſchreiben:

$$4 \cdot 7 = \cdot \ \cdot \ \cdot \ \cdot$$

Das Produkt $7 \cdot 4$ dagegen ſtellt ſich ähnlich durch das Schema dar:

$$7 \cdot 4 = \cdot \ \cdot \ \cdot \ \cdot \ \cdot \ \cdot \ \cdot$$

Es iſt nun in die Augen ſpringend, daß beide Schemata gleichviel Punkte oder Einheiten enthalten müſſen, da das zweite Schema daſſelbe Schema als das erſte, nur in einer anderen Lage iſt. Alſo muß ſein

$$4 \cdot 7 = 7 \cdot 4$$

Beweis des allgemeinen Falles: Um die Richtigkeit der Formel

$$a \cdot b = b \cdot a$$

zu erweiſen, ſtelle man ſich die beiden Zahlen a und b aus der Aneinanderfügung oder Wiederholung von a und b Einheiten (in der Form von Punktreihen) dar; nämlich

$$a = \overbrace{\cdot \ \cdot \ \cdot \ \cdot \ \cdot \ \cdot}^{a} \text{ u. ſ. w.}$$

$$b = \overbrace{\cdot \ \cdot \ \cdot \ \cdot \ \cdot \ \cdot}^{b} \text{ u. ſ. w.}$$

so wird sich das Produkt a . b in der Form von b Reihen dar=
stellen, deren jede a Einheiten oder Punkte enthält, nämlich:

$$
a . b = \quad b \left\{ \begin{array}{c} \overbrace{\quad\quad\quad\quad\quad}^{a} \\ .\;\;.\;\;.\;\;.\;\;. \text{ u. s. w.} \\ .\;\;.\;\;.\;\;.\;\;. \text{ u. s. w.} \\ .\;\;.\;\;.\;\;.\;\;. \text{ u. s. w.} \\ .\;\;.\;\;.\;\;.\;\;. \text{ u. s. w.} \\ \text{u. s. w.} \end{array} \right\} b
$$

Das Produkt b . a stellt sich dagegen in der Form von a Reihen
dar, deren jede b Punkte enthält, nämlich:

$$
b . a = \quad a \left\{ \begin{array}{c} \overbrace{\quad\quad\quad\quad\quad}^{b} \\ .\;\;.\;\;.\;\;. \text{ u. s. w.} \\ .\;\;.\;\;.\;\;. \text{ u. s. w.} \\ .\;\;.\;\;.\;\;. \text{ u. s. w.} \\ .\;\;.\;\;.\;\;. \text{ u. s. w.} \\ .\;\;.\;\;.\;\;. \text{ u. s. w.} \\ \text{u. s. w.} \end{array} \right\} a
$$

Beide Schemata müssen aber gleichviel Punkte oder Einheiten
enthalten, da das zweite Schema ganz dasselbe, als das erste Schema
ist — nur in einer anderen Lage. Da also das Produkt a . b gerade
so viel Einheiten darstellt, als das Produkt b . a, so müssen beide
Produkte einander gleich sein.

Erklärung:

Da die gegenseitige Vertauschung des Multiplikanden und Mul=
tiplikators eines Produktes gestattet ist, so hat man nicht nöthig für
beide verschiedene Benennungen zu gebrauchen. Beide, Multipli=
kand sowohl als der Multiplikator, werden jetzt durch den gemein=
schaftlichen Ausdruck

„Faktoren" des Produktes

bezeichnet werden können.

In dem Produkt

$$a . b = b . a$$

welches man auch mit Weglassung der Bindepunkte

$$a b = b a$$

schreibt — sind demnach a und b die beiden Faktoren desselben,
deren gegenseitige Vertauschung nach dem I. Multiplikationssatze ge=
stattet ist.

Zweiter Multiplikationssatz.

II. $$(a + b) \alpha = a \alpha + b \alpha$$

d. h. ein Produkt, dessen einer Faktor eine Summe ist,
ist gleich einer Summe von Produkten, welche den ge=

gebenen einfachen Faktor als gemeinschaftlichen Faktor haben und deren andere Faktoren die Summanden des zweiten gegebenen Faktors sind.

Umgekehrt ist eine Summe von Produkten, welche einen gemeinschaftlichen Faktor haben — gleich einem Produkt, dessen einer Faktor gleich ist dem gegebenen gemeinschaft= lichen Faktor und dessen anderer Faktor die Summe aus den gegebenen anderen Faktoren ist.

Beweis:

Das Produkt $(a + b)\,\alpha$ bedeutet eine Summe von α gleichen Summanden, deren jeder gleich $(a + b)$ ist, oder es ist:

$$(a + b)\,\alpha = \overbrace{(a + b) + (a + b) + (a + b) + \ldots}^{\alpha}$$

Da nun in einer Summe die Vertauschung der Summanden gestattet ist, so kann man letztere Summe auch schreiben:

$$(a + b)\,\alpha = \overbrace{a + a + a + \ldots}^{\alpha}$$
$$+ \overbrace{b + b + b + \ldots}^{\alpha}$$

Die Summe

$$\overbrace{a + a + a + \ldots}^{\alpha}$$

ist aber die Darstellung des Produktes $a\alpha$; eben so ist die Summe

$$\overbrace{b + b + b + \ldots}^{\alpha}$$

gleich dem Produkt $b\alpha$. Setzt man daher statt der beiden Summen die Produkte, so ergiebt sich:

$$(a + b)\,\alpha = a\alpha + b\alpha$$

Allgemeiner Zusatz:

Es ist

$$(a + b + c + d + \ldots)\,\alpha = a\alpha + b\alpha + c\alpha + d\alpha + \ldots$$

Der Beweis soll nur geführt werden in dem Falle, daß der Summen=Faktor drei Summanden enthält; d. i. für den Fall:

$$(a + b + c)\,\alpha = a\alpha + b\alpha + c\alpha$$

Man stelle zuerst die Summe $(a + b + c)$ als eine Summe von zwei Summanden dar, nämlich

$$(a + b + c) = [(a + b) + c]$$

so läßt sich das Produkt

$$(a + b + c)\,\alpha = [(a + b) + c]\,\alpha$$

nach dem II. Multiplikationssatze folgendermaßen umformen:

$$[(a + b) + c]\,\alpha = (a + b)\,\alpha + c\alpha$$

Weiter ist nach demselben Satze:
$$(a + b)\,\alpha = a\,\alpha + b\,\alpha$$
Also ergiebt sich:
$$(a + b + c)\,\alpha = a\,\alpha + b\,\alpha + c\,\alpha$$
Der allgemeinere Fall, in welchem der Summen=Faktor beliebig viele Summanden enthält — wird ganz ähnlich bewiesen.

Dritter Multiplikationssatz.

III. $\qquad (a - b)\,\alpha = a\,\alpha - b\,\alpha$

d. h. ein Produkt, dessen einer Faktor eine Differenz ist, ist gleich einer Differenz, deren Minuend das Produkt ist aus dem gegebenen einfachen Faktor und dem Minuenden des gegebenen anderen Faktors — und deren Subtrahend das Produkt ist aus dem gegebenen einfachen Faktor und dem Subtrahenden des gegebenen anderen Faktors.

Umgekehrt ist eine Differenz von Produkten, welche einen gemeinschaftlichen Faktor haben, gleich einem Produkt, dessen einer Faktor gleich dem gemeinschaftlichen und dessen anderer Faktor eine Differenz ist, deren Minuend der nicht gemeinschaftliche Faktor des gegebenen Minuenden und deren Subtrahend der nicht gemeinschaftliche Faktor des gegebenen Subtrahenden ist.

Beweis:

Nach der Erklärung einer Differenz ist:
$$(a - b) + b = a$$
Multiplicirt man diese Gleichung auf beiden Seiten mit α, so ergiebt sich:
$$[(a - b) + b]\,\alpha = a\,\alpha$$
Durch Anwendung des II. Multiplikationssatzes giebt man aber der linken Seite leicht die Form
$$(a - b)\,\alpha + b\,\alpha$$
so daß man hat
$$(a - b)\,\alpha + b\,\alpha = a\,\alpha$$
Subtrahirt man nun von beiden Seiten dieser Gleichung die Größe $b\,\alpha$, so folgt — was zu beweisen war
$$(a - b)\,\alpha = a\,\alpha - b\,\alpha$$

Jetzt würde man ein Produkt untersuchen können, dessen einer Faktor wieder ein Produkt ist, z. B.
$$(a\,b)\,c$$
Man kann einem solchen Produkt die beiden Gestalten geben
$$(ab)\,c = a\,(bc) = (ac)\,b$$

Da diese beiden Umformungen sich aber leicht dem Gedächtnisse einprägen, so mag dieser Satz nicht mit einer Nummer versehen werden.

Die Gleichung

$$(ab)\,c = (ac)\,b$$

beweist man übrigens, wie folgt:

Das Produkt ab ist gleich

$$\overbrace{a + a + a + \ldots}^{b}$$

folglich wird

$$(ab)\,c = \left\{\overbrace{a + a + a + \ldots}^{b}\right\} c$$

Die rechte Seite dieser Gleichung ist nach der Verallgemeinerung des II. Multiplikationssatzes gleich

$$\overbrace{ac + ac + ac + \ldots}^{b}$$

einer Summe, welche nach der Erklärung eines Produktes gleich

$$(ac)\,b$$

ist; — also ergiebt sich

$$(ab)\,c = (ac)\,b$$

Da ferner

$$(ab)\,c = (ba)\,c$$

so folgt auch

$$(ab)\,c = (bc)\,a$$

und daher ist

$$(ab)\,c = (ac)\,b = (bc)\,a$$

d. h. ein Produkt, dessen einer Faktor wieder ein Produkt ist — ist gleich einem Produkt, dessen einer Faktor ein Produkt aus irgend zwei der gegebenen Faktoren und dessen anderer Faktor der andere gegebene Faktor ist.

Wegen des so eben bewiesenen Satzes schreibt man die vorliegenden Produkte einfacher

$$abc$$

mit Aufhebung der Klammern, und nennt ein derartiges Produkt ein Produkt von drei Faktoren. Es würde hiernach sein:

$$abc = (ab)\,c = (ac)\,b = (bc)\,a$$

Die Verallgemeinerung dieses Satzes lautet:

Bei einem Produkt von mehreren Faktoren kann man in beliebiger Reihenfolge die Faktoren in einander multipliciren.

Vierter Multiplikationssatz.

IV. $\qquad (a + b)(\alpha + \beta) = a\alpha + b\alpha + a\beta + b\beta$

d. h. ein Produkt, dessen beide Faktoren Summen sind, wird entwickelt, indem man jeden Summanden des einen Faktors mit jedem Summanden des anderen Faktors multiplicirt und die Produkte addirt.

Beweis:

Durch Anwendung des II. Multiplikationssatzes ergiebt sich:
$$(a + b)(\alpha + \beta) = a(\alpha + \beta) + b(\alpha + \beta),$$
indem man einen Augenblick die Summe $(\alpha + \beta)$ als eine einfache Größe ansieht. Da nach abermaliger Anwendung desselben Satzes und des I. Multiplikationssatzes ferner gefunden wird
$$a(\alpha + \beta) = (\alpha + \beta)a = \alpha a + \beta a = a\alpha + a\beta$$
$$b(\alpha + \beta) = (\alpha + \beta)b = \alpha b + \beta b = b\alpha + b\beta$$
so erhält man
$$(a + b)(\alpha + \beta) = a\alpha + b\alpha + a\beta + b\beta$$

Allgemeiner Zusatz:
$$(a + b + c + \ldots)(\alpha + \beta + \gamma + \ldots) = a\alpha + b\alpha + c\alpha + \ldots$$
$$+ a\beta + b\beta + c\beta + \ldots$$
$$+ a\gamma + b\gamma + c\gamma + \ldots$$
$$+ \ldots \ldots \ldots$$

Die Beweisführung dieses Satzes soll jetzt erfolgen, wenn jeder Summenfaktor nur drei Summanden enthält. Zu dem Zweck schreibe man das Produkt
$$(a + b + c)(\alpha + \beta + \gamma)$$
als ein Produkt von Summen, deren jede nur zwei Summanden enthält — nämlich
$$(a + b + c)(\alpha + \beta + \gamma) = [(a + b) + c][(\alpha + \beta) + \gamma]$$
wobei vorläufig $(a + b)$ und $(\alpha + \beta)$ als einfache Zahlengrößen angesehen werden.

Durch Anwendung des IV. Multiplikationssatzes ergiebt sich nun:
$$[(a + b) + c][(\alpha + \beta) + \gamma] =$$
$$(a + b)(\alpha + \beta) + c(\alpha + \beta) + (a + b)\gamma + c\gamma$$
und dann durch gleichzeitige Anwendung des II. und IV. Multiplikationssatzes
$$[(a + b) + c][(\alpha + \beta) + \gamma] =$$
$$a\alpha + b\alpha + a\beta + b\beta + c\alpha + c\beta + a\gamma + b\gamma + c\gamma$$
d. h.
$$(a + b + c)(\alpha + \beta + \gamma) = \quad a\alpha + b\alpha + c\alpha$$
$$+ a\beta + b\beta + c\beta$$
$$+ a\gamma + b\gamma + c\gamma$$

Anmerkung:

Sind in einem speciellen Falle α und β beziehlich gleich a und b, so findet man aus der Gleichung

$$(a + b)(\alpha + \beta) = a\alpha + a\beta + b\alpha + b\beta$$

die folgende:

$$(a + b)(a + b) = a \cdot a + 2ab + b \cdot b$$

Fünfter Multiplikationssatz.

V. $\qquad (a + b)(\alpha - \beta) = a\alpha - a\beta + b\alpha - b\beta$

Beweis:

Sieht man $(a + b)$ als eine einfache Zahlengröße an, so folgt erstlich aus dem III. Multiplikationssatze

$$(a + b)(\alpha - \beta) = (a + b)\alpha - (a + b)\beta$$

und dann mit Benutzung des II.

$$(a + b)(\alpha - \beta) = a\alpha + b\alpha - [a\beta + b\beta]$$

d. h.

$$(a + b)(\alpha - \beta) = a\alpha - a\beta + b\alpha - b\beta$$

Anmerkung:

Ist $\alpha = a$ und $\beta = b$, so folgt aus der vorstehenden Formel der äußerst wichtige Satz:

$$(a + b)(a - b) = a \cdot a - b \cdot b$$

Sechster Multiplikationssatz.

VI. $\qquad (a - b)(\alpha - \beta) = a\alpha - b\alpha - a\beta + b\beta$

Beweis:

Sieht man augenblicklich $(\alpha - \beta)$ als eine einfache Zahlengröße an, so liefert der III. Multiplikationssatz

$$(a - b)(\alpha - \beta) = a(\alpha - \beta) - b(\alpha - \beta)$$

oder, da nach demselben Satze

$$a(\alpha - \beta) = a\alpha - a\beta$$
$$b(\alpha - \beta) = b\alpha - b\beta \qquad \text{ist,}$$

so wird:

$$(a - b)(\alpha - \beta) = (a\alpha - a\beta) - (b\alpha - b\beta)$$

Durch Anwendung des III. Subtraktionssatzes ergiebt sich endlich:

$$(a - b)(\alpha - \beta) = a\alpha - a\beta - b\alpha + b\beta$$

Anmerkung:

Ist wieder $\alpha = a$; $\beta = b$, so folgt aus der vorstehenden Formel:

$$(a - b)(a - b) = a \cdot a - 2ab + b \cdot b$$

Beispiel zum IV., V. und VI. Multiplikationssatz.

Das Produkt
$$[a \cdot a + b \cdot b + c \cdot c + ac + bc - ab] \, [a + b - c] = P$$
soll gebildet werden.

Man erhält durch Anwendung des VI. Multiplikationssatzes
$$P = [(a \cdot a + b \cdot b + c \cdot c + ac + bc) - ab] \, [(a + b) - c]$$
$$= (a + b)(a \cdot a + b \cdot b + c \cdot c + ac + bc) - ab(a + b)$$
$$- c(a \cdot a + b \cdot b + c \cdot c + ac + bc) + abc$$
und dann durch Anwendung des IV.
$$P = aaa + abb + acc + aac + abc + aab + bbb + bcc +$$
$$abc + bbc$$
$$- [a \cdot ab + abb] - [aac + bbc + ccc + acc + bcc] + abc$$
d. h. nach den Regeln der Subtraktion
$$P = aaa + bbb - ccc + 3\,abc$$

Multiplikation negativer Größen.

Die Multiplikation negativer Größen beruht auf den beiden
Formeln
$$1) \quad (-a)(+b) = (+a)(-b) = -(ab)$$
$$2) \quad (-a)(-b) = (+a)+b) = +(ab)$$
Das Zeichen
$$(-a)(+b)$$
bedeutet eine Summe von lauter gleichen Summanden, deren jeder
gleich — a und deren Anzahl gleich b ist. Nach dem Satz über die
Addition negativer Größen ist aber eine Summe von negativen
Größen gleich einer negativen Größe, deren Zahlwerth gleich der
Summe der Zahlwerthe aller gegebenen Summanden ist. Hier=
nach wird:

$$(-a)(+b) = \overset{b}{\overbrace{(-a) + (-a) + (-a) + \ldots}}$$

$$= -\,\overset{b}{\overbrace{[a + a + a + \ldots]}}$$

d. h.
$$(-a)(+b) = -(ab)$$

Ein Produkt, dessen Multiplikandus eine negative
und dessen Multiplikator eine positive Zahl ist — ist
demnach gleich einer negativen Zahl, deren Zahlwerth
gleich dem Produkt der Zahlwerthe der beiden gegebenen
Faktoren ist.

Man könnte nun auf die Vermuthung geführt werden, daß die
Formel
$$(+a)(-b) = -(ab)$$

mit der vorhergehenden zugleich bewiesen ist. Dieses ist aber aus dem Grunde nicht der Fall, weil der Vertauschungssatz der Faktoren für Produkte negativer Zahlen bis jetzt nicht erwiesen worden ist.

Das Produktzeichen

$$(+ a)(- b)$$

in welchem $(+ a)$ der Multiplikandus, $(- b)$ aber der Multiplikator ist, bedeutet jedenfalls eine Zahl, zu welcher ich b Summanden, deren jeder gleich $+ a$ ist — hinzuzufügen habe, um Null zu erhalten; also:

$$\overbrace{(+ a)(- b) + a + a + a + a + \ldots}^{b} = 0$$

oder:

$$(+ a)(- b) + (ab) = 0 = - (ab) + (ab)$$

Subtrahirt man von beiden Seiten ab, so bleibt

$$(+ a)(- b) = - (ab)$$

Man kann diese Formel mit der vorhergehenden in folgendem Satze zusammenfassen:

$$(- a)(+ b) = (+ a)(- b) = - (ab)$$

d. h. ein Produkt, dessen einer Faktor eine positive und dessen anderer Faktor eine negative Zahl ist, — ist gleich einer negativen Zahl, deren Zahlwerth gleich dem Produkte der Zahlwerthe der beiden gegebenen Faktoren ist.

Das Produkt

$$(- a)(- b)$$

bedeutet eine Zahl, zu welcher b Summanden, deren jeder gleich $(- a)$ ist, addirt werden müssen, damit Null erhalten wird. — Eine Summe von b Summanden, deren jeder gleich $(- a)$ ist, ist aber gleich $(- a)b$ oder nach einem so eben bewiesenen Satze gleich $- (ab)$

Demnach wird:

$$(- a)(- b) - (ab) = 0 = + (ab) - (ab)$$

oder:

$$(- a)(- b) = + (ab)$$

Da ferner auch

$$(+ a)(+ b) = + (ab)$$

ist, so hat man den Satz

ein Produkt, dessen beide Faktoren negative oder positive Zahlen sind, ist gleich einer positiven Zahl, deren Zahlwerth gleich dem Produkt der Zahlwerthe der beiden gegebenen Faktoren ist.

Alle diese Multiplikationssätze über die Produktbildung zweier Faktoren lassen sich in dem einen Satze zusammenfassen:

ein Produkt zweier Faktoren ist eine positive Zahl, wenn beide Faktoren gleiche Vorzeichen haben und eine negative Zahl, wenn die beiden Faktoren verschiedene Vorzeichen haben. Der Zahlwerth des Pro=

duktes ist immer gleich dem Produkt der Zahlwerthe der beiden gegebenen Faktoren.

Mit Hülfe des letzteren Satzes kann nun leicht der folgende bewiesen werden:

Ein Produkt von beliebig vielen Faktoren ist eine **positive Zahl,** wenn eine **gerade** Anzahl **negativer** Faktoren vorhanden ist, und **eine negative Zahl,** wenn unter den Faktoren eine **ungerade** Anzahl **negativer** vorkommt. Der Zahlwerth des Produkts ist stets gleich dem Produkt der Zahlwerthe der gegebenen Faktoren.

Beispiele:

Es ist

$$(- a)\,(- b)\,(- c) = - (abc)$$
$$(- a)\,(- b)\,(- c)\,(- d) = + (abcd)$$
$$(- a)\,(+ b)\,(+ c) = - (abc)$$
$$(- a)\,(+ b)\,(- c) = + (abc)$$

Vom Multipliciren gegebener Ausdrücke.

Hat man zwei oder mehrere Ausdrücke mit einander zu multipliciren, so ordne man dieselben zunächst; d. h. verbinde alle diejenigen Glieder mit einander, welche eine Vereinigung durch Addition oder Subtraktion gestatten, gebe den nicht mehr zu vereinfachenden positiven oder negativen Summanden eine möglichst übersichtliche Reihenfolge und setze in den einzelnen Produkten die Zahlenfaktoren den allgemeinen Zahlzeichen vorauf. Letztere lasse man in alphabetischer Ordnung einander folgen.

Geordnet schreibt man zum Beispiel den Ausdruck

$$A = 2a \cdot 3b - c \cdot 3 \cdot a + (3a - b)\,2a + (c - 2a)\,5a$$

folgendermaßen

$$A = - 4a \cdot a + 4ab + 2ac$$

Hat man nun in der angegebenen Weise die Faktoren des aufzulösenden Produktes geordnet, — so multiplicire man je zwei dieser Faktoren in einander, indem man jeden Summanden des einen Faktors mit jedem Summanden des anderen Faktors multiplicirt und die erhaltenen Produkte addirt und ordnet. Mit diesem Ausdruck multiplicire man alsdann in ähnlicher Weise den dritten Faktor u. s. w.

Da die mit einander zu multiplicirenden Faktoren, wenn dieselben Summen sind, mit Klammern versehen sein müssen — so bezeichnet man schlechtweg die Multiplication dieser Faktoren mit dem Ausdruck „die Klammern auflösen."

Beiſpiele.

1) Das Produkt
$$(x + y + z)(xx + yy + zz - xy - xz - yz) = P$$
zu berechnen.

Man ordne den zweiten Faktor dieſes Produktes zunächſt folgendermaßen:
$$xx - x(y + z) + yy - yz + zz$$
und multiplicire dann der Reihe nach dieſen Faktor mit x, y, z, und addire die entſtehenden Produkte.

Auf dieſe Weiſe erhält man:
$$xxx - xx(y + z) + x(yy - yz + zz)$$
$$+ xxy \qquad - x(yy + yz) + yyy - yyz + yzz$$
$$+ xxz \qquad - x(yz + zz) + yyz - yzz + zzz$$

Durch Addition folgt:
$$P = xxx - 3xyz + yyy + zzz$$
oder
$$P = (x + y + z)(xx + yy + zz - xy - xz - yz) =$$
$$xxx + yyy + zzz - 3xyz$$

2) Das Produkt
$$(3 - x + 2xx + 4x - 1)(5 - x \cdot x + 2x - 3x \cdot x) = P$$
zu entwickeln.

Geordnet lauten die Faktoren des Produkts
$$(2 + 3x + 2xx), \quad (5 + 2x - 4xx)$$

Multiplicirt man nun jedes Glied des zweiten Faktors der Reihe nach mit den Gliedern des erſten Faktors, ſo erhält man
$$10 + 4x - 8xx$$
$$15x + 6xx - 12xxx$$
$$+ 10xx + 4xxx - 8xxxx$$

Durch Addition ergiebt ſich der Werth des Produktes
$$P = 10 + 19x + 8xx - 8xxx - 8xxxx$$

3) Das Produkt der vier Faktoren
$$P = (x + y + z)(-x + y + z)(x - y + z)(x + y - z)$$
zu entwickeln.

Multiplicirt man den erſten und zweiten Faktor mit einander, ſo erhält man
$$(x + y + z)(-x + y + z) = -xx + yy + 2yz + zz$$

Dieſes Produkt multiplicire man mit dem dritten gegebenen Faktor $= x - y + z$, ſo ergiebt ſich
$$(x + y + z)(-x + y + z)(x - y + z) =$$
$$(-xx + yy + 2yz + zz)(x - y + z)$$
$$= -xxx + xxy - xxz + xyy + 2xyz + xzz - yyy - yyz$$
$$+ yzz + zzz$$

Multiplicirt man nun dieſen Ausdruck mit dem vierten gegebenen Faktor $= (x + y - z)$, ſo findet man das Produkt
$$(x + y + z)(-x + y + z)(x - y + z)(x + y - z) =$$
$$-xxxx + 2xxyy + 2xxzz - yyyy + 2yyzz - zzzz =$$
$$-xxxx - yyyy - zzzz + 2xxyy + 2xxzz + 2yyzz$$

Dasselbe Resultat würde man erhalten haben, wenn man die beiden ersten Faktoren des gegebenen Produkts mit einander multiplicirt hätte, darauf den dritten mit dem vierten Faktor und endlich aus diesen beiden Produkten wieder das Produkt gebildet hätte. Es ergiebt sich auf diesem Wege

Produkt des ersten und des zweiten gegebenen Faktors
$$= - xx + yy + 2yz + zz$$

Produkt des dritten und vierten gegebenen Faktors
$$= xx - yy + 2yz - zz$$

Produkt aller vier Faktoren
$$(x + y + z)(- x + y + z)(x - y + z)(x + y - z) =$$
$$(- xx + yy + 2yz + zz)(xx - yy + 2yz - zz) =$$
$$xxxx + 2xxyy + 2xxzz - yyyy + 2yyzz - zzzz$$

Dieses Resultat stimmt, wie man sieht, mit dem oben auf anderem Wege erhaltenen vollkommen überein.

Vierter Abschnitt.

Division und Bruchrechnung.

Erklärung:

Quotient (Bruch) zweier Zahlen ist diejenige Zahl, welche ich mit einer derselben zu multipliciren habe, um die andere zu erhalten.

Diejenige der beiden gegebenen Zahlen, mit welcher ich den Quotienten zu multipliciren habe, um die andere zu erhalten, heißt Divisor (Nenner), die andere Dividend (Zähler).

Bezeichnungsweise:

Ist von den beiden gegebenen Zahlen a der Dividend, b der Divisor — so bezeichnet man den Quotienten derselben durch das Zeichen

$$\frac{a}{b}$$

Dasselbe wird ausgesprochen

$$\left\{ \begin{array}{l} a\ \text{dividirt durch}\ b \\ a\ \text{durch}\ b \\ \text{oder}\ a,\ b^{\text{tel}} \end{array} \right.$$

Der Strich —, welcher unterhalb des Dividenden (Zählers) und oberhalb des Divisors (Nenners) sich befindet, heißt Divisionsstrich (Bruchstrich).

In einer Formel stellt sich die Erklärung eines Quotienten (Bruches) durch die Gleichung dar:

$$\left(\frac{a}{b}\right) \cdot b = a$$

d. h.

das Produkt eines Quotienten (Bruches) und seines Divisors (Nenners) ist gleich dem Dividenden (Zähler).*)

Erster Divisionssatz.

I.
$$\frac{(a + b)}{\alpha} = \frac{a}{\alpha} + \frac{b}{\alpha}$$

d. h. ein Bruch, dessen Zähler eine Summe ist, ist gleich einer Summe von Brüchen, deren Nenner gleich sind dem gegebenen Nenner, und deren Zähler gleich sind den Summanden des gegebenen Zählers.

Umgekehrt ist eine Summe von Brüchen, welche einen gemeinschaftlichen Nenner besitzen, gleich einem Bruch, dessen Nenner gleich ist dem gemeinschaftlichen und dessen Zähler gleich ist der Summe der gegebenen Zähler.

Beweis:

Soll die Gleichung

$$\frac{(a + b)}{\alpha} = \frac{a}{\alpha} + \frac{b}{\alpha}$$

richtig sein, so muß ein richtiges Resultat erhalten werden, wenn dieselbe auf beiden Seiten mit α multiplicirt wird. Hierdurch ergiebt sich:

$$\frac{(a + b)}{\alpha} \cdot \alpha = \left(\frac{a}{\alpha} + \frac{b}{\alpha}\right) \alpha$$

Nach der Erklärung eines Bruches ist aber

$$\frac{(a + b)}{\alpha} \cdot \alpha = (a + b)$$

ferner ist durch Anwendung des zweiten Multiplikationssatzes

$$\left(\frac{a}{\alpha} + \frac{b}{\alpha}\right) \alpha = \frac{a}{\alpha} \cdot \alpha + \frac{b}{\alpha} \cdot \alpha$$

Daher wird erhalten

$$(a + b = \frac{a}{\alpha} \cdot \alpha + \frac{b}{\alpha} \cdot \alpha$$

---

*) Der Kürze wegen mögen für die Folge an Stelle der Ausdrücke Quotient, Dividend, Divisor die entsprechenderen allgemeineren Bruch, Zähler, Nenner gebraucht werden.

eine in der That richtige Gleichung, wenn man die Erklärung des Bruches berücksichtigt, nach welcher

$$\frac{a}{\alpha} \cdot \alpha = a \quad \text{und} \quad \frac{b}{\alpha} \cdot \alpha = b \text{ ist.}$$

Also muß die Gleichung

$$\frac{(a + b)}{\alpha} = \frac{a}{\alpha} + \frac{b}{\alpha}$$

richtig sein.

Zweiter Divisionssatz.

II.
$$\frac{(a - b)}{\alpha} = \frac{a}{\alpha} - \frac{b}{\alpha}$$

d. h. ein Bruch, dessen Zähler eine Differenz ist, ist gleich einer Differenz, deren Minuend ein Bruch ist aus dem gegebenen Nenner als Nenner und dem Minuenden des gegebenen Zählers als Zähler; deren Subtrahend aber ein Bruch ist aus dem gegebenen Nenner als Nenner und dem Subtrahenden des gegebenen Zählers als Zähler.

Umgekehrt ist eine Differenz von Brüchen, die einen gemeinschaftlichen Nenner haben gleich einem Bruch, dessen Nenner gleich ist dem gemeinschaftlichen und dessen Zähler eine Differenz ist, deren Minuend gleich dem Zähler des gegebenen Minuenden und dessen Subtrahend gleich dem Zähler des gegebenen Subtrahenden ist.

Beweis:

Um die Richtigkeit der Gleichung

$$\frac{(a - b)}{\alpha} = \frac{a}{\alpha} - \frac{b}{\alpha}$$

zu prüfen, multipliciren wir dieselbe auf beiden Seiten mit α. Hierdurch ergiebt sich:

$$\frac{(a - b)}{\alpha} \cdot \alpha = \left(\frac{a}{\alpha} - \frac{b}{\alpha} \right) \cdot \alpha$$

Nach dem dritten Multiplikationssatze ist aber:

$$\left(\frac{a}{\alpha} - \frac{b}{\alpha} \right) \alpha = \frac{a}{\alpha} \cdot \alpha - \frac{b}{\alpha} \cdot \alpha$$

folglich wird erhalten:

$$\frac{(a - b)}{\alpha} \cdot \alpha = \frac{a}{\alpha} \cdot \alpha - \frac{b}{\alpha} \cdot \alpha$$

Dieses Resultat ist richtig, denn nach der Erklärung eines Bruches ist

$$\frac{(a - b)}{\alpha} \cdot \alpha = (a - b)$$

$$\frac{a}{\alpha} \cdot \alpha = a$$

$$\frac{b}{\alpha} \cdot \alpha = b$$

Also muß die Gleichung

$$\frac{(a - b)}{\alpha} = \frac{a}{\alpha} - \frac{b}{\alpha}$$

richtig sein.

Anmerkung:

Die beiden Divisionssätze I. und II. lassen sich folgendermaßen verallgemeinern; es ist:

$$\frac{a + b + c + \ldots - g - h - \ldots}{\alpha} = \frac{a}{\alpha} + \frac{b}{\alpha} + \frac{c}{\alpha} + \ldots - \frac{g}{\alpha} - \frac{h}{\alpha} - \ldots$$

Zur Beweisführung wird die öftere Anwendung des I. und II. Divisionssatzes verlangt.

Dritter Divisionssatz.

III.
$$\frac{a \cdot b}{\alpha} = \frac{a}{\alpha} \cdot b = \frac{b}{\alpha} \cdot a$$

d. h. ein Bruch, dessen Zähler ein Produkt ist, ist gleich einem Produkt aus einem Bruch, dessen Nenner gleich dem gegebenen Nenner und dessen Zähler der eine Faktor des gegebenen Zählers ist und aus dem andern Faktor des gegebenen Zählers.

Umgekehrt ist ein Produkt, dessen einer Faktor ein Bruch ist gleich einem Bruch, dessen Nenner gleich dem Nenner des Bruchfaktors und dessen Zähler gleich ist dem Produkt aus dem Zähler des gegebenen Bruchfaktors und dem anderen Faktor des gegebenen Produkts.

Beweis:

Um die Richtigkeit der Gleichung

$$\frac{ab}{\alpha} = \frac{a}{\alpha} \cdot b$$

zu erweisen, multipliciren wir dieselbe auf beiden Seiten mit α. Hierdurch ergiebt sich

$$\frac{ab}{\alpha} \cdot \alpha = \frac{a}{\alpha} \cdot b \cdot \alpha$$

oder

$$\frac{ab}{\alpha} \cdot \alpha = \frac{a}{\alpha} \cdot \alpha \cdot b$$

Nach der Erklärung eines Bruches ist aber:

$$\frac{ab}{\alpha} \cdot \alpha = ab$$

$$\frac{a}{\alpha} \cdot \alpha = a$$

Also wird das richtige Resultat

$$ab = ab$$

erhalten, d. h. die obige Gleichung

$$\frac{ab}{\alpha} = \frac{a}{\alpha} \cdot b \quad \left(= \frac{b}{\alpha} \cdot a \right)$$

muß richtig sein.

Vierter Divisionssatz.

IV.
$$\frac{\left(\dfrac{a}{b}\right)}{\alpha} = \frac{a}{b\,\alpha} \quad \left(= \frac{\left(\dfrac{a}{\alpha}\right)}{b} \right)$$

d. h. ein Bruch, dessen Zähler wieder ein Bruch ist, ist gleich einem Bruch, dessen Zähler gleich dem Zähler des gegebenen Zählers und dessen Nenner das Produkt ist aus dem Nenner des gegebenen Zählers und dem gegebenen Nenner.

Umgekehrt ist ein Bruch, dessen Nenner ein Produkt ist, gleich einem Bruch, dessen Nenner gleich dem einen Faktor des gegebenen Nenners und dessen Zähler ein Bruch ist, welcher zum Nenner den andern Faktor des gegebenen Nenners und zum Zähler den gegebenen Zähler hat.

Beweis:
Soll die Gleichung

$$\frac{\left(\dfrac{a}{b}\right)}{\alpha} = \frac{a}{b\,\alpha}$$

richtig sein, so muß durch Multiplikation mit $b\,\alpha$ ein richtiges Resultat erhalten werden. Multiplicirt man die rechte Seite mit $b\,\alpha$, so erhält man nach der Erklärung eines Bruches den Zähler a. Die linke Seite multiplicire man zuerst mit α und dann mit b, so ergiebt sich nach der Erklärung eines Bruches:

$$\frac{a}{b} \cdot b = a, \text{ d. h. } a = a$$

Fünfter Divisionssatz.

$$\text{V.} \qquad \frac{a\alpha}{b\beta} = \frac{a}{b} \cdot \frac{\alpha}{\beta} \left(= \frac{a}{\beta} \cdot \frac{\alpha}{b} \right)$$

d. h. ein Bruch, dessen Zähler und Nenner Produkte sind, ist gleich einem Produkt von Brüchen, deren Zähler die Faktoren des gegebenen Zählers und deren Nenner die Faktoren des gegebenen Nenners sind.

Umgekehrt ist ein Produkt von Brüchen gleich einem Bruch, dessen Zähler gleich dem Produkt der gegebenen Zähler und dessen Nenner gleich dem Produkt der gegebenen Nenner ist.

Beweis:

Um die Richtigkeit der Gleichung

$$\frac{a\alpha}{b\beta} = \frac{a}{b} \cdot \frac{\alpha}{\beta}$$

zu prüfen, multiplicire man auf beiden Seiten mit $b\beta$. Hierdurch ergiebt sich mit Anwendung der Erklärung eines Bruches nach und nach

$$\frac{a\alpha}{b\beta} \cdot (b\beta) = \frac{a}{b} \cdot \frac{\alpha}{\beta} \cdot b \cdot \beta = \frac{a}{b} \cdot b \cdot \frac{\alpha}{\beta} \cdot \beta$$

d. h.

$$a\alpha = a \cdot \alpha$$

Anmerkung:

Ist ein Faktor des Zählers gleich einem Faktor des Nenners, z. B. $b = a$, so liefert der so eben bewiesene Satz

$$\frac{a\alpha}{a\beta} = \frac{a}{a} \cdot \frac{\alpha}{\beta} = \frac{\alpha}{\beta}$$

da $\frac{a}{a}$ nach der Erklärung eines Bruches gleich 1 ist, weil $a \cdot 1 = a$.

Kommen demnach im Zähler und Nenner eines Bruches einander gleiche Faktoren vor, so kann man dieselben weglassen. (Heben der Brüche.)

Umgekehrt kann man dem Zähler und Nenner eines Bruches gleiche Faktoren hinzufügen, ohne den Werth des Bruches zu verändern. (Erweitern der Brüche.)

Sechster Divisionssatz.

$$\text{VI.} \qquad \frac{a}{\left(\dfrac{\alpha}{\beta}\right)} = \frac{a\beta}{\alpha} \left(= \frac{\beta}{\left(\dfrac{\alpha}{a}\right)} \right)$$

d. h. ein Bruch, deſſen Nenner wieder ein Bruch iſt, iſt gleich einem Bruch, deſſen Zähler ein Produkt iſt aus dem gegebenen Zähler und dem Nenner des gegebenen Nenners — deſſen Nenner aber gleich dem Zähler des gegebenen Nenners iſt.

Umgekehrt iſt ein Bruch, deſſen Zähler ein Produkt iſt, gleich einem Bruch, deſſen Nenner ein Bruch iſt aus dem gegebenen Nenner als Zähler und dem einen Faktor des gegebenen Zählers als Nenner und deſſen Zähler gleich dem anderen Faktor des gegebenen Zählers iſt.

Beweis:

Man multiplicire die Gleichung

$$\frac{a}{\left(\dfrac{\alpha}{\beta}\right)} = \frac{a\beta}{\alpha}$$

zur Prüfung ihrer Richtigkeit mit der folgenden

$$\left(\frac{\alpha}{\beta}\right) \cdot \beta = \alpha,$$

welche die Erklärung eines Bruches darſtellt, ſo ergiebt ſich

$$\frac{a}{\left(\dfrac{\alpha}{\beta}\right)} \cdot \left(\frac{\alpha}{\beta}\right) \cdot \beta = \frac{a\beta}{\alpha} \cdot \alpha$$

Da aber

$$\frac{a}{\left(\dfrac{\alpha}{\beta}\right)} \cdot \left(\frac{\alpha}{\beta}\right) = a$$

und

$$\frac{a\beta}{\alpha} \cdot \alpha = a\beta \text{ iſt,}$$

ſo erhält man

$$a \cdot \beta = a\beta$$

ein richtiges Reſultat.

Siebenter Diviſionsſatz.

VII.
$$\frac{\left(\dfrac{a}{b}\right)}{\left(\dfrac{\alpha}{\beta}\right)} = \frac{a\beta}{b\alpha} \left[= \frac{\left(\dfrac{a}{\alpha}\right)}{\left(\dfrac{b}{\beta}\right)} \right]$$

d. h. ein Bruch, deſſen Zähler und Nenner wieder Brüche ſind, iſt gleich einem Bruch, deſſen Zähler ein Produkt iſt aus dem Zähler des gegebenen Zählers und dem Nenner des gegebenen Nenners — und deſſen Nenner ein

Produkt ist aus dem Nenner des gegebenen Zählers und dem Zähler des gegebenen Nenners.

Beweis:

Um die Richtigkeit der Gleichung

$$\frac{\left(\dfrac{a}{b}\right)}{\left(\dfrac{\alpha}{\beta}\right)} = \frac{a\beta}{b\alpha}$$

zu prüfen, multiplicire man mit der Gleichung

$$\left(\frac{\alpha}{\beta}\right) \cdot \beta \cdot b = \alpha b$$

so ergiebt sich, da

$$\frac{\left(\dfrac{a}{b}\right)}{\left(\dfrac{\alpha}{\beta}\right)} \cdot \left(\frac{\alpha}{\beta}\right) = \frac{a}{b}$$

und $\dfrac{a\beta}{b\alpha} \cdot b\alpha = a\beta$ ist, die folgende Gleichung:

$$\frac{a}{b} \cdot \beta \cdot b = a\beta$$

oder

$$\frac{a}{b} \cdot b \cdot \beta = a\beta$$

d. h.

$$a \cdot \beta = a\beta, \text{ ein richtiges Resultat.}$$

Bemerkung:

Da $\dfrac{a\beta}{b\alpha} = \dfrac{a\beta}{\alpha b}$, so muß auch

$$\frac{\left(\dfrac{a}{b}\right)}{\left(\dfrac{\alpha}{\beta}\right)} = \frac{\left(\dfrac{a}{\alpha}\right)}{\left(\dfrac{b}{\beta}\right)} \text{ sein.}$$

Lehrsatz.

Wenn mehrere Brüche einander gleich sind, z. B.

$$\frac{a'}{a} = \frac{b'}{b} = \frac{c'}{c} = \frac{d'}{d} = \ldots$$

so ist jeder derselben gleich dem folgenden Bruch

$$\frac{\alpha a' + \beta b' + \gamma c' + \delta d' + \cdots}{\alpha a + \beta b + \gamma c + \delta d + \cdots}$$

in welchem α, β, γ, δ, $\ldots$ ganz beliebige Zahlen bedeuten.

Beweis:

Man bezeichne jeden der gleichen Brüche

$$\frac{a'}{a} \; ; \; \frac{b'}{b} \; ; \; \frac{c'}{c} \; ; \; \frac{d'}{d} \; ; \; \text{ıc.}$$

durch x, so müssen nach der Erklärung eines Bruches folgende Gleichungen stattfinden:

$$a' = x\,a$$
$$b' = x\,b$$
$$c' = x\,c$$
$$d' = x\,d$$
$$\text{ıc.}$$

Multiplicirt man nun die erste dieser Gleichungen mit α, die zweite mit β, die dritte mit γ, die vierte mit δ u. f. f. und addirt die so entstehenden Gleichungen, so erhält man das folgende Resultat:

$$\alpha a' + \beta b' + \gamma c' + \delta d' + \cdots = \alpha x a + \beta x b + \gamma x c + \delta x d + \cdots$$

oder nachdem auf der rechten Seite der gemeinschaftliche Faktor x (II. Multiplikationssatz) herausgezogen ist:

$$\alpha a' + \beta b' + \gamma c' + \delta d' + \cdots = x\,(\alpha a + \beta b + \gamma c + \delta d + \cdots)$$

Nach der Erklärung eines Bruches folgt aus dieser Gleichung der Werth

$$x = \frac{\alpha a' + \beta b' + \gamma c' + \delta d' + \cdots}{\alpha a + \beta b + \gamma c + \delta d + \cdots}$$

Also, da x den Werth der gleichen Brüche

$$\frac{a'}{a} \, , \, \frac{b'}{b} \, , \, \frac{c'}{c} \, , \, \frac{d'}{d} \, , \, \text{ıc.}$$

bedeutet, ergiebt sich, daß jeder dieser gleichen Brüche gleich dem folgenden ist

$$\frac{\alpha a' + \beta b' + \gamma c' + \delta d' + \cdots}{\alpha a + \beta b + \gamma c + \delta d + \cdots}$$

Die Addition und Subtraktion zweier Brüche, welche keinen gemeinschaftlichen Nenner besitzen, geschieht nach den beiden folgenden Formeln

$$\frac{a}{\alpha} + \frac{b}{\beta} = \frac{a\beta + b\alpha}{\alpha\beta}$$

$$\frac{a}{\alpha} - \frac{b}{\beta} = \frac{a\beta - b\alpha}{\alpha\beta}$$

Die erstere derselben kann man besonders leicht dem Gedächt=
nisse einprägen, wenn man durch das Schema der zu addirenden
Brüche ein liegendes Kreuz ($\times$) gelegt denkt, nämlich

$$\frac{a}{\alpha} \times \frac{b}{\beta}$$

Die Summe der beiden Brüche ist denn gleich einem Bruch,
dessen Nenner das Produkt der beiden Nenner und dessen Zähler
die Summe der Produkte der Größen ist, welche durch ein und
dieselbe Gerade getroffen werden.

Die obigen beiden Formeln beweist man übrigens leicht folgen=
dermaßen. Es ist

$$\frac{a}{\alpha} = \frac{a\beta}{\alpha\beta} \quad \text{(V. Divisionssatz.)}$$

$$\frac{b}{\beta} = \frac{b\alpha}{\alpha\beta} \quad \text{(desgl.)}$$

Addirt man diese beiden Gleichungen, so ergiebt sich

$$\frac{a}{\alpha} + \frac{b}{\beta} = \frac{a\beta}{\alpha\beta} + \frac{b\alpha}{\alpha\beta} = \frac{a\beta + b\alpha}{\alpha\beta} \quad \text{(I. Divisionssatz.)}$$

Subtrahirt man dagegen die untere von der oberen, so er=
hält man

$$\frac{a}{\alpha} - \frac{b}{\beta} = \frac{a\beta}{\alpha\beta} - \frac{b\alpha}{\alpha\beta} = \frac{a\beta - b\alpha}{\alpha\beta} \quad \text{(II. Divisionssatz.)}$$

Sind zwei Brüche einander gleich, z. B.

$$\frac{a}{\alpha} = \frac{b}{\beta}$$

so findet auch Gleichheit zwischen den folgenden Produkten statt:

$$a\beta = b\alpha$$

Um dieses zu beweisen, multiplicire man die Gleichung

$$\frac{a}{\alpha} = \frac{b}{\beta}$$

auf beiden Seiten mit $\alpha\beta$, so folgt

$$\frac{a}{\alpha} \cdot \alpha\beta = \frac{b}{\beta} \cdot \beta\alpha$$

d. h. nach der Erklärung eines Bruches:

$$a\beta = b\alpha$$

Aus der Gleichung

$$\frac{a}{\alpha} = \frac{b}{\beta}$$

die folgende

$$a\beta = b\alpha$$

bilden — nennt man „über Kreuz multipliciren."

Aus der Gleichung

$$a\beta = b\alpha$$

kann man umgekehrt die folgende herleiten

$$\frac{a}{\alpha} = \frac{b}{\beta}$$

indem man dieselbe durch das Produkt $\alpha\beta$ dividirt. Dividirt man dieselbe dagegen durch das Produkt ab, so erhält man

$$\frac{\beta}{b} = \frac{\alpha}{a}$$

Besteht demnach die Gleichung

$$\frac{a}{\alpha} = \frac{b}{\beta}$$

so kann man aus dieser die folgende bilden

$$\frac{\alpha}{a} = \frac{\beta}{b}$$

Diese Bildung nennt man „das Umkehren der Brüche."

Bruchrechnung mit negativen Größen.

Die Bruchrechnung mit negativen Größen geschieht nach den drei Formeln:

$$1)\qquad \frac{-a}{+b} = -\left(\frac{a}{b}\right)$$

$$2)\qquad \frac{+a}{-b} = -\left(\frac{a}{b}\right)$$

$$3)\qquad \frac{-a}{-b} = +\left(\frac{a}{b}\right)$$

Um die erste dieser drei Formeln

$$\frac{-a}{+b} = -\left(\frac{a}{b}\right)$$

zu beweisen, multiplicire man auf beiden Seiten mit $+b$, so er=
giebt sich

$$-a = (+b)\left\{-\left(\frac{a}{b}\right)\right\}$$

Nach dem allgemeinen Satze über die Multiplikation negativer Größen ist aber

$$(+b)\left(-\frac{a}{b}\right) = -\left(b\cdot\frac{a}{b}\right) = -a$$

Da also das richtige Resultat

$$- a = - a$$

erhalten ist, so muß die Gleichung

$$\frac{-a}{+b} = -\left(\frac{a}{b}\right)$$

richtig sein.

Um die Richtigkeit der zweiten Formel

$$\frac{+a}{-b} = -\left(\frac{a}{b}\right)$$

zu prüfen, multiplicire man mit — b, so ergiebt sich:

$$+ a = (- b)\left(- \frac{a}{b}\right) = + \left(b \cdot \frac{a}{b}\right) = + a$$

ein richtiges Resultat. Also ist:

$$\frac{+a}{-b} = -\left(\frac{a}{b}\right)$$

Die dritte Formel

$$\frac{-a}{-b} = +\left(\frac{a}{b}\right)$$

ist ebenfalls richtig, denn man erhält durch Multiplikation mit (— b)

$$- a = (- b)\left(+ \frac{a}{b}\right) = - \left(b \cdot \frac{a}{b}\right) = - a$$

Aus diesen drei Formeln läßt sich nun folgende allgemeine Regel über die Division negativer Größen herleiten:

Ein Bruch zweier Zahlen ist eine positive Zahl, wenn Zähler und Nenner des gegebenen Bruches gleiche Vorzeichen haben — und eine negative Zahl, wenn Zähler und Nenner ungleiche oder entgegengesetzte Vorzeichen besitzen. Der Zahlwerth des Bruches ist stets gleich einem Bruch, dessen Zähler der Zahlwerth des gegebenen Zählers und dessen Nenner der Zahlwerth des gegebenen Nenners ist.

Ein Bruch, in welchem Zähler und Nenner gleich Null sind, hat einen unbestimmten Werth.

Das Zeichen

$$\frac{0}{0}$$

bedeutet keine bestimmte Zahl, da es jede Zahl darstellen kann. In der That kann

$$\frac{0}{0} = a$$

jede beliebige Zahl a bedeuten, da

$$0 = a \cdot 0$$

ift. — Es kommt bei der Bestimmung des wahren Werthes von $\dfrac{0}{0}$ darauf an, wie die Null des Zählers und Nenners entstanden ist. Hat man zum Beispiel den Bruch

$$\frac{a \cdot a - b \cdot b}{a - b}$$

deſſen Werth gleich $a + b$ iſt und macht man $b = a$, ſo erſcheint dieſer Bruch in der Form $\dfrac{0}{0}$. Es iſt aber erſichtlich, daß der Bruch in Berückſichtigung ſeiner Entſtehungsweiſe nur den Werth $a + a = 2a$ haben kann. — Sollte dem Leſer der Bruch $\dfrac{0}{0}$ auf=ſtoßen, ſo wird derſelbe gut thun, auf die Entſtehungsweiſe dieſes Bruches Rückſicht zu nehmen; insbeſondere aber den Verſuch zu machen, ob vor der Entſtehung deſſelben Nenner und Zähler durch einen Faktor gehoben werden können.

Vom Dividiren gegebener Ausdrücke.

Es ſeien Z und N zwei Ausdrücke, von denen der erſte durch den zweiten dividirt werden ſoll. Man ordne dieſe Ausdrücke zu=nächſt, wie dieſes bei der Multiplikation gezeigt iſt. Dann unter=ſuche man, wie oft das erſte Glied des Diviſors N in dem erſten Gliede des Dividenden Z enthalten iſt. Geſetzt dieſes wäre a mal, ſo bilde man den Ausdruck

$$r = Z - aN$$

Aus dieſer Gleichung erhält man

$$Z = aN + r$$

oder wenn durch N dividirt wird

$$\frac{Z}{N} = a + \frac{r}{N}$$

Als erſtes Glied des bei der Diviſion des Ausdrucks N in den Ausdruck Z ſich ergebenden Quotienten erhält man demnach a. Den Ausdruck

$$r = Z - aN$$

nennt man den Diviſionsreſt. Iſt der Diviſionsreſt r geordnet, ſo dividire man mit dem Diviſor N in den Reſt r, d. h. unterſuche zunächſt, wie oft das erſte Glied des Diviſors in dem erſten Gliede des Reſtes enthalten iſt u. ſ. w.

Auf dieſem Wege erhält man der Reihe nach die verſchiedenen Glieder des Quotienten

$$\frac{Z}{N}$$

Beispiele.

1) Man soll den Ausdruck

$$N = 2a + 3b - c$$

in den Ausdruck

$$Z = 6aa + 5ab - ac - 6bb + 5bc - cc$$

dividiren.

Da der Dividend und der Divisor schon geordnet sind, so untersuche man, wie oft das erste Glied des Divisors $= 2a$ in dem ersten Gliede des Dividenden $= 6aa$ enthalten ist. Man findet $3a$ mal. Jetzt bilde man

$$r = Z - 3aN = -4ab + 2ac - 6bb + 5bc - cc$$

so ist

$$\frac{Z}{N} = 3a + \frac{-4ab + 2ac - 6bb + 5bc - cc}{2a + 3b - c}$$

Nun sehe man zu, wie oft das erste Glied des Divisors $= 2a$ in dem ersten Gliede des Restes $= -4ab$ enthalten ist; man findet $-2b$ mal. Nun bilde man

$$s = r - (-2b) N = r + 2bN$$
$$= 2ac + 3bc - cc$$

so ist

$$\frac{r}{N} = -2b + \frac{2ac + 3bc - cc}{2a + 3b - c}$$

oder da

$$\frac{Z}{N} = 3a + \frac{r}{N}$$

war,

$$\frac{Z}{N} = 3a - 2b + \frac{2ac + 3bc - cc}{2a + 3b - c}$$

Jetzt untersuche man, wie oft das erste Glied des Divisors $= 2a$ in dem ersten Gliede $= 2ac$ des zweiten Restes $2ac + 3bc - cc$ enthalten ist; man findet c mal. Bildet man nun

$$s - cN = 2ac + 3bc - cc - c(2a + 3b - c)$$

so ergiebt sich Null, d. h. es ist:

$$\frac{s}{N} = c$$

Folglich erhält man

$$\frac{Z}{N} = 3a - 2b + c$$

als den gesuchten Quotienten.

Von der Richtigkeit dieses Resultates überzeugt man sich durch Multiplikation von $3a - 2b + c$ mit $N = 2a + 3b - c$; man erhält nämlich:

$$Z = 6aa + 5ab - ac - 6bb + 5bc - cc =$$
$$(2a + 3b - c)(3a - 2b + c)$$

Die Operation des Dividirens geschieht nun in dem vorliegenden Falle einfacher folgendermaßen:

$$
\begin{array}{l|l}
\text{Dividend} & \text{Divisor} \\
 & 2a + 3b - c \\
\hline
6aa + 5ab - ac - 6bb + 5bc - cc & \text{Quotient} \\
6aa + 9ab - 3ac & 3a - 2b + c \\
\end{array}
$$

$$
\begin{aligned}
\text{Rest} =\quad & -4ab + 2ac - 6bb + 5bc - cc \\
& -4ab \qquad\ - 6bb + 2bc \\
\hline
\text{Rest} =\qquad\quad & 2ac \qquad\qquad + 3bc - cc \\
& 2ac \qquad\qquad + 3bc - cc \\
\hline
\text{Rest} =\qquad\qquad\qquad & \text{Null}
\end{aligned}
$$

Der Quotient ist also:

$$
3a - 2b + c
$$

2) Den Ausdruck $a.a.a + x.x.x$ durch die Summe $a + x$ zu dividiren.

$$
\begin{array}{l|l}
\text{Dividend} & \text{Divisor} \\
 & a + x \\
a.a.a + x.x.x & \\
\hline
a.a.a + a.a.x & \text{Quotient} \\
 & a.a - ax + x.x \\
\end{array}
$$

$$
\begin{aligned}
\text{Rest} = {}& -a.a.x + x.x.x \\
& -a.a.x - a.x.x \\
\hline
\text{Rest} = {}& axx\ +\ xxx \\
& axx\ +\ xxx \\
\hline
\text{Rest} = {}& \text{Null}
\end{aligned}
$$

3) Den Ausdruck

$$
Z = a.a.a.a - 2a.a.x.x + x.x.x.x
$$

durch die Summe

$$
N = a.a - 2ax + x.x
$$

zu dividiren.

$$
\begin{array}{l|l}
\text{Dividend} & \text{Divisor} \\
 & aa - 2ax + xx \\
\hline
aaaa - 2aaxx + xxxx & \text{Quotient} \\
aaaa - 2aaax + aaxx & aa + 2ax + xx \\
\end{array}
$$

$$
\begin{aligned}
\text{Rest} = {}& 2aaax - 3aaxx + xxxx \\
& 2aaax - 4aaxx + 2axxx \\
\hline
\text{Rest} = {}& aaxx - 2axxx + xxxx \\
& aaxx - 2axxx + xxxx \\
\hline
\text{Rest} = {}& \text{Null}
\end{aligned}
$$

4) Die Einheit durch die Differenz $1 - x$ zu dividiren.

$$\begin{array}{c|c}
\text{Dividend} & \text{Divisor} \\
1 & 1 - x \\
\underline{1 - x} & \\
\text{Rest} = \quad x & \text{Quotient} \\
& 1 + x + x.x + x.x.x
\end{array}$$

$$\text{Rest} = \frac{x - x.x}{x\,x}$$

$$\text{Rest} = \frac{x\,x - x\,x\,x}{x\,x\,x}$$

$$\text{Rest} = \frac{x\,x\,x - x\,x\,x\,x}{x\,x\,x\,x}$$

So kann man bei diesem Beispiele die Division fortsetzen und immer neue Glieder des Quotienten erhalten. Es wird aber stets ein Divisionsrest übrigbleiben und daher auch der Divisor niemals in dem Dividenden aufgehen.

5) Die Einheit durch den Ausdruck
$$1 - 2x - x.x$$
zu dividiren.

$$\begin{array}{c|c}
\text{Dividend} & \text{Divisor} \\
1 & 1 - 2x - x\,x \\
\underline{1 - 2x - x\,x} & \\
\text{Rest} = 2x + x\,x & \text{Quotient} \\
\underline{2x - 4x\,x - 2x\,x\,x} & 1 + 2x + 5x\,x + 12x\,x\,x \\
\text{Rest} = \quad 5x\,x + 2x\,x\,x & \quad + 29\,x\,x\,x\,x
\end{array}$$

$$\underline{5x\,x - 10x\,x\,x - 5x\,x\,x\,x}$$

$$\text{Rest} \quad 12x\,x\,x + 5x\,x\,x\,x$$

$$\underline{12x\,x\,x - 24x\,x\,x\,x - 12x\,x\,x\,x\,x}$$

$$\text{Rest} = \quad 29x\,x\,x\,x + 12x\,x\,x\,x\,x$$

$$\underline{29x\,x\,x\,x - 58x\,x\,x\,x\,x - 29x\,x\,x\,x\,x\,x}$$

$$\text{Rest} = \quad 70x\,x\,x\,x\,x + 29x\,x\,x\,x\,x\,x$$

In diesem Falle geht der Divisor ebenfalls nicht in dem Dividenden auf.

6) Die Einheit durch den Ausdruck
$$N = 1 - 2x + 3x\,x - 4x\,x\,x$$
zu dividiren.

Führt man die Division nach der angegebenen Methode aus, so erhält man

$$\text{Quotient} = 1 + 2x + x\,x + 5x\,x\,x\,x + 14x\,x\,x\,x\,x$$

$$\text{Rest} = 13x\,x\,x\,x\,x\,x - 22x\,x\,x\,x\,x\,x\,x + 56x\,x\,x\,x\,x\,x\,x\,x$$

Fünfter Abschnitt.

Von den Potenzen.

Erklärung:

Potenz zweier Zahlen ist ein Produkt von lauter gleichen Faktoren, deren Größe durch die eine der beiden gegebenen Zahlen und deren Anzahl durch die andere bestimmt ist.

Die Größe der einander gleichen Faktoren heißt Basis oder Grundzahl der Potenz; die Anzahl derselben Exponent der Potenz.

Bezeichnungsweise:

Das Produkt von n gleichen Faktoren, deren jeder gleich der Zahl a ist — bezeichnet man durch

$$a^n$$

In der Potenz a^n heißt a die Basis oder Grundzahl, n der Exponent der Potenz.

Das Zeichen a^n wird ausgesprochen

a zur n^{ten} Potenz, oder einfacher

a hoch n

Beispiele:

1) Das Zeichen 2^5 drückt den Werth des Produktes
$$2 \cdot 2 \cdot 2 \cdot 2 \cdot 2 = 32$$ aus; daher ist:
$$2^5 = 32$$

2) Das Zeichen $(^1/_3)^7$ drückt die Zahl aus
$$^1/_3 \cdot {}^1/_3 \cdot {}^1/_3 \cdot {}^1/_3 \cdot {}^1/_3 \cdot {}^1/_3 \cdot {}^1/_3 = {}^1/_{2187}$$
daher ist:
$$(^1/_3)^7 = {}^1/_{2187}$$

3) Das Zeichen $(^2/_5)^3$ bedeutet die Zahl
$$(^2/_5)^3 = {}^2/_5 \cdot {}^2/_5 \cdot {}^2/_5 = {}^8/_{125}$$

Erster Potenzsatz.

I. $$a^{(m+n)} = a^m \cdot a^n$$

d. h. eine Potenz, deren Exponent eine Summe ist, ist

gleich einem Produkt von Potenzen, deren Grundzahlen gleich sind der Grundzahl der gegebenen Potenz und deren Exponenten gleich sind den Summanden des gegebenen Potenzexponenten.

Umgekehrt ist ein Produkt von Potenzen, deren Grundzahlen einander gleich sind — gleich einer Potenz, deren Grundzahl gleich ist der gemeinschaftlichen Grundzahl und deren Exponent gleich ist der Summe aller Potenzexponenten.

Beweis:

Das Zeichen $a^{(m+n)}$ bedeutet nach der Erklärung einer Potenz — das Produkt

$a \cdot a \cdot a \dots \dots a$ und zwar $(m+n)$ solcher Faktoren.

Indem man die ersten m Faktoren a in einander multiplicirt und dann die folgenden n Faktoren a, erhält man

$$a^{(m+n)} = \overbrace{a \cdot a \cdot a \dots a}^{m} \times \overbrace{a \cdot a \cdot a \dots a}^{n}$$

Das Produkt der m Faktoren a, nämlich

$$\overbrace{a \cdot a \cdot a \dots \dots a}^{m}$$

ist nach der Erklärung der Potenz gleich

$$a^{m}$$

Ebenso ist

$$\overbrace{a \cdot a \cdot a \dots a}^{n} = a^{n}$$

daher erhält man:

$$a^{(m+n)} = a^{m} \cdot a^{n}$$

Allgemeiner Zusatz.

$$a^{(n + n_1 + n_2 + \dots)} = a^{n} \cdot a^{n_1} \cdot a^{n_2} \dots$$

Die Beweisführung dieses allgemeineren Potenzsatzes verlangt eine mehrfache Anwendung des Potenzsatzes I. Handelt es sich z. B. darum, die Formel

$$a^{(p+q+r)} = a^{p} \cdot a^{q} \cdot a^{r}$$

zu erweisen, so zerlege man die Summe der drei Summanden $(p+q+r)$ in eine Summe von nur zwei Summanden, nämlich

$$(p+q+r) = [(p+q)+r]$$

Dann ist mit Anwendung des Potenzsatzes 1 zuerst:

$$a^{(p+q+r)} = a^{[(p+q)+r]} = a^{(p+q)} \cdot a^{r}$$

Wird nun die Potenz $a^{(p+q)}$ mittelst des Potenzsatzes I. noch=
mals in das Produkt $a^p \cdot a^q$ zerlegt, so ergiebt sich schließlich:

$$a^{(p+q+r)} = a^p \cdot a^q \cdot a^r$$

Dieser specielle Fall zeigt, wie man zu verfahren hat, um die
Richtigkeit der allgemeineren Formel

$$a^{(n+n_1+n_2+\ldots)} = a^n \cdot a^{n_1} \cdot a^{n_2} \ldots$$

zu erweisen.

Zweiter Potenzsatz.

II. $$a^{(m-n)} = \frac{a^m}{a^n}$$

d. h. eine Potenz, deren Exponent eine Differenz ist, ist
gleich einem Bruch; — dessen Zähler eine Potenz ist,
deren Grundzahl gleich der Grundzahl der gegebenen Potenz
und deren Exponent gleich ist dem Minuend des gege=
benen Potenzexponenten — und dessen Nenner eine Po=
tenz ist, deren Grundzahl der Grundzahl der gegebenen
Potenz und deren Exponent dem Subtrahend des gege=
benen Potenzexponenten gleich ist.

Umgekehrt ist ein Bruch zweier Potenzen mit gemein=
schaftlicher Grundzahl gleich einer Potenz, deren Grund=
zahl gleich ist der gemeinschaftlichen und deren Exponent
gleich ist dem Exponenten des Zählers, vermindert um
den Exponenten des Nenners.

Beweis:

Nach der Erklärung von Differenz zweier Zahlen ist

$$(m-n) + n = m,$$

also, wenn beide Seiten dieser Gleichung als Exponenten zur Grund=
zahl a gesetzt werden, folgt

$$a^{(m-n)+n} = a^m$$

Zerlegt man die linke Seite dieser Gleichung, deren Exponent
die Summe der beiden Größen $(m-n)$ und n ist nach dem I. Po=
tenzsatze in die beiden Factoren $a^{(m-n)}$ und a^n, so ergiebt sich

$$a^{(m-n)} \cdot a^n = a^m$$

Durch Division der vorstehenden Gleichung durch a^n folgt
endlich, was zu beweisen war

$$a^{(m-n)} = \frac{a^m}{a^n}$$

Anmerkung:

Wird in der Gleichung

$$a^{(m-n)} = \frac{a^m}{a^n}$$

die Größe m gleich der Größe n gemacht, so erhält man

$$a^0 = \frac{a^n}{a^n} = 1$$

Das Zeichen a^0 bedeutet demnach die Einheit.

Dritter Potenzsatz.

III. $$(a \cdot b)^n = a^n \cdot b^n$$

d. h. eine Potenz, deren Grundzahl ein Produkt ist, ist gleich einem Produkt von Potenzen, deren Exponenten gleich dem Exponenten der gegebenen Potenz und deren Grundzahlen die Faktoren der gegebenen Grundzahl sind.

Umgekehrt ist ein Produkt von Potenzen, die einen gemeinschaftlichen Exponenten besitzen — gleich einer Potenz, deren Exponent gleich dem gemeinschaftlichen Potenzexponenten und deren Grundzahl das Produkt der gegebenen Grundzahlen ist.

Beweis:

Nach der Erklärung einer Potenz bedeutet das Zeichen $(a \cdot b)^n$ das Produkt

$(a \cdot b) (a \cdot b) (a \cdot b) \ldots (a \cdot b)$ und zwar n solcher Faktoren.

Da nun in Folge des I. Multiplikationssatzes die Faktoren eines Produktes beliebig mit einander vertauscht werden können, so darf man zuerst die n Faktoren a in einander multipliciren, darauf die n Faktoren b und hat endlich noch das Produkt dieser beiden Produkte zu bilden. Man erhält also

$$(a \cdot b)^n = \overbrace{a \cdot a \cdot a \ldots a}^{n} \times \overbrace{b \cdot b \cdot b \ldots b}^{n}$$

Nach der Erklärung der Potenz ist aber

$$\overbrace{a \cdot a \cdot a \ldots a}^{n} = a^n \text{ und eben so}$$

$$\overbrace{b \cdot b \cdot b \ldots b}^{n} = b^n$$

Daher folgt, was zu beweisen war

$$(a \cdot b)^n = a^n \cdot b^n$$

Allgemeiner Zusatz.

$$(a \cdot b \cdot c \ldots)^n = a^n \cdot b^n \cdot c^n \ldots$$

Die Beweisführung dieses verallgemeinerten Potenzsatzes fordert eine öftere Anwendung des III. Potenzsatzes. Es soll hier nur die Richtigkeit der Formel erwiesen werden, wenn die Grundzahl der gegebenen Potenz ein Produkt aus drei Faktoren ist, nämlich

$$(a \cdot b \cdot c)^n = a^n \cdot b^n \cdot c^n$$

Da $(a \cdot b \cdot c) = [(ab) \cdot c]$
so erhält man durch Erhebung beider Seiten auf die n^{te} Potenz

$$(a \cdot b \cdot c)^n = [(ab) \cdot c]^n$$

Wendet man nun zur Umformung der rechten Seite dieser Gleichung den III. Potenzsatz an, so ergiebt sich erstlich

$$(a \cdot b \cdot c)^n = (ab)^n \cdot c^n$$

und dann durch nochmalige Anwendung dieses Satzes, indem für

$(ab)^n$ gesetzt werden darf $a^n \cdot b^n$

$$(a \cdot b \cdot c)^n = a^n \cdot b^n \cdot c^n$$

Auf ähnliche Weise beweist man durch mehrfache Anwendung des Potenzsatzes III. die allgemeinere Gleichung

$$(a \cdot b \cdot c \ldots)^n = a^n \cdot b^n \cdot c^n \ldots$$

Vierter Potenzsatz.

IV. $$\left(\frac{a}{b}\right)^n = \frac{a^n}{b^n}$$

d. h. eine Potenz, deren Grundzahl ein Bruch ist, ist gleich einem Bruch, dessen Zähler eine Potenz ist aus dem Zähler der gegebenen Grundzahl als Grundzahl und mit dem gegebenen Potenzexponenten; und dessen Nenner eine Potenz ist aus dem Nenner der gegebenen Grundzahl als Grundzahl und mit dem gegebenen Potenz= exponenten.

Umgekehrt ist ein Bruch zweier Potenzen mit gemein= schaftlichen Exponenten gleich einer Potenz, deren Expo= nent gleich dem gemeinschaftlichen Potenzexponenten und deren Grundzahl ein Bruch ist, dessen Zähler gleich der Grundzahl des gegebenen Zählers und dessen Nenner gleich der Grundzahl des gegebenen Nenners ist.

Beweis:
Nach der Erklärung eines Bruches oder Quotienten zweier Zahlen ist

$$\left(\frac{a}{b}\right) \cdot b = a$$

Erhebt man beide Seiten dieser Gleichung zur n^{ten} Potenz, so ergiebt sich

$$\left\{\left(\frac{a}{b}\right) \cdot b\right\}^n = a^n$$

Zerlegt man die linke Seite dieser Gleichung, deren Grundzahl das Produkt der beiden Größen $\left(\frac{a}{b}\right)$ und b ist — nach dem III. Potenzsatze in die beiden Faktoren $\left(\frac{a}{b}\right)^n$ und b^n, so erhält man

$$\left(\frac{a}{b}\right)^n \cdot b^n = a^n$$

Diese Gleichung dividire man auf beiden Seiten durch b^n, so folgt endlich

$$\left(\frac{a}{b}\right)^n = \frac{a^n}{b^n}$$

Fünfter Potenzsatz.

$$\text{V.} \qquad a^{m \cdot n} = \left(a^m\right)^n = \left(a^n\right)^m$$

d. h. eine Potenz, deren Exponent ein Produkt zweier Zahlen ist, ist gleich einer Potenz, deren Exponent der eine Faktor des gegebenen Exponenten ist und deren Grundzahl wieder eine Potenz ist, deren Grundzahl gleich der gegebenen Grundzahl und deren Exponent gleich dem zweiten Faktor des gegebenen Potenzexponenten ist.

Umgekehrt ist eine Potenz, deren Grundzahl wieder eine Potenz ist — gleich einer Potenz, deren Grundzahl gleich ist der Grundzahl der gegebenen Grundzahl und deren Exponent ein Produkt ist aus dem Exponenten der gegebenen Potenz und dem Exponenten der gegebenen Grundzahl.

Beweis:

Da nach der Erklärung eines Produktes das Zeichen m . n die Summe

$\underbrace{m + m + m + \dots}_{n}$ und zwar n solcher Summanden bedeutet, so ist

$$a^{m \cdot n} = a^{m + m + m + \dots}$$

Durch Anwendung des verallgemeinerten I. Potenzsatzes erhält man aber die Produktzerlegung

$$\overbrace{a^{m+m+m+\ldots}}^{n} = a^m . a^m . a^m \ldots$$ und zwar n solcher Faktoren a^m

Das Produkt

$$\overbrace{a^m . a^m . a^m \ldots}^{n}$$

ist ferner nach der Erklärung einer Potenz gleich $\left(a^m\right)^n$, also folgt:

$$a^{m.n} = \left(a^m\right)^n$$

In so fern die Faktoren m und n mit einander vertauscht werden können, ist auch

$$a^{m.n} = \left(a^n\right)^m \quad \text{und demnach}$$

$$a^{m.n} = \left(a^m\right)^n = \left(a^n\right)^m$$

Erklärung einer Potenz, deren Exponent eine negative Zahl ist.

Wenn in der Formel des II. Potenzsatzes

$$a^{(m-n)} = \frac{a^m}{a^n}$$

m gleich Null gemacht wird, so erhält man auf der linken Seite eine Potenz, deren Exponent die negative Zahl $-n$ ist; die rechte Seite würde dann gleich $\dfrac{a^o}{a^n} = \dfrac{1}{a^n}$ werden. Die Erklärung einer Potenz, deren Exponent eine negative Zahl ist — erfolgt daher am einfachsten aus dem II. Potenzsatz, indem man dem Zeichen

$$a^{-n} \text{ die Bedeutung von } \frac{1}{a^n}$$

unterlegt.

Die Gültigkeit aller fünf Potenzsätze ist jetzt zu erweisen, wenn als Exponenten der Potenzen auch negative Größen angenommen werden.

I. Potenzsatz.

$$a^{m+n} = a^m \cdot a^n$$

Die Richtigkeit dieses Satzes ist noch zu erweisen, wenn eine der beiden Zahlen m oder n negativ ist, während die andere positiv bleibt — und wenn beide negativ sind.

Ist erstlich m eine positive Zahl und $n = -n'$ eine negative Zahl, so wird entweder $m - n'$ eine positive Zahl sein oder eine negative, deren Zahlwerth gleich $(n' - m)$ ist.

Wenn $m - n'$ positiv, so wird nach dem II. Potenzsatz

$$a^{m+n} = a^{(m-n')} = \frac{a^m}{a^{n'}} = a^m \cdot \frac{1}{a^{n'}}$$

Da aber nach der Erklärung einer Potenz, deren Exponent eine negative Zahl ist

$$a^{-n'} = \frac{1}{a^{n'}}$$

so erhält man

$$a^{m+n} = a^m \cdot a^{-n'} = a^m \cdot a^n$$

wenn m positiv, n negativ und der Zahlwerth von m größer als der Zahlwerth von n ist.

Wenn $m - n'$ negativ, so wird

$$a^{m+n} = a^{-(n'-m)},$$ wo $n' - m$ eine positive Zahl —

daher ist nach der Erklärung einer Potenz mit negativem Exponenten

$$a^{m+n} = \frac{1}{a^{n'-m}}$$

Durch Anwendung des II. Potenzsatzes erhält man für $a^{n'-m}$ den Bruch

$$\frac{a^{n'}}{a^m} \; ; \text{ daher folgt } a^{m+n} = \frac{1}{\left(\dfrac{a^{n'}}{a^m} \right)} = \frac{a^m}{a^{n'}} = a^m \cdot \frac{1}{a^{n'}}$$

Endlich ergiebt sich in Folge der Erklärung

$$\frac{1}{a^{n'}} = a^{-n'}$$

$$a^{m+n} = a^m \cdot a^{-n'} = a^m \cdot a^n$$

wenn m positiv, n negativ und der Zahlwerth von n größer ist als der Zahlwerth von m.

Sind zweitens m und n beide negative Zahlen, nämlich m = — m' und n = — n', so wird mittelst der Erklärung einer Potenz mit negativem Exponenten nach und nach

$$a^{m+n} = a^{-(m'+n')} = \frac{1}{a^{(m'+n')}} = \frac{1}{a^{m'} \cdot a^{n'}}$$

(I. Potenzsatz)

$$= \frac{1}{a^{m'}} \cdot \frac{1}{a^{n'}} = a^{-m'} \cdot a^{-n'} = a^m \cdot a^n$$

Die Richtigkeit des I. Potenzsatzes ist demnach erwiesen, wenn die Zahlen m und n positiv oder negativ sind.

Zweiter Potenzsatz.

$$a^{m-n} = \frac{a^m}{a^n}$$

Die Verallgemeinerung dieses Satzes verlangt noch die Beweis= führung in folgenden Fällen:

a) $\begin{cases} m \\ n \end{cases}$ positiv , m < n

b) $\begin{cases} m \ \text{positiv} \\ n \ \text{negativ} = -n' \end{cases}$

c) $\begin{cases} m \ \text{negativ} = -m' \\ n \ \text{positiv} \end{cases}$

d) $\begin{cases} m \ \text{negativ} = -m' \\ n \ \text{negativ} = -n' \end{cases}$

Im Falle a) ist die Potenz

$$a^{m-n} = a^{-(n-m)} = \frac{1}{a^{n-m}} = \frac{1}{\left(\dfrac{a^n}{a^m}\right)} = \frac{a^m}{a^n}$$

Im Falle b) ist die Potenz

$$a^{m-n} = a^{m+n'} = a^m \cdot a^{n'} = a^m \cdot \frac{1}{\left(\dfrac{1}{a^{n'}}\right)} = \frac{a^m}{a^{-n'}} = \frac{a^m}{a^n}$$

Im Falle c) ist die Potenz

$$a^{m-n} = a^{-(m'+n)} = \frac{1}{a^{(m'+n)}} = \frac{1}{a^{(m'} \cdot a^n}$$

$$= \frac{1}{a^{m'}} \cdot \frac{1}{a^n} = \frac{a^{-m'}}{a^n} = \frac{a^m}{a^n}$$

Im Falle d) ist die Potenz

$$a^{m-n} = a^{(n'-m')}, \text{ wenn } n' > m'$$

$$\text{oder} = a^{-(m'-n')}, \text{ wenn } m' > n'$$

Ist $n' > m'$, so wird

$$a^{m-n} = a^{(n'-m')} = \frac{a^{n'}}{a^{m'}} = \frac{1}{a^{m'}} \cdot a^{n'} = a^{-m'} \cdot a^{n'}$$

$$= a^m \cdot \frac{1}{\left(\dfrac{1}{a^{n'}}\right)} = a^m \cdot \frac{1}{a^{-n'}} = \frac{a^m}{a^n}$$

Ist $m' > n'$, so wird

$$a^{m-n} = a^{-(m'-n')} = \frac{1}{a^{m'-n'}} = \frac{1}{\left(\dfrac{a^{m'}}{a^{n'}}\right)}$$

$$= \frac{\dfrac{1}{a^{m'}}}{\dfrac{1}{a^{n'}}} = \frac{a^{-m'}}{a^{-n'}} = \frac{a^m}{a^n} \cdot$$

Der Potenzsatz II. gilt demnach noch, wenn die beiden Zahlen m und n positiv oder negativ sind.

III. Potenzsatz.

$$(ab)^n = a^n \cdot b^n$$

Die Richtigkeit dieses Satzes ist noch zu erweisen, wenn $n = -n'$ eine negative Zahl ist. Alsdann wird:

$$(ab)^n = (ab)^{-n'} = \frac{1}{(ab)^{n'}} = \frac{1}{a^{n'} \cdot b^{n'}} = \frac{1}{a^{n'}} \cdot \frac{1}{b^{n'}}$$

$$= a^{-n'} \cdot b^{-n'} = a^n \cdot b^n.$$

Der dritte Potenzſatz behält alſo ſeine Gültigkeit, wenn auch der Exponent eine negative Zahl wird.

IV. Potenzſatz.

$$\left(\frac{a}{b}\right)^n = \frac{a^n}{b^n}$$

Wenn $n = -n'$ wird, ſo folgt:

$$\left(\frac{a}{b}\right)^n = \left(\frac{a}{b}\right)^{-n'} = \frac{1}{\left(\frac{a}{b}\right)^{n'}} = \frac{1}{\left(\frac{a^{n'}}{b^{n'}}\right)} = \frac{\left(\frac{1}{a^{n'}}\right)}{\left(\frac{1}{b^{n'}}\right)}$$

$$= \frac{a^{-n'}}{b^{-n'}} = \frac{a^n}{b^n}$$

Alſo gilt der IV. Potenzſatz für poſitive und negative Exponenten.

V. Potenzſatz.

$$a^{m \cdot n} = \left(a^m\right)^n$$

Die Richtigkeit dieſes Satzes iſt noch in folgenden Fällen zu erweiſen

a) $\begin{cases} m \text{ poſitiv} \\ n \text{ negativ} = -n' \end{cases}$

b) $\begin{cases} m \text{ negativ} = -m' \\ n \text{ poſitiv} \end{cases}$

c) $\begin{cases} m \text{ negativ} = -m' \\ n \text{ negativ} = -n' \end{cases}$

Im Falle a) iſt die Potenz

$$a^{m \cdot n} = a^{-m \cdot n'} = \frac{1}{a^{m \cdot n'}} = \frac{1}{\left(a^m\right)^{n'}} = \left(a^m\right)^{-n'}$$

$$= \left(a^m\right)^n$$

Im Falle b) ist die Potenz

$$a^{m \cdot n} = a^{-m' \cdot n} = \frac{1}{a^{m' \cdot n}} = \frac{1}{\left(a^{m'}\right)^n}$$

Wendet man nun den IV. Potenzsatz an, so ergiebt sich

$$\frac{1}{\left(a^{m'}\right)^n} = \left(\frac{1}{a^{m'}}\right)^n \quad \text{und daher}$$

$$a^{m \cdot n} = \left(\frac{1}{a^{m'}}\right)^n = \left(a^{-m'}\right)^n = \left(a^m\right)^n$$

Im Falle c) ist die Potenz

$$a^{m \cdot n} = a^{m' \cdot n'} = \left(a^{m'}\right)^{n'} = \left(\frac{1}{a^{-m'}}\right)^{n'} = \left(\frac{1}{a^m}\right)^{n'}$$

$$= \frac{1}{\left(a^m\right)^{n'}} = \left(a^m\right)^{-n'} = \left(a^m\right)^n$$

Der V. Potenzsatz behält daher seine Gültigkeit, gleichviel ob m und n positive oder negative Zahlen bedeuten.

Anmerkung:

In den so eben bewiesenen Formeln über die Potenzen dürfen die Grundzahlen positive oder negative, ganze oder gebrochene Zahlen — die Exponenten dagegen nur ganze, sowohl positive als auch negative Zahlen sein. — Die Aufstellung von Formeln über die Umformung solcher Potenzen, deren Grundzahlen Summen oder Differenzen sind — von der Form

$$(a + b)^n \quad \text{und} \quad (a - b)^n,$$

desgleichen die Erklärung und Umformung einer Potenz, deren Exponent eine gebrochene Zahl ist — kann erst später an den geeigneten Stellen erfolgen.

Allgemeine Uebersicht der Potenzformeln.

I. $$a^{m+n} = a^m \cdot a^n$$

II. $$a^{m-n} = \frac{a^m}{a^n}; \quad a^0 = 1; \quad a^{-n} = \frac{1}{a^n}$$

III. $\qquad (ab)^n = a^n \cdot b^n$

IV. $\qquad \left(\dfrac{a}{b}\right)^n = \dfrac{a^n}{b^n}$

V. $\qquad a^{m \cdot n} = \left(a^m\right)^n = \left(a^n\right)^m$

m und n sind positive oder negative ganze Zahlen,
a und b positive oder negative, ganze oder gebrochene
Zahlen.

Beispiele zur Potenzrechnung.

1) $\quad \dfrac{\left(ab^2\right)^3 \cdot b^5 c^4}{\left(ab\right)^2 \cdot c^5} = \dfrac{ab^9}{c}$

2) $\quad \dfrac{\left(a^{-2}b\right)^4 \, a^3 b^{-2}}{\left(a^{-3}b^2\right)^2 \, b^{-4}} = ab^2$

3) $\quad \dfrac{\left(a^{-3}b^2\right)^{-1} a^{-3}b^4}{c^{-2} \cdot a^2 c \cdot (abc)^{-3}} = ab^5 c^4$

Durch Ausführung der Potenzbildungen mit Hülfe von fort=
gesetzten Multiplikationen entwickele man die Formeln:

4) $(a + b)^3 = a^3 + 3a^2b + 3ab^2 + b^3$

5) $(2a - b)^3 = 8a^3 - 12a^2b + 6ab^2 - b^3$

6) $(a + b + c)^2 = a^2 + 2ab + b^2 + 2ac + 2bc + c^2$

7) $(a + b + c)^3 = a^3 + 3a^2b + 3ab^2 + b^3 + 3a^2c + 6abc$
$+ 3b^2c + 3ac^2 + 3bc^2 + c^3$

8) $(a + b)^3 (a - b)^2 = a^5 + a^4b - 2a^3b^2 - 2a^2b^3 + ab^4 + b^5$

9) $(a + b)^7 =$
$a^7 + 7a^6b + 21a^5b^2 + 35a^4b^3 + 35a^3b^4 + 21a^2b^5 + 7ab^6 + b^7$

10) $(a + b)^5 (a - b)^5 =$
$a^{10} - 5a^8b^2 + 10a^6b^4 - 10a^4b^6 + 5a^2b^8 - b^{10}$

Durch wirkliche Ausführung der Multiplikationen und Addi=
tionen beweise man die Richtigkeit der folgenden Gleichungen

11) $(a^2 - b^2)^2 + (2ab)^2 = (a^2 + b^2)^2$

12) $(a^3 - 3ab^2)^2 + (3a^2b - b^3)^2 = (a^2 + b^2)^3$

13) $(a^3b + b^4)^3 + (a^4 - 2ab^3)^3 + (2a^3b - b^4)^3 = (a^4 + ab^3)^3$

14) $(a^2 + b^2 + c^2)(x^2 + y^2 + z^2) =$
$(ax + by + cz)^2 + (ay - bx)^2 + (cx - az)^2 + (bz - cy)^2$

Sechster Abschnitt.

Von der Theilbarkeit der Zahlen.

Erklärungen:

Eine ganze Zahl a ist theilbar durch eine zweite ganze Zahl b heißt — die Zahl a ist ein Produkt, dessen einer Faktor gleich b und dessen anderer Faktor eine beliebige ganze Zahl ist.

Wenn also

$$a = nb$$

und n und b ganze Zahlen sind, so ist a sowohl durch b als auch durch n theilbar. — Man sagt in diesem Falle auch, — die Zahl a sei ein Vielfaches der Zahlen b oder n.

Jede ganze Zahl, welche durch keine andere ganze Zahl mit Ausnahme der Einheit theilbar ist — heißt eine Primzahl.

Zwei ganze Zahlen, welche keinen gemeinschaftlichen Faktor außer der Einheit besitzen, heißen relative Primzahlen.

Das kleinste gemeinschaftliche Vielfache mehrerer ganzen Zahlen ist die kleinste aller derjenigen Zahlen, welche durch jede der gegebenen Zahlen theilbar sind.

1. Wenn $a > b$ und a kein Vielfaches von b ist, so kann man a stets in der folgenden Weise darstellen

$$a = nb + c$$

wo $c < b$ ist.

Denn da a selber kein Vielfaches von b ist, so müssen zwei nächste Vielfache von b, nämlich

$$nb \text{ und } (n + 1) b$$

existiren, zwischen denen a liegt, so daß

$$nb < a < (n + 1) b$$

Es muß also sein

$$a = nb + c$$

und zugleich

$$(n + 1) b > nb + c$$

oder

$$b > c, \text{ d. h. } c < b$$

Die Zahl n heißt das größte in dem Bruch $\frac{a}{b}$ enthaltene Ganze, c heißt der Rest. Man nennt auch die Zahl a den Dividendus oder Zähler, b den Divisor oder Nenner, n den Quotienten, c den Divisionsrest.

2. Wenn Zähler und Nenner eines Bruches einen gemeinschaftlichen Faktor haben, so ist auch der Rest durch diesen Faktor theilbar.

Es sei

$$a = nb + c, \quad c < b$$
$$a = m\alpha, \quad b = m\beta$$

so ergiebt sich

$$m\alpha = nm\beta + c$$

oder
$$c = m\alpha - nm\beta = m\,(\alpha - n\beta)$$

d. h. der Rest c besitzt denselben Faktor m, welcher dem Zähler a und dem Nenner b gemeinschaftlich war.

Auf diesem Satze beruht das Verfahren — den größten gemeinschaftlichen Theiler zweier Zahlen a und b zu ermitteln.

Ist nämlich, wie stets angenommen werden kann, a nicht selber ein Vielfaches von b, so muß sein

$$a = nb + c, \quad c < b$$

Da ferner b > c, so kann man b darstellen durch

$$b = n'c + d, \quad d < c, \quad d \geqq o$$

Ist d gleich Null, so ist b ein Vielfaches von c und daher vermöge der Gleichung

$$a = nb + c$$

a ebenfalls ein Vielfaches von c. Es würde also die Zahl c von a und b Theiler sein. Die Zahl c ist auch der größte Theiler von a, weil a — nb = c höchstens durch c theilbar ist.

Ist aber d größer als Null, so muß man, da es kleiner als c ist — haben

$$c = n''d + e, \quad e < d, \quad e \geqq o$$

Wenn e = o, so ist c ein Vielfaches von d. Daher muß vermöge der Gleichung

$$b = n'c + d = n'n''d + d$$

b ein Vielfaches von d sein und zwar haben b und c keinen größeren gemeinschaftlichen Theiler als d, weil b — n'c höchstens durch d theilbar ist. Da ferner

$$a = nb + c$$

so können a und c, sowie a und b höchstens den gemeinschaftlichen Theiler d besitzen.

Ist e aber größer als Null, so kann, da e < d ist — gesetzt werden

$$d = n'''e + f, \quad f < e, \quad f \geqq o$$
$$\text{u. s. f.}$$

Die auf einander folgenden Divisionsreste c, d, e, f, … bilden eine abnehmende Reihe, denn es ist

$$c > d > e > f > \dots.$$

Daher muß einer dieser Reste entweder gleich der Einheit oder gleich Null werden. Findet ersteres statt, so ist die Einheit der größte gemeinschaftliche Theiler aller Reste und zugleich der beiden Zahlen a und b, d. h. die beiden Zahlen a und c haben außer der Einheit keinen gemeinschaftlichen Theiler; ist aber im zweiten Falle einer der Reste gleich Null und der nächst vorhergehende Rest von der Einheit verschieden, so ist dieser nächst vorhergehende Rest gemeinschaftlicher Theiler aller Reste und zugleich der größte gemeinschaftliche Theiler der beiden Zahlen a und b.

Jeder dieser beiden Fälle mag an einem Beispiele erläutert werden.

a) Es soll untersucht werden, ob die beiden Zahlen

$$a = 9126 \text{ und } b = 1309$$

einen gemeinschaftlichen Theiler außer der Einheit besitzen.

Zu dem Ende bilde man durch auf einander folgende Divisionen

$$
\begin{array}{rclrr}
1309 &:& 9126 &=& 6, & \text{Rest } 1272 \\
1272 &:& 1309 &=& 1, & = \quad 37 \\
37 &:& 1272 &=& 34, & = \quad 14 \\
14 &:& 37 &=& 2, & = \quad 9 \\
9 &:& 14 &=& 1, & = \quad 5 \\
5 &:& 9 &=& 1, & = \quad 4 \\
4 &:& 5 &=& 1, & = \quad 1
\end{array}
$$

Da sich unter den Resten der Rest $= 1$ befindet, so haben die beiden Zahlen

$$a = 9126 \text{ und } b = 1309$$

keinen gemeinschaftlichen Theiler mit Ausnahme der Einheit.

b) Den größten gemeinschaftlichen Theiler der beiden Zahlen

$$a = 517517 \text{ und } b = 146783$$

anzugeben.

Man bilde nach und nach durch Ausführung von Divisionen

$$
\begin{array}{rclrr}
146783 &:& 517517 &=& 3, & \text{Rest } 77168 \\
77168 &:& 146783 &=& 1, & = \quad 69615 \\
69615 &:& 77168 &=& 1, & = \quad 7553 \\
7553 &:& 69615 &=& 9, & = \quad 1638 \\
1638 &:& 7553 &=& 4, & = \quad 1001 \\
1001 &:& 1638 &=& 1, & = \quad 637 \\
637 &:& 1001 &=& 1, & = \quad 364 \\
364 &:& 637 &=& 1, & = \quad 273 \\
273 &:& 364 &=& 1, & = \quad 91 \\
91 &:& 273 &=& 3, & = \quad 0
\end{array}
$$

Da sich unter den Divisionsresten der Rest Null befindet, so müssen die beiden gegebenen Zahlen

$$a = 517517 \text{ und } b = 146783$$

der Rest 91, welcher zunächst dem Rest „Null" voraufgeht — zum größten gemeinschaftlichen Theiler haben. In der That findet man

$$a = 517517 = 91 \cdot 5687$$
$$b = 146783 = 91 \cdot 1613$$

3. Es soll zu zwei Zahlen a, b oder zu mehreren Zahlen a, b, c, d, ... das kleinste gemeinschaftliche Vielfache aufgefunden werden.

Handelt es sich zunächst um die beiden Zahlen a und b, so untersuche man, ob dieselben einen gemeinschaftlichen Theiler besitzen. Es sei t der größte gemeinschaftliche Theiler der beiden Zahlen a und b, so hat man

$$a = t\alpha$$
$$b = t\beta$$

und es haben α und β außer der Einheit keinen gemeinschaftlichen Faktor. Dann ist

$$t\alpha\beta$$

das kleinste gemeinschaftliche Vielfache zu den beiden Zahlen a und b. Denn existirte ein noch kleineres gemeinschaftliches Vielfaches der beiden Zahlen a und b, welches durch V bezeichnet werden mag und welches als das kleinste gemeinschaftliche Vielfache der Zahlen a und b gelten soll, so muß V jedenfalls Theiler von $t\alpha\beta$ sein. Fände dieses nicht statt, so wäre

$$t\alpha\beta = mV + V', \text{ wo } V' < V$$

Da nun $t\alpha\beta = a\beta = b\alpha$ ein gemeinschaftliches Vielfaches von a und b ist, eben so V, so muß auch V' ein gemeinschaftliches Vielfaches der Zahlen a und b sein; gegen die Voraussetzung, nach welcher $V > V'$ das kleinste gemeinschaftliche Vielfache der beiden Zahlen a und b ist.

Es kann daher V nur Theiler von $t\alpha\beta$ sein oder es ist

$$t\alpha\beta = mV$$

d. h.

$$a\beta = mV, \text{ oder } \beta = m \frac{V}{a}$$

und

$$b\alpha = mV, \text{ oder } \alpha = m \frac{V}{b}$$

Da nun $\frac{V}{a}$ und $\frac{V}{b}$ ganze Zahlen sind, weil V ein gemeinschaftliches Vielfaches zu a und b ist — so haben β und α den gemeinschaftlichen Theiler m, welches nach der Voraussetzung nicht möglich ist. Also muß

$$t\alpha\beta$$

das kleinste gemeinschaftliche Vielfache zu den beiden Zahlen a und b sein. —

Soll man zu drei Zahlen a, b, c das kleinste gemeinschaftliche Vielfache bilden, so suche man zuerst zu a und b das kleinste gemeinschaftliche Vielfache $= V$ und dann zu V und c das kleinste gemeinschaftliche Vielfache $= V'$, so muß V' das kleinste gemeinschaftliche Vielfache der Zahlen a, b, c sein. Existirte nämlich ein kleineres gemeinschaftliches Vielfaches als V', $= V''$, welches wir als kleinstes gemeinschaftliches Vielfaches der Zahlen a, b, c annehmen wollen, so müßte ähnlich wie vorher

$$V' = nV''$$

sein. Nimmt man nun an, daß V und c den größten gemeinschaftlichen Theiler t' besitzen, so würde

$$V = t'v$$
$$c = t'\gamma$$

gesetzt werden können, wo v und γ relative Primzahlen sind und es würde wie vorher

$$V' = t'v\gamma$$

sein. Da nun V'' das kleinste gemeinschaftliche Vielfache zu den Zahlen V und c sein soll, so müssen V und c Theiler von V'' sein. Man findet daher

$$\frac{V'}{V} = \frac{t'v\gamma}{t'v} = \gamma = n\,\frac{V''}{V}$$

$$\frac{V'}{c} = \frac{t'v\gamma}{t'\gamma} = v = n\,\frac{V''}{c}$$

Also müßten, da $\frac{V''}{V}$ und $\frac{V''}{c}$ ganze Zahlen sind, gegen die Voraussetzung v und γ den gemeinschaftlichen Theiler n besitzen. Es existirt daher zu den drei Zahlen a, b, c kein kleineres gemeinschaftliches Vielfaches als

$$V' = t'v\gamma$$

Auf diese Weise kann man fortfahren und zu vier gegebenen Zahlen das kleinste gemeinschaftliche Vielfache bestimmen, indem man erst zu drei Zahlen das kleinste gemeinschaftliche Vielfache sucht und zu diesem kleinsten gemeinschaftlichen Vielfachen und der vierten Zahl wieder das kleinste gemeinschaftliche Vielfache. Letzteres ist dann zugleich zu den vier gegebenen Zahlen das kleinste gemeinschaftliche Vielfache — u. s. f.

Es soll des Beispiels wegen zu den fünf Zahlen
$$20,\ 63,\ 135,\ 264,\ 968$$
das kleinste gemeinschaftliche Vielfache gefunden werden. Die beiden ersten Zahlen 20 und 63 haben keinen gemeinschaftlichen Theiler, also ist ihr Produkt $= 1260$ das kleinste gemeinschaftliche Vielfache dieser Zahlen. Dieses Vielfache hat mit der dritten Zahl 135 den größten gemeinschaftlichen Theiler $= 45$ und man erhält

$$1260 = 45\,.\,28$$
$$135 = 45\,.\,3$$

Daher ist

$$45 \cdot 28 \cdot 3 = 3780$$

das größte gemeinschaftliche Vielfache der Zahlen 20, 63, 135. Dieses Vielfache hat mit der vierten Zahl 264 den größten gemeinschaftlichen Theiler $= 12$ und es ist

$$3780 = 12 \cdot 315$$
$$264 = 12 \cdot 22$$

Daher ist

$$12 \cdot 315 \cdot 22 = 83160$$

das kleinste gemeinschaftliche Vielfache der Zahlen 20, 63, 135, 264. Da ferner der größte gemeinschaftliche Theiler der beiden Zahlen 83160 und 968 gleich 88 und

$$83160 = 88 \cdot 945$$
$$968 = 88 \cdot 11$$

ist, so ist

$$88 \cdot 945 \cdot 11 = 914760$$

das kleinste gemeinschaftliche Vielfache zu den Zahlen

$$20,\ 63,\ 135,\ 264,\ 968$$

4. Wenn eine Zahl Z sich in die beiden Produkte

$$Z = ap = bq$$

zerlegen läßt, in welchen p und q relative Primzahlen bedeuten, so sind

$$\frac{a}{q} \quad \text{und} \quad \frac{b}{p}$$

ganze Zahlen.

Beweis:

Das kleinste gemeinschaftliche Vielfache der beiden relativen Primzahlen p und q ist pq. Nun ist aber Z ein gemeinschaftliches Vielfaches der Zahlen p und q, da $\dfrac{Z}{p} = a$ und $\dfrac{Z}{q} = b$ ganze Zahlen sind; also muß Z ein Vielfaches von pq oder durch pq theilbar sein. Es sind also

$$\frac{ap}{pq} = \frac{a}{q}$$

und

$$\frac{bq}{pq} = \frac{b}{p}$$

wie behauptet wurde, ganze Zahlen.

Setzt man $\dfrac{a}{q} = n$ oder $a = nq$, so folgt aus der Gleichung $ap = bq$ von selber $b = np$.

Wenn also

$$ap = bq$$

ist und p, q relative Primzahlen sind, so darf stets gesetzt werden

$$a = nq$$
$$b = np$$

5. Wenn die Zahl α mit keiner der Zahlen a, b, c, d, ... einen gemeinschaftlichen Theiler besitzt, so hat dieselbe auch keinen gemeinschaftlichen Theiler mit dem Produkt der gegebenen Zahlen abcd ...

Beweis:

Hätte das Produkt abcd ... mit der Zahl α einen gemeinschaftlichen größten Theiler t, so würde sein

$$abcd \ldots = mt$$
$$\alpha \quad = nt$$

Nun können aber a und t keinen gemeinschaftlichen Theiler haben, weil derselbe auch die Zahl $\alpha = nt$ theilen müßte — gegen die Voraussetzung, nach welcher a und α keinen gemeinschaftlichen Theiler haben. Also sind a und t relative Primzahlen. Daher muß

$$\frac{bcd \ldots}{t} = \frac{m}{a} = m'$$

nach dem vorhergehenden Satze eine ganze Zahl sein.

Demnach ist:

$$bcd \ldots = m't$$
$$\alpha \quad = nt$$

wo m' und n relative Primzahlen sind, da $m = am'$ und n relative Primzahlen waren.

Jetzt darf b mit t keinen gemeinschaftlichen Faktor haben, weil sonst dieser Faktor Theiler von $\alpha = nt$ wäre und demnach b und α keine relativen Primzahlen gegen die Voraussetzung sein würden. Folglich, da b und t relative Primzahlen sind — muß

$$\frac{cd \ldots}{t} = \frac{m'}{b} = m''$$

eine ganze Zahl sein, welche relative Primzahl zu n ist, da $m' = m''b$ relative Primzahl zu n war. Auf diese Weise kann man fortfahren und zeigen, daß das Produkt

$$abcd \ldots$$

nach Wegstreichung beliebig vieler vorderen Faktoren immer noch durch t theilbar sein muß. Streicht man nun alle Faktoren weg, so muß die als Faktor übrigbleibende Einheit noch durch t theilbar sein, d. h. es muß $t = 1$ sein. Also hat das Produkt abcd ... mit α außer der Einheit keinen gemeinschaftlichen Faktor.

Sind demnach

$$\frac{a}{\alpha}, \quad \frac{b}{\alpha}, \quad \frac{c}{\alpha}, \quad \frac{d}{\alpha} \ldots$$

Brüche, von denen keiner sich heben läßt, so kann auch der Bruch

$$\frac{abcd\ldots}{\alpha}$$

oder der folgende

$$\frac{abcd\ldots}{\alpha \cdot \alpha}$$

$$\text{u. s. w.}$$

nicht durch Heben verkleinert werden.

Ist ferner jede der Zahlen

$$a, \; b, \; c, \; d, \; \ldots$$

relative Primzahl zu jeder der Zahlen

$$\alpha, \; \beta, \; \gamma, \; \delta, \; \ldots$$

so sind die Produkte

$$abcd\ldots, \; \alpha\beta\gamma\delta\ldots$$

ebenfalls relative Primzahlen.

6. **Die Anzahl aller überhaupt existirenden Primzahlen ist unendlich groß.**

Beweis:

Gesetzt, es existirten nur die n Primzahlen

$$p_1, \; p_2, \; p_3, \; \ldots \; p_n$$

so ist die Zahl

$$1 + p_1 p_2 p_3 \ldots p_n = Z$$

durch keine der Primzahlen p_1, p_2, p_3, $\ldots$ p_n theilbar. Entweder ist daher Z selber eine $(n + 1)^{\text{te}}$ Primzahl oder es läßt sich Z in einfache oder Prim=Faktoren zerlegen, welche von den Zahlen p_1, p_2, $\ldots$ p_n verschieden sind und daher andere Primzahlen darstellen. Auf diese Weise kann man die Anzahl der Primzahlen beliebig erweitern. Daher ist die Anzahl aller Primzahlen ohne Grenze, d. h. es existiren unendlich viele Primzahlen.

Anmerkung.

Unter n auf einander folgenden Zahlen befinden sich im Allgemeinen um so weniger Primzahlen, je größer die n Zahlen sind, — d. h. die Dichtigkeit der Primzahlen nimmt im Allgemeinen mit der Größe der Zahlen selber ab. Dieses rührt daher, daß mit der Größe der Zahlen zugleich die Anzahl der Primzahlen, d. i. die Anzahl der Theiler vermehrt wird.

Die folgende Tafel enthält die 200 ersten Primzahlen in der natürlichen Reihenfolge; der Buchstab n bedeutet hierbei die Nummer der beigesetzten Primzahl p.

n	p	n	p	n	p	n	p	n	p	n	p	n	p	n	p
1	2	26	101	51	233	76	383	101	547	126	701	151	877	176	1049
2	3	27	103	52	239	77	389	102	557	127	709	152	881	177	1051
3	5	28	107	53	241	78	397	103	563	128	719	153	883	178	1061
4	7	29	109	54	251	79	401	104	569	129	727	154	887	179	1063
5	11	30	113	55	257	80	409	105	571	130	733	155	907	180	1069
6	13	31	127	56	263	81	419	106	577	131	739	156	911	181	1087
7	17	32	131	57	269	82	421	107	587	132	743	157	919	182	1091
8	19	33	137	58	271	83	431	108	593	133	751	158	929	183	1093
9	23	34	139	59	277	84	433	109	599	134	757	159	937	184	1097
10	29	35	149	60	281	85	439	110	601	135	761	160	941	185	1103
11	31	36	151	61	283	86	443	111	607	136	769	161	947	186	1109
12	37	37	157	62	293	87	449	112	613	137	773	162	953	187	1117
13	41	38	163	63	307	88	457	113	617	138	787	163	967	188	1123
14	43	39	167	64	311	89	461	114	619	139	797	164	971	189	1129
15	47	40	173	65	313	90	463	115	631	140	809	165	977	190	1151
16	53	41	179	66	317	91	467	116	641	141	811	166	983	191	1153
17	59	42	181	67	331	92	479	117	643	142	821	167	991	192	1163
18	61	43	191	68	337	93	487	118	647	143	823	168	997	193	1171
19	67	44	193	69	347	94	491	119	653	144	827	169	1009	194	1181
20	71	45	197	70	349	95	499	120	659	145	829	170	1013	195	1187
21	73	46	199	71	353	96	503	121	661	146	839	171	1019	196	1193
22	79	47	211	72	359	97	509	122	673	147	853	172	1021	197	1201
23	83	48	223	73	367	98	521	123	677	148	857	173	1031	198	1213
24	89	49	227	74	373	99	523	124	683	149	859	174	1033	199	1217
25	97	50	229	75	379	100	541	125	691	150	863	175	1039	200	1223

7. Es sei p eine Primzahl und a eine durch p nicht theilbare Zahl. Man dividire der Reihe nach die Potenzen

$$a^0, \; a^1, \; a^2, \; a^3, \; \ldots \; a^n$$

durch p und bezeichne die Divisionsreste beziehlich durch:

$$1, \; a_1, \; a_2, \; a_3, \; \ldots \; a_n$$

so müssen a_1, a_2, a_3, ... a_n sämmtlich kleiner als p sein. Ferner sind alle diese Reste von Null verschieden; denn es ist a durch p nicht theilbar, also ist p auch nicht Theiler von a^2, a^3, ... a^n. Daher müssen unter p auf einander folgenden Resten mindestens zwei einander gleiche Reste sein. Es seien

$$a_{\lambda + \mu} \quad \text{und} \quad a_\lambda$$

zwei einander gleiche Reste, so muß $a^{\lambda + \mu}$ durch p getheilt den= selben Rest geben, als wenn a^λ durch p getheilt wird; d. h. die Differenz

$$a^{\lambda + \mu} - a^\lambda$$

ist durch p ohne Rest theilbar. Da aber

$$a^{\lambda+\mu} - a^{\lambda} = a^{\lambda}\left(a^{\mu}-1\right)$$

ift, so muß auch $a^{\lambda}\left(a^{\mu}-1\right)$ durch p ohne Reft sich theilen laffen. Da ferner a^{λ} durch p nicht getheilt werden kann, so muß der andere Faktor

$$a^{\mu}-1$$

ohne Reft durch p getheilt werden. — Verfteht man von jetzt ab unter μ die kleinfte derjenigen Zahlen, für welche $a^{\mu}-1$ durch p ohne Reft theilbar ift, so kommen in der Reihe der Potenzen

$$1,\ a,\ a^2,\ a^3,\ \text{u. f. w.}$$

überhaupt nur die folgenden Refte nach dem Divifor p vor:

Refte $\qquad 1,\ a_1,\ a_2,\ a_3,\ \ldots\ a_{\mu-1}$

Denn die Potenzen a^{μ}, $a^{\mu+1}$, $a^{\mu+2}$, $\ldots$ haben durch p getheilt beziehlich diefelben Refte, wie die Potenzen $1,\ a,\ a^2,\ \ldots$, weil die Unterfchiede

$$a^{\mu}-1$$
$$a^{\mu+1}-a = a\left(a^{\mu}-1\right)$$
$$a^{\mu+2}-a^2 = a^2\left(a^{\mu}-1\right)$$
$$\text{u. f. w.}$$

durch p ohne Reft theilbar find.

Unter den $p-1$ Zahlen

$$1,\ 2,\ 3,\ \ldots\ p-2,\ p-1$$

find alfo nur die folgenden μ Zahlen

$$1,\ a_1,\ a_2,\ \ldots\ a_{\mu-1}$$

Refte nach dem Divifor p in der Reihe der Potenzen

$$1,\ a,\ a^2,\ a^3,\ a^4,\ \ldots.$$

Es befinden fich daher unter den Zahlen

$$1,\ 2,\ 3,\ \ldots\ p-2,\ p-1$$

noch $(p-1-\mu)$ Zahlen, welche keine Refte oder Nichtrefte von den Potenzen $1,\ a,\ a^2,\ a^3,\ a^4,\ \ldots$ nach dem Divifor p find. Diefe Nichtrefte follen in $(n-1)$ Gruppen zerlegt werden

$$\text{I.} \qquad b'_1,\ b'_2,\ b'_3,\ \ldots$$
$$\text{II.} \qquad b''_1,\ b''_2,\ b''_3,\ \ldots$$
$$\text{III.} \qquad b'''_1,\ b'''_2,\ b'''_3,\ \ldots$$
$$\text{u. f. w.}$$
$$(N-1). \qquad b_1^{N-1},\ b_2^{N-1},\ b_3^{N-1},\ \ldots$$

Die Art und Weife der Zutheilung der Nichtrefte in diefe einzelne Gruppen kann folgendermaßen erläutert werden. Ift b_1

ein beliebiger Nichtrest, so kann ein zweiter Nichtrest gefunden werden, indem man b_1 mit a multiplizirt und zu dem Produkt nach dem Divisor p den Rest sucht. Es sei dieser Rest b_2, so ist b_2 Nichtrest zu den Potenzen 1, a, a^2, a^3, ... nach dem Divisor p.

Denn wäre b_2 Rest nach p zur Potenz a^x, so müßte

$$a^x - b_2$$

durch p theilbar sein, eben so

$$ab_1 - b_2,$$

weil b_2 der Rest von ab_1 nach p war. Also müßte auch der Unterschied dieser Differenzen, nämlich

$$a^x - ab_1 = a\left(a^{x-1} - b_1\right)$$

durch p theilbar sein. Nun theilt aber p den Faktor a nicht; also müßte

$$a^{x-1} - b_1$$

durch p gegen die Voraussetzung theilbar sein, nach welcher b_1 Nichtrest ist. Daher muß auch b_2, d. i. der Rest von ab_1 nach p Nichtrest zu den Potenzen 1, a, a^2, a^3, ... sein.

Auf ähnliche Weise kann man zeigen, daß die Reste von $a^2 b_1$, $a^3 b_1$, ... nach p, welche beziehlich durch b_3, b_4, ... bezeichnet werden mögen, Nichtreste zu den Potenzen von a sind. Diese Reihe der Nichtreste b_1, b_2, b_3, b_4, ... erschöpft sich aber, denn es ist $b_{\mu+1}$ derselbe Nichtrest wie b_1; $b_{\mu+1}$ ist nämlich der Rest von $a^\mu b_1$ nach p; ferner ist $a^\mu = 1 + mp$, weil $a^\mu - 1$ durch p theilbar ist — daher wird $b_{\mu+1}$ gleich dem Rest von $(1+mp)b_1$ $= b_1 + mb_1 p$ nach dem Divisor p, d. h. $b_{\mu+1} = b_1$. Auf ähnliche Weise läßt sich zeigen, daß $b_{\mu+2} = b_2$; $b_{\mu+3} = b_3$; ... sein muß. — Die von einander verschiedenen Nichtreste

$$b_1, b_2, b_3, \ldots b_\mu$$

sollen nun zu einer Gruppe der Nichtreste gehören.

Theilt man demnach alle von einander verschiedenen $(p-1-\mu)$ Nichtreste in $(n-1)$ Gruppen, so muß, da jede Gruppe μ unter sich verschiedene Nichtreste enthält, die Zahl dieser Nichtreste

$$p - 1 - \mu = (n-1)\mu$$

sein. Aus dieser Gleichung findet man

$$n\mu = p - 1$$

d. h. $p-1$ muß ein Vielfaches zu μ sein.

Es war nun, wenn λ eine beliebige Zahl bedeutet

$$a^\lambda \left(a^\mu - 1\right) = a^{\lambda+\mu} - a^\lambda$$

durch p theilbar, weil $\left(a^{\mu}-1\right)$ durch p theilbar ist. Daher muß allgemein der Rest $a_{\lambda+\mu}$ gleich dem Rest a_{λ} sein. Da nun $a_{\mu}=1$ war, so folgt, wenn $\lambda=\mu$ gesetzt wird — aus der Gleichung

$$a_{\lambda+\mu}=a_{\mu}$$

die folgende

$$a_{2\mu}=a_{\mu}=1$$

Setzt man dagegen $\lambda=2\mu$, so folgt

$$a_{3\mu}=a_{2\mu}=1$$

Auf diese Weise findet man

$$a_{n\mu}=1$$

oder weil

$$n\mu=p-1$$

war, so folgt

$$a_{p-1}=1$$

d. h. die Differenz $a^{p-1}-1$ ist ohne Rest durch p theilbar, wenn p eine Primzahl ist und a durch p nicht getheilt wird. Bedeutet ferner μ die kleinste aller Zahlen, für welche $a^{\mu}-1$ ohne Rest durch p theilbar ist, so muß μ ein Theiler von $(p-1)$ sein.

8. Wenn wieder μ die kleinste aller derjenigen Zahlen bedeutet, für welche $a^{\mu}-1$ durch p theilbar ist, so ist

$$a^{p\mu}-1 \text{ theilbar durch } p^{2}$$
$$a^{p^{2}\mu}-1 \quad \text{„} \quad \text{„} \quad p^{3}$$
$$a^{p^{3}\mu}-1 \quad \text{„} \quad \text{„} \quad p^{4}$$
$$\text{u. s. w.}$$
$$a^{p^{n-1}\mu}-1 \text{ theilbar durch } p^{n}$$

Beweis:

Da $a^{\mu}-1$ durch p theilbar ist, so muß auch, wenn s eine beliebige Zahl bedeutet — das Produkt

$$[1+a^{\mu}+a^{2\mu}+\ldots+a^{(s-1)\mu}]\,[a^{\mu}-1]=a^{s\mu}-1$$

durch p theilbar sein. Es läßt demnach die Potenz $a^{s\mu}$ durch p getheilt den Rest 1. Also lassen die Zahlen

$$1$$
$$1 + a^\mu$$
$$1 + a^\mu + a^{2\mu}$$
$$1 + a^\mu + a^{2\mu} + a^{3\mu}$$
$$\text{u. f. w.}$$
$$1 + a^\mu + a^{2\mu} + a^{3\mu} + \ldots + a^{(s-1)\mu}$$

der Reihe nach durch p dividirt beziehlich die Reste 1, 2, 3, 4, . . . s; — daher ist

$$1 + a^\mu + a^{2\mu} + \ldots + a^{(p-1)\mu}$$

durch p theilbar; folglich muß das Produkt

$$[1 + a^\mu + a^{2\mu} + \ldots a^{(p-1)\mu}] \; [a^\mu - 1] = a^{p\mu} - 1$$

in welchem jeder der beiden Faktoren der linken Seite durch p theilbar ist — durch p^2 theilbar sein. Es ist demnach

$$a^{p\mu} - 1$$

durch p^2 theilbar.

Leicht läßt sich nun zeigen, daß auch — wenn s eine beliebige Zahl ist

$$a^{sp\mu} - 1$$

durch p^2 theilbar ist. Hieraus folgt, daß die Zahlen

$$1$$
$$1 + a^{p\mu}$$
$$1 + a^{p\mu} + a^{2p\mu}$$
$$1 + a^{p\mu} + a^{2p\mu} + a^{3p\mu}$$
$$\text{u. f. w.}$$
$$1 + a^{p\mu} + a^{2p\mu} + \ldots a^{(s-1)p\mu}$$

der Reihe nach durch p^2 dividirt beziehlich die Reste 1, 2, 3, 4, . . . s geben. Also muß

$$1 + a^{p\mu} + a^{2p\mu} + \ldots a^{(p-1)p\mu}$$

durch p theilbar sein; folglich muß das Produkt

$$[1 + a^{p\mu} + a^{2p\mu} + \ldots a^{(p-1)p\mu}] \; [a^{p\mu} - 1] = a^{p^2\mu} - 1$$

in welchem der erste Faktor der linken Seite durch p, der zweite dagegen durch p^2 theilbar ist — durch p^3 theilbar sein. Es ist demnach

$$a^{p^2\mu} - 1$$

durch p^3 theilbar.

Auf die hier angegebene Weise kann man den Beweis fortsetzen und man erhält so das allgemeine Resultat, daß wenn p eine Primzahl und a nicht durch p theilbar ist, wenn ferner $a^\mu - 1$ durch p ohne Rest getheilt wird — die Differenz

$$a^{p^{n-1}\mu} - 1$$

durch p^n ohne Rest theilbar ist.

9. Existirt keine kleinere Zahl für μ als $p - 1$, so ist stets

$$a^{\frac{p-1}{2}} + 1$$

durch p ohne Rest theilbar, ausgenommen für $p = 2$, denn es ist jede andere Primzahl als 2 ungerade; daher ist $p - 1 = 2\frac{p-1}{2}$, wo $\frac{p-1}{2}$ eine ganze Zahl ist. Nun ist

$$a^{2 \cdot \frac{p-1}{2}} - 1 = \left(a^{\frac{p-1}{2}} + 1\right)\left(a^{\frac{p-1}{2}} - 1\right)$$

durch p theilbar. Da aber nach der Annahme der Faktor

$$a^{\frac{p-1}{2}} - 1$$

in welchem der Exponent $\frac{p-1}{2}$ kleiner als $(p - 1)$ ist — nicht durch p getheilt wird, so muß der andere Faktor

$$a^{\frac{p-1}{2}} + 1$$

durch p theilbar sein.

In der Theorie der periodischen Decimalbrüche kann man von den so eben bewiesenen Sätzen Anwendung machen.

Entwickelt man z. B. den Bruch $\frac{a}{p}$ in einen Decimalbruch, so umfaßt die Periode höchstens $(p - 1)$ Ziffern und in allen Fällen kehren nach $(p - 1)$ Decimalziffern dieselben Decimalziffern wieder. Ist nämlich $a < p$, so hat man a als ersten Rest anzusehen. Der p^{te} Rest ist dann gleich dem Rest, welchen man durch Division von p in $a \, 10^{p-1}$ erhält, d. h. gleich dem Rest, welchen man durch Division von p in $a\left(10^{p-1} - 1\right) + a$ erhält. Ist nun p eine von 2 und 5 verschiedene Primzahl, so ist $10^{p-1} - 1$ durch p theilbar. Daher ist der p^{te} Divisionsrest gleich dem ersten

Rest u. s. f. Die Decimalziffern hängen aber von den augenblick=
lichen Resten ab und es entsprechen gleichen Resten auch gleiche
Decimalziffern. Daher muß die erste gleich der p^{ten} Decimalziffer
sein; die zweite gleich der $(p+1)^{ten}$ u. s. f.

Die Periode eines Decimalbruches $\dfrac{1}{p}\left(\text{oder } \dfrac{a}{p}\right)$ enthält stets
$p-1$ Decimalziffern, wenn

$$10^{\frac{p-1}{2}} + 1$$

durch p theilbar ist, und es ist in diesem Falle die Summe einer
beliebigen n^{ten} Ziffer und der $n+\dfrac{p-1}{2}^{ten}$ Ziffer gleich 9. Um so=
gleich den letzteren Theil der Behauptung zu erweisen, nehme man
als s^{ten} Rest die Zahl m an, so erhält man die s^{te} Decimalziffer
gleich der größten in dem Bruch $\dfrac{10\,m}{p}$ steckenden ganzen Zahl; diese
sei gleich $\varkappa$ und der folgende Rest gleich m', so muß

$$10\,m = \varkappa\, p + m'$$

sein. Der s^{te} Rest m ist aber gleich dem Divisionsrest des Bruches

$$\frac{10^{s-1}}{p}$$

Ferner ist der $s+\dfrac{p-1}{2}^{te}$ Rest gleich dem Divisionsrest des Bruches

$$\frac{10^{s-1+\frac{p-1}{2}}}{p}$$

Bezeichnet man diesen $s+\dfrac{p-1}{2}^{ten}$ Rest durch m_1, so muß

$$\frac{10^{s-1+\frac{p-1}{2}} - m_1}{p} = Z_1$$

eine ganze Zahl sein; eben so muß

$$\frac{10^{s-1} - m}{p} = Z$$

eine ganze Zahl sein. Daher muß

$$Z + Z_1 = \frac{10^{s-1} + 10^{s-1+\frac{p-1}{2}} - (m + m_1)}{p}$$

$$= 10^{s-1}\frac{\left(1 + 10^{\frac{p-1}{2}}\right)}{p} - \frac{m + m_1}{p}$$

eine ganze Zahl sein. Nun ist aber nach der Voraussetzung

$$\frac{1 + 10^{\frac{p-1}{2}}}{p}$$ eine ganze Zahl, also muß auch

$$\frac{m + m_1}{p}$$

eine ganze Zahl sein. Da aber m und m_1 kleiner als p sind und daher $m + m_1 < 2p$, so kann $\frac{m + m_1}{p}$ nur gleich der Einheit sein, d. h.

$$m + m_1 = p, \text{ oder } m_1 = p - m$$

Es ist daher die Summe des s^{ten} und $s + \frac{p-1}{2}^{\text{ten}}$ Restes gleich p. Die $s + \frac{p-1}{2}^{\text{te}}$ Decimalziffer wird gefunden, indem man den $s + \frac{p-1}{2}^{\text{ten}}$ Rest m_1 mit 10 multiplicirt und die größte in dem Bruch

$$\frac{10\,m_1}{p}$$

steckende ganze Zahl sucht; diese sei $= x_1$ und m'_1 der folgende Rest, so hat man

$$10\,m_1 = x_1 p + m'_1$$

Addirt man zu dieser die oben aufgestellte Gleichung

$$10\,m = x p + m'$$

so ergiebt sich

$$10\,(m + m_1) = (x + x_1)\,p + m' + m'_1$$

Da aber $m + m_1 = p$; $m' + m'_1 = p$ war, so folgt

$$10\,p = (x + x_1)\,p + p$$

d. h.

$$x + x_1 = 9$$

Also ist die Summe der s^{ten} und der $s + \frac{p-1}{2}^{\text{ten}}$ Decimalziffer gleich 9, wenn

$$10^{\frac{p-1}{2}} + 1$$

durch p theilbar ist. Hieraus folgt nun ganz von selbst, daß die Periode des Decimalbruchs $(p-1)$ Ziffern umfassen muß, — denn es ist offenbar auch die Summe der $\left(s + \frac{p-1}{2}\right)^{\text{ten}}$ und der $(s + p - 1)^{\text{ten}}$ Decimalziffer gleich 9; d. h. die $(s + p - 1)^{\text{te}}$ Decimalziffer ist gleich der s^{ten}.

10. Versteht man in der Folge unter p eine solche Primzahl, welche die Summe

$$10^{\frac{p-1}{2}} + 1$$

ohne Rest theilt, so kommen unter den $(p-1)$ Ziffern der Decimal=
bruchentwickelung von $\dfrac{1}{p}\left(\text{oder } \dfrac{a}{p}\right)$

α) die Ziffern 0, 1, 2, 3, 4, 5, 6, 7, 8, 9 jede n mal vor, wenn
$p = 10n + 1$ ist —

β) die Ziffern 0, 1, 2, 4, 5, 7, 8, 9 jede n mal und die Ziffern
3, 6 jede $(n + 1)$ mal vor, wenn $p = 10n + 3$ ist —

γ) die Ziffern 0, 3, 6, 9 jede n mal und die Ziffern 1, 2, 4, 5, 7, 8
jede $(n + 1)$ mal vor, wenn $p = 10n + 7$ ist —

δ) die Ziffern 0, 9 jede n mal und die Ziffern 1, 2, 3, 4, 5, 6, 7, 8
jede $(n + 1)$ mal vor, wenn $p = 10n + 9$ ist.

Um die Behauptung α) zu erweisen, denken wir uns alle Reste
von 1 bis 10n in folgende 10 Gruppen getheilt:

$$
\begin{array}{llll}
1, & 2, & \dots & n-1, \quad n \\
n+1, & n+2, & \dots & 2n-1, \quad 2n \\
2n+1, & 2n+2, & \dots & 3n-1, \quad 3n \\
3n+1, & 3n+2, & \dots & 4n-1, \quad 4n \\
4n+1, & 4n+2, & \dots & 5n-1, \quad 5n \\
5n+1, & 5n+2, & \dots & 6n-1, \quad 6n \\
6n+1, & 6n+2, & \dots & 7n-1, \quad 7n \\
7n+1, & 7n+2, & \dots & 8n-1, \quad 8n \\
8n+1, & 8n+2, & \dots & 9n-1, \quad 9n \\
9n+1, & 9n+2, & \dots & 10n-1, \quad 10n
\end{array}
$$

Der ersten dieser Restgruppen entspricht die Decimalziffer 0,
da der zehnfache Betrag dieser Reste kleiner als der Divisor
$p = 10n + 1$ ist; — der zweiten Restgruppe entspricht die Decimal=
ziffer 1, da der zehnfache Betrag dieser Reste durch $p = 10n + 1$
dividirt nur die Einheit als größtes Ganzes enthält; und so weiter
— endlich entspricht der zehnten Restgruppe die Decimalziffer 9.
Da nun alle Restgruppen n Reste enthalten, so kommt in der
Decimalbruchentwickelung von $\dfrac{1}{p}$ jede Decimalziffer n mal vor, wenn
$p = 10n + 1$ ist.

Um die Behauptung β) zu erweisen, denken wir uns alle Reste,
welche hier die Zahlenreihe von 1 bis $10n + 2$ durchlaufen, in
folgende zehn Gruppen zerlegt:

$$
\begin{array}{lllll}
1, & 2, & \dots & n-1, & n \\
n+1, & n+2, & \dots & 2n-1, & 2n \\
2n+1, & 2n+2, & \dots & 3n-1, & 3n \\
3n+1, & 3n+2, & \dots & 4n-1, & 4n, \quad 4n+1 \\
4n+2, & 4n+3, & \dots & 5n, & 5n+1 \\
5n+2, & 5n+3, & \dots & 6n, & 6n+1 \\
6n+2, & 6n+3, & \dots & 7n, & 7n+1, \quad 7n+2 \\
7n+3, & 7n+4, & \dots & 8n+1, & 8n+2 \\
8n+3, & 8n+4, & \dots & 9n+1, & 9n+2 \\
9n+3, & 9n+4, & \dots & 10n+1, & 10n+2
\end{array}
$$

so überzeugt man sich leicht, daß der zehnfache Betrag der Reste aller einzelnen Gruppen durch $p = 10n + 3$ dividirt beziehlich folgende größte Ganzen enthält 0, 1, 2, 3, 4, 5, 6, 7, 8, 9.

Es enthalten nun alle Gruppen n Reste mit Ausnahme der vierten und siebenten Gruppe, welche $(n + 1)$ Reste in sich schließen, denen beziehlich die Decimalziffern 3 und 6 entsprechen. Also kommt in der Entwickelung des Bruchs $\frac{1}{p} = \frac{1}{10n + 3}$ in einen Decimal= bruch jede Ziffer des dekadischen Systems n mal vor — mit Aus= nahme der Decimalziffern 3 und 6, welche $(n + 1)$ mal vorkommen.

Um die Behauptung $\gamma)$ zu erweisen, denken wir uns alle Reste, welche hier die Zahlenreihe von 1 bis $10n + 6$ durchlaufen, in folgende zehn Gruppen zerlegt:

$$
\begin{array}{llllll}
1, & 2, & \ldots & n - 1, & n \\
n + 1, & n + 2, & \ldots & 2n - 1, & 2n, & 2n + 1 \\
2n + 2, & 2n + 3, & \ldots & 3n, & 3n + 1, & 3n + 2 \\
3n + 3, & 3n + 4, & \ldots & 4n + 1, & 4n + 2 \\
4n + 3, & 4n + 4, & \ldots & 5n + 1, & 5n + 2, & 5n + 3 \\
5n + 4, & 5n + 5, & \ldots & 6n + 2, & 6n + 3, & 6n + 4 \\
6n + 5, & 6n + 6, & \ldots & 7n + 3, & 7n + 4 \\
7n + 5, & 7n + 6, & \ldots & 8n + 3, & 8n + 4, & 8n + 5 \\
8n + 6, & 8n + 7, & \ldots & 9n + 4, & 9n + 5, & 9n + 6 \\
9n + 7, & 9n + 8, & \ldots & 10n + 5, & 10n + 6
\end{array}
$$

Man überzeugt sich nun leicht, daß den Resten dieser einzelnen Gruppen der Reihe nach beziehlich die Decimalziffern von 0 bis 9 entsprechen. Da nun alle Gruppen n Reste enthalten — mit Aus= nahme der 2ten, 3ten, 5ten, 6ten, 8ten, 9ten Gruppe, welche aus $(n + 1)$ Resten bestehen, denen die Decimalziffern 1, 2, 4, 5, 7, 8 bezieh= lich entsprechen, — so kommen in der Entwickelung des Bruches $\frac{1}{p} = \frac{1}{10n + 7}$ in einen Decimalbruch alle Decimalziffern n mal vor — mit Ausnahme der Decimalziffern 1, 2, 4, 5, 7, 8, welche $(n + 1)$ mal vorkommen.

Die Behauptung $\delta)$ wird ganz ähnlich erwiesen und man findet, daß in der Periode des Decimalbruchs $\frac{1}{p} = \frac{1}{10n + 9}$ die Ziffern 0 und 9 allein n mal vorkommen, während von den anderen Decimal= ziffern 1, 2, 3, 4, 5, 6, 7, 8 jede $(n + 1)$ mal vorkommt.

Durch Zusammenstellung von $\alpha)$ $\beta)$ $\gamma)$ $\delta)$ erhält man nun das folgende Schema:

Wenn $10^{\frac{p-1}{2}} + 1$ durch die Primzahl p getheilt wird, so kommen bei der Entwickelung des Bruches $\dfrac{1}{p}$ in einen Decimal=bruch in der Periode des letzteren vor die

wenn p =

. . . .

Ziffern	$10n+1$	$10n+3$	$10n+7$	$10n+9$	
0	n	n	n	n	mal
1	n	n	$n+1$	$n+1$	"
2	n	n	$n+1$	$n+1$	"
3	n	$n+1$	n	$n+1$	"
4	n	n	$n+1$	$n+1$	"
5	n	n	$n+1$	$n+1$	"
6	n	$n+1$	n	$n+1$	"
7	n	n	$n+1$	$n+1$	"
8	n	n	$n+1$	$n+1$	"
9	n	n	n	n	"

Beispiele:

Die Perioden der Decimalbrüche von $\frac{1}{61}$, $\frac{1}{23}$, $\frac{1}{47}$, $\frac{1}{29}$ sind

$\frac{1}{61} = 016393442622950819672131147540,983606557377049180327868852459$

$\frac{1}{23} = 04347826086,95652173913$

$\frac{1}{47} = 02127659574468085106382,97872340425531914893617$

$\frac{1}{29} = 03448275862068,96551724137931$

Die halben Perioden sind hier durch Kommata getrennt und man findet die Ziffern der zweiten Periodenhälfte, indem man die Ziffern der ersten Hälfte einzeln von 9 subtrahirt.

Man sieht ferner, daß in der Periode des Bruches $\frac{1}{61}$ jede der Ziffern von 0 bis 9 im Ganzen sechsmal vorkommt. In der Periode des Bruches $\frac{1}{23}$ kommt jede Ziffer von 0 bis 9 zweimal vor, mit Ausnahme der Ziffern 3 und 6, welche dreimal vorkommen. In der Periode des Bruches $\frac{1}{47}$ kommen die Ziffern 0, 3, 6, 9 viermal und die Ziffern 1, 2, 4, 5, 7, 8 fünfmal vor. Endlich kommen in der Periode des Bruches $\frac{1}{29}$ alle Ziffern dreimal vor — mit Ausnahme von 0 und 9, welche nur zweimal vorkommen.

Siebenter Abschnitt.

Von den Wurzeln.

Erklärung:

Die n^{te} Wurzel aus a ist diejenige Zahl, welche man zur n^{ten} Potenz zu erheben hat, um a zu erhalten. — Bezeichnet man der Einfachheit wegen diese Zahl, deren n^{te} Potenz gleich a ist, durch x, so muß

$$x^n = a$$

sein.

Die Wurzelrechnung oder Radikation ist eine der Potenzerhebung umgekehrte Operation, denn es sind bei der Potenzrechnung die Grundzahl und der Exponent der Potenz gegeben und es soll die Potenz selber gefunden werden; — bei der Wurzelrechnung dagegen sind gegeben die Potenz (= a) und der Exponent der Potenz (= n) und es soll die Grundzahl der Potenz (= x) aufgefunden werden. —

In der Sprache der Wurzelrechnung heißt die Potenz (= a) der Radikand; der Exponent der Potenz (= n) Wurzelexponent; die Grundzahl der Potenz (= x), wie oben in der Erklärung schon bemerkt ist, die n^{te} Wurzel aus der Zahl a.

Bezeichnungsweise:

Die n^{te} Wurzel aus der Zahl a wird durch das Zeichen

$$\sqrt[n]{a}$$

dargestellt.

In dem Falle allein, wo n = 2 ist — pflegt man den Wurzelexponenten wegzulassen. Es bedeutet demnach

$$\sqrt{a} = \sqrt[2]{a}$$

diejenige Zahl, deren Quadrat oder zweite Potenz gleich a ist.

Das Zeichen

$\sqrt{a}$ wird gelesen „Quadratwurzel aus a"

$\sqrt[3]{a}$ wird gelesen „Cubikwurzel oder dritte Wurzel aus a."

Beispiele:

1) Das Zeichen $\sqrt{4}$ bedeutet die Zahl 2, denn es ist $2^2 = 4$

2) Es ist $\sqrt{576} = 24$; denn $24^2 = 576$

3) Es ist $\sqrt[3]{125} = 5$; denn $5^3 = 125$

4) Es ist $\sqrt[3]{4096} = 16$; denn $16^3 = 4096$

5) Es ist $\sqrt[4]{1048576} = 32$; denn $32^4 = 1048576$

6) $\sqrt[5]{1048576} = 16$; denn $16^5 = 1048576$

7) $\sqrt[6]{\frac{729}{64}} = \frac{3}{2}$; denn $\left(\frac{3}{2}\right)^6 = \frac{729}{64}$

8) $\sqrt[4]{\frac{1}{1296}} = \frac{1}{6}$; denn $\left(\frac{1}{6}\right)^4 = \frac{1}{1296}$

Erster Wurzelsatz.

$$\text{I.} \qquad \sqrt[n]{a . b} = \sqrt[n]{a} . \sqrt[n]{b}$$

d. h. eine Wurzel aus dem Produkt zweier Zahlen ist gleich dem Produkt zweier Wurzeln, deren Wurzelexponenten gleich sind dem gegebenen Wurzelexponenten und deren Radikanden gleich den Faktoren des gegebenen Radikandus sind.

Umgekehrt ist ein Produkt zweier Wurzeln, die einen gemeinschaftlichen Wurzelexponenten besitzen, gleich einer Wurzel, deren Radikand gleich ist dem Produkt der beiden gegebenen Radikanden und deren Wurzelexponent gleich ist dem gemeinschaftlichen Wurzelexponenten.

Beweis:

Wenn die Gleichung

$$\sqrt[n]{a . b} = \sqrt[n]{a} . \sqrt[n]{b}$$

richtig sein soll, so muß ein richtiges Resultat erhalten werden, wenn man beide Seiten dieser Gleichung zur n^{ten} Potenz erhebt, d. h. die Gleichung

$$\left(\sqrt[n]{a . b}\right)^n = \left(\sqrt[n]{a} . \sqrt[n]{b}\right)^n$$

muß richtig sein. Nun ist

$$\left(\sqrt[n]{a} . \sqrt[n]{b}\right)^n = \left(\sqrt[n]{a}\right)^n . \left(\sqrt[n]{b}\right)^n \quad \text{(III. Potenzsatz)}$$

Ferner ist nach der Erklärung der n^{ten} Wurzel aus a

$$\left(\sqrt[n]{a}\right)^n = a, \text{ desgleichen}$$

$$\left(\sqrt[n]{b}\right)^n = b \text{ und } \left(\sqrt[n]{ab}\right)^n = ab;$$

daher ergiebt sich aus der Gleichung

$$\left(\sqrt[n]{ab}\right)^n = \left(\sqrt[n]{a} . \sqrt[n]{b}\right)^n$$

das richtige Resultat

$$ab = a . b$$

Also ist

$$\sqrt[n]{a . b} = \sqrt[n]{a} . \sqrt[n]{b}$$

Zweiter Wurzelsatz.

$$\text{II.} \qquad \sqrt[n]{\frac{a}{b}} = \frac{\sqrt[n]{a}}{\sqrt[n]{b}}$$

d. h. eine Wurzel aus dem Bruche zweier Zahlen ist gleich einem Bruch, dessen Zähler die Wurzel aus dem Zähler des gegebenen Radikandus mit dem gegebenen Wurzelexponenten und dessen Nenner die Wurzel aus dem Nenner des gegebenen Radikandus mit dem gegebenen Wurzelexponenten ist.

Umgekehrt ist ein Bruch zweier Wurzeln, die einen gemeinschaftlichen Wurzelexponenten haben — gleich einer Wurzel, deren Radikand ein Bruch ist aus dem Radikanden des gegebenen Zählers als Zähler und dem Radikanden des gegebenen Nenners als Nenner und deren Wurzelexponent gleich dem gemeinschaftlichen Wurzelexponenten ist.

Beweis:

Wenn die Gleichung

$$\sqrt[n]{\frac{a}{b}} = \frac{\sqrt[n]{a}}{\sqrt[n]{b}}$$

richtig sein soll, so muß die Erhebung beider Seiten derselben zur n^{ten} Potenz ein richtiges Resultat liefern. In der That erhält man hierdurch

$$\left(\sqrt[n]{\frac{a}{b}}\right)^n = \left(\frac{\sqrt[n]{a}}{\sqrt[n]{b}}\right)^n = \frac{(\sqrt[n]{a})^n}{(\sqrt[n]{b})^n} \quad \text{(IV. Potenzsatz)}$$

Nach der Erklärung einer Wurzel ist aber

$$\left(\sqrt[n]{\left(\frac{a}{b}\right)}\right)^n = \left(\frac{a}{b}\right)$$

$$(\sqrt[n]{a})^n = a; \quad (\sqrt[n]{b})^n = b$$

Durch Anwendung dieser Gleichungen ergiebt sich demnach das richtige Resultat

$$\frac{a}{b} = \frac{a}{b};$$

also ist

$$\sqrt[n]{\frac{a}{b}} = \frac{\sqrt[n]{a}}{\sqrt[n]{b}}$$

Dritter Wurzelsatz.

$$\text{III.} \qquad \sqrt[n]{a^m} = \left(\sqrt[n]{a}\right)^m$$

d. h. eine Wurzel, deren Radikand eine Potenz ist, ist gleich einer Potenz, deren Exponent dem Exponenten des gegebenen Radikandus gleich ist, und deren Grundzahl eine Wurzel ist, deren Wurzelexponent gleich dem gegebenen Wurzelexponenten und deren Radikand gleich der Grundzahl des gegebenen Radikandus ist.

Umgekehrt ist eine Potenz, deren Grundzahl eine Wurzel ist — gleich einer Wurzel, deren Wurzelexponent gleich dem Wurzelexponenten der gegebenen Grundzahl und deren Radikand eine Potenz ist, deren Grundzahl gleich dem Radikand der gegebenen Grundzahl und deren Exponent gleich dem gegebenen Potenzexponenten ist.

Beweis:

Ist die Gleichung

$$\sqrt[n]{a^m} = \left(\sqrt[n]{a}\right)^m$$

richtig, so muß ein richtiges Resultat erhalten werden, wenn beide Seiten derselben zur n^{ten} Potenz erhoben werden. Man erhält alsdann:

$$\left(\sqrt[n]{a^m}\right)^n = \left\{\left(\sqrt[n]{a}\right)^m\right\}^n = \left(\sqrt[n]{a}\right)^{m \cdot n} = \left\{\left(\sqrt[n]{a}\right)^n\right\}^m \quad \text{(V. Potenzsatz)}$$

Da ferner nach der Erklärung einer Wurzel

$$\left(\sqrt[n]{a^m}\right)^n = a^m \quad \text{und}$$

$$\left(\sqrt[n]{a}\right)^n = a$$

ist, so ergiebt sich das richtige Endresultat

$$a^m = a^m$$

Also muß die Gleichung

$$\sqrt[n]{a^m} = \left(\sqrt[n]{a}\right)^m$$

richtig sein.

Vierter Wurzelsatz.

$$\text{IV.} \qquad \sqrt[n]{\sqrt[m]{a}} = \sqrt[m.n]{a} = \sqrt[m]{\sqrt[n]{a}}$$

d. h. eine Wurzel, deren Radikand wieder eine Wurzel ist, ist gleich einer Wurzel, deren Radikand gleich dem Radikandus des gegebenen Radikandus ist und deren Wurzelexponent das Produkt ist aus dem gegebenen Wurzelexponenten und dem Wurzelexponenten des gegebenen Radikandus.

Umgekehrt ist eine Wurzel, deren Wurzelexponent ein Produkt ist gleich einer Wurzel, deren Wurzelexponent gleich dem **einen** Faktor des gegebenen Wurzelexponenten ist, und deren Radikand wieder eine Wurzel ist, deren Wurzelexponent der **andere** Faktor des gegebenen Wurzelexponenten und deren Radikand gleich dem gegebenen Radikandus ist.

Beweis:

Um die Richtigkeit der Gleichung

$$\sqrt[n]{\sqrt[m]{a}} = \sqrt[n.m]{a}$$

zu prüfen, erhebe man beide Seiten derselben zur m^{ten} Potenz und sehe zu, ob ein richtiges Resultat erhalten wird. Es ergiebt sich hierdurch

$$\left(\sqrt[n]{\sqrt[m]{a}}\right)^{m.n} = \left\{\sqrt[m.n]{a}\right\}^{m.n}$$

Durch Anwendung des V. Potenzsatzes erhält man nun zunächst

$$\left(\sqrt[n]{\sqrt[m]{a}}\right)^{m.n} = \left\{\left(\sqrt[n]{\sqrt[m]{a}}\right)^{n}\right\}^{m}$$

und daher

$$\left\{\left(\sqrt[n]{\sqrt[m]{a}}\right)^{n}\right\}^{m} = \left\{\sqrt[m.n]{a}\right\}^{m.n}$$

Nach der Erklärung einer Wurzel ist ferner

$$\left\{\sqrt[m.n]{a}\right\}^{m.n} = a$$

$$\left\{\sqrt[n]{\left(\sqrt[m]{a}\right)}\right\}^{n} = \sqrt[m]{a}$$

Also ergiebt sich

$$\left\{\sqrt[m]{a}\right\}^m = a$$

eine nach der Erklärung einer Wurzel richtige Gleichung. Es ist demnach die Richtigkeit der Gleichung

$$\sqrt[n]{\sqrt[m]{a}} = \sqrt[n.m]{a}$$

erwiesen. — Da weiter die beiden Faktoren des Wurzelexponenten der rechten Seite mit einander vertauscht werden können, so muß auch

$$\sqrt[m]{\sqrt[n]{a}} = \sqrt[n.m]{a}$$

sein. Daher ist, was zu beweisen war:

$$\sqrt[n]{\sqrt[m]{a}} = \sqrt[mn]{a} = \sqrt[m]{\sqrt[n]{a}}$$

Beispiele zu den vier Wurzelsätzen:

1) $\sqrt[3]{8.27} = \sqrt[3]{8} . \sqrt[3]{27}$

$\quad 8 . 27 = 216; \sqrt[3]{216} = 6,$ denn $6^3 = 216$

$\quad \sqrt[3]{8} = 2, \sqrt[3]{27} = 3,$ denn $2^3 = 8; 3^3 = 27.$

Also $\sqrt[3]{8.27} = \sqrt[3]{8} . \sqrt[3]{27}$ oder $6 = 2 . 3.$

2) $\sqrt{\dfrac{289}{144}} = \dfrac{\sqrt{289}}{\sqrt{144}}$

denn $\sqrt{\dfrac{289}{144}} = \dfrac{17}{12}; \sqrt{289} = 17; \sqrt{144} = 12.$

3) $\sqrt[5]{243^2} = \left(\sqrt[5]{243}\right)^2$

denn $243^2 = 59049$

$\quad \sqrt[5]{59049} = 9;$ da $9^5 = 59049$

$\quad \sqrt[5]{243} = 3;$ da $3^5 = 243$

Also ist

$\quad \sqrt[5]{243^2} = \left(\sqrt[5]{243}\right)^2,$ d. h. $9 = 3^2.$

4) $\sqrt[6]{15625} = \sqrt[2.3]{15625} = \sqrt{\sqrt[3]{15625}} = \sqrt[3]{\sqrt{15625}}$

denn $\sqrt[6]{15625} = 5;$ da $5^6 = 15625$

$\quad \sqrt[3]{15625} = 25;$ da $25^3 = 15625$

$\quad \sqrt{\sqrt[3]{15625}} = \sqrt{25} = 5$

Ferner ist

$$\sqrt{15625} = 125, \text{ denn } 125^2 = 15625$$

$$\sqrt[3]{\sqrt{15625}} = \sqrt[3]{125} = 5, \text{ denn } 5^3 = 125$$

Also ist in der That

$$\sqrt[6]{15625} = \sqrt{\sqrt[3]{15625}} = \sqrt[3]{\sqrt{15625}}$$

Ueber die Irrationalzahlen.

Erklärung:

Eine Irrationalzahl ist eine Zahl, welche nicht mehr als Bruch zweier ganzen Zahlen dargestellt werden kann.

Lehrsatz.

Wenn a nicht die n^{te} Potenz einer ganzen Zahl ist, so ist $\sqrt[n]{a}$ eine Irrationalzahl.

Beweis:

Da $\sqrt[n]{a}$ nicht gleich einer ganzen Zahl sein kann, weil sonst a die n^{te} Potenz einer ganzen Zahl gegen die Voraussetzung sein würde — so ist nur zu zeigen, daß $\sqrt[n]{a}$ nicht gleich dem Bruch zweier ganzen Zahlen sein kann. Wäre nun aber

$$\sqrt[n]{a} = \frac{p}{q}$$

wo p und q zwei ganze Zahlen sind, so darf immer angenommen werden, daß p und q relative Primzahlen sind, — weil man durch den größten gemeinschaftlichen Theiler beider Zahlen den Bruch $\frac{p}{q}$ heben kann. Ist dieses erfolgt, so sind p und q relative Prim= zahlen. Soll nun

$$\sqrt[n]{a} = \frac{p}{q}$$

sein, so muß nach der Erklärung einer Wurzel

$$a = \left(\frac{p}{q}\right)^n = \frac{p^n}{q^n}$$

werden. Da nun p keinen gemeinschaftlichen Faktor mit q hat, so kann auch p^n keinen gemeinschaftlichen Faktor mit q besitzen; also kann $\dfrac{p^n}{q^n}$ keine ganze Zahl a sein. Daher ist $\sqrt[n]{a}$ nicht gleich dem Bruch zweier ganzen Zahlen und muß eine Irrational= zahl sein.

Zusatz: Sind a und b zwei relative Primzahlen, von denen mindestens eine nicht gleich der n^{ten} Potenz einer ganzen Zahl ist, so ist $\sqrt[n]{\dfrac{a}{b}}$ eine Irrationalzahl.

Denn wäre

$$\sqrt[n]{\dfrac{a}{b}} = \dfrac{p}{q}$$

wo p und q ohne gemeinschaftlichen Theiler angenommen werden können, so' müßte

$$\dfrac{a}{b} = \left(\dfrac{p}{q}\right)^n = \dfrac{p^n}{q^n}$$

sein. Da nun a und b relative Primzahlen sind, so kann nur

$$\begin{cases} p^n = \varkappa a \\ q^n = \varkappa b \end{cases} \text{ oder } \begin{cases} a = \varkappa p^n \\ b = \varkappa q^n \end{cases}$$

sein, wo $\varkappa$ eine ganze Zahl bedeutet. Beide Paare Gleichungen sind unmöglich, wenn $\varkappa$ von der Einheit verschieden ist, weil sonst p^n und q^n, daher auch p und q nicht relative Primzahlen sein würden — oder a und b den gemeinschaftlichen Theiler $\varkappa$ gegen die Voraussetzung besitzen müßten. — Würde aber $\varkappa$ gleich der Einheit sein, so hätte man einen Widerspruch mit der Voraussetzung, nach welcher nicht gleichzeitig

$$a = p^n$$
$$b = q^n$$

die n^{ten} Potenzen von zwei ganzen Zahlen p und q sein sollen. Daher ist $\sqrt[n]{\dfrac{a}{b}}$ nicht gleich dem Bruch zweier ganzen Zahlen, wenn a und b relative Primzahlen sind und mindestens eine derselben nicht gleich der n^{ten} Potenz einer ganzen Zahl ist.

Lehrsatz.

Die n^{te} Wurzel aus einer ganzen Zahl a, welche nicht die n^{te} Potenz einer ganzen Zahl ist, liegt stets zwischen zwei Brüchen $\dfrac{p}{q}$ und $\dfrac{p+1}{q}$, deren Nenner gleich einer beliebig gegebenen ganzen Zahl q sind und deren Zähler um eine Einheit von einander abweichen; d. h.

$$\dfrac{p+1}{q} > \sqrt[n]{a} > \dfrac{p}{q}$$

Beweis:

Man suche diejenige ganze Zahl p auf, deren n^{te} Potenz die nächst niedere n^{te} Potenz zu dem Produkt aq^n ist, so daß

$$p^n < aq^n$$
$$(p + 1)^n > aq^n$$

wird. Dann kann gesetzt werden

$$p^n = aq^n - \alpha$$
$$(p + 1)^n = aq^n + \beta$$

oder

$$p = \sqrt[n]{aq^n - \alpha}$$
$$(p + 1) = \sqrt[n]{aq^n + \beta}$$

Daher ist

$$p < \sqrt[n]{aq^n} \qquad \text{oder} \qquad p < q\sqrt[n]{a}$$
$$p + 1 > \sqrt[n]{aq^n} \qquad\qquad p + 1 > q\sqrt[n]{a}$$

Aus diesen beiden Ungleichheiten ergiebt sich nun

$$\frac{p}{q} < \sqrt[n]{a}$$
$$\frac{p + 1}{q} > \sqrt[n]{a}$$

Soll des Beispiels wegen diejenige ganze Zahl p aufgefunden werden, welche der Ungleichheitsbedingung genügt

$$\frac{p}{29} < \sqrt{2} < \frac{p + 1}{29}$$

so suche man das nächst niedere Quadrat p^2 zu dem Produkt

$$2 \cdot 29^2 = 1682$$

Dieses ist

$$41^2 = 1681$$

denn man hat $\qquad 42^2 = 1764$

Daher muß $p = 41$ sein und man findet, daß $\sqrt{2}$ zwischen den beiden Brüchen

$$\frac{41}{29} \quad \text{und} \quad \frac{42}{29}$$

liegt.

Zusatz:

Da für jede gegebene Zahl q stets eine Zahl p aufgefunden werden kann, welche der Ungleichheitsbedingung

$$\frac{p}{q} < \sqrt[n]{a} < \frac{p + 1}{q}$$

genügt, so kann $\sqrt[n]{a}$ mit einem beliebigen Grade von Ge= nauigkeit durch den Bruch zweier ganzen Zahlen darge=

stellt werden. Nimmt man nämlich für den Nenner q eine be=
trächtliche Zahl, so daß der Unterschied der beiden Grenzen $\dfrac{p}{q}$ und
$\dfrac{p+1}{q}$, innerhalb welcher $\sqrt[n]{a}$ liegt, unerheblich wird, so weicht
$\sqrt[n]{a}$ von jedem der Brüche $\dfrac{p}{q}$ und $\dfrac{p+1}{q}$ um weniger, als dieser
Unterschied beträgt, ab. Diese Abweichung ist also geringer als $\dfrac{1}{q}$.
Durch beliebige Vermehrung des Nenners q kann daher $\sqrt[n]{a}$ mit
wachsender Genauigkeit durch einen Bruch $\dfrac{p}{q}$ dargestellt werden.
Dasselbe gilt allgemein von allen Irrationalzahlen,
welche nicht durch einfache Wurzelziehung entstanden
sind.

Hat man nun einen Satz bewiesen unter der Voraussetzung,
daß eine ihn bedingende Zahl Z gleich einem beliebigen Bruch $\dfrac{p}{q}$
sein muß, so wird dieser Satz auch noch richtig sein müssen, wenn
man an Stelle der Zahl Z eine beliebige Irrationalzahl α setzt.
Denn da α so genau man will als Bruch zweier ganzen Zahlen
$\dfrac{p}{q}$ dargestellt werden kann, so muß auch der betreffende Satz für
einen beliebig weit zu treibenden Grad von Genauigkeit, d. h. absolut
genau, für jede Irrationalzahl gelten.

Sämmtliche Potenz= und Wurzelsätze, welche bis
jetzt nur für beliebige Brüche galten — werden nun auch
allgemeine Gültigkeit haben, wenn statt dieser Brüche
Irrationalzahlen gesetzt werden.

So wird man nun z. B. aus dem I. Wurzelsatz folgende Um=
formung herleiten

$$\sqrt[7]{(3+\sqrt{2})(5+4\sqrt{3})} = \sqrt[7]{3+\sqrt{2}} \cdot \sqrt{5+4\sqrt{3}}$$

und aus dem II. Wurzelsatz nachweisen, daß

$$\sqrt[5]{\frac{\sqrt{2}-1}{1+\sqrt[3]{6}}} = \frac{\sqrt[5]{\sqrt{2}-1}}{\sqrt[5]{1+\sqrt[3]{6}}}$$

ist.

Alle Wurzelsätze lassen sich als Potenzsätze auf=
fassen, wenn man als Potenzexponenten gebrochene
Zahlen annimmt.

Um diese Behauptung vorläufig zu begründen, wenden wir
uns zur Betrachtung des III. Wurzelsatzes:

$$\sqrt[n]{a^m} = \left(\sqrt[n]{a}\right)^m$$

und setzen für m ein Vielfaches von n, nämlich

$$m = \varkappa n$$

Dann ergiebt sich

$$\sqrt[n]{a^{\varkappa n}} = \left(\sqrt[n]{a}\right)^{n \cdot \varkappa} = \left\{\left(\sqrt[n]{a}\right)^n\right\}^{\varkappa} = a^{\varkappa}$$

oder wenn wieder $\varkappa n = m$ und $\varkappa = \dfrac{m}{n}$ gesetzt wird

$$\sqrt[n]{a^m} = a^{\frac{m}{n}}$$

Dieser Satz gilt also, wenn m durch n theilbar ist, und man
ersieht dann aus ihm,

> daß eine n Theilung des Exponenten einer Potenz
> gleichbedeutend ist mit der Ausziehung der n^{ten}
> Wurzel aus dieser Potenz.

Große Wahrscheinlichkeit gewinnt durch diesen Satz das Resultat,
daß allgemein die beiden Zeichen

$$a^{\frac{m}{n}} \quad \text{und} \quad \sqrt[n]{a^m}$$

dieselbe Bedeutung haben, selbst wenn m nicht durch n getheilt wird.

Definirt man nun aber das Zeichen $a^{\frac{m}{n}}$ als gleichbedeutend
mit dem Zeichen $\sqrt[n]{a^m}$, so bleibt, damit die Statthaftigkeit dieser
Definition begründet wird — zu zeigen, daß aus den Potenzsätzen
die Wurzelsätze sich herleiten lassen, wenn man die Potenzsätze auf
gebrochene Exponenten ausdehnt — und umgekehrt, daß mit Hülfe
der Wurzelsätze die Potenzsätze auf gebrochene Exponenten ausgedehnt
werden können.

Wenn also gesetzt wird

$$a^{\frac{m}{n}} = \sqrt[n]{a^m}$$

und entsprechend

$$a^{\frac{m'}{n'}} = \sqrt[n']{a^{m'}}$$

so erhält man durch Multiplikation beider Gleichungen

$$a^{\frac{m}{n}} \cdot a^{\frac{m'}{n'}} = \sqrt[n]{a^m} \cdot \sqrt[n']{a^{m'}}$$

Nun ist aber

$$\sqrt[n]{a^m} = \sqrt[n']{\sqrt[n']{a^{mn'}}} = \sqrt[nn']{a^{mn'}}$$

und entsprechend

$$\sqrt[n']{a^{m'}} = \sqrt[n']{\sqrt[n]{a^{m'n}}} = \sqrt[nn']{a^{m'n}}$$

Daher folgt durch Multiplikation

$$\sqrt[n]{a^m} \cdot \sqrt[n']{a^{m'}} = \sqrt[nn']{a^{mn'}} \cdot \sqrt[nn']{a^{m'n}} = \sqrt[nn']{a^{mn'} \cdot a^{m'n}}$$
$$= \sqrt[nn']{a^{mn' + m'n}}$$

Es müßte also sein

$$a^{\frac{m}{n}} \cdot a^{\frac{m'}{n'}} = \sqrt[nn']{a^{mn' + m'n}}$$

Nach der Definition einer Potenz mit gebrochenem Exponenten ist aber

$$a^{\frac{(mn' + m'n)}{nn'}} = \sqrt[nn']{a^{mn' + m'n}}$$

Daher würde

$$a^{\frac{m}{n}} \cdot a^{\frac{m'}{n'}} = a^{\frac{mn' + m'n}{nn'}} = a^{\frac{m}{n} + \frac{m'}{n}}$$

sein, d. h. der erste Potenzsatz gilt für gebrochene Exponenten, wenn man die n Theilung des Exponenten einer Potenz als gleichbedeutend mit der Ausziehung der n^{ten} Wurzel aus dieser Potenz definirt.

Dividirt man dagegen die beiden Gleichungen

$$a^{\frac{m}{n}} = \sqrt[n]{a^m}$$
$$a^{\frac{m'}{n'}} = \sqrt[n']{a^{m'}}$$

durch einander, so folgt

$$\frac{a^{\frac{m}{n}}}{a^{\frac{m'}{n'}}} = \frac{\sqrt[n]{a^m}}{\sqrt[n']{a^{m'}}} = \frac{\sqrt[nn']{a^{mn'}}}{\sqrt[nn']{a^{m'n}}} = \sqrt[nn']{\frac{a^{mn'}}{a^{m'n}}}$$
$$= \sqrt[nn']{a^{mn' - m'n}}$$

Da aber nach der Definition einer Potenz mit gebrochenem Exponenten

$$a^{\frac{(mn' - m'n)}{nn'}} = \sqrt[nn']{a^{mn' - m'n}}$$

ist, so erhält man

$$\frac{a^{\frac{m}{n}}}{a^{\frac{m'}{n'}}} = a^{\frac{mn' - m'n}{nn'}} = a^{\frac{m}{n} - \frac{m'}{n'}}$$

d. h. der zweite Potenzsatz gilt auch für gebrochene Exponenten.

Multiplicirt man die beiden Gleichungen

$$a^{\frac{m}{n}} = \sqrt[n]{a^m}$$

$$b^{\frac{m}{n}} = \sqrt[n]{b^m}$$

in einander, so ergiebt sich

$$a^{\frac{m}{n}} \cdot b^{\frac{m}{n}} = \sqrt[n]{a^m} \cdot \sqrt[n]{b^m} = \sqrt[n]{a^m \cdot b^m} = \sqrt[n]{(ab)^m}$$

oder da

$$(ab)^{\frac{m}{n}} = \sqrt[n]{(ab)^m}$$

nach der Definition einer Potenz mit gebrochenem Exponenten war, so findet man

$$a^{\frac{m}{n}} \cdot b^{\frac{m}{n}} = (ab)^{\frac{m}{n}}$$

d. h. der dritte Potenzsatz gilt auch für gebrochene Exponenten.

Ganz ähnlich kann man zeigen, daß

$$\frac{a^{\frac{m}{n}}}{b^{\frac{m}{n}}} = \left(\frac{a}{b}\right)^{\frac{m}{n}}$$

ist, oder daß der vierte Potenzsatz ebenfalls für gebrochene Exponenten gilt.

Erhebt man die Gleichung

$$a^{\frac{m}{n}} = \sqrt[n]{a^m}$$

zur $\frac{m'}{n'}$-ten Potenz, so erhält man

$$\left\{a^{\frac{m}{n}}\right\}^{\frac{m'}{n'}} = \left(\sqrt[n]{a^m}\right)^{\frac{m'}{n'}}$$

Da aber nach der Definition einer Potenz mit gebrochenem Exponenten

$$\left(\sqrt[n]{a^m}\right)^{\frac{m'}{n'}} = \sqrt[n']{\left(\sqrt[n]{a^m}\right)^{m'}}$$

ist, so ergiebt sich

$$\left\{a^{\frac{m}{n}}\right\}^{\frac{m'}{n'}} = \sqrt[n']{\left(\sqrt[n]{a^m}\right)^{m'}}$$

Nun ist nach dem III. Wurzelsatze

$$\left(\sqrt[n]{a^m}\right)^{m'} = \sqrt[n]{(a^m)^{m'}} = \sqrt[n]{a^{mm'}}$$

Daher wird mit Benutzung des IV. Wurzelsatzes

$$\sqrt[n']{\left(\sqrt[n]{a^m}\right)^{m'}} = \sqrt[n']{\sqrt[n]{a^{mm'}}} = \sqrt[nn']{a^{mm'}}$$

Man erhält demnach die folgende Gleichung

$$\left\{a^{\frac{m}{n}}\right\}^{\frac{m'}{n'}} = \sqrt[nn']{a^{mm'}}$$

Aus der Definition einer Potenz mit gebrochenem Exponenten ergiebt sich ferner

$$a^{\frac{mm'}{nn'}} = \sqrt[nn']{a^{mm'}}$$

so daß man erhält

$$\left\{a^{\frac{m}{n}}\right\}^{\frac{m'}{n'}} = a^{\frac{mm'}{nn'}} = a^{\frac{m}{n} \cdot \frac{m'}{n'}}$$

d. h. der fünfte Potenzsatz gilt noch für gebrochene Exponenten.

Die Potenzsätze gelten also alle noch für gebrochene Exponenten, wenn man allgemein die beiden Zeichen

$$a^{\frac{m}{n}} \quad \text{und} \quad \sqrt[n]{a^m}$$

als gleichbedeutend definirt. Würden umgekehrt die Potenzsätze noch für gebrochene Exponenten gelten, so könnte man die Bedeutung des Zeichens

$$a^{\frac{m}{n}} = x$$

ermitteln, indem man diese Gleichung zur n^{ten} Potenz erhebt. Hierdurch ergiebt sich

$$a^{\frac{m}{n} \cdot n} = a^m = x^n$$

Da nun die n^{te} Potenz von x gleich a^m ist, so folgt aus der Erklärung einer Wurzel

$$x = \sqrt[n]{a^m}$$

d. h.

$$a^{\frac{m}{n}} = \sqrt[n]{a^m}$$

Bemerkung:

Man könnte nun auf die Frage stoßen, welche Bedeutung man der Wurzel mit gebrochenem Wurzelexponenten z. B.

$$\sqrt[\frac{n}{m}]{a} = x$$

unterzulegen hätte. Obwohl dieses Zeichen bei jeder Rechnung umgangen werden kann, so mag doch hier seine Bedeutung entwickelt werden. Offenbar ist $\sqrt[m]{a}$ diejenige Zahl x, welche zur $\frac{n}{m}$ Potenz gehoben — die Zahl a giebt. Es muß also sein

$$x^{\frac{n}{m}} = a$$

Erhebt man diese Gleichung zur m^{ten} Potenz und zieht dann auf beiden Seiten die n^{te} Wurzel aus, so erhält man

$$x = \sqrt[n]{a^m}$$

d. h. es ist

$$\sqrt[m]{a} \quad \text{mit} \quad \sqrt[n]{a^m} \quad \text{oder} \quad a^{\frac{m}{n}}$$

gleichbedeutend.

Besonders gut wird man daran thun, bei verwickelteren Wurzelrechnungen statt der Wurzeln Potenzen mit gebrochenen Exponenten einzuführen, insbesondere dann, wenn die Wurzelexponenten von einander verschieden sind, während die Radikanden dieser Wurzeln Potenzen ein und derselben Zahl sind.

Um z. B. den Ausdruck

$$\sqrt{a} \; \sqrt[3]{a^2} \; \sqrt[8]{a} \; \sqrt[24]{a} = x$$

zu vereinfachen, setze man statt $\sqrt{a}, \; a^{\frac{1}{2}}$; $\sqrt[3]{a^2}, \; a^{\frac{2}{3}}$; $\sqrt[8]{a}, \; a^{\frac{1}{8}}$ und statt $\sqrt[24]{a}, \; a^{\frac{1}{24}}$ — so wird

$$x = a^{\frac{1}{2}} \cdot a^{\frac{2}{3}} \cdot a^{\frac{1}{8}} \cdot a^{\frac{1}{24}}$$
$$= a^{\frac{1}{2}+\frac{2}{3}+\frac{1}{8}+\frac{1}{24}} = a^{\frac{4}{3}} = a^{1+\frac{1}{3}} = a \cdot a^{\frac{1}{3}}$$

Da nun $a^{\frac{1}{3}} = \sqrt[3]{a}$ ist, so folgt:

$$\sqrt{a} \; \sqrt[3]{a^2} \; \sqrt[8]{a} \; \sqrt[24]{a} = a \sqrt[3]{a}$$

Um den Ausdruck

$$x = \frac{\sqrt{a\,b^3} \; \sqrt[3]{a^2\,b} \; \sqrt[5]{\sqrt[6]{a} \cdot b^{-7}}}{\sqrt[5]{a\,\sqrt{b}}}$$

zu vereinfachen, setze man statt

$$\sqrt{ab^3}, \qquad (ab^3)^{\frac{1}{2}} = a^{\frac{1}{2}} b^{\frac{3}{2}}$$

$$\sqrt[3]{a^2\,b}, \qquad (a^2\,b)^{\frac{1}{3}} = a^{\frac{2}{3}} b^{\frac{1}{3}}$$

$$\sqrt[5]{\sqrt[6]{a}\,.\,b^{-7}}, \; (a^{\frac{1}{6}} b{-7})^{\frac{1}{5}} = a^{\frac{1}{30}} b^{-\frac{7}{5}}$$

$$\sqrt[5]{a\,\sqrt{b}}\;, \qquad (ab^{\frac{1}{2}})^{\frac{1}{5}} = a^{\frac{1}{5}} b^{\frac{1}{10}}$$

so ergiebt sich:

$$x = \frac{a^{\frac{1}{2}} b^{\frac{3}{2}} \quad a^{\frac{2}{3}} b^{\frac{1}{3}} \quad a^{\frac{1}{30}} b^{-\frac{7}{5}}}{a^{\frac{1}{5}} b^{\frac{1}{10}}}$$

$$= a^{\left(\frac{1}{2}+\frac{2}{3}+\frac{1}{30}-\frac{1}{5}\right)} \cdot b^{\left(\frac{3}{2}+\frac{1}{3}-\frac{7}{5}-\frac{1}{10}\right)}$$

$$= a^1 b^{\frac{1}{3}} = a\sqrt[3]{b}$$

Es ist demnach

$$\frac{\sqrt{ab^3} \quad \sqrt[3]{a^2\,b} \quad \sqrt[5]{\sqrt[6]{a}\,.\,b^{-7}}}{\sqrt[5]{a\,\sqrt{b}}} = a\sqrt[3]{b}$$

Vom Ausziehen der Quadrat- und Cubik-Wurzeln aus algebraischen Ausdrücken.

a. Ausziehen der Quadratwurzeln.

Soll aus einer algebraischen Summe die Quadratwurzel gezogen werden, so ordne man dieselbe zunächst und zwar nach Potenzen einer in ihr vorkommenden Größe. Bezeichnet man nun die Quadratwurzel durch $p+q$, so muß der Radikand

$$R = (p + q)^2 = p^2 + 2pq + q^2$$

sein. Jetzt setze man p^2 gleich dem ersten Gliede des Radikanden und daher p gleich der Quadratwurzel aus dem ersten Gliede des Radikanden. Subtrahirt man nun vom Radikanden sein erstes Glied p^2, so bleibt

$$R - p^2 = 2pq + q^2$$

In dem Ausdruck $R - p^2$ muß also das doppelte Produkt aus dem ersten Gliede der Wurzel $= p$ mal der Summe aller übrigen Glieder der Wurzel $= q$ und außerdem das Quadrat von q enthalten sein. Ist die Wurzel nur zweitheilig, d. h. enthält dieselbe nur zwei Glieder, so findet man q, indem man mit $2p$ in $R - p^2$ dividirt und den Rest nicht berücksichtigt; letzterer wird gleich q^2 sein.

Soll z. B. gebildet werden

$$\sqrt{9\,x^4 + 12\,x^2 + 4}$$

so ist zu setzen

$$p^2 = 9\,x^4 \text{ oder } p = 3\,x^2$$

Dann muß

$$12\,x^2 + 4 = 2\,p\,q + q^2 = 6\,x^2\,q + q^2$$

sein. Dividirt man nun mit $6\,x^2$ in $12\,x^2 + 4$, ohne den Divisionsrest zu berücksichtigen, so ergiebt sich

$$q = 2$$

Der Rest 4 ist in der That das Quadrat der Zahl Zwei. Also ist:

$$\sqrt{9\,x^4 + 12\,x^2 + 4} = 3x + 2$$

Wenn dagegen die Wurzel drei oder mehrere Summanden enthält, so ist q eine Summe von zwei oder mehreren Gliedern. Man kann daher setzen

$$q = p_1 + r$$

wo unter p_1 das erste in q enthaltene Glied oder das zweite Glied der ganzen Wurzel verstanden wird. Man erhält dann aus der Gleichung

$$R - p^2 = 2\,p\,q + q^2$$

die folgende

$$R - p^2 = 2\,p\,(p_1 + r) + (p_1 + r)^2$$

oder

$$R - p^2 = 2\,p\,p_1 + p_1{}^2 + 2\,(p + p_1)\,r + r^2$$

Um nun p_1 zu erhalten, dividire man das erste Glied von $R - p^2$ durch $2\,p$, der Quotient ist gleich p_1. Jetzt subtrahire man von $R - p^2$ die Summe $2\,p\,p_1 + p_1{}^2$, so ergiebt sich:

$$R - p^2 - 2\,p\,p_1 - p_1{}^2 = 2\,(p + p_1)\,r + r^2$$

In diesem Ausdruck muß also das doppelte Produkt aus der Summe der beiden ersten Glieder der Wurzel $= (p + p_1)$ mal der Summe der übrigen Glieder der Wurzel $= r$ und außerdem das Quadrat von r enthalten sein. — Enthält die Wurzel nur drei Glieder, so findet man ihr letztes Glied r, indem man mit der Größe $2\,(p + p_1)$ in $R - p^2 - 2\,p\,p_1 - p_1{}^2$ dividirt, ohne den Divisionsreſt zu berückſichtigen; letzterer iſt gleich r^2. Soll z. B. gebildet werden

$$\sqrt{R} = \sqrt{4a^4 + 20a^3b + 25a^2b^2 + 12a^2c + 30abc + 9c^2}$$

ſo iſt zu ſetzen

$$\sqrt{4a^4} = 2a^2 = p$$
$$R - p^2 = 20a^3b + 25a^2b^2 + 12a^2c + 30abc + 9c^2$$

Jetzt dividire man das erſte Glied von $R - p^2$, d. i. $20a^3b$ durch $2p = 4a^2$. Dann ergiebt ſich

$$p_1 = 5ab$$

Subtrahirt man nun von $R - p^2$ die Größe

$$2pp_1 + p_1{}^2 = 20a^3b + 25a^2b^2$$

ſo bleibt

$$R - p^2 - 2pp_1 - p_1{}^2 = 12a^2c + 30abc + 9c^2$$

Dieſen Ausdruck dividire man durch

$$2(p + p_1) = 4a^2 + 10ab$$

ohne den Diviſionsreſt zu berückſichtigen, ſo ergiebt ſich

$$r = 3c$$

und man erſieht, daß der Diviſionsreſt $9c^2$ gleich dem Quadrat des letzten Gliedes der Wurzel $(3c)^2$ iſt.

Enthält die Wurzel vier oder mehrere Glieder, ſo ſetze man

$$r = p_2 + s$$

und verfahre ähnlich wie vorher.

Die Operation des Quadratwurzelziehens geſchieht nun ein=facher, wie aus dem folgenden Beiſpiele erhellt. Es ſoll gebildet werden

$$\sqrt{9a^4 + 30a^3b + 31a^2b^2 + 10ab^3 + b^4} = \sqrt{R}$$

$$
\begin{array}{ll}
9a^4 + 30a^3b + 31a^2b^2 + 10ab^3 + b^4 & \quad 3a^2 + 5ab + b^2 \\
9a^4 & \\
\hline
\; 30a^3b + 31a^2b^2 + 10ab^3 + b^4 & \\
6a^2)\quad 30a^3b + 25a^2b^2 & \\
\hline
\; 6a^2b^2 + 10ab^3 + b^4 & \\
6a^2 + 10ab)\quad 6a^2b^2 + 10ab^3 + b^4 & \\
\hline
\; 0 &
\end{array}
$$

Radikand.   Wurzel.

Hier hat man den Radikanden hingeschrieben, aus dem ersten Gliede die Quadratwurzel $= 3a^2$ gezogen und als erstes Glied der Wurzel aufgeführt. Alsdann ist das Quadrat des ersten Gliedes der Wurzel $= 9a^2$ vom Radikanden abgezogen und mit dem Doppelten des ersten Gliedes der Wurzel $= 6a^2$ in das erste Glied der Differenz dividirt worden; das Resultat der Division $= 5ab$ wurde als zweites Glied der Wurzel aufgeführt. Nun hat man das doppelte Produkt des ersten und zweiten Gliedes der Wurzel, so wie das Quadrat des zweiten Gliedes der Wurzel (in Summa $30a^3b + 25a^2b^2$) von dem Reste $30a^3b + 31a^2b^2 + 10ab^3 + b^4$ abgezogen und den alsdann übrigbleibenden Rest $6a^2b^2 + 10ab^3 + b^4$ durch das Doppelte der Summe aus den beiden ersten Gliedern der Wurzel ($= 6a^2 + 10ab$) dividirt. Der Quotient b^2 wurde als drittes Glied der Wurzel hingeschrieben. Subtrahirte man nun das doppelte Produkt der Summe der beiden ersten Glieder und des dritten Gliedes der Wurzel, plus das Quadrat des dritten Gliedes der Wurzel (in Summa $6a^2b^2 + 10ab^3 + b^4$), so blieb der Rest Null übrig. Daher lautet die Quadratwurzel aus

$$R = 9a^4 + 30a^3b + 31a^2b^2 + 10ab^3 + b^4$$
$$\sqrt{R} = 3a^2 + 5ab + b^2$$

Anmerkung:

Wenn der Radikand nicht das vollständige Quadrat einer algebraischen Größe ist, so wird die Quadratwurzel aus dem Radikanden sich nicht vollständig ausziehen lassen, sondern es bleibt ein Rest übrig, den wir als Wurzelrest bezeichnen werden. In der Folge sollen auch die Quadratwurzeln aus algebraischen Größen ausgezogen werden, wenn dieselben keine vollständigen Quadrate sind und die jedesmaligen Wurzelreste angegeben werden.

Beispiele:

1) Es soll gebildet werden:

$$\sqrt{R} = \sqrt{64 + 192x + 240x^2 + 160x^3 + 60x^4 + 12x^5 + x^6}$$

Radikand	Wurzel
$64 + 192x + 240x^2 + 160x^3 + 60x^4 + 12x^5 + x^6$	$8 + 12x + 6x^2 + x^3$
$64 \qquad . \qquad .$	
$\overline{192x + 240x^2}$	
$16)\quad 192x + 144x^2 \qquad . \qquad .$	
$\overline{96x^2 + 160x^3 + 60x^4}$	
$16 + 24x)\quad 96x^2 + 144x^3 + 36x^4 \qquad . \qquad .$	
$\overline{16x^3 + 24x^4 + 12x^5 + x^6}$	
$16 + 24x + 12x^2)\quad 16x^3 + 24x^4 + 12x^5 + x^6$	
$\qquad 0$	

Es ist demnach)

$$\sqrt{64 + 192x + 240x^2 + 160x^3 + 60x^4 + 12x^5 + x^6}$$
$$= 8 + 12x + 6x^2 + x^3$$

2) Zu bilden

$$\sqrt{4x^2 + 9y^2 + 12xy + 16xy^2 + 24y^3 + 16y^4}$$

Man ordne zunächst den Radikanden wie folgt:

Radikand	Wurzel
$4x^2 + 12xy + 9y^2 + 16xy^2 + 24y^3 + 16y^4$	$2x + 3y + 4y^2$
$4x^2 \quad\cdot\qquad\cdot$	

$$\begin{array}{ll}
 & 12xy + 9y^2 \\
4x) & 12xy + 9y^2 \qquad\cdot\qquad\cdot\qquad\cdot \\
\hline
 & \qquad\qquad 16xy^2 + 24y^3 + 16y^4 \\
4x + 6y) & \qquad\qquad 16xy^2 + 24y^3 + 16y^4 \\
\hline
 & \qquad\qquad\qquad\quad 0
\end{array}$$

3) Aus dem Ausdruck

$$R = 1 + 4x + 9x^2 + 16x^3 + 25x^4 + 36x^5 + x^6$$

die Quadratwurzel zu ziehen.

Radikand	Wurzel
$1 + 4x + 9x^2 + 16x^3 + 25x^4 + 36x^5 + x^6$	$1 + 2x + \dfrac{5}{2}x^2 + 3x^3$

$$\begin{array}{ll}
1 \quad\cdot\qquad\cdot \\
\hline
2) \quad 4x + 9x^2 \\
\qquad 4x + 4x^2 \qquad\cdot\qquad\cdot \\
\hline
2 + 4x) \quad 5x^2 + 16x^3 + 25x^4 \\
\qquad\qquad 5x^2 + 10x^3 + \dfrac{25}{4}x^4 \qquad\cdot\qquad\cdot \\
\hline
2 + 4x + 5x^2) \quad 6x^3 + \dfrac{75}{4}x^4 + 36x^5 + x^6 \\
\qquad\qquad\quad 6x^3 + 12x^4 + 15x^5 + 9x^6 \\
\hline
\text{Rest} = \dfrac{27}{4}x^4 + 21x^5 - 8x^6
\end{array}$$

4) Aus dem Ausdruck

$$R = 1 - 2x + 5x^2 - 12x^3 + 29x^4$$

die Quadratwurzel zu ziehen.

Radikand	Wurzel

$$1 - 2x + 5x^2 - 12x^3 + 29x^4 \qquad\qquad 1 - x + 2x^2 - 4x^3$$

$$
\begin{array}{l}
\underline{1 \quad\cdot\quad\cdot} \\
2)\ \overline{-2x + 5x^2} \\
\underline{-2x + \ x^2 \quad\cdot\quad\cdot} \\
2-2x)\quad \overline{4x^2 - 12x^3 + 29x^4} \\
\underline{4x^2 - \ 4x^3 + \ 4x^4} \\
2-2x+4x^2)\ \overline{-\ 8x^3 + 25x^4} \\
\underline{-\ 8x^3 + \ 8x^4 - 16x^5 + 16x^6} \\
\quad \text{Reſt} = \quad\ \ 17x^4 + 16x^5 - 16x^6
\end{array}
$$

Aehnlich findet man die beiden folgenden Quadratwurzeln mit den angegebenen Reſten:

$$5)\ \ \sqrt{1+x}\ = 1 + \frac{x}{2} - \frac{x^2}{8} + \frac{x^3}{16} - \frac{5x^4}{128}$$

$$\text{Reſt} = \frac{7}{128}x^5 - \frac{7}{512}x^6 + \frac{5}{1024}x^7 - \frac{25}{16384}x^8$$

$$6)\ \ \sqrt{1+x+x^2}\ = 1 + \frac{x}{2} + \frac{3}{8}x^2 - \frac{3}{16}x^3$$

$$\text{Reſt} = \frac{3}{64}x^4 + \frac{9}{64}x^5 - \frac{9}{256}x^6$$

b) Ausziehen der Cubikwurzeln.

Hat man den Radikanden R, aus welchem die Cubikwurzel gezogen werden soll, gehörig geordnet, so verfahre man folgendermaßen. Man setze

$$\sqrt[3]{R} = p + q$$

so muß

$$R = (p + q)^3 = p^3 + 3p^2q + 3pq^2 + q^3$$

sein. Jetzt setze man p^3 gleich dem erſten Gliede des Radikanden oder p gleich der Cubikwurzel aus dem erſten Gliede des Radikanden. Subtrahirt man nun vom Radikanden sein erſtes Glied p^3, so bleibt

$$R - p^3 = 3p^2q + 3pq^2 + q^3$$

In dem Ausdruck $R - p^3$ muß alſo das dreifache Produkt des Quadrates vom erſten Gliede der Wurzel = p mal der Summe aller übrigen Glieder der Wurzel = q, ferner die Größe $3pq^2$ und außerdem der Cubus von q enthalten sein. Wenn die Cubikwurzel nur aus zwei Gliedern besteht, so findet man das zweite Glied derselben = q, indem man $3p^2$ in $R - p^3$ dividirt und den Reſt nicht berückſichtigt; letzterer muß aus den beiden Summanden $3pq^2$ und q^3 beſtehen.

Soll des Beiſpiels halber gebildet werden

$$\sqrt[3]{R} = \sqrt[3]{27x^3 + 54x^2 + 36x + 8}$$

so hat man zu setzen

$$p^3 = 27x^3 \text{ oder } p = \sqrt[3]{27x^3} = 3x$$

Dann muß

$$R - p^3 = 54x^2 + 36x + 8 = 3p^2q + 3pq^2 + q^3 = 27x^2q + 9xq^2 + q^3$$

sein. Man dividire jetzt mit $27x^2$ in $54x^2 + 36x + 8$, ohne den Rest zu berücksichtigen. Dann ergiebt sich als Quotient $q = 2$. Der Rest $36x + 8$ ist gleich $9xq^2 + q^3$, wenn $q = 2$ eingesetzt wird.

Also ist

$$\sqrt[3]{27x^3 + 54x^2 + 36x + 8} = 3x + 2$$

Wenn nun aber die Cubikwurzel drei oder mehrere Summanden enthält, so ist q eine Summe von zwei oder mehreren Gliedern. Es kann daher gesetzt werden

$$q = p_1 + r$$

Man erhält dann aus der Gleichung

$$R - p^3 = 3p^2q + 3pq^2 + q^3$$

die folgende

$$R - p^3 = 3p^2(p_1 + r) + 3p(p_1 + r)^2 + (p_1 + r)^3$$

oder nach geschehener Umformung

$$R - p^3 = 3p^2p_1 + 3pp_1{}^2 + p_1{}^3 + 3(p + p_1)^2r + 3(p + p_1)r^2 + r^3$$

Um nun p_1 zu erhalten, dividire man das erste Glied von $R - p^3$ durch $3p^2$, so ist der Quotient gleich p_1 das zweite Glied der Cubikwurzel. — Subtrahirt man nun auf beiden Seiten

$$3p^2p_1 + 3pp_1{}^2 + p_1{}^3$$

nachdem für p_1 sein auf dem eben angegebenen Wege aufzufindender Werth eingesetzt ist, so ergiebt sich

$$R - p^3 - 3p^2p_1 - 3pp_1{}^2 - p_1{}^3 = 3(p + p_1)^2r + 3(p + p_1)r^2 + r^3$$

oder

$$R - (p + p_1)^3 = 3(p + p_1)^2r + 3(p + p_1)r^2 + r^3$$

In diesem Ausdruck muß also das dreifache Quadrat der Summe der beiden ersten Wurzelglieder mal der Summe der übrigen Glieder der Wurzel, plus die dreifache Summe der beiden ersten Wurzelglieder mal dem Quadrat der Summe der übrigen Wurzelglieder, plus der Cubus von r — enthalten sein.

Enthält die Wurzel nur drei Glieder, so findet man ihr letztes Glied r, indem man mit der Größe $3(p + p_1)^2$ in $R - (p + p_1)^3$ dividirt, ohne den Divisionsrest zu beachten; letzterer muß gleich $3(p + p_1)r^2 + r^3$ sein.

Soll des Beispiels wegen berechnet werden

$$\sqrt[3]{R} = \sqrt[3]{8 + 36x + 66x^2 + 63x^3 + 33x^4 + 9x^5 + x^6}$$

so ist zu setzen

$$\sqrt[3]{8} = 2 = p$$

$$R - p^3 = 36x + 66x^2 + 63x^3 + 33x^4 + 9x^5 + x^6$$

Jetzt dividire man das erste Glied von $R - p^3$, nämlich $36x$ durch $3p^2 = 12$, so ergiebt sich

$$p_1 = 3x$$

Subtrahirt man nun von $R - p^3$ die Größe

$$3p^2 p_1 + 3pp_1{}^2 + p_1{}^3 = 36x + 54x^2 + 27x^3$$

so bleibt

$$R - (p + p_1)^3 = 12x^2 + 36x^3 + 33x^4 + 9x^5 + x^6$$

Diesen Ausdruck dividire man durch

$$3(p + p_1)^2 = 12 + 36x + 27x^2$$

ohne den Divisionsrest zu berücksichtigen, so ergiebt sich

$$r = x^2$$

und man findet, daß der Divisionsrest

$$6x^4 + 9x^5 + x^6 = 3(p + p_1)r^2 + r^3 = 3(2 + 3x)x^4 + x^6$$

ist. Daher wird

$$\sqrt[3]{8 + 36x + 66x^2 + 63x^3 + 33x^4 + 9x^5 + x^6} = 2 + 3x + x^2$$

Wenn die Cubikwurzel mehr als drei Glieder enthält, so hat man zu setzen

$$r = p_2 + s$$

und in derselben Weise wie vorher p_2 u. s. f. zu bestimmen.

Wie das umstehende Beispiel zeigt, läßt sich die Cubikwurzel aus einer algebraischen Summe einfacher folgendermaßen ausziehen. Es sei zu berechnen

$$\sqrt[3]{R} = \sqrt[3]{x^6 - 6x^5 + 21x^4 - 44x^3 + 63x^2 - 54x + 27}$$

<table>
<tr><td align="center">Radikand</td><td align="center">Wurzel</td></tr>
<tr><td>$x^6 - 6x^5 + 21x^4 - 44x^3 + 63x^2 - 54x + 27$</td><td>$x^2 - 2x + 3$</td></tr>
<tr><td>x^6</td><td></td></tr>
</table>

$3x^4)\quad -6x^5 + 21x^4 - 44x^3$
$ -6x^5 + 12x^4 - 8x^3$

$3x^4 - 12x^3 + 12x^2)\quad 9x^4 - 36x^3 + 63x^2 - 54x + 27$
$ 9x^4 - 36x^3 + 63x^2 - 54x + 27$

$$0$$

Aus dem ersten Gliede des Radikanden x^6 hat man hier die Cubikwurzel $= x^2$ gezogen und als erstes Glied der ganzen Wurzel hingeschrieben. Nachdem der Cubus dieses ersten Gliedes der Wurzel $= x^6$ vom Radikanden subtrahirt ist — hat man das erste Glied der erhaltenen Differenz $= -6x^5$ durch das dreifache Quadrat des erſten Gliedes der Wurzel $= 3x^4$ dividirt und den erhaltenen Quotienten $= -2x$ als zweites Glied der Wurzel aufgeführt. Dann hat man das dreifache Quadrat des erſten Gliedes der Wurzel mal dem zweiten Gliede der Wurzel $+$ das dreifache Produkt aus dem erſten Gliede und dem Quadrat des zweiten Gliedes $+$ den Cubus des zweiten Gliedes, in Summa die Größe $- 6x^5 + 12x^4 - 8x^3$ von dem Reſte

$$-6x^5 + 21x^4 - 44x^3 + 63x^2 - 54x + 27$$

abgezogen und den alsdann übrigbleibenden Reſt

$$9x^4 - 36x^3 + 63x^2 - 54x + 27$$

durch das Dreifache des Quadrates der Summe der beiden erſten Glieder der Wurzel $=$

$$3x^4 - 12x^3 + 12x^2$$

dividirt, ohne den Diviſionsreſt zu berückſichtigen. Der Quotient 3 wurde als drittes Glied der Wurzel hingeſchrieben. Subtrahirt man nun das dreifache Produkt des Quadrates der Summe der beiden erſten Glieder der Wurzel und ihres dritten Gliedes, plus das dreifache Produkt der Summe aus den erſten beiden Gliedern und des Quadrates vom dritten Gliede, plus den Cubus des letzten Gliedes, in Summa

$$9x^4 - 36x^3 + 63x^2 - 54x + 27$$

ſo blieb der Reſt Null übrig. Daher iſt

$$\sqrt[3]{x^6 - 6x^5 + 21x^4 - 44x^3 + 63x^2 - 54x + 27} = x^2 - 2x + 3$$

Bemerkung:

Wenn der Radikand kein vollſtändiger Cubus einer algebraiſchen Summe iſt, ſo verfahre man ähnlich, wie in dem betreffenden Falle bei der Ausziehung der Quadratwurzeln.

Beiſpiele:

1) Es ſoll gebildet werden

$$\sqrt[3]{R} = \sqrt[3]{x^6 - 6x^5y + 15x^4y^2 - 20x^3y^3 + 15x^2y^4 - 6xy^5 + y^6}$$

$$
\begin{array}{ll|l}
\multicolumn{2}{c|}{\text{Radikand}} & \text{Wurzel} \\
x^6 - 6x^5y + 15x^4y^2 - 20x^3y^3 + 15x^2y^4 - 6xy^5 + y^6 & & x^2 - 2xy + y^2 \\
x^6 & & \\
\end{array}
$$

$$3x^4)\quad \begin{array}{l} -6x^5y + 15x^4y^2 - 20x^3y^3 \\ -6x^5y + 12x^4y^2 - 8x^3y^3 \end{array}$$

$$3x^4 - 12x^3y^3 + 3y^4)\quad \begin{array}{l} 3x^4y^2 - 12x^3y^3 + 15x^2y^4 - 6xy^5 + y^6 \\ 3x^4y^2 - 12x^3y^3 + 15x^2y^4 - 6xy^5 + y^6 \end{array}$$

$$0$$

2) Aus dem Ausdruck

$$R = 1 + 4x + 9x^2 + 16x^3 + 25x^4 + 36x^5 + 64x^6$$

die Cubikwurzel zu ziehen.

$$\begin{array}{l|l}
\text{Radikand} & \text{Wurzel} \\
1+4x+\ 9x^2+\ 16x^3+25x^4+36x^5+64x^6 & 1+\dfrac{4}{3}x+\dfrac{11}{9}x^2 \\
\ \ 1 &
\end{array}$$

$$3)\ \overline{\ \ \ 4x+\ 9x^2+\ 16x^3}$$

$$\qquad 4x+\dfrac{16}{3}x^2+\dfrac{64}{27}x^3$$

$$3+8x+\dfrac{16}{3}x^2\Big)\ \dfrac{11}{3}x^2+\dfrac{368}{27}x^3+25x^4+36x^5+64x^6$$

$$\qquad\qquad \dfrac{11}{3}x^2+\dfrac{88}{9}x^3+11x^4+\dfrac{484}{81}x^5+\dfrac{1331}{729}x^6$$

$$\text{Rest}\ =\ \dfrac{104}{27}x^3+14x^4+\dfrac{2432}{81}x^5+\dfrac{45325}{729}x^6$$

3) **Aus dem Ausdruck**

$$R = 1 + x$$

die Cubikwurzel zu ziehen.

$$\begin{array}{l|l}
\text{Radikand} & \text{Wurzel} \\
\quad 1 + x & 1+\dfrac{x}{3}-\dfrac{x^2}{9}+\dfrac{5x^3}{81} \\
\quad 1 &
\end{array}$$

$$3)\ \qquad x$$

$$\qquad\quad x+\dfrac{x^2}{3}+\dfrac{x^3}{27}$$

$$3+2x+\dfrac{x^2}{3}\Big)\ -\dfrac{x^2}{3}-\dfrac{x^3}{27}$$

$$\qquad\qquad -\dfrac{x^2}{3}-\dfrac{2x^3}{9}+\dfrac{x^5}{81}-\dfrac{x^6}{729}$$

$$3+2x-\dfrac{x^2}{3}-\dfrac{2x^3}{9}+\dfrac{x^4}{27}\Big)\ \dfrac{5x^3}{27}-\dfrac{x^5}{81}+\dfrac{x^6}{729}$$

$$\qquad\qquad \dfrac{5x^3}{27}+\dfrac{10x^4}{81}-\dfrac{5x^5}{243}-\dfrac{5x^6}{2187}+\dfrac{40x^7}{6561}-\dfrac{25x^8}{19683}+\dfrac{125x^9}{531441}$$

$$\text{Rest}\ =\ -\dfrac{10x^4}{81}+\dfrac{2x^5}{243}+\dfrac{8x^6}{2187}-\dfrac{40x^7}{6561}+\dfrac{25x^8}{19683}-\dfrac{125x^9}{531441}$$

Von den imaginären Größen.

Nach der Erklärung der Quadratwurzel ist $\sqrt{a}$ diejenige Zahl, welche zum Quadrat erhoben a giebt. In Folge dieser Erklärung ist man genöthigt, für $\sqrt{a}$ zwei Größen anzunehmen, welche dem Zahlwerthe nach einander gleich sind, von denen die eine aber positiv und die andere negativ ist.

Es giebt z. B. die beiden Zahlen $+2$ und -2, deren Quadrate gleich der Zahl 4 sind.

Um nun Mißverständnisse zu beseitigen, mag für die Folge angenommen werden, daß ohne ausdrückliche nähere Bestimmung *) für $\sqrt{a}$ der positive Werth dieser Wurzel gelten mag.

Die Quadratwurzel aus einer negativen Zahl ist weder eine positive noch eine negative Zahl, denn wenn man eine positive oder negative Zahl zum Quadrat erhebt, so erhält man stets eine positive Zahl.

Die Quadratwurzeln aus negativen Zahlen bilden daher eine eigene Klasse von Größen, deren Vergleichung oder Messung durch die gewöhnlichen (positiven oder negativen) Größen auf keine Weise geschehen kann. Man nennt derartige Größen imaginäre oder unmögliche Größen.

Wenn nun zwar die imaginären Größen mit den wirklichen (reellen) Größen nicht verglichen werden können, so kann man doch die imaginären Größen unter einander vergleichen. Es kann z. B. keinem Zweifel unterliegen, daß $2\sqrt{-a}$ das Doppelte von $\sqrt{-a}$ ist.

Eine solche Vergleichung der imaginären Größen unter sich geschieht nun am einfachsten durch Vermittelung einer unmöglichen Größe, welcher man den Beinamen der

imaginären Einheit

zu geben pflegt.

Erklärung:

Das Zeichen

$$i = \sqrt{-1}$$

bedeutet eine (unmögliche) Größe, deren Quadrat gleich der Zahl -1 ist. Diese Größe i nennt man die **imaginäre Einheit.**

Nach dieser Erklärung ist also

$$i^2 = -1$$

eine wirkliche oder reelle Zahl.

Mittelst der imaginären Einheit, welche man gewohnt ist durch den Buchstab i zu bezeichnen, können nun unmögliche Größen unter einander verglichen werden.

Lehrsatz.

Es ist:

$$\sqrt{-a^2} = ai$$

____

*) In der Theorie der Gleichungen ist der positive wie der negative Wurzelwerth ganz gleichberechtigt; daher wird hier auch ohne ausdrückliche Bemerkung $\sqrt{a}$ sowohl den positiven als auch den negativen Werth dieser Wurzel bezeichnen.

Beweis:

Es bedeutet $\sqrt{-a^2}$ diejenige Größe x, deren Quadrat gleich $-a^2$ ist; d. h.

$$x^2 = -a^2$$

Aus dieser Gleichung ergiebt sich

$$\frac{x^2}{a^2} = \left(\frac{x}{a}\right)^2 = -1$$

d. h.

$$\frac{x}{a} = \sqrt{-1} = i$$

oder $$x = ai$$

Also ist

$$\sqrt{-a^2} = ai$$

Ganz ähnlich oder aus dem vorstehenden Satze würde man finden

$$\sqrt{-a} = i\sqrt{a}$$

Demnach ist die Quadratwurzel aus einer negativen Zahlengröße gleich einem Produkt, dessen einer Faktor die Quadratwurzel aus dem Zahlwerthe des Radikanden und dessen anderer Faktor die **imaginäre Einheit** ist.

Erklärung:

Jede Größe von der Form

$$a + b\sqrt{-1} = a + bi$$

wo a und b irgend welche reelle Zahlen bedeuten — heißt eine **complexe** Größe.

Die beiden Bestandtheile einer complexen Größe a und bi können nicht mit einander verglichen werden, weil dieselben nicht demselben Zahlengebiete angehören. Das $+$ Zeichen, welches diese Bestandtheile mit einander verbindet, ist daher nicht als ein eigentliches Additionszeichen anzusehen, durch welches nur Größen von demselben Charakter verbunden werden können; sondern das $+$ Zeichen hat in der Theorie der complexen Größen den allgemeineren Sinn einer Zuordnung von Größen, welche nicht mit einander verbunden werden können, weil ihre Einheiten sich gegenseitig ausschließen.

Die Operationen mit complexen Größen erfordern daher auch besondere Definitionen.

Man addirt zwei complexe Größen $a + bi$ und $a' + b'i$, indem man eine complexe Größe bildet, deren reeller Theil gleich der Summe der beiden reellen Theile der gegebenen Summanden und deren imaginärer Theil gleich der Summe ihrer imaginären Theile ist; es ist also

$$(a + bi) + (a' + b'i) = (a + a') + (b + b')i$$

Man subtrahirt zwei complexe Größen von einander, indem man den reellen Theil der einen vom reellen Theile der andern und den imaginären Theil der ersteren vom imaginären Theile der zweiten subtrahirt; d. h.

$$(a + bi) - (a' + b'i) = (a - a') + (b - b')i$$

Diese beiden Operationen des Addirens und Subtrahirens der complexen Größen lassen sich ohne Schwierigkeit begründen. Anders verhält es sich mit der Multiplikation zweier complexen Größen.

Man multiplicirt zwei complexe Größen $a + bi$ und $a' + b'i$ mittelst der Formel:

$$(a + bi)(a' + b'i) = aa' - bb' + (ab' + a'b)i$$

d. h. multiplicirt nach der Formel über das Produkt zweier Summen. Indem man diese Formel anwendet, erhält man nämlich

$$(a + bi)(a' + b'i) = aa' + a'bi + ab'i + bb'i^2$$
$$= aa' - bb' + (ab' + a'b)i$$

weil $i^2 = -1$ zu setzen ist.

Auf die Operation des Multiplicirens lassen sich nun die folgenden Operationen: Dividiren, die Potenzrechnung und dann die Wurzelrechnung allmählich zurückführen.

Soll z. B. der Bruch der complexen Größen

$$\frac{a' + b'i}{a + bi}$$

als eine complexe Größe dargestellt werden, so multiplicire man denselben im Zähler und Nenner mit $a - bi$; dann folgt

$$\frac{a' + b'i}{a + bi} = \frac{aa' + bb' + (ab' - a'b)i}{a^2 + b^2} = \frac{aa' + bb'}{a^2 + b^2} = \frac{(ab' - a'b)i}{a^2 + b^2}$$

als Formel, um den Bruch zweier complexen Größen als eine complexe Größe darzustellen.

Aus der vorhergehenden Entwickelung ersieht man, daß das Produkt der beiden complexen Größen

$$a + bi; \; a - bi$$

die reelle Größe $a^2 + b^2$ giebt. Die beiden Größen

$$a + bi$$
$$a - bi$$

welche nur durch das Zeichen des imaginären Theils von einander abweichen, nennt man conjugirte complexe Größen.

Für die Folge ist ein Satz, betreffend die Vergleichung zweier complexen Größen, von Wichtigkeit.

Findet nämlich die Gleichheit statt

$$a + bi = a' + b'i$$

so muß

$$a = a'$$
$$\text{und } b = b'$$

sein.

Aus der Gleichung $a + bi = a' + b'i$ folgt nämlich:
$$a - a' + (b - b')i = 0$$
Wäre nun $b - b'$ von Null verschieden, so müßte die Differenz der beiden reellen Größen $a - a'$ gleich einer imaginären Größe werden. Da dieses ungereimt ist, so muß
$$b = b'$$
und in Folge dessen
$$a = a'$$
sein.

Die Erhebung einer complexen Größe zu einer Potenz, deren Exponent eine positive oder negative ganze Zahl ist — geschieht mit Hülfe der beiden Formeln über die Multiplikation und Division complexer Größen.

Es soll jetzt noch die Formel für die Ausziehung der Quadratwurzel aus einer complexen Größe entwickelt werden.

Wenn man
$$\sqrt{a + bi}$$
als complexe Größe darstellen will, so setze man
$$\sqrt{a + bi} = x + y.i$$
und erhebe diese Gleichung zum Quadrat.

Es ergiebt sich alsdann
$$a + bi = x^2 - y^2 + 2xy.i$$
Aus dieser Gleichung folgt vermöge eines vorher bewiesenen Satzes
$$x^2 - y^2 = a$$
$$2xy = b$$
Addirt man die Quadrate dieser beiden Gleichungen, so erhält man
$$(x^2 - y^2)^2 + 4x^2y^2 = (x^2 + y^2)^2 = a^2 + b^2$$
oder wenn die Quadratwurzel gezogen wird
$$x^2 + y^2 = \sqrt{a^2 + b^2}$$
Addirt man zu dieser Gleichung die folgende
$$2xy = b$$
so erhält man
$$(x + y)^2 = \sqrt{a^2 + b^2} + b$$
oder durch Ausziehung der Quadratwurzel
$$x + y = \pm \sqrt{\sqrt{a^2 + b^2} + b}$$
Subtrahirt man ferner die beiden Gleichungen
$$x^2 + y^2 = \sqrt{a^2 + b^2}$$
$$2xy = b$$

von einander, so ergiebt sich

$$(x - y)^2 = \sqrt{a^2 + b^2} - b$$

oder durch Ausziehung der Quadratwurzel

$$x - y = \pm \sqrt{\sqrt{a^2 + b^2} - b}$$

Aus den beiden Gleichungen

$$x + y = \pm \sqrt{\sqrt{a^2 + b^2} + b}$$

$$x - y = \pm \sqrt{\sqrt{a^2 + b^2} - b}$$

und der folgenden

$$x^2 - y^2 = a$$

ersieht man nun, daß wenn a eine positive Größe ist — die beiden Größen $x + y$ und $x - y$ entweder beide positiv oder beide negativ sind; daß aber, wenn a negativ ist, diese beiden Größen entgegengesetzte Vorzeichen haben müssen. Bedeutet daher ε einen der beiden Werthe ± 1, so ist

$$\left. \begin{aligned} x + y &= \varepsilon \sqrt{\sqrt{a^2 + b^2} + b} \\ x - y &= \varepsilon \sqrt{\sqrt{a^2 + b^2} - b} \end{aligned} \right\} \quad \text{wenn a positiv}$$

und

$$\left. \begin{aligned} x + y &= \varepsilon \sqrt{\sqrt{a^2 + b^2} + b} \\ x - y &= - \varepsilon \sqrt{\sqrt{a^2 + b^2} - b} \end{aligned} \right\} \quad \text{wenn a negativ ist.}$$

Addirt man nun die Gleichungen $x + y =$ und $x - y =$ und dividirt durch 2, so folgt:

$$x = \frac{\varepsilon}{2} \left(\sqrt{\sqrt{a^2 + b^2} + b} + \sqrt{\sqrt{a^2 + b^2} - b} \right) \quad \text{wenn a positiv,}$$

$$x = \frac{\varepsilon}{2} \left(\sqrt{\sqrt{a^2 + b^2} + b} - \sqrt{\sqrt{a^2 + b^2} - b} \right) \quad \text{wenn a negativ ist.}$$

Subtrahirt man dagegen die obigen Gleichungen von einander und dividirt durch 2, so ergiebt sich

$$y = \frac{\varepsilon}{2} \left(\sqrt{\sqrt{a^2 + b^2} + b} - \sqrt{\sqrt{a^2 + b^2} - b} \right) \quad \text{wenn a positiv,}$$

$$y = \frac{\varepsilon}{2} \left(\sqrt{\sqrt{a^2 + b^2} + b} + \sqrt{\sqrt{a^2 + b^2} - b} \right) \quad \text{wenn a negativ ist.}$$

Mittelst dieser Werthe von x und y kann man nun in den beiden Fällen für ein positives oder negatives a den complexen Ausdruck von

$$\sqrt{a + bi} = x + yi$$

zusammensetzen.

Die Darstellung von $\sqrt[n]{a + bi}$ als eine complexe Größe gehört der Goniometrie an und mag daher hier übergangen werden.

Beispiele zur Rechnung mit complexen Größen.

1) $\left(-\dfrac{1}{2} + \dfrac{i}{2}\sqrt{3}\right)^3$ zu entwickeln.

Wendet man die Formel

$$(a + b)^3 = a^3 + 3a^2b + 3ab^2 + b^3$$

an und setzt $a = -\dfrac{1}{2}$, $b = \dfrac{i}{2}\sqrt{3}$, so folgt:

$$\left(-\frac{1}{2} + \frac{i}{2}\sqrt{3}\right)^3 = -\frac{1}{8} + 3 \cdot \frac{1}{4} \cdot \frac{i}{2}\sqrt{3} - \frac{3}{2}\frac{i^2}{4} \cdot 3 + \frac{i^3 \, 3\sqrt{3}}{8}$$

oder da $i^2 = -1$; $i^3 = -i$ ist

$$\left(-\frac{1}{2} + \frac{i}{2}\sqrt{3}\right)^3 = -\frac{1}{8} + \frac{3i}{8}\sqrt{3} + \frac{9}{8} - \frac{i \, 3\sqrt{3}}{8} = 1$$

Durch Entwickelung des Cubus überzeugt man sich also, daß

$$\left(-\frac{1}{2} + \frac{i}{2}\sqrt{3}\right)^3 = 1$$

ist.

2) Die Potenz $(2 + i)^{-4}$ zu entwickeln.

Es ist

$$(2 + i)^{-4} = \frac{1}{(2 + i)^4}$$

Da nun

$$(2 + i)^2 = 4 + 4i + i^2 = 4 + 4i - 1 = 3 + 4i$$

ist, so ergiebt sich, wenn man letztere Gleichung

$$(2 + i)^2 = 3 + 4i$$

noch einmal zum Quadrat erhebt

$$(2 + i)^4 = (3 + 4i)^2 = 9 + 24i + 16i^2 = -7 + 24i$$

Also ist

$$(2 + i)^{-4} = \frac{1}{(2 + i)^4} = \frac{1}{-7 + 24i}$$

Multiplicirt man den Bruch

$$\frac{1}{-7 + 24\,i}$$

im Zähler und Nenner mit $-7 - 24\,i$, so erhält man

$$\frac{1}{-7 + 24\,i} = \frac{-7 - 24\,i}{49 - 24^2\,i^2} = \frac{-7 - 24\,i}{49 + 576} = \frac{-7 - 24\,i}{625}$$

$$= \frac{-7}{625} - \frac{24\,i}{625}$$

Man findet demnach

$$(2 + i)^{-4} = -\frac{7}{625} - \frac{24\,i}{625}$$

3) Die ersten fünf Potenzen von

$$x = \frac{\sqrt{5} - 1}{4} + \frac{i}{4}\sqrt{10 + 2\sqrt{5}}$$

zu entwickeln.

Bildet man zunächst x^2, so ergiebt sich

$$x^2 = \frac{\left(\sqrt{5} - 1\right)^2}{16} + \frac{2\left(\sqrt{5} - 1\right)i}{4}\,\frac{i}{4}\sqrt{10 + 2\sqrt{5}} + \frac{i^2}{16}\left(10 + 2\sqrt{5}\right)$$

$$= \frac{6 - 2\sqrt{5}}{16} + \frac{i\left(\sqrt{5} - 1\right)\sqrt{10 + 2\sqrt{5}}}{8} - \frac{10 + 2\sqrt{5}}{16}$$

$$= -\frac{1 + \sqrt{5}}{4} + \frac{i\left(\sqrt{5} - 1\right)\sqrt{10 + 2\sqrt{5}}}{8}$$

Da nun

$$\sqrt{5} - 1 = \sqrt{\left(\sqrt{5} - 1\right)^2} = \sqrt{6 - 2\sqrt{5}}$$

und daher

$$\left(\sqrt{5} - 1\right)\sqrt{10 + 2\sqrt{5}} = \sqrt{6 - 2\sqrt{5}}\,\sqrt{10 + 2\sqrt{5}}$$

$$= \sqrt{40 - 8\sqrt{5}} = 2\sqrt{10 - 2\sqrt{5}}$$

ist, so findet man:

$$x^2 = -\frac{1 + \sqrt{5}}{4} + \frac{i}{8}\,2\sqrt{10 - 2\sqrt{5}} = -\frac{1 + \sqrt{5}}{4}$$

$$+ \frac{i}{4}\sqrt{10 - 2\sqrt{5}}$$

Mit dieser Gleichung multiplicire man, um x^3 zu entwickeln, die folgende

$$x = \frac{\sqrt{5-1}}{4} + \frac{i}{4}\sqrt{10+2\sqrt{5}}$$

so folgt:

$$x^3 = -\frac{(1+\sqrt{5})(\sqrt{5}-1)}{16} + \frac{i}{16}(\sqrt{5}-1)\sqrt{10-2\sqrt{5}}$$

$$-\frac{i(\sqrt{5}+1)\sqrt{10+2\sqrt{5}}}{16} - \frac{1}{16}\sqrt{10-2\sqrt{5}}\sqrt{10+2\sqrt{5}}$$

Nun ist, wie man leicht findet,

$$-\frac{(1+\sqrt{5})(\sqrt{5}-1)}{16} = -\frac{4}{16} = -\frac{1}{4}$$

$$-\frac{1}{16}\sqrt{10-2\sqrt{5}}\sqrt{10+2\sqrt{5}} = -\frac{1}{16}\sqrt{10^2-4.5}$$

$$= -\frac{1}{16}\sqrt{80} = -\frac{1}{4}\sqrt{5}$$

$$(\sqrt{5}-1)\sqrt{10-2\sqrt{5}} = \sqrt{6-2\sqrt{5}}\sqrt{10-2\sqrt{5}}$$

$$= \sqrt{80-32\sqrt{5}} = 4\sqrt{5-2\sqrt{5}}$$

$$(\sqrt{5}+1)\sqrt{10+2\sqrt{5}} = \sqrt{6+2\sqrt{5}}\sqrt{10+2\sqrt{5}}$$

$$= \sqrt{80+32\sqrt{5}} = 4\sqrt{5+2\sqrt{5}}$$

Daher ergiebt sich

$$x^3 = -\frac{1+\sqrt{5}}{4} - \frac{i}{4}\left\{\sqrt{5+2\sqrt{5}} - \sqrt{5-2\sqrt{5}}\right\}$$

Ferner ist

$$\sqrt{5+2\sqrt{5}} - \sqrt{5-2\sqrt{5}} = \sqrt{\left(\sqrt{5+2\sqrt{5}} - \sqrt{5-2\sqrt{5}}\right)^2}$$

$$= \sqrt{10-2\sqrt{5}}$$

Man erhält also

$$x^3 = -\frac{1+\sqrt{5}}{4} - \frac{i}{4}\sqrt{10-2\sqrt{5}}$$

Um x^4 zu entwickeln, hat man nur die Gleichung

$$x^2 = -\frac{1+\sqrt{5}}{4} + \frac{i}{4}\sqrt{10-2\sqrt{5}}$$

zum Quadrat zu erheben.

Da diese Berechnung nur denselben Grad der Schwierigkeit hat, wie die Berechnung von x^2, so mag das Resultat sogleich hergesetzt werden. Es lautet

$$x^4 = \frac{\sqrt{5}-1}{4} - \frac{i}{4}\sqrt{10-2\sqrt{5}}$$

Um endlich x^5 zu erhalten, multiplicire man die vorher gefundenen Gleichungen

$$x^2 = -\frac{1+\sqrt{5}}{4} + \frac{i}{4}\sqrt{10-2\sqrt{5}}$$

$$x^3 = -\frac{1+\sqrt{5}}{4} - \frac{i}{4}\sqrt{10-2\sqrt{5}}$$

mit einander, so folgt:

$$x^5 = \frac{(1+\sqrt{5})^2}{16} - \frac{i^2}{16}(10-2\sqrt{5})$$

$$= \frac{6+2\sqrt{5}}{16} + \frac{10-2\sqrt{5}}{16} = 1$$

Demnach ist:

$$\left\{ \frac{\sqrt{5}-1}{4} + \frac{i}{4}\sqrt{10+2\sqrt{5}} \right\}^5 = 1$$

— — — —

Achter Abschnitt.

Die Gleichungen des ersten Grades.

Die Gleichungen zerfallen in die drei folgenden Klassen.

1) **Identische Gleichungen** sind solche, deren beide Seiten nicht von einander verschieden sind. Sie drücken also nur aus, daß eine Größe sich selber gleich ist. So ist z. B. $a = a$ eine identische Gleichung.

2) **Analytische Gleichungen** sind solche Gleichungen, welche die Gesetze der Operationen des Rechnens darstellen. So sind z. B.

$$(a + b)^2 = a^2 + 2ab + b^2$$
$$(a + b)\alpha = a\alpha + b\alpha$$
$$(ab)^n = a^n b^n$$

analytische Gleichungen, weil dieselben das Verfahren angeben, eine Summe zweier Größen zum Quadrat zu erheben, eine Summe mit einer Größe zu multipliciren und die Potenz eines Produktes zu bilden.

3) **Algebraische Gleichungen** sind solche Gleichungen, welche nur unter der Voraussetzung bestehen, daß man gewissen in ihren beiden Seiten enthaltenen Größen ganz bestimmte Werthe beilegt. Es sind z. B. die Gleichungen

$$2x = 3$$
$$x^2 = 25$$

algebraische Gleichungen, denn die Richtigkeit der ersteren findet nur statt, wenn man x den ganz bestimmten Werth $\frac{3}{2}$ beilegt; — während für jeden anderen Werth von x die Gleichung richtig zu sein aufhört. Eben so ist die zweite Gleichung nur unter der Voraussetzung richtig, daß man für x entweder die Zahl $+ 5$ oder $- 5$ annimmt.

Wenn man **allen** denjenigen in den Seiten der gegebenen Gleichungen enthaltenen Größen diejenigen Werthe beilegt, welche für das Bestehen dieser Gleichungen erforderlich sind, so erhält man nur identische oder analytische Gleichungen. Denn würde eine dieser Gleichungen noch algebraisch sein, so wäre dieses ein Zeichen, daß noch nicht allen Größen die zum Bestehen der Gleichungen erforderlichen Werthe beigelegt sind.

Sollen gewisse Größen einer oder mehreren Bedingungen Genüge leisten, so drückt man diese Bedingungen in der Form von Gleichungen aus. Dieses Ausdrücken der Bedingungen in der Form von Gleichungen nennt man das „Ansetzen der Gleichungen." Wenn z. B. eine Größe x der Bedingung genügen soll, daß ihr Quadrat, vermehrt um ihr Fünffaches, gleich der Zahl 24 ist, so lautet diese Bedingung in der Form einer Gleichung

$$x^2 + 5x = 24$$

Zum Ansetzen der Gleichungen ist nur ein klares Verständniß der Bedingungen, welchen gewisse Größen unterworfen werden sollen, erforderlich. Daher lassen sich über das Ansetzen der Gleichungen selber nicht wohl allgemeine Regeln aufstellen.

Diejenigen Größen, welche gewissen durch Gleichungen darzustellenden Bedingungen Genüge leisten sollen, nennt man die Un=

bekannten. Man pflegt dieselben durch die letzten Buchstaben des lateinischen Alphabets zu bezeichnen (x, y, z, u), während die gegebenen oder als gegeben gedachten Größen durch die ersten Buchstaben (a, b, c, d . . .) bezeichnet werden.

Aus mehreren Gleichungen die Unbekannten entwickeln oder diese Gleichungen auflösen heißt — die Unbekannten durch gegebene Größen darstellen. Diese Darstellungen der Unbekannten nennt man auch Wurzeln der Gleichungen. Keine Wurzel der Gleichungen darf noch eine Unbekannte in ihrer Darstellung enthalten.

Eine Gleichung heißt abhängig von anderen Gleichungen, wenn dieselbe aus letzteren hergeleitet werden kann. Die Gleichung

$$7x + 4y = 18$$

ist z. B. abhängig von den beiden Gleichungen

$$2x + 3y = 7$$
$$5x + y = 11$$

weil man letztere nur zu addiren hat, um die Gleichung

$$7x + 4y = 18$$

zu erhalten.

Unabhängig von anderen Gleichungen heißt dagegen jede Gleichung, welche auf keine Weise durch Rechnung oder Umformung aus ersteren hergeleitet werden kann.

Unbestimmte Gleichungen sind solche Gleichungen, durch welche die Unbekannten nicht vollständig bestimmt sind, so daß dieselben beliebige Werthe annehmen können. Die Gleichung

$$x + y = 100$$

ist z. B. ohne Hinzufügung einer zweiten Bedingung eine unbestimmte Gleichung, denn man kann für jeden Werth, den man x beilegt, einen zugehörigen Werth für y finden.

Dagegen hat man die Gleichung

$$x^2 = 4$$

als eine bestimmte Gleichung anzusehen, — denn es genügen zwar die beiden Werthe

$$x = 2 \text{ und } x = -2$$

derselben; die Anzahl dieser Werthe ist aber eine beschränkte.

Sich widersprechende Gleichungen sind solche Gleichungen, welche neben einander ohne Widersinn nicht bestehen können.

Die Gleichungen

$$2x + 3y = 7$$
$$4x + 6y = 15$$

befinden sich in diesem Falle. Denn multiplicirt man die erste derselben mit 2, so ergiebt sich

$$4x + 6y = 14$$

eine Gleichung, welche mit der zweiten gegebenen Gleichung

$$4x + 6y = 15$$

nicht verträglich ist.

Anmerkung:

Gelangt man im Laufe einer Betrachtung auf eine oder meh=
rere sich widersprechende Gleichungen, so darf man sicher sein, einen
Formenfehler begangen zu haben.

Gleichungen des ersten Grades mit einer Unbekannten.

Bedeutet x eine unbekannte Größe und sind a und b bekannte
oder gegebene Größen, so heißt die Gleichung

$$ax = b$$

eine Gleichung vom ersten Grade.

Jede Gleichung vom ersten Grade hat man zunächst auf diese
Form ax = b zu bringen, um dann den Werth der Unbekannten
zu finden. Hat man einer Gleichung vom ersten Grade diese Form
gegeben, so sagt man — die Gleichung sei geordnet.

Beim Ordnen der Gleichungen ersten Grades verfährt man
folgendermaßen:

Man schafft durch Multiplikation zuerst diejenigen
Nenner fort, welche die Unbekannte enthalten. Alsdann
löst man diejenigen Produkte auf, in deren Faktoren die Unbekannte
vorkommt. Darauf schafft man diejenigen Glieder, in denen sich
die Unbekannte befindet nach der linken, und die gegebenen Größen
nach der rechten Seite der Gleichung.

Endlich verwandelt man die linke Seite der Gleichung in ein
Produkt, dessen einer Faktor eine gegebene Größe und dessen ande=
rer Faktor die Unbekannte ist.

Bemerkung:

Wenn sich in der Gleichung eine Wurzel vorfindet, deren Ra=
dikand die Unbekannte enthält, so schaffe man dieselbe zunächst auf
eine Seite der Gleichung und erhebe die Gleichung zu einer Potenz,
deren Exponent gleich dem Wurzelexponenten ist. Hierdurch werden
die Wurzeln weggebracht. In allen Fällen wird dieses jedoch nicht
erforderlich sein.

Beispiele:

1) Die Gleichung

$$\frac{3x + 2}{x + 4} + \frac{5x + 7}{1 + x} = 8$$

zu ordnen.

Man multiplicire, um die Nenner x + 4 und 1 + x wegzu=
schaffen, mit dem Produkt der Nenner (x + 4) (1 + x), so er=
hält man

$$(3x + 2) (1 + x) + (5x + 7) (x + 4) = 8(x + 4) (1 + x)$$

Jetzt löse man die Klammern auf, so folgt:
$$3x^2 + 5x + 2 + 5x^2 + 27x + 28 = 8x^2 + 40x + 32$$
Subtrahirt man nun auf beiden Seiten $8x^2$, so ergiebt sich
$$5x + 2 + 27x + 28 = 40x + 32$$
oder nachdem die Glieder, welche x enthalten, nach der linken und die bekannten Größen nach der rechten Seite geschafft sind
$$5x + 27x - 40x = 32 - 2 - 28$$
Zieht man nun auf der linken Seite den gemeinschaftlichen Faktor x heraus, so erhält man
$$(5 + 27 - 40)x = 32 - 2 - 28$$
d. h.
$$- 8x = 2$$
oder wenn man mit $- 1$ multiplicirt
$$8x = - 2$$
In beiden Formen
$$- 8x = 2$$
oder
$$8x = - 2$$
würde die Gleichung geordnet sein; jedoch wählt man diejenige Form der geordneten Gleichung lieber, in welcher der Faktor der Unbekannten positiv ist.

2) Die Gleichung
$$\sqrt{\frac{x^2 + 13}{x}} = \sqrt{x} + 3\sqrt{\frac{1}{x}}$$
zu ordnen.

Man erhebe diese Gleichung zum Quadrat, so ergiebt sich:
$$\frac{x^2 + 13}{x} = \left(\sqrt{x} + 3\sqrt{\frac{1}{x}}\right)^2 = x + 6 + \frac{9}{x}$$
Multiplicirt man nun mit x, so folgt:
$$x^2 + 13 = x^2 + 6x + 9$$
Nachdem von beiden Seiten dieser Gleichung x^2 subtrahirt worden ist, schaffe man die Größe $6x$ nach der linken und die Zahl 13 nach der rechten Seite, so erhält man
$$- 6x = - 13 + 9 = - 4$$
oder nach erfolgter Multiplikation mit $- 1$
$$6x = 4$$
als geordnete Gleichung.

3) Die Gleichung
$$\sqrt{3x + \frac{4x - 2}{x - 1}} = \sqrt{3x} + \sqrt{\frac{5}{3x - 3}}$$
zu ordnen.

Man erhebe diese Gleichung zum Quadrat, so erhält man

$$3x + \frac{4x - 2}{x - 1} = 3x + 2\sqrt{3x}\sqrt{\frac{4}{3x - 3}} + \frac{4}{3x - 3}$$

Jetzt subtrahire man auf beiden Seiten $3x$ und multiplicire hierauf mit $x - 1$, dann folgt:

$$4x - 2 = 2(x - 1)\sqrt{3x}\sqrt{\frac{4}{3x - 3}} + \frac{4}{3}$$

Das Produkt

$$(x - 1)\sqrt{3x}\sqrt{\frac{4}{3x - 3}}$$

ist nun zunächst durch Multiplikation der beiden Wurzeln $=$

$$(x - 1)\sqrt{\frac{12x}{3x - 3}} = (x - 1)\sqrt{\frac{4x}{x - 1}} = 2(x - 1)\sqrt{\frac{x}{x - 1}}$$

und dann, wenn für $x - 1$, $\sqrt{(x - 1)^2}$ gesetzt wird

$$= 2\sqrt{\frac{x(x - 1)^2}{x - 1}} = 2\sqrt{x(x - 1)} = 2\sqrt{x^2 - x}$$

Man erhält also

$$4x - 2 = 4\sqrt{x^2 - x} + \frac{4}{3}$$

oder wenn $\frac{4}{3}$ subtrahirt wird

$$4x - \frac{10}{3} = 4\sqrt{x^2 - x}$$

Dividirt man nun der Einfachheit wegen durch 4 und erhebt dann beide Seiten zum Quadrat, so ergiebt sich

$$\left(x - \frac{5}{6}\right)^2 = x^2 - x$$

d. h. $$x^2 - \frac{5}{3}x + \frac{25}{36} = x^2 - x$$

Nun subtrahire man auf beiden Seiten x^2 und multiplicire mit dem Faktor $- 1$, so folgt

$$\frac{5}{3}x - \frac{25}{36} = x$$

Multiplicirt man mit 36 und schafft die Unbekannte x nach der linken und die Zahl $- 25$ nach der rechten Seite, so erhält man

$$60x - 36x = 25$$

oder $$24x = 25$$

als geordnete Gleichung.

Ist die Gleichung ersten Grades mit einer Unbekannten x nun in der angegebenen Weise geordnet, daß sie die Form hat

$$ax = b$$

so erhält man den Werth der Unbekannten x, indem man auf beiden Seiten durch a dividirt. Es ergiebt sich also aus der geordneten Gleichung

$$ax = b$$

die Wurzel

$$x = \frac{b}{a}$$

Aus den geordneten obigen Gleichungen

1) $8x = -2$
2) $6x = 4$
3) $24x = 25$

erhält man z. B. die Werthe

1) $x = -\frac{2}{8} = -\frac{1}{4}$
2) $x = \frac{4}{6} = \frac{2}{3}$
3) $x = \frac{25}{24}$

Diese Werthe erfüllen die entsprechenden Gleichungen, wovon man sich überzeugen mag.

Gleichungen des ersten Grades mit mehreren Unbekannten.

Unter einer Gleichung vom ersten Grade mit mehreren Unbekannten x, y, z, ... versteht man eine solche, welche auf die Form gebracht werden kann

$$ax + by + cz + \ldots = g$$

wenn a, b, c, ..., g bekannte oder gegebene Größen bedeuten. Ist die Gleichung auf diese Form gebracht, so heißt dieselbe geordnet. —

Das Ordnen der Gleichungen ersten Grades mit mehreren Unbekannten geschieht ähnlich wie das der Gleichungen mit einer Unbekannten; bedarf daher keiner besonderen Anweisung.

Zur vollständigen Bestimmung aller Unbekannten sind eben so viele von einander unabhängige Gleichungen erforderlich, als die Anzahl der Unbekannten beträgt.

Denn wenn man aus einer der Gleichungen die eine der Unbekannten durch die übrigen darstellt und diesen Ausdruck für die entwickelte Unbekannte in die anderen gegebenen Gleichungen einsetzt, so erhält man eine Gleichung weniger als überhaupt gegeben waren, zugleich aber auch in den übrigbleibenden Gleichungen eine Unbekannte weniger. Wenn man nun so fortfährt, die Unbekannten aus den Gleichungen fortzuschaffen, so übersieht man, daß je geringer die Anzahl der übrigbleibenden Gleichungen wird — um desto geringer auch die Anzahl der übrigbleibenden Unbekannten werden muß. Da nun aus einer Gleichung nur eine Unbekannte bestimmt werden kann, so folgt, daß zur Bestimmung von zwei Unbekannten nothwendig zwei Gleichungen erforderlich sind; daß zur Bestimmung von drei Unbekannten drei Gleichungen u. s. w. erforderlich sind. Die Anzahl der Gleichungen muß also allgemein der Anzahl der Unbekannten, welche aus denselben bestimmt werden sollen — jedenfalls gleich sein. — Auch müssen diese Gleichungen unabhängig von einander sein; denn befände sich unter ihnen eine abhängige Gleichung, so würde man annehmen können, daß eine Gleichung weniger gegeben wäre, da man die abhängige Gleichung aus den übrigen Gleichungen herleiten kann.

Mit diesem Beweise, daß zur Darstellung von n Unbekannten auch n unter sich unabhängige Gleichungen gegeben sein müssen — ist zugleich das Verfahren angegeben, diese Unbekannten darzustellen. Drückt man z. B. aus der ersten der beiden Gleichungen

$$2x + 3y = 31$$
$$5x + 4y = 53$$

die Unbekannte y durch die Unbekannte x aus, so erhält man

$$y = \frac{31}{3} - \frac{2x}{3}$$

Setzt man diesen Werth an die Stelle von y in der zweiten gegebenen Gleichung, so ergiebt sich:

$$5x + \frac{124}{3} - \frac{8x}{3} = 53$$

Aus dieser Gleichung findet man

$$x = 5$$

Da nun

$$y = \frac{31}{3} - \frac{2x}{3}$$

war, so folgt — wenn für x sein Werth 5 gesetzt wird

$$y = 7$$

Die beiden Wurzeln der Gleichungen

$$2x + 3y = 31$$
$$5x + 4y = 53$$

sind also

$$x = 5; \; y = 7$$

Sollen aus den drei Gleichungen

$$2x + 3y + 5z = 23$$
$$-x + 4y + 2z = 13$$
$$3x - 2y + z = 2$$

die Werthe der drei Unbekannten gefunden werden, so stelle man, weil dieses am einfachsten geschieht, aus der dritten Gleichung die Unbekannte z mittelst der beiden Unbekannten x und y dar. Es ergiebt sich:

$$z = 2 - 3x + 2y$$

Diesen Ausdruck setze man in die beiden ersten Gleichungen ein, so erhält man, nachdem dieselben geordnet worden sind

$$- 13x + 13y = 13$$
$$- 7x + 8y = 9$$

Aus der ersteren findet man

$$y = 1 + x$$

Setzt man diesen Werth in die zweite Gleichung, so folgt — nachdem dieselbe geordnet ist

$$x = 1$$

Nun erhält man aus den Gleichungen

$$y = 1 + x$$
$$z = 2 - 3x + 2y$$

allmählich die Werthe

$$y = 2$$
$$z = 2 - 3 + 4 = 3$$

Die Werthe, welche die gegebenen drei Gleichungen erfüllen, sind also

$$x = 1; \; y = 2; \; z = 3$$

Auf demselben Wege kann man nach und nach aus beliebig vielen unter einander unabhängigen Gleichungen des ersten Grades die Wurzeln dieser Gleichungen auffinden. Dieses Verfahren heißt das Eliminations-Verfahren. Hat man aus n gegebenen Gleichungen mit n Unbekannten eine Unbekannte weggeschafft dadurch, daß man aus diesen n Gleichungen (n — 1) andere Gleichungen hergeleitet hat, welche diese eine Unbekannte nicht mehr enthalten, so sagt man — diese Unbekannte sei aus den gegebenen Gleichungen eliminirt worden. Die Elimination kann auf dem oben angegebenen Wege erfolgen, bequemer aber ist die folgende Methode.

Um aus den beiden Gleichungen mit mehreren Unbekannten

$$a x + b y + c z + \ldots = g$$
$$a_1 x + b_1 y + c_1 z + \ldots = g_1$$

die Unbekannte z zu eliminiren — multiplicire man die erste Gleichung mit dem Faktor, welchen die Unbekannte z in der zweiten Gleichung besitzt, nämlich mit c_1; ferner multiplicire man die zweite Gleichung mit dem Faktor, welchen die Unbekannte z in der ersten Gleichung besitzt, nämlich mit c, so hat nun in beiden Gleichungen die Unbekannte z denselben Faktor cc_1 und es muß daher, wenn die beiden Gleichungen von einander subtrahirt werden, die Unbekannte z in der neuen Gleichung nicht mehr enthalten sein. So kann man aus der ersten. und zweiten Gleichung, dann aus der zweiten und dritten Gleichung und so fort, und endlich aus der vorletzten und letzten Gleichung ein und dieselbe Unbekannte fortschaffen (eliminiren). Man erhält nach vollzogener Elimination eine Gleichung und eine Unbekannte weniger, als ursprünglich gegeben waren.

Mit diesen Gleichungen kann man ähnlich verfahren und wieder eine Unbekannte eliminiren u. s. w. Dann wird man schließlich nur eine Gleichung mit einer Unbekannten erhalten, aus welcher dieselbe bestimmt wird.

Beispiele:

1) Die beiden Gleichungen

$$a x + b y = g$$
$$a_1 x + b_1 y = g_1$$

aufzulösen.

Multiplicirt man die erste Gleichung mit b_1, die zweite mit b und subtrahirt, so ergiebt sich:

$$(a b_1 - a_1 b)\, x = g b_1 - g_1 b$$

oder

$$x = \frac{g b_1 - g_1 b}{a b_1 - a_1 b}$$

Multiplicirt man dagegen die erste Gleichung mit a_1 und subtrahirt von der mit a multiplicirten zweiten Gleichung, so folgt:

$$(a b_1 - a_1 b)\, y = g_1 a - g a_1$$

oder

$$y = \frac{a g_1 - a_1 g}{a b_1 - a_1 b}$$

Den letzteren Werth hätte man dadurch aus dem vorher gefundenen Werthe von x herleiten können, daß man die Buchstaben a und b mit einander vertauscht und für x, y schreibt. Es würde sich dann ergeben

$$ y = \frac{ga_1 - g_1a}{ba_1 - b_1a} $$

oder wenn man die rechte Seite mit -1 im Zähler und Nenner multiplicirt

$$ y = \frac{g_1a - ga_1}{b_1a - ba_1} = \frac{ag_1 - a_1g}{ab_1 - a_1b} $$

ein Werth, welcher mit dem oben gefundenen übereinstimmt.

Die beiden Wurzeln der Gleichungen

$$ ax + by = g $$
$$ a_1x + b_1y = g_1 $$

sind also:

$$ x = \frac{gb_1 - g_1b}{ab_1 - a_1b} \; ; \; y = \frac{ag_1 - a_1g}{ab_1 - a_1b} $$

2) Die drei Gleichungen

$$ ax + by + cz = g $$
$$ a_1x + b_1y + c_1z = g_1 $$
$$ a_2x + b_2y + c_2z = g_2 $$

aufzulösen.

Multiplicirt man die erste dieser Gleichungen mit c_1, die zweite mit c und subtrahirt dann von einander, so ergiebt sich

$$ (ac_1 - a_1c)x + (bc_1 - b_1c)y = gc_1 - g_1c $$

Multiplicirt man ferner die zweite der gegebenen Gleichungen mit c_2 und die dritte mit c_1 und subtrahirt abermals, so erhält man:

$$ (a_1c_2 - a_2c_1)x + (b_1c_2 - b_2c_1)y = g_1c_2 \quad g_2c_1 $$

Von den beiden Gleichungen

$$ (ac_1 - a_1c)x + (bc_1 - b_1c)y = gc_1 - g_1c $$
$$ (a_1c_2 - a_2c_1)x + (b_1c_2 - b_2c_1)y = g_1c_2 - g_2c_1 $$

multiplicire man nun die erste mit $(b_1c_2 - b_2c_1)$, die zweite mit $(bc_1 - b_1c)$ und subtrahire von einander, so findet man zur Bestimmung von x die Gleichung:

$$ [(ac_1 - a_1c)(b_1c_2 - b_2c_1) - (a_1c_2 - a_2c_1)(bc_1 - b_1c)]x = $$
$$ (gc_1 - g_1c)(b_1c_2 - b_2c_1) - (g_1c_2 - g_2c_1)(bc_1 - b_1c) $$

Man bemerkt leicht, daß die rechte Seite dieser Gleichung aus dem Faktor der Unbekannten x auf der linken Seite erhalten wird, indem man an die Stelle von a den Buchstab g setzt. Vermöge dieser Beobachtung ist es nur nöthig, die Klammern des Faktors von x aufzulösen. Durch diese Auflösung erhält man nun:

$$ (ac_1 - a_1c)(b_1c_2 - b_2c_1) - (a_1c_2 - a_2c_1)(bc_1 - b_1c) = $$
$$ c_1 [ab_1c_2 - ab_2c_1 + a_1b_2c - a_1bc_2 + a_2bc_1 - a_2b_1c] $$

Indem man hier für a immer g ſetzt, folgt:

$$(gc_1 - g_1c)(b_1c_2 - b_2c_1) - (g_1c_2 - g_2c_1)(bc_1 - b_1c) =$$
$$c_1 [gb_1c_2 - gb_2c_1 + g_1b_2c - g_1bc_2 + g_2bc_1 - g_2b_1c]$$

als Auflöſung der Klammern der rechten Seite der obigen Glei=
chung, aus welcher nun, nachdem die eben gegebenen Auflöſungen
eingeſetzt ſind und auf beiden Seiten durch c_1 dividirt iſt, der fol=
gende Werth für x erhalten wird

$$x = \frac{gb_1c_2 - gb_2c_1 + g_1b_2c - g_1bc_1 + g_2bc_1 - g_2b_1c}{ab_1c_2 - ab_2c_1 + a_1b_2c - a_1bc_2 + a_2bc_1 - a_2b_1c}$$

Der Zähler dieſes Bruches wird, wie man ſieht, aus dem
Nenner abgeleitet, indem man für den im Nenner vorkommenden
Buchſtab a überall g ſetzt. Ganz analog würde man y finden, in=
dem man einen Bruch bildet, deſſen Nenner gleich dem Nenner der
Unbekannten x iſt und deſſen Zähler aus dem Nenner gebildet wird,
indem man für den Buchſtab b überall g ſetzt. Ein ähnliches Ver=
fahren iſt einzuſchlagen, um z zu erhalten.

Man findet daher die Wurzeln der Gleichungen

$$ax + by + cz = g$$
$$a_1x + b_1y + c_1z = g_1$$
$$a_2x + b_2y + c_2z = g_2$$

in folgenden Formen:

$$x = \frac{gb_1c_2 - gb_2c_1 + g_1b_2c - g_1bc_2 + g_2bc_1 - g_2b_1c}{ab_1c_2 - ab_2c_1 + a_1b_2c - a_1bc_2 + a_2bc_1 - a_2b_1c}$$

$$y = \frac{ag_1c_2 - ag_2c_1 + a_1g_2c - a_1gc_2 + a_2gc_1 - a_2g_1c}{ab_1c_2 - ab_2c_1 + a_1b_2c - a_1bc_2 + a_2bc_1 - a_2b_1c}$$

$$z = \frac{ab_1g_2 - ab_2g_1 + a_1b_2g - a_1bg_2 + a_2bg_1 - a_2b_1g}{ab_1c_2 - ab_2c_1 + a_1b_2c - a_1bc_2 + a_2bc_1 - a_2b_1c}$$

Ein von dem oben angegebenen Verfahren der Elimination
verſchiedenes iſt das der unbeſtimmten Faktoren. Daſſelbe
ſoll in dem ſpeciellen Falle der drei Gleichungen

$$ax + by + cz = g$$
$$a_1x + b_1y + c_1z = g_1$$
$$a_2x + b_2y + c_2z = g_2$$

ausführlicher erörtert werden.

Man multiplicire die zweite Gleichung mit einem noch nicht
beſtimmten Faktor p und die dritte Gleichung mit dem unbeſtimmten
Faktor q und addire die Summe der ſo gebildeten Gleichungen zur
erſten Gleichung, ſo erhält man

$$(a + a_1p + a_2q)x + (b + b_1p + b_2q)y + (c + c_1p + c_2q)z =$$
$$g + g_1p + g_2q$$

Nun bestimme man die Faktoren p und q aus den beiden Gleichungen

$$b + b_1\,p + b_2\,q = 0$$
$$c + c_1\,p + c_2\,q = 0$$

Dann erhält man die Unbekannte x aus der Gleichung

$$(a + a_1\,p + a_2\,q)\,x = g + g_1\,p + g_2\,q$$

in welche sich die obenstehende verwandelt, wenn durch angemessene Wahl von p und q die Faktoren der Unbekannten y und z gleich Null werden. — Aus den beiden Gleichungen

$$b + b_1\,p + b_2\,q = 0$$
$$c + c_1\,p + c_2\,q = 0$$

erhält man nun für p und q die folgenden Werthe

$$p = \frac{b_2\,c - b\,c_2}{b_1\,c_2 - b_2\,c_1}$$

$$q = \frac{b\,c_1 - b_1\,c}{b_1\,c_2 - b_2\,c_1}$$

Setzt man in der Gleichung

$$(a + a_1\,p + a_2\,q)\,x = g + g_1\,p + g_2\,q$$

an die Stelle von p und q diese Werthe und multiplicirt mit $b_1\,c_2 - b_2\,c_1$, so folgt

$$[a(b_1 c_2 - b_2 c_1) + a_1(b_2 c - b c_2) + a_2(b c_1 - b_1 c)]\,x =$$
$$g(b_1 c_2 - b_2 c_1) + g_1(b_2 c - b c_2) + g_2(b c_1 - b_1 c)$$

Durch Division und nach Auflösung der Klammern ergiebt sich hieraus der schon oben auf anderem Wege für x gefundene Werth, nämlich:

$$x = \frac{g b_1 c_2 - g b_2 c_1 + g_1 b_2 c - g_1 b c_2 + g_2 b c_1 - g_2 b_1 c}{a b_1 c_2 - a b_2 c_1 + a_1 b_2 c - a_1 b c_2 + a_2 b c_1 - a_2 b_1 c}$$

Hätte man den Werth von y darstellen wollen, so würde man in der oben stehenden Gleichung

$$(a + a_1\,p + a_2\,q)\,x + (b + b_1\,p + b_2\,q)\,y + (c + c_1\,p + c_2\,q)\,z =$$
$$g + g_1\,p + g_2\,q$$

die Größen p und q so haben bestimmen müssen, daß die Faktoren der Unbekannten x und z gleich Null werden. Sind diese Größen aus den Gleichungen

$$a + a_1\,p + a_2\,q = 0$$
$$c + c_1\,p + c_2\,q = 0$$

bestimmt, so erhält man den Werth von y vermöge der Gleichung

$$(b + b_1\,p + b_2\,q)\,y = g + g_1\,p + g_2\,q$$

Beispiele zu den Gleichungen des erften Grades mit mehreren Unbekannten.

1) Die Gleichungen

$$x + y + z + u = 10$$
$$x + 2y + 3z + 4u = 30$$
$$x + 4y + 9z + 16u = 100$$
$$x + 8y + 27z + 64u = 354$$

aufzulöfen.

Man subtrahire die erfte von der zweiten, die zweite von der dritten und die dritte von der vierten Gleichung, fo ergiebt fich:

$$y + 2z + 3u = 20$$
$$2y + 6z + 12u = 70$$
$$4y + 18z + 48u = 254$$

Von diefen Gleichungen multiplicire man die erfte mit 2 und dividire die letzte durch 2; alsdann subtrahire man die fo erhaltenen Gleichungen von einander, fo ergiebt fich

$$2z + 6u = 30$$
$$3z + 12u = 57$$

Aus diefen Gleichungen findet man leicht die Werthe

$$z = 3;\ u = 4$$

Jetzt beftimme man aus der Gleichung

$$y + 2z + 3u = 20$$

oder

$$y + 6 + 12 = 20$$

den Werth von y, nämlich

$$y = 2$$

fo ergiebt fich aus der erften der gegebenen Gleichungen:

$$x + y + z + u = 10$$

der Werth der Unbekannten

$$x = 1.$$

2) Die Gleichungen:

$$\frac{1}{x} + y + z = 9$$

$$\frac{3}{x} + 2y + z = 16$$

$$\frac{4}{x} + 3y + 3z = 29$$

aufzulöfen.

In diefen Gleichungen fehe man die Größen $\frac{1}{x}$, y und z als

Unbekannte an. Eliminirt man z aus denselben, so erhält man die beiden Gleichungen

$$\frac{2}{x} + y = 7$$

$$\frac{5}{x} + 3y = 19$$

Multiplicirt man die erste dieser Gleichungen mit 3 und subtrahirt die zweite, so folgt

$$\frac{1}{x} = 2, \quad x = \frac{1}{2}$$

Aus der Gleichung

$$\frac{2}{x} + y = 7$$

folgt jetzt, wenn für $\frac{1}{x}$ der Werth 2 eingesetzt wird

$$y = 3$$

und dann aus der ersten gegebenen Gleichung

$$\frac{}{x} + y + z = 9$$

nachdem für $\frac{1}{x}$ und y ihre betreffenden Werthe 2 und 3 gesetzt sind

$$z = 4$$

3) Aus den Gleichungen

$$2\sqrt{x} + 3\sqrt[3]{y} + z = 10$$
$$5\sqrt{x} - \sqrt[3]{y} + 2z = 15$$
$$\sqrt{x} + \sqrt[3]{y} + z = 6$$

die Unbekannten x, y, z zu bestimmen.

Sieht man zunächst $\sqrt{x}$, $\sqrt[3]{y}$, z als Unbekannte an, so erhält man nach und nach auf dem Wege der Elimination

$$z = 3; \quad \sqrt[3]{y} = 1; \quad \sqrt{x} = 2$$

und daher:

$$x = 4; \quad y = 1; \quad z = 3$$

Bisweilen gelingt es, durch Divisionen Gleichungen auf den ersten Grad zurückzuführen, welche ursprünglich einem höheren Grade angehören.

In diesem Falle befinden sich z. B. die Gleichungen

$$x^2 + 2xy + y^2 - z^2 = 32$$
$$x^2 - y^2 + 2yz - z^2 = 24$$
$$x + y + z = 8$$

Dividirt man nämlich die erste gegebene Gleichung durch die dritte, so ergiebt sich

$$\frac{x^2 + 2xy + y^2 - z^2}{x + y + z} = x + y - z = 4$$

Dividirt man ferner die zweite gegebene Gleichung

$$x^2 - y^2 + 2yz - z^2 = 24$$

durch die eben erhaltene Gleichung

$$x + y - z = 4$$

so folgt:

$$\frac{x^2 - y^2 + 2yz - z^2}{x + y - z} = x - y + z = 6$$

Auf dem Wege der Elimination erhält man jetzt aus den drei Gleichungen

$$x + y + z = 8$$
$$x + y - z = 4$$
$$x - y + z = 6$$

nach und nach die Werthe der Unbekannten

$$x = 5$$
$$y = 1$$
$$z = 2$$

Neunter Abschnitt.

Ueber die Logarithmen.

Wenn die Größe oder der Werth einer Potenz, deren Grundzahl bekannt ist, gegeben ist — so kann der Exponent dieser Potenz gesucht werden. Bezeichnet man den Werth der Potenz durch b, die Grundzahl derselben durch a und den Exponenten der Potenz durch x, so würde nach dem x gefragt werden können, welches die Gleichung

$$a^x = b$$

erfüllt.

Diesen Potenzexponenten bezeichnet man durch

$$x = \mathrm{Log}^a(b)$$

Das Zeichen $\mathrm{Log}^a(b)$ wird ausgesprochen

Logarithmus von b für die Grundzahl a

Nach dieser Erklärung ist also

Logarithmus von b für die Grundzahl a

diejenige Zahl, welche man als Potenzexponenten zur Grundzahl a zu setzen hat, um b zu erhalten. Die Grundzahl a nennt man Grundzahl des logarithmischen Systems.

Dieselbe mag für die Folge immer größer als die Einheit angenommen werden. Ist die Grundzahl des logarithmischen Systems gleich 10, so pflegt man die Grundzahl bei der Bezeichnung

$$\mathrm{Log}^{10}(b)$$

wegzulassen und das Zeichen Log mit einem kleinen Anfangsbuchstaben zu bezeichnen. Man schreibt also

$$\log (b) \text{ statt } \mathrm{Log}^{10}(b)$$

und spricht dieses Zeichen einfach aus

Logarithmus b

Beispiele:

Da $2^7 = 128$ ist, so wird

$$7 = \mathrm{Log}^2(128)$$

$$10^3 = 1000$$

also:

$$3 = \log 1000$$

$$a^0 = 1$$

also:

$$0 = \mathrm{Log}^a(1)$$

$$10^{-2} = \frac{1}{10^2} = 0{,}01$$

also:

$$- 2 = \log 0{,}01$$

$$10^{\frac{1}{2}} = 10^{0{,}5} = \sqrt{10} = 3{,}16227766\ldots$$

also:

$$0{,}5 = \log \sqrt{10} = \log (3{,}16227766\ldots)$$

Erster Logarithmen-Satz.

$$\text{I.} \qquad \text{Log}^a(bc) = \text{Log}^a(b) + \text{Log}^a(c)$$

$$\log(bc) = \log b + \log c$$

d. h. der Logarithmus eines Produktes ist gleich der Summe der Logarithmen der einzelnen Faktoren[*]).

Beweis:

Es sei

$$a^x = b$$
$$a^y = c$$

so ist nach der Erklärung eines Logarithmus:

$$x = \text{Log}^a(b)$$
$$y = \text{Log}^a(c)$$

Multiplicirt man nun die Gleichungen $a^x = b$; $a^y = c$ in einander, so ergiebt sich

$$a^{(x+y)} = (bc)$$

Daher ist nach der Erklärung eines Logarithmus

$$x + y = \text{Log}^a(bc)$$

Addirt man nun die Gleichungen

$$x = \text{Log}^a(b)$$
$$y = \text{Log}^a(c)$$

so erhält man für $x + y$ den Ausdruck:

$$x + y = \text{Log}^a(b) + \text{Log}^a(c)$$

Also muß

$$\text{Log}^a(bc) = \text{Log}^a(b) + \text{Log}^a(c)$$

sein.

Ist $a = 10$, d. h. 10 die Systems-Grundzahl, so wird

$$\log(bc) = \log b + \log c$$

Zweiter Logarithmen-Satz.

$$\text{II.} \qquad \text{Log}^a\left(\frac{b}{c}\right) = \text{Log}^a(b) - \text{Log}^a(c)$$

$$\log\left(\frac{b}{c}\right) = \log b - \log c$$

d. h. der Logarithmus eines Bruchs ist gleich dem Logarithmus des Zählers — vermindert um den Logarithmus des Nenners.

---

[*]) Stillschweigend wird vorausgesetzt, daß die Logarithmen demselben System angehören.

Beweis:

Es sei	so folgt
$$a^x = b$$ $$a^y = c$$	$$x = \mathrm{Log}^a(b)$$ $$y = \mathrm{Log}^a(c)$$
Durch Division dieser Glei-chungen wird erhalten: $$a^{(x-y)} = \left(\frac{b}{c}\right)$$	Durch Subtraktion dieser Glei-chungen ergiebt sich $$(x - y) = \mathrm{Log}^a(b) - \mathrm{Log}^a(c)$$

Ferner ergiebt sich aus der Gleichung

$$a^{(x-y)} = \left(\frac{b}{c}\right)$$

die folgende

$$(x - y) = \mathrm{Log}^a\left(\frac{b}{c}\right)$$

Also durch Vergleichung:

$$\mathrm{Log}^a\left(\frac{b}{c}\right) = \mathrm{Log}^a(b) - \mathrm{Log}^a(c)$$

Ist wieder die Systems = Grundzahl $a = 10$, so wird:

$$\log\left(\frac{b}{c}\right) = \log b - \log c$$

Dritter Logarithmen = Satz.

III.
$$\mathrm{Log}^a(b^n) = n\, \mathrm{Log}^a(b)$$
$$\log(b^n) = n\, \log b$$

d. h. der Logarithmus einer Potenz ist gleich dem Po-tenzexponenten multiplicirt mit dem Logarithmus der Grundzahl der gegebenen Potenz.

Beweis:

Es sei	so folgt
$$a^x = b$$	$$x = \mathrm{Log}^a(b)$$
Erhebt man diese Gleichung zur n^{ten} Potenz, so folgt $$a^{(nx)} = (b^n)$$ Aus der Gleichung $$a^{(nx)} = (b^n)$$	Multiplicirt man diese Glei-chung mit n, so ergiebt sich $$(nx) = n\, \mathrm{Log}^a(b)$$

folgt ferner nach der Erklärung eines Logarithmus

$$(nx) = \mathrm{Log}^a(b^n)$$

Vergleicht man daher diesen mit dem vorher gefundenen Werthe von nx, so erhält man

$$\mathrm{Log}^a(b^n) = n\,\mathrm{Log}^a(b)$$

oder, wenn die Systems-Grundzahl a = 10 ist,

$$\log(b^n) = n\,\log b$$

Vierter Logarithmen-Satz.

IV.

$$\mathrm{Log}^a\left(\sqrt[n]{b}\right) = \frac{1}{n}\,\mathrm{Log}^a(b)$$

$$\log\left(\sqrt[n]{b}\right) = \frac{1}{n}\,\log b$$

d. h. der Logarithmus einer Wurzel ist gleich dem Logarithmus des Wurzel-Radikandus — dividirt durch den Wurzelexponenten.

Beweis:

Da

$$\left(\sqrt[n]{b}\right)^n = b$$

ist, so folgt, wenn auf beiden Seiten die Logarithmen genommen werden

$$\mathrm{Log}^a\left(\sqrt[n]{b}\right)^n = \mathrm{Log}^a(b)$$

Nach dem III. Logarithmen-Satze ist aber

$$\mathrm{Log}^a\left(\sqrt[n]{b}\right)^n = n\,\mathrm{Log}^n\left(\sqrt[n]{b}\right)$$

Es folgt also

$$n\,\mathrm{Log}^a\left(\sqrt[n]{b}\right) = \mathrm{Log}^a(b)$$

Dividirt man diese Gleichung durch n, so erhält man die folgende:

$$\mathrm{Log}^a\left(\sqrt[n]{b}\right) = \frac{1}{n}\,\mathrm{Log}^a(b)$$

oder wenn a = 10 angenommen wird

$$\log\left(\sqrt[n]{b}\right) = \frac{1}{n}\,\log(b)$$

Bemerkung:

Um $\mathrm{Log}^a\left(\sqrt[n]{b^m}\right)$ umzuformen, bedenke man, daß

$$\sqrt[n]{b^m} = b^{\frac{m}{n}}$$

ist. Nimmt man von dieser Gleichung die Logarithmen, so folgt

$$\mathrm{Log}^a\sqrt[n]{b^m} = \mathrm{Log}^a\left(\frac{m}{n}\right)$$

Da ferner nach dem III. Logarithmen-Satze

$$\mathrm{Log}^{a}\left(b^{\frac{m}{n}}\right) = \frac{m}{n}\,\mathrm{Log}^{a}(b)$$

ist, so ergiebt sich:

$$\mathrm{Log}^{a}\left(\sqrt[n]{b^{m}}\right) = \frac{m}{n}\,\mathrm{Log}^{a}(b)$$

Dasselbe Resultat erhält man, wenn man $\mathrm{Log}^{a}\left(\sqrt{b^{m}}\right)$ erst nach IV. umformt. Es ergiebt sich hierdurch

$$\mathrm{Log}^{a}\left(\sqrt[n]{b^{m}}\right) = \frac{1}{n}\,\mathrm{Log}^{a}(b^{m})$$

Da aber nach III.

$$\mathrm{Log}^{a}(b^{m}) = m\,\mathrm{Log}^{a}(b)$$

ist, so folgt endlich

$$\mathrm{Log}^{a}\left(\sqrt[n]{b^{m}}\right) = \frac{m}{n}\,\mathrm{Log}^{a}(b)$$

und wenn $a = 10$ gesetzt wird

$$\log \sqrt[n]{b^{m}} = \frac{m}{n}\,\log b$$

Durch Multiplikation mit ein und derselben Zahl kann man die Logarithmen aller Zahlen aus einem beliebigen logarithmischen System in Logarithmen eines Systems mit gegebener Grundzahl verwandeln. Dieses lehrt folgender

Fünfter Logarithmen-Satz.

$$\text{V.} \qquad \mathrm{Log}^{a}(b) = \frac{\log b}{\log a}$$

d. h. der Logarithmus von b in einem System, dessen Grundzahl gleich a ist — ist gleich dem Logarithmus von b in dem System mit der Grundzahl 10 — dividirt durch den Logarithmus von a, genommen in demselben System.

Beweis:

Aus der Gleichung

$$a^{x} = b$$

kann man die folgende herleiten

$$x = \mathrm{Log}^{a}(b)$$

Es wird aber auch, wenn c eine beliebige Zahl bedeutet

$$\mathrm{Log}^{c}(a^{x}) = \mathrm{Log}^{c}(b)$$

Nun ist aber nach dem III. Logarithmen-Satz

$$\mathrm{Log}^c(a^x) = x\,\mathrm{Log}^c(a)$$

Daher:

$$x\,\mathrm{Log}^c(a) = \mathrm{Log}^c(b)$$

Aus dieser Gleichung folgt:

$$x = \frac{\mathrm{Log}^c(b)}{\mathrm{Log}^c(a)}$$

Man erhält demnach durch Vergleichung dieses Werthes mit dem oben für x gefundenen

$$\mathrm{Log}^a(b) = \frac{\mathrm{Log}^c(b)}{\mathrm{Log}^c(a)}$$

Setzt man nun statt der ganz beliebigen Grundzahl c den speciellen Werth 10, so ergiebt sich:

$$\mathrm{Log}^a(b) = \frac{\log b}{\log a}$$

Bemerkung:

Mit Hülfe des eben bewiesenen Satzes

$$\mathrm{Log}^a(b) = \frac{\log b}{\log a} = \frac{1}{\log a}\cdot\log b$$

können die Logarithmen aller Zahlen b in einem System, dessen Grundzahl gleich a ist, leicht aufgefunden werden, wenn man dieselben in dem System, dessen Grundzahl gleich 10 ist, berechnet hat. Eine derartige größere Berechnung ist von dem englischen Mathematiker Henry Briggs im Jahre 1616 zuerst unternommen worden. Man nennt daher auch die Logarithmen für die Grundzahl 10 briggische Logarithmen. Will man die briggischen Logarithmen in Logarithmen eines Systems, dessen Grundzahl gleich a ist, verwandeln, so hat man erstere nur mit

$$\frac{1}{\log a}$$

zu multipliciren. Den Faktor $\dfrac{1}{\log a}$ nennt man Modul eines Systems, dessen Grundzahl gleich a ist. In der Folge wird nur von briggischen Logarithmen, als den für die Ausführung von Rechnungen bequemsten, die Rede sein.

Daß die Logarithmen ganzer Zahlen im Allgemeinen Irrationalzahlen sind mag in einem Falle nachgewiesen werden.

Wäre zum Beispiel

$$\log 2 = \frac{m}{n}$$

ein Bruch der beiden ganzen Zahlen m und n, so müßte nach der Erklärung des briggischen Logarithmus

$$10^{\frac{m}{n}} = 2$$

sein. — Erhebt man diese Gleichung zur n^{ten} Potenz, so würde folgen:

$$10^m = 2^n$$

Diese Gleichung ist aber unmöglich, wenn m und n ganze Zahlen sein sollen, — denn die m^{te} Potenz von 10 endigt mit einer Null; die n^{te} Potenz von 2 dagegen mit einer der vier Ziffern 2, 4, 6, 8. Also kann log. 2 nicht gleich dem Bruch irgend welcher ganzen Zahlen, sondern muß eine Irrationalzahl sein. Auf dieselbe Weise läßt sich zeigen, daß der Logarithmus von jeder ganzen Zahl, welche nicht mit einer Null endigt, eine Irrationalzahl sein muß.

Die Logarithmen aller Zahlen werden durch Decimalbrüche dargestellt. Die Decimalziffern eines solchen Decimalbruches nennt man in ihrer vollen Reihenfolge „Mantisse des Logarithmus"; das in dem Logarithmus enthaltene größte Ganze heißt „Charakteristik."

Ist der Logarithmus einer Zahl negativ, so wird die Mantisse in eine positive verwandelt, die negative Charakteristik dagegen der Mantisse nachgesetzt. Würde zum Beispiel für den Logarithmus einer Zahl Z erhalten werden

$$\log Z = - \, 0{,}73482136 \ldots$$

so schreibt man diesen Logarithmus

$$\log Z = 0{,}26517863 \ldots - 1$$

Hier ist also die Ziffernfolge

$$26517863 \ldots$$

die Mantisse des Logarithmus von Z, dagegen ist die Charakteristik gleich — 1.

Eben so würde man statt

$$\log Z = - \{3{,}4213781\}$$

schreiben

$$\log Z = 0{,}5786219 - 4$$

Die Charakteristik von $\log Z$ ist demnach — 4 und die Mantisse gleich der Ziffernfolge rechts vom Komma

$$5786219$$

Soll ein Logarithmus mit negativer Charakteristik durch eine Zahl dividirt werden, welche in dieser Charakteristik nicht aufgeht, so vermehre man den Zahlwerth der negativen Charakteristik um so viel Einheiten, daß der Divisor darin aufgeht, füge aber links vom Komma der Mantisse eben so viele Einheiten bei.

Soll zum Beispiel

$$\log Z = 0{,}3485218 - 3$$

durch die Zahl 7 dividirt werden, so bildet man erstlich

$$\log Z = 4{,}3485218 - 7$$

Hierdurch ist erreicht, daß die Charakteristik des Quotienten eine ganze Zahl wird; denn man erhält:

$$\frac{1}{7} \log Z = 0{,}6212174 - 1$$

Aehnlich ist z. B.

$$\frac{1}{2} \log Z = \frac{1}{2} (0{,}8342186 - 1) = 0{,}9171093 - 1$$

Lehrsatz.

Dem größeren briggischen*) Logarithmus entspricht die größere Zahl und umgekehrt.

Beweis:

Es sei

$$\log a = \frac{m}{n}$$

$$\log b = \frac{m+1}{n}$$

und n bezeichne eine beliebig große Zahl, so bleibt zu beweisen, daß b, dessen Logarithmus größer als der Logarithmus von a ist — selber größer als a sein muß. Aus den beiden obigen Gleichungen folgt nun nach der Erklärung eines briggischen Logarithmus

$$10^{\frac{m}{n}} = a$$

$$10^{\frac{m+1}{n}} = b$$

Dividirt man die obere dieser beiden Gleichungen in die untere, so ergiebt sich

$$10^{\frac{1}{n}} = \frac{b}{a}$$

oder

$$\sqrt[n]{10} = \frac{b}{a}$$

daher

$$b = a \sqrt[n]{10}$$

---

*) Dieser Lehrsatz läßt sich allgemein so aussprechen: In einem logarithmischen Systeme, dessen Grundzahl größer als die Einheit ist, gehört zum größeren Logarithmus die größere Zahl und umgekehrt; ist aber die Grundzahl des logarithmischen Systems kleiner als die Einheit, so gehört zum kleineren Logarithmus die größere Zahl und umgekehrt. In beiden Fällen läßt sich der Beweis eben so leicht, wie für briggische Logarithmen — führen.

Die Zahl $\sqrt[n]{10}$ ist aber stets größer als die Einheit, wie groß auch der Wurzelexponent n angenommen werden mag; also muß auch sein

$$b > a$$

Umgekehrt läßt sich nun leicht zeigen, daß der Logarithmus einer größeren Zahl stets größer ist, als der Logarithmus der kleineren.

Durch folgende Entwickelung wird nicht nur der vorhergehende Satz, sondern auch die Art und Weise, wie die Logarithmen berechnet werden können — recht klar werden.

Bedeutet n eine Zahl, welche größer als jede gegebene (unendlich groß) ist und sind a und b beliebige Zahlen, die wir jedoch größer als die Einheit annehmen wollen, so sind die beiden Werthe

$$\sqrt[n]{a} \quad \text{und} \quad \sqrt[n]{b}$$

unmerkbar wenig von der Einheit verschieden. Setzt man daher

$$\left.\begin{array}{l} \sqrt[n]{a} - 1 = [a] \\ \sqrt[n]{b} - 1 = [b] \end{array}\right\} \quad \text{oder} \quad \left\{\begin{array}{l} \sqrt[n]{a} = 1 + [a] \\ \sqrt[n]{b} = 1 + [b] \end{array}\right.$$

so sind die durch [a] und [b] bezeichneten Größen unmerklich klein. Das Zeichen [ab] wird nach der eben angenommenen Bezeichnungsweise bedeuten

$$[ab] = \sqrt[n]{ab} - 1 = \sqrt[n]{a} \cdot \sqrt[n]{b} - 1$$

oder wenn man für $\sqrt[n]{a}$ und $\sqrt[n]{b}$ ihre Bezeichnungen $\sqrt[n]{a} = 1 + [a]$ und $\sqrt[n]{b} = 1 + [b]$ hier einsetzt

$$[ab] = \{1 + [a]\}\{1 + [b]\} - 1 = [a] + [b] + [a] \cdot [b]$$

Das Produkt der beiden unmerklich kleinen Faktoren [a] und [b] ist gegen diese Faktoren verschwindend klein, so daß man ohne Fehler setzen kann

$$[ab] = [a] + [b]$$

Aus dieser Gleichung leitet man nun leicht die folgende her:

$$[abcd\ldots] = [a] + [b] + [c] + [d] + \ldots$$

Nimmt man ferner an, daß $a = b = c = d = \ldots$ und m solcher einander gleichen Faktoren vorkommen, so ergiebt sich

$$[a^m] = m[a]$$

Setzt man ferner

$$a = x^{\frac{\varkappa}{m}} \quad \text{oder} \quad a^m = x^{\varkappa}$$

so erhält man aus der vorstehenden Gleichung

$$[x^{\varkappa}] = m\left[x^{\frac{\varkappa}{m}}\right]$$

oder da $[x^x] = x[x]$ ist

$$\left[x^{\frac{x}{m}}\right] = \frac{x}{m} \cdot [x]$$

Setzt man ferner

$$x^{\frac{x}{m}} = \alpha$$

oder

$$\frac{x}{m} \log x = \log \alpha$$

$$\frac{x}{m} = \frac{\log \alpha}{\log x}$$

so ergiebt sich

$$[\alpha] = \frac{\log \alpha}{\log x} [x]$$

und ähnlich

$$[\beta] = \frac{\log \beta}{\log x} [x]$$

Dividirt man nun noch diese Gleichungen in einander, so folgt endlich

$$\frac{[\alpha]}{[\beta]} = \frac{\log \alpha}{\log \beta}$$

oder da nach der angenommenen Bezeichnungsweise

$$[\alpha] = \sqrt[n]{\alpha} - 1$$
$$[\beta] = \sqrt[n]{\beta} - 1$$

gemacht war, so findet man

$$\frac{\sqrt[n]{\alpha} - 1}{\sqrt[n]{\beta} - 1} = \frac{\log \alpha}{\log \beta}$$

Ist endlich noch $\beta = 10$, $\log \beta = \log 10 = 1$, so wird

$$\log \alpha = \frac{\sqrt[n]{\alpha} - 1}{\sqrt[n]{10} - 1}$$

Diese Gleichung setzt voraus, daß n eine über alles Maß große Zahl ist. Dessen ungeachtet übersieht man aus ihr, daß der Logarithmus von α um so größer wird, je größer man α annimmt. Auch kann man die Formel

$$\log \alpha = \frac{\sqrt[n]{\alpha} - 1}{\sqrt[n]{10} - 1}$$

benutzen, um angenähert den Werth von $\log \alpha$ zu berechnen. Man hat für n nur eine verhältnißmäßig große Zahl anzunehmen. Sollte zum Beispiel der Logarithmus von 9 berechnet werden, so könnte man n = 256 setzen.

Man findet nun

$$\sqrt[256]{9} = \sqrt[128]{3} = 1{,}0086198$$

$$\sqrt[256]{10} = \qquad\qquad 1{,}0090350$$

Daher wird angenähert

$$\log 9 = \frac{\sqrt[256]{9} - 1}{\sqrt[256]{10} - 1} = \frac{0{,}0086198}{0{,}0090350} = 0{,}95404\ldots$$

Von dem so gefundenen Werthe für log 9 sind die drei ersten Decimalziffern richtig. Der wahre Werth ist

$$\log 9 = 0{,}954242\ldots\ldots$$

Lehrsatz.

Die Unterschiede von verhältnißmäßig nahe liegenden Logarithmen sind proportional den Unterschieden der zugehörigen Zahlen.

Beweis.

Wenn a, b, c, ... verhältnißmäßig benachbarte Zahlen sind, d. h. solche, deren Verhältnisse $\frac{b}{a}$, $\frac{c}{a}$, ... nur wenig von der Einheit abweichen, so ist zu beweisen, daß

$$\frac{\log b - \log a}{b - a} = \frac{\log c - \log a}{c - a} = \frac{\log c - \log b}{c - b} = \ldots$$

ist. Die Zahlen a, b, c, ... seien ihrer Größe nach folgendermaßen geordnet

$$a < b < c < \ldots$$

Dann sind nach der Voraussetzung die Brüche

$$\frac{b}{a} = 1 + \alpha$$

$$\frac{c}{a} = 1 + \beta$$

u. s. w.

nur wenig größer als die Einheit, so daß also α, β u. s. w. sehr kleine Zahlen sind.

Nach einer oben bewiesenen Formel ist nun, wenn n eine sehr große Zahl ist

$$\frac{\log A}{\log B} = \frac{\sqrt[n]{A} - 1}{\sqrt[n]{B} - 1}$$

oder wenn man den Logarithmen-Bruch im Zähler und Nenner durch n theilt

$$\frac{\frac{1}{n}\log A}{\frac{1}{n}\log B} = \frac{\sqrt[n]{A} - 1}{\sqrt[n]{B} - 1}$$

d. h.

$$\frac{\log \sqrt[n]{A}}{\log \sqrt[n]{B}} = \frac{\sqrt[n]{A} - 1}{\sqrt[n]{B} - 1}$$

Da $\sqrt[n]{A}$ und $\sqrt[n]{B}$ nur um wenig größer als die Einheit sind, so kann man setzen

$$\sqrt[n]{A} = 1 + \alpha$$
$$\sqrt[n]{B} = 1 + \beta$$

Hierdurch ergiebt sich aus der vorstehenden Gleichung

$$\frac{\log(1 + \alpha)}{\log(1 + \beta)} = \frac{\alpha}{\beta}$$

oder

$$\frac{\log(1 + \alpha)}{\alpha} = \frac{\log(1 + \beta)}{\beta}$$

Setzt man in diese Gleichung die Werthe

$$1 + \alpha = \frac{b}{a} \qquad \alpha = \frac{b - a}{a}$$
$$\text{und}$$
$$1 + \beta = \frac{c}{a} \qquad \beta = \frac{c - a}{a}$$

ein, so erhält man:

$$\frac{\log\left(\frac{b}{a}\right)}{\left(\frac{b - a}{a}\right)} = \frac{\log\left(\frac{c}{a}\right)}{\left(\frac{c - a}{a}\right)}$$

Aus dieser Gleichung erhält man leicht die folgende

$$\frac{\log b - \log a}{b - a} = \frac{\log c - \log a}{c - a}$$

Nach einem Bruchsatze ist jeder dieser Brüche gleich einem Bruch, dessen Zähler die Differenz der gegebenen Zähler und dessen Nenner der entsprechenden Differenz der beiden Nenner gleich ist. Daher wird

$$\frac{\log b - \log a}{b - a} = \frac{\log c - \log a}{c - a} = \frac{\log c - \log b}{c - b} = \ldots$$

Auf diesem Satze beruht der Gebrauch der **Proportional-theile,** um mittelst der gewöhnlichen logarithmischen Tafeln, welche

nur die Mantissen der Logarithmen fünfstelliger Zahlen direkt ent=
halten — auch die Mantissen der Logarithmen siebenstelliger Zahlen
aufzufinden.

Beispiel:

Ist
$$a = 6853700$$
$$c = 6853800$$
$$b = 6853754$$

so findet man in den logarithmischen Tafeln die Mantissen von

$$\log a = 8359251$$
$$\log c = 8359314$$

Um nun die Mantisse von $\log b$ zu erhalten, benutze man die
oben bewiesene Gleichung

$$\frac{\log b - \log a}{b - a} = \frac{\log c - \log a}{c - a}.$$

so erhält man durch Einsetzung der obigen Werthe

$$\frac{\log b - \log a}{54} = \frac{63}{100}$$

Daher wird

$$\log b = \log a + \frac{54 \cdot 63}{100} = \log a + 34$$

Es ergiebt sich demnach die Mantisse von

$$\log b = 8359285$$

Umgekehrt kann man den obigen Satz benutzen, um die Zahl
zu einem gegebenen Logarithmus, welcher sich nicht genau in den
Tafeln findet — aufzusuchen. Ist zum Beispiel gegeben die
Mantisse von

$$\log b = 4423931$$

und man soll die Ziffern der Zahl b aufsuchen, so entnehme man
aus den logarithmischen Tafeln die Mantisse von

$$\log a = \log 2769400 = 4423857$$
$$\log c = \log 2769500 = 4424014$$

und bilde

$$\log b - \log a = \ \ 74$$
$$\log c - \log a = 157$$
$$c - a = 100$$

dann erhält man aus der Gleichung

$$\frac{\log b - \log a}{b - a} = \frac{\log c - \log a}{c - a}$$

nach erfolgter Umkehrung der Brüche

$$\frac{b-a}{\log b - \log a} = \frac{c-a}{\log c - \log a}$$

oder in Zahlen

$$\frac{b-a}{74} = \frac{100}{157}$$

d. h.

$$b - a = \frac{74 \cdot 100}{157} = 47$$

Also ergiebt sich für b die Ziffernfolge

$$b = a + 47 = 2769447$$

Es bleibt jetzt noch übrig, die Charakteristik des Logarithmus einer gegebenen Zahl zu bestimmen. Zu dem Ende haben wir die Einrichtung unseres dekadischen Zahlensystems näher zu betrachten.

Bei einer mehrstelligen Zahl, welche auch Decimalziffern enthalten kann, wird der Werth der Ziffer links vom Komma oder der Ziffer, welche in der Stelle der Einer steht, gefunden — indem man diese Ziffer mit $1 = 10^0$ multiplicirt; der Werth der Ziffer, welche in der Stelle der Zehner steht, wird gefunden — indem man diese Ziffer mit $10 = 10^1$ multiplicirt; der Werth der Ziffer, welche in der Stelle der Hunderte steht, wird gefunden — indem man diese Ziffer mit $100 = 10^2$ multiplicirt u. s. f. Daher sagt man: die Einer stehen in der nullten Ordnung, die Zehner stehen in der ersten Ordnung, die Hunderte stehen in der zweiten Ordnung u. s. f. Man findet hiernach den wahren Betrag irgend einer Ziffer, indem man dieselbe mit einer Potenz von 10 multiplicirt, deren Exponent gleich der Ordnungszahl der betreffenden Ziffer ist.

Dasselbe gilt von den Decimalziffern. Der Werth der Ziffer rechts vom Komma oder der Ziffer, welche in der Stelle der Zehntel steht, wird gefunden — indem man die Ziffer mit $\frac{1}{10} = 10^{-1}$ multiplicirt; der Werth der Ziffer, welche in der Stelle der Hundertel steht, wird gefunden — indem man diese Ziffer $\frac{1}{100} = 10^{-2}$ multiplicirt u. s. f. Daher sagt man: die Zehntel stehen in der $- 1^{\text{ten}}$ Ordnung, die Hundertel stehen in der $- 2^{\text{ten}}$ Ordnung u. s. f. Man findet also den wahren Betrag irgend einer Decimalziffer ebenfalls, indem man dieselbe mit einer Potenz von 10 multiplicirt, deren Exponent gleich der (negativen) Ordnungszahl der betreffenden Decimalziffer ist.

Bei der Zahl 9783,4516

$$\overset{(3)}{9}\ \overset{(2)}{7}\ \overset{(1)}{8}\ \overset{(0)}{3},\ \overset{(-1)}{4}\ \overset{(-2)}{5}\ \overset{(-3)}{1}\ \overset{(-4)}{6}$$

sind die Ordnungszahlen den einzelnen Ziffern übergeschrieben und es steht demnach die Ziffer 9 in der dritten Ordnung, die Ziffer 7 in der zweiten, die Ziffer 8 in der ersten und die Ziffer 3 in der nullten Ordnung. Dagegen steht die Decimalziffer 4 in der — 1ten Ordnung, die Ziffer 5 in der — 2ten, die Ziffer 1 in der — 3ten, die Ziffer 6 in der — 4ten Ordnung. Der wahre Werth der Zahl 9783,4516 ist demnach die Summe

$$9783{,}4516 = 9 \cdot 10^3 + 7 \cdot 10^2 + 8 \cdot 10^1 + 3 \cdot 10^0 + 4 \cdot 10^{-1}$$
$$+ 5 \cdot 10^{-2} + 1 \cdot 10^{-3} + 6 \cdot 10^{-4}$$

Die Bestimmung der Charakteristik des Logarithmus einer dekadisch geordneten Zahl geschieht nun nach dem folgenden

Lehrsatz.

Die Charakteristik des Logarithmus einer dekadisch geordneten Zahl ist stets gleich der Ordnungszahl der höchsten geltenden Ziffer.

Beweis: Ist Z die dekadisch geordnete Zahl und n die Ordnungszahl ihrer höchsten geltenden Ziffer, so muß Z nach der Einrichtung des dekadischen Zahlensystems mindestens gleich 10^n sein; darf aber den Werth 10^{n+1} nicht erreichen, weil sonst die Ordnungszahl der höchsten geltenden Ziffer gegen die Voraussetzung gleich $(n+1)$ werden würde.

Demnach ist also

$$Z \geqq 10^n \text{ und zugleich}$$
$$Z < 10^{n+1}$$

Also muß auch in Folge eines vorher bewiesenen Satzes

$$\log Z \geqq \log(10^n) \text{ oder } \log Z \geqq n$$
$$\log Z < \log(10^{n+1}) \text{ oder } \log Z < n + 1$$

sein. Es wird also

$$\log Z = n + \alpha$$

gesetzt werden können, wenn α eine Zahl bedeutet, welche zwischen den Grenzen 0 incl. und 1 excl. liegt, d. h. wenn α einen ächten Decimalbruch vorstellt. Dieser Decimalbruch ist die Mantisse von $\log Z$, die Ordnungszahl n der in Z enthaltenen höchsten geltenden Ziffer muß also die Charakteristik von $\log Z$ sein.

Die Mantisse α ist stets positiv, da sie zwischen den Grenzen 0 incl. und 1 excl. enthalten ist — dagegen wird die Charakteristik n negativ sein, wenn die Ordnungszahl der in Z enthaltenen höchsten geltenden Ziffer negativ ist, oder wenn diese Ziffer in einer Decimalstelle sich befindet.

Die Charakteristik des Logarithmus der Zahl 348,76 ist zum Beispiel gleich 2, weil die höchste geltende Ziffer dieser Zahl, nämlich 3, in der zweiten Ordnung steht. Dagegen ist die Charakteristik des Logarithmus der Zahl 0,00786 gleich — 3, weil die höchste geltende Ziffer 7 dieser Zahl in der minus dritten Ordnung steht.

Beispiele:

1. Das Produkt
$$m = 0{,}783216 \cdot 8{,}437279$$
mit Hülfe der logarithmischen Tafeln zu berechnen.

Man bilde zunächst
$$\log m = \log 0{,}783216 + \log 8{,}437279$$
In den logarithmischen Tafeln findet man
$$
\begin{aligned}
\log 0{,}783216 &= 0{,}8938816 - 1 \\
\log 8{,}437279 &= 0{,}9262024 \\
\hline
\log m &= 0{,}8200840
\end{aligned}
$$
Daher ergiebt sich aus den logarithmischen Tafeln
$$m = 6{,}608211$$

2. Den Bruch
$$m = \frac{3{,}141593}{0{,}577121}$$
zu berechnen.

Man bilde zuerst
$$\log m = \log 3{,}141593 - \log 0{,}577121$$
und suche in den logarithmischen Tafeln
$$
\begin{aligned}
\log 3{,}141593 &= 0{,}4971499 \\
\log 0{,}577121 &= 0{,}7612669 - 1 \\
\hline
\log m &= 0{,}7358830 \\
m &= 5{,}44356
\end{aligned}
$$

3. Die Potenz
$$m = \{ 0{,}9765432 \}^{15}$$
zu berechnen.

Man erhält
$$
\begin{aligned}
\log m &= 15 \log \{ 0{,}9765432 \} \\
\log 0{,}9765432 &= 0{,}9896915 - 1 \\
\hline
\log m &= 0{,}8453725 - 1 \\
m &= 0{,}7004426
\end{aligned}
$$

4. Die Wurzel
$$m = \sqrt[5]{0{,}02378162}$$
zu berechnen.

$$\log m = \frac{1}{5} \log \{ 0,02378162 \}$$

$$\log 0,02378162 = 0,3762415 - 2$$
$$= 3,3762415 - 5$$

$$\log m = 0,6752483 - 1$$
$$m = 0,4734219$$

5. Den Werth von

$$x = \sqrt[5]{17,386 - \sqrt{267,31}}$$

anzugeben.

$$\log \sqrt{267,31} = \frac{1}{2} \log 267,31 = 1,2135076$$

$$\sqrt{267,31} = 16,34961$$

$$x = \sqrt[5]{1,03639}$$

$$\log x = \frac{1}{5} \log 1,03639 = 0,0031046$$

$$x = 1,007174$$

6. Den Ausdruck

$$x = \frac{(5 + 2\sqrt{2})\, \sqrt[3]{7,38145}}{\sqrt[3]{0,354761} + \sqrt{0,5483764}}$$

zu berechnen.

Man berechne zuerst mit Hülfe der Logarithmen

$$\log (2\sqrt{2}) = \frac{3}{2} \log 2 = 0,4515450$$

$$2\sqrt{2} = 2,8284271$$
$$5 + 2\sqrt{2} = 7,8284271$$
$$\log (5 + 2\sqrt{2}) = 0,8936745$$

Nun bilde man

$$\log 7,38145 = 0,8681417$$
$$\log \sqrt[3]{7,38145} = 0,2893806$$

Daher

$$\log \left[(5 + 2\sqrt{2})\, \sqrt[3]{7,38145} \right] = \log \text{Zähler} = 0,8936745$$
$$+\ 0,2893806$$
$$1,1830551$$

$$\log \text{Zähler} = 1,1830551$$
$$\log 0,354761 = 0,5499358 - 1$$
$$\log \sqrt[3]{0,354761} = 0,8499786 - 1$$

$$\sqrt[3]{0{,}354761} = 0{,}7079110$$
$$\log 0{,}5483764 = 0{,}7390787 - 1$$
$$\log \sqrt{0{,}5483764} = 0{,}8695394 - 1$$
$$\sqrt{0{,}5483764} = 0{,}7405243$$
$$\text{Nenner} = 1{,}4484353$$
$$\log \text{Nenner} = 0{,}1608991$$
$$\log x = \log \text{Zähler} - \log \text{Nenner} = 1{,}0221560$$
$$x = 10{,}52340 \ldots$$

Zehnter Abschnitt.

Theorie der Auflösung quadratischer Gleichungen.

1. Bedeutet x eine unbekannte Größe und sind A, B, C, bekannte oder gegebene Größen, so heißt die Gleichung

$$Ax^2 + Bx + C = 0$$

eine quadratische Gleichung.

Durch eine quadratische Gleichung ist also eine bekannte Größe (C) mit dem Vielfachen einer unbekannten (Bx) und einem Vielfachen des Quadrates dieser Unbekannten (Ax²) durch Addition (oder Subtraktion) verbunden.

Setzt man der Einfachheit wegen

$$-\frac{B}{A} = 2a$$

$$\frac{C}{A} = b$$

$$Ax^2 + Bx + C = y$$

so läßt sich y folgendermaßen darstellen

$$y = A (x^2 - 2ax + b)$$

Der Ausdruck

$$x^2 - 2ax + b$$

läßt sich nun in zwei Faktoren zerlegen, deren jeder die Unbekannte x nur in der ersten Potenz enthält; es ist nämlich:

$$x^2 - 2ax + b = x^2 - 2ax + a^2 - (a^2 - b)$$

oder da

$$(a^2 - b) = (\sqrt{a^2 - b})^2$$

ift, ſo folgt:
$$x^2 - 2ax + b = x^2 - 2ax + a^2 - \left(\sqrt{a^2 - b}\right)^2$$
Ferner iſt:
$$x^2 - 2ax + a^2 = (x - a)^2$$
Alſo ergiebt ſich:
$$x^2 - 2ax + b = (x - a)^2 - \left(\sqrt{a^2 - b}\right)^2$$
Die rechte Seite dieſer Gleichung hat die Form der Differenz zweier Quadrate. Dieſelbe kann demnach mittelſt der Formel
$$u^2 - v^2 = (u - v)(u + v)$$
in das Produkt der beiden Faktoren
$$x - a - \sqrt{a^2 - b} \quad \text{und} \quad x - a + \sqrt{a^2 - b}$$
zerlegt werden. Hierdurch erhält, wie behauptet war, der Ausdruck $x^2 - 2ax + b$ die Geſtalt eines Produktes, nämlich
$$x^2 - 2ax + b = \left(x - a - \sqrt{a^2 - b}\right)\left(x - a + \sqrt{a^2 - b}\right)$$
deſſen Faktoren die Unbekannte x nur in einfacher Form enthalten. — Alſo läßt ſich die Größe
$$y = Ax^2 + Bx + C = A(x^2 - 2ax - b)$$
ſtets in ein Produkt von folgender Geſtalt zerlegen:
$$y = A(x^2 - 2ax + b) = A\left(x - a - \sqrt{a^2 - b}\right)\left(x - a + \sqrt{a^2 + b}\right)$$

Beiſpiele:

Den Ausdruck
$$y = x^2 - 3x + 2$$
in einfache Faktoren zu zerlegen.

In dieſem Falle iſt $A = 1$; $B = -3$; $C = 2$; ferner
$$-\frac{B}{A} = 2a = 3 \quad \text{oder} \quad a = \frac{3}{2}$$
$$\frac{C}{A} = b = 2$$

Es läßt ſich daher der Ausdruck $y = x^2 - 3x + 2$ nach der obigen Zerlegungsformel in die folgenden beiden einfachen Faktoren zerfällen:
$$y = \left(x - \frac{3}{2} - \sqrt{\left(\frac{3}{2}\right)^2 - 2}\right)\left(x - \frac{3}{2} + \sqrt{\left(\frac{3}{2}\right)^2 - 2}\right)$$

Da aber
$$\sqrt{\left(\frac{3}{2}\right)^2 - 2} = \sqrt{\frac{9}{4} - 2} = \sqrt{\frac{1}{4}} = \frac{1}{2}$$
ist, so ergiebt sich:
$$y = x^2 - 3x + 2 = (x - 2)(x - 1)$$

Den Ausdruck
$$y = 10x^2 - 29x + 21$$
in einfache Faktoren zu zerlegen.

Hier ist $A = 10$; $B = -29$; $C = 21$
$$a = -\frac{B}{2A} = \frac{29}{20}; \quad b = \frac{C}{A} = \frac{21}{10}$$

Es ergiebt sich daher für y die Zerlegung:
$$y = 10x^2 - 29x + 21 = 10\left(x - \frac{29}{20} - \sqrt{\left(\frac{29}{20}\right)^2 - \frac{21}{10}}\right)$$
$$\left(x - \frac{29}{20} + \sqrt{\left(\frac{29}{20}\right)^2 - \frac{21}{10}}\right)$$

d. h. da
$$\sqrt{\left(\frac{29}{20}\right)^2 - \frac{21}{10}} = \sqrt{\frac{841}{400} - \frac{21}{10}} = \sqrt{\frac{1}{400}} = \frac{1}{20} \text{ ist,}$$
$$y = 10x^2 - 29x + 21 = 10\left(x - \frac{3}{2}\right)\left(x - \frac{7}{5}\right)$$

oder:
$$y = 10x^2 - 29x + 21 = (2x - 3)(5x - 7)$$

Den Ausdruck
$$y = 5x^2 + 6x - 2$$
in einfache Faktoren zu zerlegen.

Da hier $A = 5$; $B = 6$; $C = -2$; $a = -\frac{3}{5}$; $b = -\frac{2}{5}$ ist,
so folgt:
$$y = 5x^2 + 6x - 2 = 5\left(x + \frac{3}{5} - \sqrt{\frac{9}{25} + \frac{2}{5}}\right)\left(x + \frac{3}{5} + \sqrt{\frac{9}{25} + \frac{2}{5}}\right)$$
oder nach erfolgter Vereinfachung:
$$y = 5x^2 + 6x - 2 = 5\left(x + \frac{3 - \sqrt{19}}{5}\right)\left(x + \frac{3 + \sqrt{19}}{5}\right)$$

Der Ausdruck

$$y = 3x^2 - 5x - 7$$

läßt sich in die einfachen Faktoren zerlegen:

$$y = 3 \left(x - \frac{5 + \sqrt{109}}{6} \right) \left(x - \frac{5 - \sqrt{109}}{6} \right)$$

Der Ausdruck

$$y = 2x^2 + 2x + 5$$

soll in seine einfachen Faktoren zerlegt werden.

Hier ist $A = 2$; $B = 2$; $C = 5$; $a = -\dfrac{1}{2}$; $b = \dfrac{5}{2}$; daher ergiebt sich:

$$y = 2x^2 + 2x + 5 = 2 \left(x + \frac{1}{2} - \sqrt{\frac{1}{4} - \frac{5}{2}} \right) \left(x + \frac{1}{2} + \sqrt{\frac{1}{4} - \frac{5}{2}} \right)$$

Die Größe

$$\sqrt{\frac{1}{4} - \frac{5}{2}} \text{ ist gleich } \sqrt{-\frac{9}{4}} = \frac{3}{2}\sqrt{-1} = \frac{3i}{2},$$

also wird

$$y = 2x^2 + 2x + 5 = 2 \left(x + \frac{1 - 3i}{2} \right) \left(x + \frac{1 + 3i}{2} \right)$$

Der Ausdruck

$$y = 2x^2 + 7x + 11$$

hat die einfachen Faktoren

$$y = 2 \left(x + \frac{7 - i\sqrt{39}}{4} \right) \left(x + \frac{7 + i\sqrt{39}}{4} \right)$$

Soll nun die Gleichung des zweiten Grades

$$Ax^2 + Bx + C = A(x^2 - 2ax + b) = 0$$

aufgelöst werden, so zerlege man die linke Seite derselben in ihre einfachen Faktoren. Dadurch ergiebt sich

$$Ax^2 + Bx + C = A(x^2 - 2ax + b) = A(x - a - \sqrt{a^2 - b})$$
$$(x - a + \sqrt{a^2 - b}) = 0$$

Damit das Produkt

$$A(x - a - \sqrt{a^2 - b})(x - a + \sqrt{a^2 - b})$$

verschwindet oder gleich Null wird, ist erforderlich, daß einer der Faktoren desselben gleich Null wird. — Sofort aber bemerkt man, daß der Faktor A als eine gegebene Größe nicht Null sein wird, weil sonst die vorgelegte Gleichung

$$Ax^2 + Bx + C = 0$$

sich in die Gleichung ersten Grades verwandeln würde

$$Bx + C = 0$$

Es wird demnach nur einer der beiden Faktoren

$$x - a - \sqrt{a^2 - b}$$

oder

$$x - a + \sqrt{a^2 - b}$$

verschwinden dürfen. Der Ausdruck

$$Ax^2 + Bx + C = A\,(x^2 - 2ax + b)$$

verschwindet aber in den beiden Fällen, wenn

$$x - a - \sqrt{a^2 - b} = 0 \text{ oder wenn}$$

$$x - a + \sqrt{a^2 - b} = 0 \text{ wird.}$$

In dem ersten Falle hat die Unbekannte x den Werth

$$x = a + \sqrt{a^2 - b}$$

und in dem zweiten Falle ist der Werth der Unbekannten

$$x = a - \sqrt{a^2 - b}$$

Es existiren daher **im Allgemeinen** zwei verschiedene Werthe für x, welche der Gleichung

$$Ax^2 + Bx + C = 0$$

genügen; diese sind

$$x = a + \sqrt{a^2 - b} \text{ und}$$

$$x = a - \sqrt{a^2 - b}$$

Die erste dieser beiden Wurzeln pflegt man, um ihren Werth von dem der zweiten Wurzel zu unterscheiden, durch x_1 zu bezeichnen, wogegen man die zweite Wurzel durch x_2 zu bezeichnen pflegt. In Folge dieser Bezeichnungsweise würde also zu setzen sein:

$$x_1 = a + \sqrt{a^2 - b}$$

$$x_2 = a - \sqrt{a^2 - b}$$

Da die Gleichung

$$Ax^2 + Bx + C = 0$$

durch Division mit dem Faktor A des quadratischen Gliedes Ax^2 sich stets auf die Form bringen läßt

$$x^2 + \frac{B}{A}x + \frac{C}{A} = 0$$

oder, indem wie oben für $\dfrac{B}{A}$ die Größe $-2a$ und für $\dfrac{C}{A}$ die Größe b der Einfachheit wegen gesetzt wird — auf die Form:

$$x^2 - 2ax + b = 0$$

so wird man nach gehöriger Bestimmung der Größen a und b die beiden Wurzeln der quadratischen Gleichung

$$x^2 - 2ax + b = 0$$

in folgenden Darstellungen erhalten

$$x_1 = a + \sqrt{a^2 - b}$$
$$x_2 = a - \sqrt{a^2 - b}$$

Man überzeugt sich nun noch leicht davon, daß diese beiden Werthe an Stelle von x in die Gleichung

$$x^2 - 2ax + b = 0$$

eingesetzt, letztere erfüllen.

Denn, wählt man den ersten Werth, so ergiebt sich:

$$\left(a + \sqrt{a^2 - b}\right)^2 - 2a\left(a + \sqrt{a^2 - b}\right) + b =$$

$$a^2 + 2a\sqrt{a^2 - b} + \left(\sqrt{a^2 - b}\right)^2 - 2a^2 - 2a\sqrt{a^2 - b} + b$$

$$= a^2 + 2a\sqrt{a^2 - b} + (a^2 - b) - 2a^2 - 2a\sqrt{a^2 - b} + b = 0$$

Wählt man dagegen den zweiten Werth, so folgt:

$$\left(a - \sqrt{a^2 - b}\right)^2 - 2a\left(a - \sqrt{a^2 - b}\right) + b =$$

$$a^2 - 2a\sqrt{a^2 - b} + (a^2 - b) - 2a^2 + 2a\sqrt{a^2 - b} + b = 0.$$

Einfachere Methode der Auflösung der quadratischen Gleichung:

$$Ax^2 + Bx + C = 0$$

Die eben auseinandergesetzte Methode der Auflösung einer quadratischen Gleichung von der Form

$$Ax^2 + Bx + C = 0$$

ist in so fern die wichtigste, als mittelst derselben nicht nur die beiden Wurzeln aufgefunden sind, welche der vorgelegten Gleichung genügen; sondern weil durch dieselbe mit der größten Klarheit nachgewiesen wird, daß wirklich nur diese beiden Wurzeln existiren. Ihr bedeutendster Vorzug vor der sogleich zu besprechenden anderen Methode besteht aber darin, daß sie die einfachen Faktoren des quadratischen Ausdruckes

$$Ax^2 + Bx + C$$

unmittelbar angiebt, ein Umstand, der in der Folge von großer Wichtigkeit ist.

Hat man es nur mit der Auffindung desjenigen Werthes oder derjenigen Werthe zu thun, welche die Gleichung

$$Ax^2 + Bx + C = 0$$

erfüllen, so kann man folgendermaßen ganz einfach verfahren.

Man dividire die vorstehende Gleichung durch A und setze der Einfachheit wegen

$$\frac{B}{A} = -2a; \quad \frac{C}{A} = b$$

so lautet die aufzulösende quadratische Gleichung nunmehr:

$$x^2 - 2ax + b = 0$$

Jetzt addire man auf beiden Seiten die Größe

$$a^2 - b$$

so ergiebt sich:

$$x^2 - 2ax + a^2 = a^2 - b$$

Die linke Seite dieser Gleichung ist das Quadrat von $x - a$, also ist:

$$(x - a)^2 = a^2 - b$$

$(x - a)$ ist demnach eine Zahl, deren Quadrat gleich $a^2 - b$ ist.

Man kann nun zwei solcher Zahlen angeben, deren Quadrat $= a^2 - b$ ist. Die eine derselben ist

$$\sqrt{a^2 - b}$$

die andere dagegen

$$-\sqrt{a^2 - b}$$

Folglich wird

$$\text{entweder} \qquad x - a = \sqrt{a^2 - b}$$

$$\text{oder} \qquad x - a = -\sqrt{a^2 - b}$$

Im ersten Falle ist

$$x = a + \sqrt{a^2 - b}$$

und im zweiten

$$x = a - \sqrt{a^2 - b}$$

Die beiden Wurzeln der quadratischen Gleichung

$$x^2 - 2ax + b = 0$$

sind also in der zweideutigen Form

$$x = a \pm \sqrt{a^2 - b}$$

enthalten. — Zweckmäßiger thut man jedoch, so wie weiter oben die beiden Wurzeln durch angehängte Zeiger zu unterscheiden, indem man setzt:

$$x_1 = a + \sqrt{a^2 - b}$$
$$x_2 = a - \sqrt{a^2 - b}$$

Beispiele:

Die Wurzeln der Gleichung
$$x^2 - 8x - 20 = 0$$
sind:

$$x_1 = 4 + \sqrt{4^2 + 20} = 4 + 6 = 10$$
$$x_2 = 4 - \sqrt{4^2 + 20} = 4 - 6 = -2$$

Die Wurzeln der Gleichung
$$3x^2 - 5x - 28 = 0$$
oder der folgenden
$$x^2 - \frac{5}{3} x - \frac{28}{3} = 0$$
sind:

$$x_1 = \frac{5}{6} + \sqrt{\left(\frac{5}{6}\right)^2 + \frac{28}{3}} = \frac{5}{6} + \frac{19}{6} = 4$$
$$x_2 = \frac{5}{6} - \sqrt{\left(\frac{5}{6}\right)^2 + \frac{28}{3}} = \frac{5}{6} - \frac{19}{6} = -\frac{7}{3}$$

Die Wurzeln der Gleichung
$$7x^2 - 20x + 2 = 0$$
sind
$$x_1 = \frac{10}{7} + \sqrt{\left(\frac{10}{7}\right)^2 - \frac{2}{7}} = \frac{10 + \sqrt{86}}{7}$$
$$x_2 = \frac{10}{7} - \sqrt{\left(\frac{10}{7}\right)^2 - \frac{2}{7}} = \frac{10 - \sqrt{86}}{7}$$

Die Zahlenwerthe dieser beiden Wurzeln sind
$$x_1 = 2{,}7533739 \ldots$$
$$x_2 = 0{,}1037689 \ldots$$

Die Gleichung
$$x^2(1 + \sqrt{2}) - x(3 + 2\sqrt{2}) + 2 + \sqrt{2} = 0$$
hat die beiden Wurzeln
$$x_1 = \sqrt{2} = 1{,}41421356$$
$$x_2 = 1$$

denn multiplicirt man dieselbe mit $\sqrt{2} - 1$, so ergiebt sich die quadratische Gleichung
$$x^2 - x(1 + \sqrt{2}) + \sqrt{2} = 0$$

Die Wurzeln letzterer sind
$$x_1 = \frac{1 + \sqrt{2}}{2} + \sqrt{\left(\frac{1 + \sqrt{2}}{2}\right)^2 - \sqrt{2}}$$
$$= \frac{1 + \sqrt{2}}{2} + \frac{1}{2}\sqrt{3 - 2\sqrt{2}} = \frac{1 + \sqrt{2}}{2} + \frac{1}{2}\sqrt{(\sqrt{2} - 1)^2}$$
$$= \frac{\sqrt{2} + 1}{2} + \frac{\sqrt{2} - 1}{2} = \sqrt{2}$$
$$x_2 = \frac{\sqrt{2} + 1}{2} - \frac{\sqrt{2} - 1}{2} = 1$$

Die Wurzeln der quadratischen Gleichung
$$3x^2 + 4x + 5 = 0$$
sind:
$$x_1 = \frac{-2 + i\sqrt{11}}{3} = -0{,}6666667 + i \cdot 1{,}1055418$$
$$x_2 = \frac{-2 - i\sqrt{11}}{3} = -0{,}6666667 - i \cdot 1{,}1055418$$

Auflösung der Gleichung:
$$\frac{8}{1 + x} + \frac{11x}{4 - x} = 35$$

Multiplicirt man diese Gleichung auf beiden Seiten mit
$$(1 + x)(4 - x) = 4 + 3x - x^2$$
so ergiebt sich:
$$8(4 - x) + 11x(1 + x) = 35(4 + 3x - x^2)$$
oder
$$32 - 8x + 11x + 11x^2 = 140 + 105x - 35x^2$$

Addirt man nun auf beiden Seiten:
$$35x^2 - 105x - 140$$
so folgt:
$$46x^2 - 102x - 108 = 0$$
Die beiden Wurzeln dieser Gleichung sind
$$x_1 = \frac{51}{46} + \sqrt{\frac{51^2}{46^2} + \frac{54}{23}} = \frac{51}{46} + \frac{87}{46} = 3$$
$$x_2 = \frac{51}{46} - \sqrt{\frac{51^2}{46^2} + \frac{54}{23}} = \frac{51}{46} - \frac{87}{46} = -\frac{18}{23}$$

Die beiden Wurzeln der Gleichung
$$\frac{3x + 5}{x - 1} = 12 - \frac{1}{2x - 3}$$
anzugeben.

Multiplicirt man diese Gleichung mit
$$(x - 1)(2x - 3) = 2x^2 - 5x + 3$$
nachdem man auf beiden Seiten $\frac{1}{2x - 3}$ addirt hat, so ergiebt sich
$$6x^2 + 2x - 16 = 24x^2 - 60x + 36$$
oder
$$18x^2 - 62x + 52 = 0$$
Die beiden Wurzeln dieser Gleichung sind
$$x_1 = \frac{31}{18} + \sqrt{\frac{31^2}{18^2} - \frac{26}{9}} = \frac{31}{18} + \frac{5}{18} = 2$$
$$x_2 = \frac{31}{8} - \sqrt{\frac{31^2}{18^2} - \frac{26}{9}} = \frac{31}{18} - \frac{5}{18} = \frac{13}{9}$$

Die beiden Wurzeln der Gleichung
$$\frac{5x}{x - 1} - \frac{3x}{x + 1} = 7$$
sind:
$$x_1 = \frac{4 + \sqrt{51}}{5} = 2{,}2282856$$
$$x_2 = \frac{4 - \sqrt{51}}{5} = -0{,}6282856$$

Die Gleichung

$$\frac{1}{x} = \frac{2}{x + 1} + \frac{3}{x + 2}$$

aufzulösen.

Man multiplicire mit x (x + 1) (x + 2), so folgt

$$x^2 + 3x + 2 = 2x^2 + 4x + 3x^2 + 3x$$

oder

$$4x^2 + 4x - 2 = 0$$

Die beiden Wurzeln lauten:

$$x_1 = \frac{-1 + \sqrt{3}}{2} = 0,36602540378 \ldots$$

$$x_2 = \frac{-1 - \sqrt{3}}{2} = -1,36602540378 \ldots$$

Die Gleichung

$$\frac{1,4}{x + 1} = \frac{x - 1}{x^2 - x\sqrt{2} + 1}$$

hat die beiden Wurzeln

$$x_1 = 2\sqrt{2} = 2,82842712 \ldots$$

$$x_2 = \frac{3}{2}\sqrt{2} = 2,12132034 \ldots$$

Man soll die Gleichung

$$2x + \sqrt{1 + x^2} = 3$$

auflösen.

Zu dem Ende bilde man zuerst

$$\sqrt{1 + x^2} = 3 - 2x$$

und erhebe diese Gleichung zum Quadrat, so ergiebt sich:

$$1 + x^2 = 9 - 12x + 4x^2$$

oder

$$3x^2 - 12x + 8 = 0$$

Die beiden Wurzeln dieser Gleichung lauten:

$$x_1 = 2 + \frac{2}{3}\sqrt{3} = 3,154700538 \ldots$$

$$x_2 = 2 - \frac{2}{3}\sqrt{3} = 0,845299461 \ldots$$

Die Gleichung

$$\sqrt{\frac{x+1}{x}} + \sqrt{\frac{x}{x+1}} = 3$$

aufzulösen.

Man erhebe dieselbe ins Quadrat, so folgt:

$$\frac{x+1}{x} + 2 + \frac{x}{x+1} = 9$$

oder:

$$\frac{x+1}{x} + \frac{x}{x+1} = 7$$

Multiplicirt man mit x (x + 1), so ergiebt sich:

$$2x^2 + 2x + 1 = 7x^2 + 7x$$

Die Wurzeln der hieraus sich bildenden Gleichung

$$5x^2 + 5x - 1 = 0$$

sind:

$$x_1 = -\frac{1}{2} + \frac{3}{10}\sqrt{5} = 0{,}17082039$$

$$x_2 = -\frac{1}{2} - \frac{3}{10}\sqrt{5} = -1{,}17082039$$

Oder man setze

$$\frac{x+1}{x} = z^2$$

so wird

$$\sqrt{\frac{x+1}{x}} = z; \quad \sqrt{\frac{x}{x+1}} = \frac{1}{z}$$

Daher:

$$z + \frac{1}{z} = 3$$

d. h.

$$z^2 - 3z + 1 = 0$$

Die beiden Wurzeln dieser Gleichung sind

$$z_1 = \frac{3 + \sqrt{5}}{2}$$

$$z_2 = \frac{3 - \sqrt{5}}{2}$$

Hieraus folgt:

$$z_1{}^2 = \frac{7 + 3\sqrt{5}}{2}$$

$$z_2{}^2 = \frac{7 - 3\sqrt{5}}{2}$$

Den Werthen z_1 und z_2 mögen die beiden Werthe x_1 und x_2 entsprechen, welche man aus der obigen Gleichung

$$\frac{x + 1}{x} = z^2 \text{ oder}$$

$$x = \frac{1}{z^2 - 1}$$

zu finden hat. Es ergiebt sich dann, wie auf dem ersten Wege:

$$x_1 = \frac{2}{5 + 3\sqrt{5}} = \frac{2(5 - 3\sqrt{5})}{25 - 9.5} = -\frac{1}{2} + \frac{3}{10}\sqrt{5}$$

$$x_2 = \qquad\qquad\qquad\qquad\qquad -\frac{1}{2} - \frac{3}{10}\sqrt{5}$$

Die Gleichung

$$\sqrt[4]{\frac{x - 1}{x + 1}} + \sqrt[4]{\frac{x + 1}{x - 1}} = 7$$

aufzulösen.

Man setze

$$\frac{x - 1}{x + 1} = z^4$$

so wird

$$\sqrt[4]{\frac{x - 1}{x + 1}} = z; \quad \sqrt[4]{\frac{x + 1}{x - 1}} = \frac{1}{z}$$

Die gegebene Gleichung wird nach Einsetzung dieser Werthe die folgende Gestalt annehmen:

$$z + \frac{1}{z} = 7$$

Die Wurzeln derselben sind:

$$z_1 = \frac{7 + \sqrt{45}}{2} = \frac{7 + 3\sqrt{5}}{2}$$

$$z_2 = \frac{7 - \sqrt{45}}{2} = \frac{7 - 3\sqrt{5}}{2}$$

Aus diesen Gleichungen bilde man nun zunächst:

$$z_1{}^2 = \frac{47 + 21\sqrt{5}}{2}$$

$$z_2{}^2 = \frac{47 - 21\sqrt{5}}{2}$$

und dann:

$$z_1{}^4 = \frac{2207 + 987\,\sqrt{5}}{2}$$

$$z_2{}^4 = \frac{2207 - 987\,\sqrt{5}}{2}$$

Da nun

$$\frac{x - 1}{x + 1} = z^4 \text{ gesetzt war, so wird}$$

$$x = \frac{1 + z^4}{1 - z^4}$$

und daher:

$$x_1 = -\frac{2209 + 987\,\sqrt{5}}{2205 + 987\,\sqrt{5}} = -\frac{47.47 + 47.21.\,\sqrt{5}}{21.21.5 + 47.21.\,\sqrt{5}}$$

$$= -\frac{47}{21} \left\{ \frac{47 + 21\,\sqrt{5}}{5.21 + 47\,\sqrt{5}} \right\} = -\frac{47}{21\,\sqrt{5}} = -\frac{47\,\sqrt{5}}{105}$$

und ähnlich:

$$x_2 = \frac{47}{105}\,\sqrt{5}$$

Die beiden Wurzeln

$$x_1 = -\frac{47}{105}\,\sqrt{5} = -1{,}0009066$$

$$x_2 = \frac{47}{105}\,\sqrt{5} = 1{,}0009066$$

konnte man ohne beschwerliche und geschickte Zahlenzerlegungen aus der Gleichung

$$x = \frac{1 + z^4}{1 - z^4}$$

mittelst der Gleichung

$$z + \frac{1}{z} = 7$$

sehr bequem erhalten, indem man bildete

$$x = \frac{1 + z^4}{1 - z^4} = \frac{\dfrac{1}{z^2} + z^2}{\dfrac{1}{z^2} - z^2} = \frac{\left(\dfrac{1}{z} + z\right)^2 - 2}{\left(\dfrac{1}{z} + z\right)\left(\dfrac{1}{z} - z\right)}$$

Da nun

$$\frac{1}{z} + z = 7$$

und

$$\frac{1}{z} - z = \pm \sqrt{\left(\frac{1}{z} + z\right)^2 - 4} = \pm \sqrt{45} = \pm 3 \sqrt{5}$$

so ergiebt sich aus der Gleichung

$$x = \frac{\left(\dfrac{1}{z} + z\right)^2 - 2}{\left(\dfrac{1}{z} + z\right)\left(\dfrac{1}{z} - z\right)}$$

alsbald:

$$x_1 = - \frac{7^2 - 2}{7 \cdot 3 \cdot \sqrt{5}} = - \frac{47}{21 \sqrt{5}} = - \frac{47}{105} \sqrt{5}$$

$$x_2 = \frac{7^2 - 2}{7 \cdot 3 \cdot \sqrt{5}} = \frac{47}{21 \sqrt{5}} = \frac{47}{105} \sqrt{5}$$

Die Größe x_1 entspricht dem größeren Werthe von z, dieselbe ist, wie man aus der Gleichung $x = \dfrac{1 + z^4}{1 - z^4}$ erfieht, da $z_1 > 1$ — negativ; die Größe x_2 dagegen positiv.

Die Gleichung

$$\sqrt[n]{\frac{ax + b}{\alpha x + \beta}} + h \sqrt[n]{\frac{\alpha x + \beta}{ax + b}} = c$$

aufzulösen, wenn a, b, α, β, h, c, n gegebene Zahlen bedeuten.

Man setze:

$$\frac{ax + b}{\alpha x + \beta} = z^n$$

so wird, da

$$\sqrt[n]{\frac{ax + b}{\alpha x + \beta}} = z; \quad \sqrt[n]{\frac{\alpha x + \beta}{ax + b}} = \frac{1}{z} \text{ ist} -$$

die vorgelegte Gleichung die Form annehmen:

$$z + \frac{h}{z} = c$$

Die beiden Wurzeln dieser Gleichung sind:

$$z_1 = \frac{c + \sqrt{c^2 - 4h}}{2}$$

$$z_2 = \frac{c - \sqrt{c^2 - 4h}}{2}$$

Da ferner aus der Substitution

$$\frac{ax+b}{\alpha x+\beta} = z^n$$

$$x = \frac{\beta z^n - b}{a - \alpha z^n} \text{ folgt,}$$

so erhält man:

$$x_1 = \frac{\beta \left(\frac{c}{2} + \sqrt{\frac{c^2}{4} - h}\right)^n - b}{a - \alpha . \left(\frac{c}{2} + \sqrt{\frac{c^2}{4} - h}\right)^n}$$

$$x_2 = \frac{\beta \left(\frac{c}{2} - \sqrt{\frac{c^2}{4} - h}\right)^n - b}{a - \alpha . \left(\frac{c}{2} - \sqrt{\frac{c^2}{4} - h}\right)^n}$$

Häufig gelingt es mit Hülfe der Auflösung einer oder mehrerer quadratischen Gleichungen auch solche Gleichungen aufzulösen, die eigentlich einem höheren als dem zweiten Grade angehören. Da man aber gewöhnlich solche Gleichungen, die mittelst der bloßen Auflösungen von quadratischen Gleichungen ebenfalls gelöst werden können — zu den quadratischen zu zählen pflegt, so mögen als Beispiele mehrere von diesen Gleichungen behandelt werden.

Die Wurzeln der Gleichung

$$x^4 + 1 + a(x^3 + x) + bx^2 = 0$$

anzugeben.

Man dividire die vorstehende Gleichung durch x^2, so ergiebt sich

$$x^2 + \frac{1}{x^2} + a\left(x + \frac{1}{x}\right) + b = 0$$

Jetzt setze man

$$x + \frac{1}{x} = z$$

und erhebe letztere Gleichung auf das Quadrat, so findet sich, nachdem von beiden Seiten 2 abgezogen ist:

$$x^2 + \frac{1}{x^2} = z^2 - 2$$

Setzt man nun in die Gleichung

$$x^2 + \frac{1}{x^2} + a\left(x + \frac{1}{x}\right) + b = 0$$

für $x + \frac{1}{x}$ den Werth z und für $x^2 + \frac{1}{x^2}$ den Werth $z^2 - 2$ ein, so findet sich:

$$z^2 - 2 + az + b = 0$$

eine quadratische Gleichung in Ansehung der Unbekannten z. Die Wurzeln dieser Gleichung sind:

$$z_1 = -\frac{a}{2} + \sqrt{\frac{a^2}{4} + 2 - b}$$

$$z_2 = -\frac{a}{2} - \sqrt{\frac{a^2}{4} + 2 - b}$$

Da ferner z jetzt bekannt ist, so setze man jeden seiner beiden Werthe in die Substitutions-Gleichung

$$x + \frac{1}{x} = z$$

ein, so erhält man eine in Betreff des Buchstaben x quadratische Gleichung aufzulösen, deren Wurzeln sich durch z_1 und z_2 folgender-maßen darstellen lassen:

$$\begin{cases} x_1 = \dfrac{z_1}{2} + \sqrt{\dfrac{z_1^2}{4} - 1} \\[2ex] x_2 = \dfrac{z_1}{2} - \sqrt{\dfrac{z_1^2}{4} - 1} \end{cases}$$

$$\begin{cases} x_3 = \dfrac{z_2}{2} + \sqrt{\dfrac{z_2^2}{4} - 1} \\[2ex] x_4 = \dfrac{z_2}{2} - \sqrt{\dfrac{z_2^2}{4} - 1} \end{cases}$$

Man erhält demnach vier unter sich im Allgemeinen verschie-dene Wurzeln, welche der Gleichung

$$x^4 + 1 + a(x^3 + x) + bx^2 = 0$$

Genüge leisten.

Auflösung der Gleichung:

$$x(x + a)(x + 2a)(x + 3a) = b$$

Man multiplicire den ersten mit dem vierten und den zweiten mit dem dritten Faktor, so wird

$$(x^2 + 3ax)(x^2 + 3ax + 2a^2) = b$$

Jetzt setze man

$$x^2 + 3ax = z - a^2$$

so ergiebt sich die Gleichung

$$(z - a^2)(z + a^2) = b$$

oder

$$z^2 - a^4 = b$$

Hieraus folgt:

$$z_1 = \sqrt{a^4 + b}$$
$$z_2 = -\sqrt{a^4 + b}$$

Setzt man diese beiden Werthe an Stelle von z in die Gleichung

$$x^2 + 3ax = z - a^2$$

nach einander ein und löst die beiden sich ergebenden Gleichungen nach x auf, so erhält man folgende Wurzeln für x:

$$x_1 = -\frac{3a}{2} + \sqrt{\frac{5a^2}{4} + \sqrt{a^4 + b}}$$
$$x_2 = -\frac{3a}{2} - \sqrt{\frac{5a^2}{4} + \sqrt{a^4 + b}}$$
$$x_3 = -\frac{3a}{2} + \sqrt{\frac{5a^2}{4} - \sqrt{a^4 + b}}$$
$$x_4 = -\frac{3a}{2} - \sqrt{\frac{5a^2}{4} - \sqrt{a^4 + b}}$$

———

Die (kubische) Gleichung

$$x^3 - 3ax - 2b = 0$$

aufzulösen.

Man setze

$$x = z + \frac{a}{z}$$

so wird

$$x^3 = z^3 + 3az + \frac{3a^2}{z} + \frac{a^3}{z^3}$$

Die vorgelegte Gleichung geht nach Einführung dieser Werthe von x und x^3 oder in:

$$z^3 + \frac{a^3}{z^3} - 2b = 0$$

Setzt man nun noch

$$z^3 = p$$

in die vorstehende Gleichung ein, so findet man

$$p + \frac{a^3}{p} - 2b = 0$$

oder

$$p^2 - 2bp + a^3 = 0$$

Die beiden Wurzeln dieser Gleichung sind

$$p_1 = b + \sqrt{b^2 - a^3}$$
$$p_2 = b - \sqrt{b^2 - a^3}$$

Für z erhält man daher aus der Gleichung

$$z^3 = b$$

die beiden Werthe[*])

$$z_1 = \sqrt[3]{b + \sqrt{b^2 - a^3}}$$
$$z_2 = \sqrt[3]{b - \sqrt{b^2 - a^3}}$$

deren Produkt gleich a ist — denn man hat:

$$z_1\, z_2 = \sqrt[3]{b + \sqrt{b^2 - a^3}} \cdot \sqrt[3]{b - \sqrt{b^2 - a^3}} = \sqrt[3]{b^2 - (b^2 - a^3)} = a$$

Daher ist

$$\frac{a}{z_1} = z_2; \quad \frac{a}{z_2} = z_1$$

und es ergiebt sich demnach aus den Gleichungen

$$x = z_1 + \frac{a}{z_1} = z_1 + z_2 \text{ oder}$$
$$x = z_2 + \frac{a}{z_2} = z_2 + z_1$$

eine Wurzel x der vorgelegten Gleichung

$$x^3 - 3ax - 2b = 0$$

in der Form:

$$x = \sqrt[3]{b + \sqrt{b^2 - a^3}} + \sqrt[3]{b - \sqrt{b^2 - a^3}}$$

Die Gleichung

$$x^5 - 5ax^3 + 5a^2x - 2b = 0$$

aufzulösen.

---

[*]) Die Aufstellung der andern vier Werthe von z würde hier noch nicht am Platze sein.

Setzt man, wie vorher

$$x = z + \frac{a}{z}$$

so ergiebt sich

$$x^5 \; = z^5 + 5az^3 + 10a^2z + \frac{10a^3}{z} + \frac{5a^4}{z^3} + \frac{a^5}{z^5}$$

$$- \, 5ax^3 = \qquad - \, 5az^3 - 15a^2z - \frac{15a^3}{z} - \frac{5a^4}{z^3}$$

$$+ \, 5a^2x = \qquad\qquad\qquad 5a^2z + \frac{5a^3}{z}$$

$$- \, 2b = \qquad\qquad\qquad\qquad - \, 2b$$

$$\cdots\cdots\cdots$$

Also nach erfolgter Addition dieser vier Gleichungen und ver=möge der Gleichung

$$x^5 - 5ax^3 + 5a^2x - 26 = 0$$

wird erhalten

$$0 = z^5 - 2b + \frac{a^5}{z^5}$$

Setzt man nun

$$z^5 = p$$

so ergiebt sich

$$0 = p - 2b \, \frac{a^5}{p}$$

oder

$$p^2 - 2bp + a^5 = 0$$

Die Wurzeln dieser Gleichung lauten

$$\begin{cases} p_1 = b + \sqrt{b^2 - a^5} \\ p_2 = b - \sqrt{b^2 - a^5} \end{cases}$$

Für z ergeben sich daher aus der Gleichung

$$z^5 = p$$

nun die Werthe*)

$$z_1 = \sqrt[5]{b + \sqrt{b^2 - a^5}}$$

$$z_2 = \sqrt[5]{b - \sqrt{b^2 - a^5}}$$

deren Produkt gleich a ist.

---

*) Die Aufstellung der andern acht Werthe für z muß natürlich hier unterbleiben.

Es wird also:

$$z_2 = \frac{a}{z_1} \quad \text{und} \quad z_1 = \frac{a}{z_2}$$

Eine Wurzel der vorgelegten Gleichung

$$x^5 - 5\,a\,x^3 + 5\,a^2 x - 26 = 0$$

lautet demnach

$$x = z_1 + z_2$$

oder:

$$x = \sqrt[5]{b + \sqrt{b^2 - a^5}} + \sqrt[5]{b - \sqrt{b^2 - a^5}}$$

Auflösung der Gleichung

$$x^5 + 1 + a\,(x^4 + x) + b\,(x^3 + x^2) = 0$$

Man setze

$$x + 1 = z$$

und erhebe diese Gleichung zur dritten Potenz, so folgt

$$x^3 + 3x^2 + 3x + 1 = z^3$$

oder, wenn $3x^2 + 3x = 3\,xz$ auf beiden Seiten subtrahirt wird

$$x^3 + 1 = z^3 - 3\,xz$$

Multiplicirt man diese Gleichung mit

$$x^2 + 1 = (x + 1)^2 - 2x = z^2 - 2x$$

so ergiebt sich:

$$x^5 + x^3 + x^2 + 1 = z^5 - 5\,xz^3 + 6x^2 z$$

Durch Subtraktion von

$$x^3 + x^2 = x^2\,(x + 1) = x^2 z$$

folgt aus der vorstehenden Gleichung:

$$x^5 + 1 = z^5 - 5\,xz^3 + 5x^2 z$$

Setzt man nun in die gegebene Gleichung für $x^3 + 1$ und $x^5 + 1$ die eben erhaltenen Werthe ein, so findet man:

$$z^5 - 5\,xz^3 + 5x^2 z + ax\,(z^3 - 3\,xz) + bx^2 z = 0$$

Dividirt man diese Gleichung durch z *), so erhält man:

$$z^4 - 5\,xz^2 + 5x^2 + ax\,(z^2 - 3x) + bx^2 = 0$$

oder nach erfolgter Vereinfachung und wenn für x sein Werth $z - 1$ gesetzt ist

$$z^4 + (a - 5)\,z^2\,(z - 1) + (b - 3a + 5)\,(z - 1)^2 = 0$$

Dividirt man diese Gleichung durch $(z - 1)^2$ wird folgt:

$$\left\{ \frac{z^2}{z - 1} \right\}^2 + (a - 5)\left(\frac{z^2}{z - 1} \right) + b^2 - 3a + 5 = 0$$

*) Die Wurzel $z = 0$ oder $x = -1$ fällt dann aus.

Setzt man nun noch der Einfachheit wegen:

$$\frac{z^2}{z-1} = p$$

so erhält man die quadratische Gleichung in p

$$p^2 + (a-5)\,p + b^2 - 3a + 5 = 0$$

deren Wurzeln folgendermaßen lauten:

$$p_1 = \frac{5-a}{2} + \sqrt{1 - b^2 + \left(\frac{a+1}{2}\right)^2}$$

$$p_2 = \frac{5-a}{2} - \sqrt{1 - b^2 + \left(\frac{a+1}{2}\right)^2}$$

Bedeutet p einen von diesen beiden Werthen, so findet man die Werthe von z aus der Substitutions=Gleichung

$$\frac{z^2}{z-1} = p \quad \text{oder} \quad z^2 - pz + p = 0$$

in der Form

$$z = \frac{p}{2} \pm \sqrt{\frac{p^2}{4} - p}$$

d. h. es wird:

$$\begin{cases} z_1 = \dfrac{p_1}{2} + \sqrt{\dfrac{p_1{}^2}{4} - p_1} \\[2ex] z_2 = \dfrac{p_1}{2} - \sqrt{\dfrac{p_1{}^2}{4} - p_1} \end{cases}$$

$$\begin{cases} z_3 = \dfrac{p_2}{2} + \sqrt{\dfrac{p_2{}^2}{4} - p_2} \\[2ex] z_4 = \dfrac{p_2}{2} - \sqrt{\dfrac{p_2{}^2}{4} - p_2} \end{cases}$$

wobei für p_1 und p_2 die oben dargestellten Werthe einzusetzen sind. Da ferner die Größe

$$z = x + 1$$

oder

$$x = z - 1$$

gesetzt war, so erhält man nunmehr die folgenden vier Werthe von x, welche der vorgelegten Gleichung

$$x^5 + 1 + a\,(x^4 + x) + b\,(x^3 + x^2) = 0$$

genügen — mlich:

$$\begin{cases} x_1 = \dfrac{p_1 - 2}{2} + \sqrt{\dfrac{p_1{}^2}{4} - p_1} \\[2ex] x_2 = \dfrac{p_1 - 2}{2} - \sqrt{\dfrac{p_1{}^2}{4} - p_1} \end{cases}$$

$$\begin{cases} x_3 = \dfrac{p_2 - 2}{2} + \sqrt{\dfrac{p_2^2}{4} - p_2} \\[2ex] x_4 = \dfrac{p_2 - 2}{2} - \sqrt{\dfrac{p_2^2}{4} - p_2} \end{cases}$$

wobei p_1 und p_2 die Werthe bedeuten:

$$\begin{cases} p_1 = \dfrac{5 - a}{2} + \sqrt{1 - b^2 + \left(\dfrac{a + 1}{2}\right)^2} \\[2ex] p_2 = \dfrac{5 - a}{2} - \sqrt{1 - b^2 + \left(\dfrac{a + 1}{2}\right)^2} \end{cases}$$

Elfter Abschnitt.

Auflösung quadratischer Gleichungen mit mehreren Unbekannten.

Unter einem System quadratischer Gleichungen mit mehreren Unbekannten pflegt man ein solches System von Gleichungen zu verstehen, dessen Auflösung nach erfolgter Elimination einer oder mehrerer Unbekannten von der Auflösung einer oder mehrerer quadratischen Gleichungen mit nur einer Unbekannten abhängig ist. — Zur Auflösung solcher Systeme von Gleichungen sind mehrentheils besondere Kunstgriffe erforderlich, von denen wir die hauptsächlichsten zuerst kennen lernen wollen.

a) Besonders häufig kommt der Fall vor, daß die Summe und das Produkt von zwei Unbekannten gegeben sind, z. B.

$$x + y = a$$
$$xy = b$$

und daß die Unbekannten x und y aufgefunden werden sollen.

Die einfachste und sich von selber darbietende Methode besteht darin, daß man aus der Gleichung

$$x + y = a$$

die Größe y darstellt und den Werth $y = a - x$ in die zweite Gleichung

$$xy = b$$

einsetzt. Dadurch wird erhalten

$$x(a - x) = ax - x^2 = b$$

oder

$$x^2 - ax + b = 0$$

Aus dieser Gleichung findet man die beiden Wurzeln für x

$$x_1 = \frac{a}{2} + \sqrt{\frac{a^2}{4} - b}$$

$$x_2 = \frac{a}{2} - \sqrt{\frac{a^2}{4} - b}$$

Dem ersten dieser beiden Werthe entspricht der Werth von y

$$y_1 = a - x_1 = \frac{a}{2} - \sqrt{\frac{a^2}{4} - b}$$

und dem zweiten

$$y_2 = a - x_2 = \frac{a}{2} + \sqrt{\frac{a^2}{4} - b}$$

Auf folgende Weise kann man dasselbe Resultat übersichtlicher erhalten. — Man setze

$$(z - x)(z - y) = 0$$

so hat z zwei Werthe, welche dieser Gleichung genügen. Der eine derselben ist gleich x, der andere gleich y. Multiplicirt man nun die beiden Faktoren $(z - x)$ und $(z - y)$ in einander, so ergiebt sich die Gleichung:

$$z^2 - (x + y)z + xy = 0$$

oder da

$$x + y = a$$
$$xy = b$$

war, die folgende:

$$z^2 - az + b = 0$$

Die Wurzeln dieser quadratischen Gleichung sind:

$$z_1 = \frac{a}{2} + \sqrt{\frac{a^2}{4} - b}$$

$$z_2 = \frac{a}{2} - \sqrt{\frac{a^2}{4} - b}$$

Der eine dieser Werthe muß nun nach dem Obigen gleich x, der andere gleich y sein. Also erhält man

$$\text{entweder:} \begin{cases} x_1 = \dfrac{a}{2} + \sqrt{\dfrac{a^2}{4} - b} \\[2ex] y_1 = \dfrac{a}{2} - \sqrt{\dfrac{a^2}{4} - b} \end{cases}$$

$$\text{oder:} \begin{cases} x_2 = \dfrac{a}{2} - \sqrt{\dfrac{a^2}{4} - b} \\[2ex] y_2 = \dfrac{a}{2} + \sqrt{\dfrac{a^2}{4} - b} \end{cases}$$

Aus der letzteren Behandlungsweise der Gleichungen
$$x + y = a$$
$$xy = b$$
fließt daher folgende, zur bequemen Auflösung derselben dienende Regel:

Um die Gleichungen
$$x + y = a$$
$$xy = b$$
aufzulösen, bilde man die quadratische Gleichung:
$$z^2 - az + b = 0$$
Dann ist die eine ihrer Wurzeln gleich dem Werthe von x, die andere dagegen gleich dem Werthe von y.

Ein Beispiel mag dieses erläutern.

Soll man die Gleichung
$$x + y = 17$$
$$xy = 60$$
auflösen, so bilde man die Wurzeln der quadratischen Gleichung:
$$z^2 - 17z + 60 = 0$$
Dieselben sind
$$z_1 = \frac{17}{2} + \sqrt{\frac{289}{4} - 60} = \frac{17}{2} + \frac{7}{2} = 12$$
$$z_2 = \frac{17}{2} - \sqrt{\frac{289}{4} - 60} = \frac{17}{2} - \frac{7}{2} = 5$$

Der eine dieser Werthe ist gleich x, der andere gleich y. Also hat man entweder:
$$\left. \begin{array}{l} x_1 = 12 \\ y_1 = 5 \end{array} \right\} \quad \text{oder:} \quad \left\{ \begin{array}{l} x_2 = 5 \\ y_2 = 12 \end{array} \right.$$

Man sieht, daß in der That diese zusammengehörigen Werthe von x und y die vorgelegten Gleichungen erfüllen.

Sind die allgemeineren Gleichungen gegeben
$$\alpha x + \beta y = a$$
$$xy = b$$
so multiplicire man die zweite derselben mit $\alpha\beta$; dann erhält man
$$(\alpha x) + (\beta y) = a$$
$$(\alpha x) \cdot (\beta y) = b\alpha\beta$$

Sieht man in diesen Gleichungen αx und βy als die Unbekannten an, so hat man nur nach dem Obigen die Wurzeln der quadratischen Gleichung
$$z^2 - az + b\alpha\beta = 0$$

zu bilden. Die eine dieser Wurzeln ist (αx), die andere gleich (βy). — Diese Wurzeln sind

$$z_1 = \frac{a}{2} + \sqrt{\frac{a^2}{4} - b\alpha\beta}$$

$$z_2 = \frac{a}{2} - \sqrt{\frac{a^2}{4} - b\alpha\beta}$$

Also hat man

$$\text{entweder:} \quad \begin{cases} \alpha x_1 = \dfrac{a}{2} + \sqrt{\dfrac{a^2}{4} - b\alpha\beta} \\[2ex] \beta y_1 = \dfrac{a}{2} - \sqrt{\dfrac{a^2}{4} - b\alpha\beta} \end{cases}$$

$$\text{oder:} \quad \begin{cases} \alpha x_2 = \dfrac{a}{2} - \sqrt{\dfrac{a^2}{4} - b\alpha\beta} \\[2ex] \beta y_2 = \dfrac{a}{2} + \sqrt{\dfrac{a^2}{4} - b\alpha\beta} \end{cases}$$

Die Wurzeln x und y der beiden Gleichungen

$$\alpha x + \beta y = a$$
$$xy = b$$

sind daher

$$\text{entweder:} \quad \begin{cases} x_1 = \dfrac{a}{2\alpha} + \dfrac{1}{\alpha}\sqrt{\dfrac{a^2}{4} - b\alpha\beta} \\[2ex] y_1 = \dfrac{a}{2\beta} - \dfrac{1}{\beta}\sqrt{\dfrac{a^2}{4} - b\alpha\beta} \end{cases}$$

$$\text{oder:} \quad \begin{cases} x_2 = \dfrac{a}{2\alpha} - \dfrac{1}{\alpha}\sqrt{\dfrac{a^2}{4} - b\alpha\beta} \\[2ex] y_2 = \dfrac{a}{2\beta} + \dfrac{1}{\beta}\sqrt{\dfrac{a^2}{4} - b\alpha\beta} \end{cases}$$

Sehr häufig ist es nöthig, ehe man zur Bestimmung der eigentlichen Unbekannten übergehen kann — sich erst die Summe und das Produkt derselben zu verschaffen, um dann auf dem eben angegebenen Wege die Werthe der Unbekannten selber zu erhalten. Mehrere Beispiele werden hier, wo allgemeinere Regeln sich nicht wohl angeben lassen, belehrender und nützlicher sein, als Theorieen, die doch nicht die Vielheit der einzelnen Fälle umfassen können.

Die Gleichungen

$$x^2 + y^2 = a$$
$$x + y = b$$

aufzulösen.

Man erhebe die Gleichung $x + y = b$ zum Quadrat, und ziehe hiervon die Gleichung $x^2 + y^2 = a$ ab, so ergiebt sich:

$$2xy = b^2 - a$$

oder

$$xy = \frac{b^2 - a}{2}$$

Da jetzt gegeben sind

$$x + y = b$$
$$xy = \frac{b^2 - a}{2}$$

so findet man x und y als Wurzeln der quadratischen Gleichung

$$z^2 - bz + \frac{b^2 - a}{2} = 0$$

nämlich entweder:

$$\begin{cases} x_1 = \frac{b}{2} + \frac{1}{2}\sqrt{2a - b^2} \\ y_1 = \frac{b}{2} - \frac{1}{2}\sqrt{2a - b^2} \end{cases}$$

oder:

$$\begin{cases} x_2 = \frac{b - \sqrt{2a - b^2}}{2} \\ y_2 = \frac{b + \sqrt{2a - b^2}}{2} \end{cases}$$

Dieselben Resultate hätte man auch auf dem folgenden Wege erhalten.

Da

$$x^2 + y^2 = a$$
$$2xy = b^2 - a$$

so folgt durch Subtraktion:

$$x^2 - 2xy + y^2 = 2a - b^2$$

Nun ist aber die linke Seite gleich $(x - y)^2$, daher ergiebt sich:

$$(x - y)^2 = 2a - b^2$$

oder:

$$x - y = \pm \sqrt{2a - b^2}$$

Da ferner

$$x + y = b$$

ift, so erhält man durch Addition und Subtraktion beider Gleichungen

entweder: $\left.\begin{cases} 2x_1 = b + \sqrt{2a - b^2} \\ 2y_1 = b - \sqrt{2a - b^2} \end{cases}\right\}$ oder $\left.\begin{cases} 2x_2 = b - \sqrt{2a - b^2} \\ 2y_2 = b + \sqrt{2a - b^2} \end{cases}\right\}$

vier Gleichungen, aus denen man durch Division mit 2 die vorher gefundenen Werthe herleiten kann.

———

Die Gleichungen

$$x^3 + y^3 = a$$
$$x + y = b$$

aufzulösen.

Man erhebe die zweite Gleichung zur dritten Potenz und ziehe die erste Gleichung hiervon ab, so folgt:

$$3x^2y + 3xy^2 = b^3 - a$$

oder

$$3xy(x + y) = b^3 - a$$

Dividirt man nun durch

$$3(x + y) = 3b$$

so ergiebt sich:

$$xy = \frac{b^3 - a}{3b}$$

Da ferner $x + y = b$ war, so sind x und y die Wurzeln der quadratischen Gleichung

$$z^2 - bz + \frac{b^3 - a}{3 \cdot b} = 0$$

nämlich:

$$\begin{cases} x = \dfrac{b}{2} \pm \sqrt{\dfrac{a}{3b} - \dfrac{b^2}{12}} \\[2ex] y = \dfrac{b}{2} \mp \sqrt{\dfrac{a}{3b} - \dfrac{b^2}{12}} \end{cases}$$

Hier geben die beiden oberen Zeichen zugehörige Werthe von x und y; eben so die unteren.

———

Die Gleichungen

$$x^4 + y^4 = a$$
$$x + y = b$$

aufzulösen.

Erhebt man die zweite Gleichung zur vierten Potenz und subtrahirt hiervon die erste, so ergiebt sich:

$$4x^3y + 6x^2y^2 + 4xy^3 = b^4 - a$$

Addirt man zu dieser Gleichung $2x^2y^2$, so folgt:

$$4x^3y + 8x^2y^2 + 4xy^3 = b^4 - a + 2x^2y^2$$

oder:

$$4xy\,(x + y)^2 = b^4 - a + 2x^2y^2$$

Da aber $x + y = b$, so erhält man

$$4b^2xy = b^4 - a + 2x^2y^2$$

Diese Gleichung dividire man durch 2, so entsteht:

$$2b^2xy = \frac{b^4 - a}{2} + (xy)^2$$

oder:

$$(xy)^2 - 2b^2.(xy) + \frac{b^4 - a}{2} = 0$$

Dieses ist eine quadratische Gleichung, in welcher (xy) die Un=
bekannte ist. Ihre Wurzeln sind:

$$xy = b^2 \pm \sqrt{\frac{a + b^4}{2}}$$

Da ferner

$$x + y = b$$

ist, so sind x und y entweder die Wurzeln der quadratischen
Gleichung

$$z^2 - bz + b^2 + \sqrt{\frac{a + b^4}{2}} = 0$$

oder der folgenden:

$$z^2 - bz + b^2 - \sqrt{\frac{a + b^4}{2}} = 0$$

Leicht erhält man aus beiden Gleichungen die folgenden zu=
sammengehörigen Werthe von x und y

$$\left\{ \begin{aligned} x_1 &= \frac{b}{2} \pm i\,\sqrt{\frac{3.b^2}{4} + \sqrt{\frac{a + b^4}{2}}} \\[2ex] y_1 &= \frac{b}{2} \mp i\,\sqrt{\frac{3.b^2}{4} + \sqrt{\frac{a + b^4}{2}}} \end{aligned} \right.$$

$$\begin{cases} x_2 = \dfrac{b}{2} \; \pm \; \sqrt{-\dfrac{3.b^2}{4} + \sqrt{\dfrac{a + b^4}{2}}} \\[3em] y_2 = \dfrac{b}{2} \; \mp \; \sqrt{-\dfrac{3.b^2}{4} + \sqrt{\dfrac{a + b^4}{2}}} \end{cases}$$

Die Gleichungen

$$x^5 + y^5 = a$$
$$x + y = b$$

aufzulösen.

Erhebt man die zweite Gleichung zur fünften Potenz und zieht dann die erste hiervon ab, so erhält man:

$$5x^4y + 10x^3y^2 + 10x^2y^3 + 5xy^4 = b^5 - a$$

oder durch $5xy$ dividirt:

$$x^3 + 2x^2y + 2xy^2 + y^3 = \frac{b^5 - a}{5xy}$$

Addirt man $x^2y + xy^2 = xy\,(x + y) = bxy$ so folgt:

$$x^3 + 3x^2y + 3xy^2 + y^3 = \frac{b^5 - a}{5xy} + bxy$$

oder:

$$(x + y)^3 = b^3 = \frac{b^5 - a}{5xy} + bxy$$

Sieht man in dieser Gleichung xy als unbekannte Größe an, so findet sich

$$xy = \frac{b^2}{2} \pm \sqrt{\frac{b^4}{20} + \frac{a}{5b}}$$

Mit Hülfe der Gleichung $x + y = b$ finden sich aus vorstehender Gleichung nach dem Früheren folgende Werthe für x und y:

$$\begin{cases} x_1 = \dfrac{b}{2} \pm i\,\sqrt{\dfrac{b^2}{4} + \sqrt{\dfrac{b^4}{20} + \dfrac{a}{5b}}} \\[3em] y_1 = \dfrac{b}{2} \mp i\,\sqrt{\dfrac{b^2}{4} + \sqrt{\dfrac{b^4}{20} + \dfrac{a}{5b}}} \end{cases}$$

$$\begin{cases} x_2 = \dfrac{b}{2} \pm \sqrt{-\dfrac{b^2}{4} + \sqrt{\dfrac{b^4}{20} + \dfrac{a}{5.b}}} \\[2em] y_2 = \dfrac{b}{2} \mp \sqrt{-\dfrac{b^2}{4} + \sqrt{\dfrac{b^4}{20} + \dfrac{a}{5.b}}} \end{cases}$$

Die Gleichungen

$$(x + y)(x^3 + y^3) = a$$
$$(x - y)(x^3 - y^3) = b$$

aufzulösen.

Man führe die Multiplikationen auf der linken Seite aus, bilde dann die halbe Summe und die halbe Differenz der Gleichungen, so ergiebt sich für die halbe Summe:

$$x^4 + y^4 = \frac{a + b}{2}$$

und für die halbe Differenz:

$$x^3 y + x y^3 = \frac{a - b}{2}$$

Setzt man nun:

$$x + y = s$$
$$xy = p$$

so wird:

$$x^2 + y^2 = s^2 - 2p$$

ferner:

$$x^4 + y^4 = (s^2 - 2p)^2 - 2p^2$$
$$= s^4 - 4ps^2 + 2p^2$$

Daher gehen nach Einführung dieser Ausdrücke in die obigen beiden Gleichungen letztere über in:

$$s^4 - 4ps^2 + 2p^2 = \frac{a + b}{2}$$

$$p(s^2 - 2p) = \frac{a - b}{2}$$

Diese Gleichungen dividire man in einander, so folgt:

$$\frac{s^4 - 4ps^2 + 2p^2}{ps^2 - 2p^2} = \frac{a + b}{a - b}$$

oder:

$$s^4 - 4ps^2 + 2p^2 = \frac{a + b}{a - b} ps^2 - 2 \frac{a + b}{a - b} p^2$$

Schafft man noch die Glieder der rechten Seite nach der linken hinüber, so ergiebt sich:

$$s^4 - \left(4 + \frac{a+b}{a-b}\right) ps^2 + \frac{4a}{a-b} p^2 = 0$$

Setzt man jetzt

$$\frac{s^2}{p} = v \text{ oder } s^2 = pv$$

in die vorstehende Gleichung ein und dividirt dann dieselbe durch p^2, so findet man:

$$v^2 - \left(4 + \frac{a+b}{a-b}\right) v + \frac{4a}{a-b} = 0$$

Die beiden Wurzeln dieser quadratischen Gleichung lauten:

$$v_1 = 2 + \frac{1}{2} \frac{a+b}{a-b} + \sqrt{2 + \left\{\frac{1}{2} \cdot \frac{a+b}{a-b}\right\}^2}$$

$$v_2 = 2 + \frac{1}{2} \frac{a+b}{a-b} - \sqrt{2 + \left\{\frac{1}{2} \cdot \frac{a+b}{a-b}\right\}^2}$$

Da nun:

$$s^2 = p \cdot v$$

war, so folgt durch Einführung dieses Werthes in die frühere Gleichung

$$p \, (s^2 - 2p) = \frac{a-b}{2}$$

$$p^2 \, (v - 2) = \frac{a-b}{2}$$

und es ergeben sich folgende Werthe für p:

$$p_1 = \pm \sqrt{\frac{a-b}{2 \, (v_1 - 2)}}$$

$$p_2 = \pm \sqrt{\frac{a-b}{2 \, (v_2 - 2)}}$$

Die den Werthen von p entsprechenden Werthe von s findet man jetzt aus den Gleichungen

$$s^2 = p_1 \, v_1 \text{ und}$$

$$s^2 = p_2 \, v_2$$

Sind auf diese Weise s und p gefunden, so hat man nur noch die Gleichungen

$$x + y = s$$

$$xy = p$$

auf dem bekannten Wege nach x und y aufzulösen.

Wäre zum Beispiel in Zahlen gegeben

$$(x + y) \, (x^3 + y^3) = a = 112$$

$$(x - y) \, (x^3 - y^3) = b = 52$$

ſo würde man für $\dfrac{s^2}{p}$ oder v die beiden Werthe erhalten haben

$$v_1 = 2 + \frac{41}{30} + \sqrt{2 + \left(\frac{41}{30}\right)^2} = \frac{16}{3}$$

$$v_2 = 2 + \frac{41}{30} - \sqrt{2 + \left(\frac{41}{30}\right)^2} = \frac{7}{5}$$

Mittelſt dieſer Werthe hätte ſich ergeben

$$p_1 = \pm\, 3$$
$$p_2 = \pm\, 5i\,\sqrt{2}$$

Dem Werthe $p_1 = +\,3$ entſpricht der Werth

$$s^2 = 16 \text{ oder } s = \pm\,4$$

Die dieſen beiden Gleichungen entſprechenden Werthe von x und y ſind die Wurzeln der beiden quadratiſchen Gleichungen

$$z^2 - 4z + 3 = 0$$
$$z^2 + 4z + 3 = 0$$

nämlich

$$\begin{cases} x = 3 \\ y = 1 \end{cases}, \quad \begin{cases} x = 1 \\ y = 3 \end{cases}, \quad \begin{cases} x = -\,1 \\ y = -\,3 \end{cases}, \quad \begin{cases} x = -\,3 \\ y = -\,1 \end{cases}$$

Dem Werthe $p_1 = -\,3$ entſpricht der Werth

$$s^2 = -\,16 \text{ oder } s = \pm\,4i$$

Die zu dieſen beiden Gleichungen gehörigen Werthe von x und y ſind die Wurzeln der beiden quadratiſchen Gleichungen

$$z^2 - 4iz - 3 = 0$$
oder
$$z^2 + 4iz - 3 = 0$$

nämlich:

$$\begin{cases} x = 3i \\ y = i \end{cases}, \quad \begin{cases} x = i \\ y = 3i \end{cases}, \quad \begin{cases} x = -\,i \\ y = -\,3i \end{cases}, \quad \begin{cases} x = -\,3i \\ y = -\,i \end{cases}$$

Dem Werthe $p_2 = 5i\,\sqrt{2}$ entſpricht der Werth

$$s^2 = 7i\,\sqrt{2} \text{ oder } s = \pm\,\sqrt{7i\,\sqrt{2}} = \pm\,(1+i)\,\frac{\sqrt{7}}{\sqrt[4]{2}}$$

Die zu dieſen beiden Gleichungen gehörigen Werthe von x und y ſind die Wurzeln der beiden quadratiſchen Gleichungen

$$z^2 - \frac{1+i}{\sqrt[4]{2}}\,\sqrt{7}\,.\,z + 5i\,\sqrt{2} = 0$$

oder

$$z^2 + \frac{1+i}{\sqrt[4]{2}}\,\sqrt{7}\,.\,z + 5i\,\sqrt{2} = 0$$

$$\left\{\begin{aligned} x &= \frac{\sqrt{13}+\sqrt{7}}{2\sqrt[4]{2}} - i\,\frac{\sqrt{13}-\sqrt{7}}{2\sqrt[4]{2}} \\[2ex] y &= -\frac{\sqrt{13}-\sqrt{7}}{2\sqrt[4]{2}} + i\,\frac{\sqrt{13}+\sqrt{7}}{2\sqrt[4]{2}} \end{aligned}\right\}$$

oder:

$$\left\{\begin{aligned} x &= -\frac{\sqrt{13}-\sqrt{7}}{2\sqrt[4]{2}} + i\,\frac{\sqrt{13}+\sqrt{7}}{2\sqrt[4]{2}} \\[2ex] y &= \frac{\sqrt{13}+\sqrt{7}}{2\sqrt[4]{2}} - i\,\frac{\sqrt{13}-\sqrt{7}}{2\sqrt[4]{2}} \end{aligned}\right\}$$

ferner:

$$\left\{\begin{aligned} x &= \frac{\sqrt{13}-\sqrt{7}}{2\sqrt[4]{2}} - i\,\frac{\sqrt{13}+\sqrt{7}}{2\sqrt[4]{2}} \\[2ex] y &= -\frac{\sqrt{13}+\sqrt{7}}{2\sqrt[4]{2}} + i\,\frac{\sqrt{13}-\sqrt{7}}{2\sqrt[4]{2}} \end{aligned}\right\}$$

und

$$\left\{\begin{aligned} x &= -\frac{\sqrt{13}+\sqrt{7}}{2\sqrt[4]{2}} + i\,\frac{\sqrt{13}-\sqrt{7}}{2\sqrt[4]{2}} \\[2ex] y &= \frac{\sqrt{13}-\sqrt{7}}{2\sqrt[4]{2}} - i\,\frac{\sqrt{13}+\sqrt{7}}{2\sqrt[4]{2}} \end{aligned}\right\}$$

Die dem Werthe $p_2 = -5\,i\,\sqrt{2}$ entsprechenden Wurzeln x und y findet man ähnlich; sie ergeben sich aus den letzten vier Wurzelpaaren, indem man in ihnen die Vorzeichen der imaginären Einheit i verändert.

Die beiden Gleichungen

$$(x+y)(x^3+y^3) = a$$
$$(x-y)(x^3-y^3) = b$$

lassen sich in methodischer Beziehung noch einfacher als vorher auflösen, indem man die obere in die untere dividirt, dann

$$y = u \cdot x$$

setzt und die Klammern auflöst. Es ergiebt sich:

$$\frac{1-u-u^3+u^4}{1+u+u^3+u^4} = \frac{b}{a}$$

Durch u^2 im Zähler und Nenner dividirt:

$$\frac{\dfrac{1}{u^2} + u^2 - \left(\dfrac{1}{u} + u\right)}{\dfrac{1}{u^2} + u^2 + \left(\dfrac{1}{u} + u\right)} = \frac{b}{a}$$

Nun sei:

$$\frac{1}{u} + u = t$$

so folgt

$$\frac{1}{u^2} + u^2 = t^2 - 2$$

und daher geht die vorstehende Gleichung über in

$$\frac{t^2 - 2 - t}{t^2 - 2 + t} = \frac{b}{a}$$

eine quadratische Gleichung, aus welcher man t zu bestimmen hat. Die für t erhaltenen Werthe setze man dann nacheinander in die Gleichung

$$\frac{1}{u} + u = t$$

ein und löse dieselbe nach u auf. Sind alle Werthe von u gefunden, so setze man

$$y = u\,x$$

in eine der beiden gegebenen Gleichungen ein, so findet sich

$$x = \sqrt[4]{\frac{a}{(1+u)\,(1+u^3)}}$$

oder

$$x = \sqrt[4]{\frac{b}{(1-u)\,(1--u^3)}}$$

und endlich nach Bestimmung aller Werthe von x

$$y = u\,x$$

Die reellen Wurzeln der Gleichungen

$$(x + y)\,(x^4 + y^4) = 51$$
$$(x - y)\,(x^4 - y^4) = 15$$

zu entwickeln.

Man löse die Klammern auf und bilde die halbe Summe und die halbe Differenz der vorstehenden Gleichungen, so ergiebt sich:

$$x^5 + y^5 = 33$$
$$x^4 y + x y^4 = 18$$

Setzt man wieder

$$x + y = s$$
$$xy = p$$

so ergiebt sich:

$$s^5 = x^5 + 5x^4y + 10x^3y^2 + 10x^2y^3 + 5xy^4 + y^5$$

Da aber

$$x^5 + y^5 = 33$$
$$5x^4y + 5xy^4 = 90$$
$$10x^3y^2 + 10x^2y^3 = 10p^2s$$

so folgt:

$$s^5 = 123 + 10p^2s$$

oder

$$s^5 - 10p^2s = 123$$

Ferner ist:

$$x^4y + xy^4 = p\,[(x + y)^3 - 3xy\,(x + y)] = ps\,(s^2 - 3p) = 18$$

Dividirt man nun die Gleichungen:

$$s^5 - 10p^2s = 123$$
$$ps\,(s^2 - 3p) = 18$$

so ergiebt sich:

$$\frac{s^4 - 10p^2}{p\,(s^2 - 3p)} = \frac{41}{6}$$

Setzt man nun

$$s^2 = pu$$

so folgt:

$$\frac{u^2 - 10}{u - 3} = \frac{41}{6}$$

eine quadratische Gleichung, deren Wurzeln lauten:

$$u_1 = \frac{9}{2}$$

$$u_2 = \frac{7}{3}$$

Man erhält daher

entweder:
$$s^2 = \frac{9}{2}\,p; \quad p = \frac{2}{9}\,s^2$$

oder:
$$s^2 = \frac{7}{3}\,p; \quad p = \frac{3}{7}\,s^2$$

Setzt man für p den Werth $\frac{2}{9}\,s^2$ in die Gleichung

$$s^5 - 10p^2s = 123$$

ein, so ergiebt sich:

$$s^5 = 243$$
oder
$$s = 3$$

und demnächst, da $p = \dfrac{2}{9} s^2$ ist

$$p = 2$$

Aus den Gleichungen

$$s = x + y = 3$$
$$p = xy = \mathbf{2}$$

erhält man endlich:

$$\left\{ \begin{matrix} x = 2 \\ y = 1 \end{matrix} \right\} \qquad \left\{ \begin{matrix} x = 1 \\ y = \mathbf{2} \end{matrix} \right\}$$

Setzt man dagegen für p den Werth $\dfrac{3}{7} s^2$, so folgt aus der Gleichung

$$s^5 - 10 p^2 s = 123$$
$$s^5 = -147$$

oder

$$s = -\sqrt[5]{147}$$

und dann, da $p = \dfrac{3}{7} s^2$ ist

$$p = \dfrac{3}{7} \sqrt[5]{147^2} = 3 \sqrt[5]{\dfrac{9}{7}}$$

Die diesen beiden Werthen von s und p entsprechenden Werthe von x und y sind imaginär und daher hier zu verwerfen.

Die beiden Gleichungen

$$(x^2 + y^2)(x^3 + y^3) = a$$
$$(x^2 - y^2)(x^3 - y^3) = b$$

lassen sich auf ähnliche Weise, wie die beiden vorhergehenden auf=lösen.

Die beiden Gleichungen

$$x^6 + y^6 = a$$
$$x + y = b$$

aufzulösen, wenn die Substitution gegeben ist:

$$xy = b^2 \left[+\dfrac{3}{2} - \dfrac{u}{4} - \dfrac{5}{u} \right]$$

Man findet:

$$(x + y)^2 - 2xy = x^2 + y^2 = 2 b^2 \left\{ -1 + \dfrac{u}{4} + \dfrac{5}{u} \right\}$$

ferner:

$$(x^2 + y^2)^3 = x^6 + y^6 + 3x^2 y^2 (x^2 + y^2); \text{ d. h.}$$

$$(x^2 + y^2)[(x^2 + y^2)^2 - 3x^2 y^2] = x^6 + y^6$$

oder

$$2b^2\left(-1 + \frac{u}{4} + \frac{5}{u}\right)\left[4b^4\left(-1 + \frac{u}{4} + \frac{5}{u}\right)^2 - 3b^4\left(\frac{3}{2} - \frac{u}{4} - \frac{5}{u}\right)^2\right] = a$$

Durch Vereinfachung folgt:

$$2b^6\left(-1 + \frac{u}{4} + \frac{5}{u}\right)\left(-\frac{1}{4} + \frac{u}{4} + \frac{5}{u} + \frac{u^2}{16} + \frac{25}{u^2}\right) = a$$

Multiplicirt man noch die beiden umklammerten Faktoren in einander und dividirt durch $2b^6$, so ergiebt sich:

$$\frac{11}{4} + \frac{u^3}{64} + \frac{125}{u^3} = \frac{a}{2b^6}$$

eine Gleichung, welche sich durch die Substitution

$$u^3 = z$$

auf eine gewöhnliche quadratische zurückführen läßt. — Die weitere Ausführung bleibe dem Leser überlassen.

Die beiden Gleichungen

$$x^7 + y^7 = a$$
$$x + y = b$$

lassen sich leicht auflösen mittelst der Substitution:

$$xy = \frac{b^2}{3}\left\{2 - u - \frac{1}{u}\right\}$$

Man findet nämlich:

$$x^7 + y^7 = (x + y)[x^6 + y^6 - xy(x^4 + y^4) + x^2 y^2 (x^2 + y^2) - x^3 y^3]$$

oder nach einfacher Umformung:

$$x^7 + y^7 = (x + y)[(x^2 + y^2)^3 - xy(x^2 + y^2)^2 - 2x^2 y^2 (x^2 + y^2) + x^3 y^3]$$

d. h. mit Benutzung der gegebenen beiden Gleichungen

$$\frac{a}{b} = (x^2 + y^2)^3 + x^3 y^3 - xy(x^2 + y^2)[x^2 + 2xy + y^2]$$

$$= (x^2 + y^2)^3 + x^3 y^3 - xy(x^2 + y^2) \cdot b^2$$

Ferner ist:

$$x^2 + y^2 = (x + y)^2 - 2xy = \frac{2b^2}{3}\left(-\frac{1}{2} + u + \frac{1}{u}\right)$$

Setzt man diesen Werth für $x^2 + y^2$ und für xy seinen Werth

$$= \frac{b^2}{3} \left(2 - u - \frac{1}{u} \right)$$ überall in die vorhergehende Gleichung ein, so findet man bald

$$u^3 + \frac{1}{u^3} = \frac{27a}{7b^7} - \frac{13}{7}$$

eine Gleichung, welche durch die Substitution

$$u^3 = z$$

sofort in eine einfache quadratische Gleichung verwandelt wird.

Die drei Gleichungen:

$$x + y + z = a$$
$$x^2 + y^2 - z^2 = b$$
$$x^3 + y^3 + z^3 = c$$

aufzulösen.

Aus der ersten Gleichung findet man:

$$x + y = a - z$$

und durch Erhebung zum Quadrat folgt hieraus

$$x^2 + 2xy + y^2 = a^2 - 2az + z^2$$

Addirt man zu dieser Gleichung die zweite der gegebenen Gleichungen mit vertauschten Seiten, nämlich

$$b = x^2 + y^2 - z^2$$

so ergiebt sich bald:

$$2xy = a^2 - b - 2az$$

oder

$$xy = \frac{a^2 - b}{2} - az$$

Erhebt man ferner die Gleichung

$$x + y = a - z$$

in die dritte Potenz, so folgt:

$$x^3 + y^3 + 3xy (x + y) = a^3 - 3a^2 z + 3az^2 - z^3$$

Setzt man hier ein die Werthe

$$x + y = a - z$$
$$xy = \frac{a^2 - b}{2} - az$$

so findet man:

$$x^3 + y^3 + 3 (a - z) \left\{ \frac{a^2 - b}{2} - az \right\} = a^3 - 3a^2 z + 3az^2 - z^3$$

Addirt man endlich auf beiden Seiten die dritte Gleichung mit vertauschten Seiten, nämlich

$$c = x^3 + y^3 + z^3$$

so ergiebt sich leicht:

$$c + 3\,(a - z) \left\{ \frac{a^2 - b}{2} - az \right\} = a^3 - 3a^2z + 3az^2$$

Diese Gleichung ist nur vom ersten Grade; sie liefert

$$z = \frac{a^3 - 3ab + 2c}{3\,(a^2 - b)}$$

Mittelst dieses Werthes von z erhält man nun

$$x - y = a - z = \frac{2\,(a^3 - c)}{3\,(a^2 - b)}$$

$$xy = \frac{a^2 - b}{2} - az = \frac{a^4 + 3b^2 - 4ac}{b\,(a^2 - b)}$$

Aus den beiden Gleichungen

$$x + y = \frac{2}{3} \cdot \frac{a^3 - c}{a^2 - b}$$

$$xy = \frac{a^4 + 3b^2 - 4ac}{6\,(a^2 - b)}$$

findet man endlich die Werthe von x und y.

Die Gleichungen

$$\begin{aligned}
x \ + \ y &= z \ + \ a \\
x^2 + y^2 &= z^2 + b \\
x^4 + y^4 &= z^4 + c
\end{aligned}$$

aufzulösen.

Aus den beiden ersten Gleichungen bilde man:

$$xy = az + \frac{a^2 - b}{2}$$

eben so aus der zweiten und dritten:

$$x^2y^2 = bz^2 + \frac{b^2 - c}{2}$$

so ergiebt sich zur Bestimmung von z die quadratische Gleichung:

$$bz^2 + \frac{b^2 - c}{2} = \left\{ az + \frac{a^2 - b}{2} \right\}^2$$

Mit Hülfe der beiden sich hieraus ergebenden Werthe für z kann man sowohl x + y, als auch xy auf zwei verschiedene Arten darstellen und durch Auflösung dieser Gleichungen dann vier Werthepaare für x und y erhalten.

Die Gleichungen

$$x + y + z + u = a$$
$$x^2 + y^2 - z^2 - u^2 = b$$
$$x^3 + y^3 + z^3 + u^3 = c$$
$$x^4 + y^4 - z^4 - u^4 = d$$

aufzulösen.

Man setze, wodurch die erste dieser Gleichungen von selber erfüllt wird

$$x + y = \frac{a}{2} + v$$

$$z + u = \frac{a}{2} - v$$

Alsdann ziehe man das Quadrat der zweiten Substitutions=gleichung von dem Quadrate der ersteren ab, so ergiebt sich:

$$x^2 + 2xy + y^2 - z^2 - 2zu - u^2 = 2av$$

Da ferner

$$x^2 + y^2 - z^2 - u^2 = b$$

so folgt durch Subtraktion und Division mit 2:

$$xy - zu = av - \frac{b}{2}$$

Addirt man ferner die dritten Potenzen der beiden Substitu=tionsgleichungen zu einander, so folgt:

$$x^3 + y^3 + 3xy\,(x + y) + z^3 + u^3 + 3zu\,(z + u) = \frac{a^3}{4} + 3av^2$$

Hiervon die dritte Gleichung

$$x^3 + y^3 + z^3 + u^3 = c$$

subtrahirt und durch 3 dividirt, giebt:

$$xy\,(x + y) + zu\,(z + u) = \frac{a^3}{12} + av^2 - \frac{c}{3}$$

oder:

$$xy\left(\frac{a}{2} + v\right) + zu\left(\frac{a}{2} - v\right) = \frac{a^3}{12} + av^2 - \frac{c}{3}$$

Multiplicirt man nun die Gleichung

$$xy - zu = av - \frac{b}{2}$$

mit v und subtrahirt dann von der vorstehenden Gleichung, so er=giebt sich:

$$\frac{a}{2}\,(xy + zu) = \frac{a^3}{12} - \frac{c}{3} + \frac{b}{2} \cdot v$$

oder durch Multiplikation mit $\frac{2}{a}$:

$$xy + zu = \frac{a^2}{6} - \frac{2}{3} \cdot \frac{c}{a} + \frac{b}{a} \cdot v$$

Aus der vierten der gegebenen Gleichungen bilde man jetzt die Differenz der Quadrate:

$$(x^2 + y^2)^2 - (z^2 + u^2)^2 = d + 2 \{x^2y^2 - z^2u^2\}$$

und forme nach und nach diese Gleichung mit Benutzung früherer Gleichungen folgendermaßen um:

$$(x^2 + y^2 + z^2 + u^2)(x^2 + y^2 - z^2 - u^2) = d + 2\{x^2y^2 - z^2u^2\}$$

$$b\,(x^2 + y^2 + z^2 + u^2) = d + 2\,(xy + zu)(xy - zu)$$

$$b\,\{(x + y)^2 + (z + u)^2\} = d + 2\,(xy + zu)(xy - zu)$$
$$+ 2b\,(xy + zu)$$

$$b\left\{\left(\frac{a}{2} + v\right)^2 + \left(\frac{a}{2} - v\right)^2\right\} = d + 2\,(xy + zu)(xy - zu + b)$$

$$2b\left\{\frac{a^2}{4} + v^2\right\} = d + 2\left(\frac{a^2}{6} - \frac{2}{3}\cdot\frac{c}{a} + \frac{b}{a}\,v\right)\left(\frac{b}{2} + av\right)$$

Dividirt man jetzt durch 2 und löst dann die Klammern auf, so findet sich, daß das quadratische Glied $2b\,v^2$ rechts und links weggehoben werden kann. Aus der übrigbleibenden Gleichung des ersten Grades ergiebt sich dann der folgende Werth für v:

$$v = \frac{a^3b + 2bc - 3ad}{a^4 + 3b^2 - 4ac}$$

Mit Hülfe dieses Werthes von v kann man nun aus den beiden Gleichungen

$$xy - zu = av - \frac{b}{2}$$

$$xy + zu = \frac{a^2}{6} - \frac{2}{3}\cdot\frac{c}{a} + \frac{b}{a}\,v$$

xy und zu, so wie $x + y$ und $z + u$ folgendermaßen darstellen:

$$\left\{\begin{aligned} x + y &= \frac{a}{2} + v \\[2mm] xy &= \frac{a^2}{12} - \frac{c}{3a} - \frac{b}{4} + \frac{a^2 + b}{2a}\cdot v \end{aligned}\right.$$

$$\left\{\begin{aligned} z + u &= \frac{a}{2} - v \\[2mm] zu &= \frac{a^2}{12} - \frac{c}{3a} + \frac{b}{4} - \frac{a^2 - b}{2a}\cdot v \end{aligned}\right.$$

Diese beiden Paare quadratischer Gleichungen sind noch aufzulösen, um x, y, z, u zu erhalten. — Interessant ist bei dieser Aufgabe der Umstand, daß die Größen $x + y$, xy, $z + u$, zu sich auf rationale Weise durch die vier gegebenen Größen a, b, c, d darstellen lassen.

Die Gleichungen

$$x + y + z + u = a$$
$$x^2 + y^2 + z^2 + u^2 = b$$
$$x^3 + y^3 + z^3 + u^3 = c$$
$$xy \quad - \quad zu = 0$$

aufzulösen.

Man setze, wie vorher

$$x + y = \frac{a}{2} + v$$

$$z + u = \frac{a}{2} - v$$

und bilde die Summe der Quadrate aus beiden Gleichungen, so ergiebt sich:

$$x^2 + y^2 + 2xy + z^2 + 2zu + u^2 = \frac{a^2}{2} + 2v^2$$

oder, da

$$x^2 + y^2 + z^2 + u^2 = b$$
$$zu \quad = \quad xy$$

ist;

$$b + 4xy = \frac{a^2}{2} + 2v^2$$

Jetzt bilde man die Summe der dritten Potenzen aus den Substitutionsgleichungen, so erhält man:

$$x^3 + y^3 + 3xy\,(x + y) + z^3 + u^3 + 3zu\,(z + u) = \frac{a^3}{4}$$
$$+ 3av^2$$

Da nun

$$x^3 + y^3 + z^3 + u^3 = c$$
$$zu \quad = \quad xy$$

und

$$3xy\,(x + y) + 3zu\,(z + u) = 3xy\,(x + y + z + u) = 3axy$$

ist, so ergiebt sich aus der vorstehenden Gleichung:

$$c + 3axy = \frac{a^3}{4} + 3av^2$$

Hält man die hieraus fließende Gleichung

$$xy - v^2 = \frac{a^2}{12} - \frac{c}{3a}$$

mit der Gleichung

$$2xy - v^2 = \frac{a^2}{4} - \frac{b}{2}$$

zusammen, so ergiebt sich:

$$xy = \frac{a^2}{6} - \frac{b}{2} + \frac{c}{3a} = zu$$

$$v = \pm \sqrt{\frac{a^2}{12} - \frac{b}{2} + \frac{2c}{3a}}$$

Da nun

$$x + y = \frac{a}{2} + v$$

$$z + u = \frac{a}{2} - v$$

so ist es leicht, die Werthe für x, y, z, u hinzuschreiben.

Die Gleichungen

$$x + y + z + u = a$$
$$x^2 + y^2 + z^2 + u^2 = b$$
$$x^4 + y^4 + z^4 + u^4 = c$$
$$xy = zu$$

aufzulösen.

Ist wieder

$$x + y = \frac{a}{2} + v$$

$$z + u = \frac{a}{2} - v$$

so folgt wie vorher:

$$2zu = 2xy = \frac{a^2}{4} - \frac{b}{2} + v^2$$

Durch einzelnes Quadriren der beiden Substitutionsgleichungen folgt mit Benutzung der vorhergehenden Gleichung

$$x^2 + y^2 = \frac{a^2}{4} + av + v^2 - \left(\frac{a^2}{4} - \frac{b}{2} + v^2\right) = \frac{b}{2} + av$$

$$z^2 + u^2 = \frac{a^2}{4} - av + v^2 - \left(\frac{a^2}{4} - \frac{b}{2} + v^2\right) = \frac{b}{2} - av$$

Addirt man die Quadrate letzterer Gleichungen, so folgt:

$$(x^2 + y^2)^2 + (z^2 + u^2)^2 = \frac{b^2}{2} + 2a^2v^2$$

und nachdem auf beiden Seiten

$$2x^2y^2 + 2z^2u^2 = 4x^2y^2 = \left\{\frac{a^2}{4} - \frac{b}{2} + v^2\right\}^2$$

abgezogen ist:

$$x^4 + y^4 + z^4 + u^4 = c = \frac{b^2}{2} + 2a^2v^2 - \left(\frac{a^2}{4} - \frac{b}{2} + v^2\right)^2$$

Setzt man noch der Einfachheit wegen

$$\frac{a^2}{4} - \frac{b}{2} + v^2 = \xi$$

so ergiebt sich aus der vorhergehenden Gleichung die folgende nach ξ quadratische Gleichung

$$\xi^2 - 2a^2\xi + \frac{a^4}{2} + c - a^2b - \frac{b^2}{2} = 0$$

deren Wurzeln

$$\xi = a^2 \pm \sqrt{\frac{(a^2 + b)^2}{2} - c}$$

zur Bestimmung von v dienen. — Sind alle Werthe von v aufgefunden, so erhält man die gesuchten vier Unbekannten aus den Gleichungen

$$x + y = \frac{a}{2} + v \qquad xy = \frac{a^2}{8} - \frac{b}{4} + \frac{v^2}{2}$$

$$z + u = \frac{a}{2} - v \qquad zu = \frac{a^2}{8} - \frac{b}{4} + \frac{v^2}{2}$$

Auflösung der Gleichungen

$$x + y + z + u = a$$
$$x^2 + y^2 + z^2 + u^2 = b$$
$$x^6 + y^6 + z^6 + u^6 = c$$
$$xy + zu = d$$

Setzt man

$$x + y = \frac{a}{2} + v$$

$$z + u = \frac{a}{2} - v$$

so folgt durch Bildung der Quadratsumme beider Gleichungen

$$x^2 + y^2 + z^2 + u^2 + 2xy + 2zu = \frac{a^2}{2} + 2v^2$$

oder

$$b + 2d = \frac{a^2}{4} + 2v^2$$

d. h.

$$v = \pm \sqrt{\frac{b}{2} + d - \frac{a^2}{8}}$$

Bedeutet für die Folge der Einfachheit wegen v einen dieser beiden Werthe, so ergiebt sich

$$x^2 + y^2 = \left(\frac{a}{2} + v\right)^2 - 2xy$$

$$z^2 + u^2 = \left(\frac{a}{2} - v\right)^2 - 2zu$$

Addirt man die dritten Potenzen dieser beiden Gleichungen zu einander, so folgt

$$x^6 + y^6 + z^6 + u^6 + 3x^2y^2(x^2 + y^2) + 3z^2u^2(z^2 + u^2) =$$
$$\left\{\left(\frac{a}{2} + v\right)^2 - 2xy\right\}^3 + \left\{\left(\frac{a}{2} - v\right)^2 - 2zu\right\}^3$$

oder, da $x^6 + y^6 + z^6 + u^6 = c$ ist:

$$c + 3x^2y^2\left[\left(\frac{a}{2} + v\right)^2 - 2xy\right] + 3z^2u^2\left[\left(\frac{a}{2} - v\right)^2 - 2zu\right] =$$
$$\left\{\left(\frac{a}{2} + v\right)^2 - 2xy\right\}^3 + \left\{\left(\frac{a}{2} - v\right)^2 - 2zu\right\}^3$$

Vermöge der Gleichung

$$xy + zu = d$$

ist nun erlaubt gleichzeitig zu setzen

$$xy = \frac{d + p}{2}$$

$$zu = \frac{d - p}{2}$$

Führt man diese Substitutionen nach erfolgter Auflösung der Klammern obiger Gleichung in letztere ein, so erhält man nach und nach:

$$c + 2x^3y^3 + 2z^3u^3 = \left(\frac{a}{2} + v\right)^6 + \left(\frac{a}{2} - v\right)^6 - 6xy\left(\frac{a}{2} + v\right)^4$$
$$- 6zu\left(\frac{a}{2} - v\right)^4 + 9x^2y^2\left(\frac{a}{2} + v\right)^2 + 9z^2u^2\left(\frac{a}{2} - v\right)^2$$

oder:

$$c + 2\left(\frac{d + p}{2}\right)^3 + 2\left(\frac{d - p}{2}\right)^3 = \left(\frac{a}{2} + v\right)^6 + \left(\frac{a}{2} - v\right)^6$$
$$- 3(d + p)\left(\frac{a}{2} + v\right)^4 - 3(d - p)\left(\frac{a}{2} - v\right)^4 + \frac{9}{4}(d + p)^2\left(\frac{a}{2} + v\right)^2$$
$$+ \frac{9}{4}(d - p)^2\left(\frac{a}{2} - v\right)^2$$

d. h.

$$c + \frac{d^3 + 3dp^2}{2} = \left(\frac{a}{2} + v\right)^6 + \left(\frac{a}{2} - v\right)^6 - 3(d + p)\left(\frac{a}{2} + v\right)^4$$

$$- 3(d - p)\left(\frac{a}{2} - v\right)^4 + \frac{9}{4}(d + p)^2\left(\frac{9}{4} + v\right) + \frac{9}{4}(d - p)^2\left(\frac{a}{2} - v\right)^2$$

Hat man in diese Gleichung für v einen seiner beiden vorher gegebenen Werthe eingesetzt, die Klammern aufgelöst und die Gleichung geordnet, so übersieht man, daß dieselbe in Bezug auf p vom zweiten Grade ist. Nach ihrer Auflösung erhält man aus den Gleichungen

$$x + y = \frac{a}{2} + v \qquad z + u = \frac{a}{2} - v$$
$$xy = \frac{d + p}{2} \qquad\qquad zu = \frac{d - p}{2}$$

in der bekannten Weise endlich die verschiedenen Werthe von x, y, z, u, durch welche die vorgelegten Gleichungen erfüllt werden.

Die Gleichungen

$$x + y + z + u = a$$
$$x^2 + y^2 + z^2 + u^2 = b$$
$$x^3 + y^3 + z^3 + u^3 = c$$
$$xy - zu = d$$

lassen sich ebenfalls mittelst der Substitutionen

$$x + y = \frac{a}{2} + v$$
$$z + u = \frac{a}{2} - v$$

leicht auflösen. Erhebt man nämlich die beiden letzteren Substitutionsgleichungen auf das Quadrat und addirt, so erhält man

$$x^2 + y^2 + z^2 + u^2 + 2xy + 2zu = \frac{a^2}{2} + 2v^2$$

Hieraus folgt

$$xy + zu = \frac{a^2}{4} - \frac{b}{2} + v^2$$

Verbindet man diese Gleichung mit

$$xy - zu = d$$

so erhält man

$$xy = \frac{a^2}{8} - \frac{b}{4} + \frac{d}{2} + \frac{v^2}{2}$$
$$zu = \frac{a^2}{8} - \frac{b}{4} - \frac{d}{2} + \frac{v^2}{2}$$

Bildet man ferner die Summe der Kuben von den beiden Gleichungen

$$x + y = \frac{a}{2} + v$$

$$z + u = \frac{a}{2} - v$$

so ergiebt sich

$$x^3 + y^3 + z^3 + u^3 + 3xy(x + y) + 3zu(z + u) = \frac{a^3}{4} + 3av^2$$

oder

$$c + 3\left(\frac{a}{2} + v\right)\left\{\frac{a^2}{8} - \frac{b}{4} + \frac{d}{2} + \frac{v^2}{2}\right\}$$

$$+ \, 3\left(\frac{a^2}{2} - v\right)\left\{\frac{a^2}{8} - \frac{b}{4} - \frac{d}{2} + \frac{v^2}{2}\right\} = \frac{a^3}{4} + 3av^2$$

d. h.

$$\left(\frac{a}{2} + v\right)\left\{\frac{a^2}{8} - \frac{b}{4} + \frac{d}{2} + \frac{v^2}{2}\right\} + \left(\frac{a}{2} - v\right)\left\{\frac{a^2}{8} - \frac{b}{4} - \frac{d}{2} + \frac{v^2}{2}\right\}$$

$$= \frac{a^3}{12} - \frac{c}{3} + av^2$$

Durch Auflösung der Klammern und nach einfacher Umformung erhält man aus der vorstehenden Gleichung die quadratische Gleichung:

$$av^2 - 2dv = \frac{a^3}{12} - \frac{ab}{2} + \frac{2c}{3}$$

Sind die beiden Wurzeln derselben aufgefunden, so ergeben sich in bekannter Weise die Werthe von x, y, z, u aus den Gleichungen

$$x + y = \frac{a}{2} + v \qquad z + u = \frac{a}{2} - v$$

$$xy = \frac{a^2}{8} - \frac{b}{4} + \frac{d}{2} + \frac{v^2}{2} \qquad zu = \frac{a^2}{8} - \frac{b}{4} - \frac{d}{2} + \frac{v^2}{2}$$

Aus den Gleichungen

$$(x + y)(z + u) = a$$
$$(x^2 + y^2)(z^2 + u^2) = b$$
$$(x^3 + y^3)(z^3 + u^3) = c$$
$$m(x^4 + y^4) + n(z^4 + u^4) = 1$$

die Werthe x, y, z, u zu bestimmen.

Erste Methode.

Da
$$x^3 + y^3 = (x + y)(x^2 + y^2 - xy)$$
$$z^3 + u^3 = (z + u)(z^2 + u^2 - zu)$$
ist, so folgt durch Multiplikation
$$c = a(x^2 + y^2 - xy)(z^2 + u^2 - zu)$$
oder
$$(x^2 + y^2 - xy)(z^2 + u^2 - zu) = \frac{c}{a}$$

Führt man noch in der linken Seite die Multiplikation aus, indem man $x^2 + y^2$ und $z^2 + u^2$ umklammert, so ergiebt sich
$$(x^2 + y^2)(z^2 + u^2) - xy(z^2 + u^2) - zu(x^2 + y^2) + xyzu = \frac{c}{a}$$
d. h.
$$xy(z^2 + u^2) + zu(x^2 + y^2) - xyzu = b - \frac{c}{a}$$

Erhebt man jetzt die Gleichung
$$(x + y)(z + u) = a$$
auf das Quadrat, so erhält man
$$(x^2 + y^2 + 2xy)(z^2 + u^2 + 2zu) = a^2$$
oder nach ausgeführter Multiplikation
$$(x^2 + y^2)(z^2 + u^2) + 2xy(z^2 + u^2) + 2zu(x^2 + y^2) + 4xyzu = a^2$$
d. h.
$$xy(z^2 + u^2) + zu(x^2 + y^2) + 2xyzu = \frac{a^2 - b}{2}$$

Aus dieser und der obigen Gleichung
$$xy(z^2 + u^2) + zu(x^2 + y^2) - xyzu = b - \frac{c}{a}$$
ergeben sich die Ausdrücke
$$xy(z^2 + u^2) + zu(x^2 + y^2) = \frac{a^2}{6} + \frac{b}{2} - \frac{2c}{3a}$$
$$xyzu = \frac{a^2}{6} - \frac{b}{2} + \frac{c}{3a}$$

Erhebt man nun die Gleichung
$$(x^2 + y^2)(z^2 + u^2) = b$$
auf das Quadrat, so ergiebt sich
$$(x^4 + y^4 + 2x^2y^2)(z^4 + u^4 + 2z^2u^2) = b^2$$
oder nach erfolgter Auflösung, wobei die Größen $x^4 + y^4$ und $z^4 + u^4$ als einfache angesehen werden:

$$(x^4 + y^4)(z^4 + u^4) + 2x^2y^2(z^4 + u^4) + 2z^2u^2(x^4 + y^4) + 4x^2y^2z^2u^2 = b^2$$

Aus dieser Gleichung leitet man leicht die folgende her

$$(x^4 + y^4)(z^4 + u^4) + 2x^2y^2(z^4 + 2z^2u^2 + u^4)$$
$$+ 2z^2u^2(x^4 + 2x^2y^2 + y^4) - 4x^2y^2z^2u^2 = b^2$$

oder

$$(x^4 + y^4)(z^4 + u^4) + 2x^2y^2(z^2 + u^2)^2 + 2z^2u^2(x^2 + y^2)^2 - 4x^2y^2z^2u^2 = b^2$$

Da ferner

$$x^2y^2(z^2 + u^2)^2 + z^2u^2(x^2 + y^2)^2 = \{xy(z^2 + u^2) + zu(x^2 + y^2)\}^2$$
$$- 2xyzu(x^2 + y^2)(z^2 + u^2)$$
$$= \{xy(z^2 + u^2) + zu(x^2 + y^2)\}^2 - 2bxyzu$$

so erhält man mit Benutzung dieses Ausdruckes leicht aus der vorhergehenden Gleichung

$$(x^4 + y^4)(z^4 + u^4) = b^2 + 4bxyzu - 2\{xy(z^2 + u^2) + zu(x^2 + y^2)\}^2$$
$$+ 4x^2y^2z^2u^2$$

Setzt man in diese Gleichung die oben gefundenen Werthe von

$$xy(z^2 + u^2) + zu(x^2 + y^2) = \frac{a^2}{6} + \frac{b}{2} - \frac{2c}{3a}$$

und

$$xyzu = \frac{a^2}{6} - \frac{b}{2} + \frac{c}{3a}$$

ein, so erhält man den Werth des Produktes

$$(x^4 + y^4)(z^4 + u^4) = \left(\frac{a^2}{3} + \frac{2c}{3a}\right)^2 - 2\left(\frac{a^2}{6} + \frac{b}{2} - \frac{2c}{3a}\right)^{2*)}$$

Setzt man jetzt

$$x^4 + y^4 = p$$
$$z^4 + u^4 = q$$

so hat man

$$pq = \left(\frac{a^2}{3} + \frac{2c}{3a}\right)^2 - 2\left(\frac{a^2}{6} + \frac{b}{2} - \frac{2c}{3a}\right)^2$$
$$mp + nq = 1$$

---

*) Man sieht aus dem Obigen, daß das Produkt
$$(x^4 + y^4)(z^4 + u^4)$$
schon durch die drei Produkte
$$(x + y)(z + u); \quad (x^2 + y^2)(z^2 + u^2); \quad (x^3 + y^3)(z^3 + u^3)$$
vollständig bestimmt ist; man würde daher einen Widerspruch erhalten haben, wenn man außer jenen drei Produkten noch das Produkt $(x^4 + y^4)(z^4 + u^4)$ als bekannt angenommen hätte.

Man kann daher p und q finden.

Nachdem p und q bestimmt sind, kann man die Auflösung der Gleichungen leicht mittelst der weiter oben gefundenen Gleichungen

$$xy \, (z^2 + u^2) + zu \, (x^2 + y^2) = \frac{a^2}{6} + \frac{b}{2} - \frac{2c}{3a}$$

$$xy \, . \, zu = \frac{a^2}{6} - \frac{b}{2} + \frac{c}{3a}$$

und der Gleichung

$$(x^2 + y^2)(z^2 + u^2) = b$$

zu Ende führen.

Zweite Methode.

Man setze

$$x + y = \sqrt{ar} \qquad z + u = \sqrt{\frac{a}{r}} \, ;$$

$$x^2 + y^2 = s \sqrt{b} \qquad z^2 + u^2 = \frac{\sqrt{b}}{s}$$

so sind die beiden ersten Gleichungen

$$(x + y)(z + u) = a$$
$$(x^2 + y^2)(z^2 + u^2) = b$$

von selber erfüllt. Nun ergiebt sich aus den Substitutionsgleichungen

$$x^2 + y^2 - xy = \frac{3s\sqrt{b}}{2} - \frac{ar}{2}$$

$$z^2 + u^2 - zu = \frac{3\sqrt{b}}{2s} - \frac{a}{2r}$$

Multiplicirt man diese Gleichungen in einander, so folgt

$$(x^2 + y^2 - xy)(z^2 + u^2 - zu) = \frac{a^2 + 9b}{4} - \frac{3a\sqrt{b}}{4}\left(\frac{r}{s} + \frac{s}{r}\right)$$

Da aber

$$(x^3 + y^3)(z^3 + u^3) = (x + y)(z + u)(x^2 + y^2 - xy)(z^2 + u^2 - zu) = c$$
$$(x + y)(z + u) = a$$

so ergiebt sich

$$(x^2 + y^2 - xy)(z^2 + u^2 - zu) = \frac{c}{a}$$

Durch Vergleichung dieses Werthes mit dem obigen wird erhalten

$$a^2 + 9b - \frac{4c}{a} = 3a\sqrt{b}\left(\frac{r}{s} + \frac{s}{r}\right)$$

Es sei nun noch der Einfachheit wegen
$$s = t \cdot r$$
so geht die vorstehende Gleichung über in

$$a^2 + 9b - \frac{4c}{a} = 3a \sqrt{b} \left(t + \frac{1}{t} \right)$$

eine in Beziehung auf den Buchstaben t quadratische Gleichung. Bedeutet t eine ihrer beiden Wurzeln, so hat man
$$s = tr$$
und es gehen die Substitutionsgleichungen in folgende über:

$$x + y = \sqrt{ar} \qquad ; \qquad z + u = \sqrt{\frac{a}{r}}$$

$$x^2 + y^2 = r \cdot t \sqrt{b} \qquad z^2 + u^2 = \frac{\sqrt{b}}{t \cdot r}$$

Aus diesen Gleichungen bilde man nun zuerst

$$xy = \frac{r}{2} \left(a - t \sqrt{b} \right)$$

$$zu = \frac{1}{2r} \left(a - \frac{\sqrt{b}}{t} \right)$$

und dann

$$x^4 + y^4 = (x^2 + y^2)^2 - 2x^2y^2 = r^2 \cdot t^2 \cdot b - \frac{r^2}{2} \left(a - t \sqrt{b} \right)^2$$

$$z^4 + u^4 = (z^2 + u^2)^2 - 2z^2n^2 = \frac{b}{t^2 r^2} - \frac{1}{2r^2} \left(a - \frac{\sqrt{b}}{t} \right)^2$$

Multiplicirt man die erste mit m, die zweite mit n, so wird, da
$$m (x^4 + y^4) + n (z^4 + u^4) = 1$$
ist — erhalten:

$$1 = m \left\{ t^2 b - \frac{1}{2} \left(a - t \sqrt{b} \right)^2 \right\} r^2 + n \left\{ \frac{b}{t^2} - \frac{1}{2} \left(a - \frac{\sqrt{b}}{t} \right)^2 \right\} \cdot \frac{1}{r^2}$$

eine Gleichung, welche sich durch die Substitution
$$r^2 = v$$
leicht in eine quadratische verwandelt.

Hat man nun r gefunden, so bleiben vermittelst des Werthes t die Größen x, y, z, u aus den Gleichungen

$$x + y = \sqrt{ar} \qquad\qquad z + u = \sqrt{\frac{a}{r}}$$

$$xy = \frac{r}{2} \left(a - t \sqrt{b} \right) \qquad zu = \frac{1}{2r} \left(a - \frac{\sqrt{b}}{t} \right)$$

in bekannter Weise zu bestimmen.

Die Gleichungen

$$x^2 + 2yz = a$$
$$y^2 + 2xz = b$$
$$z^2 + 2xy = c$$

aufzulösen.

Addirt man diese Gleichungen zu einander, so wird die linke Seite das Quadrat von $(x + y + z)$ und man erhält daher, nachdem die Quadratwurzel gezogen ist:

$$x + y + z = \sqrt{a + b + c}$$

Jetzt subtrahire man von den drei Gleichungen je zwei von einander, so erhält man:

$$x^2 - y^2 + 2yz - 2xz = a - b$$

oder

$$(x - z)^2 - (y - z)^2 = a - b$$

Aehnlich findet man

$$(y - x)^2 - (z - x)^2 = b - c$$
$$(z - y)^2 - (x - y)^2 = c - a$$

Nun setze man

$$(y - z)^2 = v - a$$

so ergiebt sich aus den vorstehenden Gleichungen

$$(z - x)^2 = v - b$$
$$(x - y)^2 = v - c$$

Nimmt man aus den letzten drei Gleichungen die Quadrat=wurzeln, so ergiebt sich:

$$y - z = \pm \sqrt{v - a}$$
$$z - x = \pm \sqrt{v - b}$$
$$x - y = \pm \sqrt{v - c}$$

wobei rechts die Wurzelzeichen noch unbestimmt sind. Nun ist die Summe der linken Seiten dieser Gleichungen gleich Null. Demnach:

$$\pm \sqrt{v - a} \pm \sqrt{v - b} \pm \sqrt{v - c} = 0$$

Schafft man die ersten beiden Wurzeln nach der rechten Seite hinüber und erhebt dann die Gleichung zum Quadrat, so ergiebt sich:

$$v - c = 2v - a - b \pm 2\sqrt{(v - a)(v - b)}$$

oder

$$(a + b - c - v)^2 = 4(v - a)(v - b)$$

Nach Auflösung der Klammern erhält man aus dieser Gleichung:

$$3v^2 - 2(a + b + c)v = a^2 + b^2 + c^2 - 2ab - 2ac - 2bc$$

Die Wurzeln dieser quadratischen Gleichung sind

$$v = \frac{a + b + c}{3} \pm \frac{2}{3} \sqrt{a^2 + b^2 + c^2 - ab - ac - bc}$$

Bedeutet also v einen dieser beiden Werthe, so kann man aus den Gleichungen

$$y - z = \pm \sqrt{v - a}$$
$$z - x = \pm \sqrt{v - b}$$
$$x - y = \pm \sqrt{v - c}$$

die Größen y und z durch x folgendermaßen ausdrücken

$$z = x + \sqrt{v - b}$$
$$y = x - \sqrt{v - a}$$

Addirt man zu der Summe dieser beiden Gleichungen noch $x = x$ und bedenkt, daß $x + y + z$ schon bekannt ist, so erhält man leicht x, dann y und z.

Wir beschließen diesen Abschnitt mit der Auflösung der folgenden Gleichungen*)

$$x^2 + y^2 - 2\alpha xy = a^2$$
$$y^2 + z^2 + 2\alpha yz = b^2$$
$$z^2 + u^2 - 2\alpha zu = c^2$$
$$u^2 + x^2 + 2\alpha ux = d^2$$

Durch Subtraktion dieser Gleichungen erhält man folgende vier Gleichungen:

$$1. \quad \begin{cases} (z + x)(z - x + 2\alpha y) = b^2 - a^2 \\ (z + x)(x - z + 2\alpha u) = d^2 - c^2 \\ (u + y)(u - y + 2\alpha x) = d^2 - a^2 \\ (u + y)(y - u + 2\alpha z) = b^2 - c^2 \end{cases}$$

Die beiden ersten dieser vier Gleichungen addire man und setze der Kürze wegen

$$2_a) \quad \frac{b^2 - c^2 + d^2 - a^2}{2\alpha} = m^2$$

so ergiebt sich

$$2. \quad (z + x)(u + y) = m^2$$

Dividirt man nun die beiden ersten Gleichungen 1. in einander, multiplicirt über Kreuz und ordnet das Resultat, so erhält man

$$m^2 z + (a^2 - b^2) u = m^2 x + (c^2 - d^2) y$$

------

*) Von diesen Gleichungen hängt die Auflösung der Aufgabe ab, ein Viereck zu berechnen, von welchem gegeben sind die vier Seiten und der Winkel, den die beiden Diagonalen mit einander bilden. Der Cosinus dieses Winkels ist in den obigen Gleichungen der Kürze wegen durch α bezeichnet.

Durch Division der beiden letzten Gleichungen 1. erhält man ganz entsprechend die lineare Gleichung

$$(a^2 - d^2)\, z +{}^\bullet m^2 u = (c^2 - b^2)\, x + m^2 y$$

Nun drücke man aus den beiden zuletzt gewonnenen Gleichungen

$$m^2 z + (a^2 - b^2)\, u = m^2 x + (c^2 - d^2)\, y$$
$$(a^2 - d^2)\, z + m^2 u = (c^2 - b^2)\, x + m^2 y$$

die beiden Größen z und u durch x und y aus und bediene sich hierbei der Abkürzungen

$$3_n)\quad \begin{cases} \dfrac{m^4 - (a^2 - b^2)\,(c^2 - b^3)}{m^4 - (a^2 - b^2)\,(a^2 - d^2)} = A - 1 \\[2ex] \dfrac{m^2\,(b^2 + c^2 - a^2 - d^2)}{m^4 - (a^2 - b^2)\,(a^2 - d^2)} = B \\[2ex] \dfrac{m^2\,(c^2 + d^2 - a^2 - b^2)}{m^4 - (a^2 - b^2)\,(a^2 - d^2)} = A' \\[2ex] \dfrac{m^4 - (a^2 - d^2)\,(c^2 - d^2)}{m^4 - (a^2 - b^2)\,(a^2 - d^2)} = B' - 1 \end{cases}$$

so folgt

$$3.\quad \begin{cases} x + z = Ax + By \\ y + u = A'x + B'y \end{cases}$$

Diese Gleichungen multiplicire man in einander, so ergiebt sich vermöge 2.

$$m^2 = (Ax + By)\,(A'x + B'y)$$

Da ferner

$$x^2 + y^2 - 2\alpha xy = a^2$$

war, so hat man nur die beiden Gleichungen

$$AA'x^2 + (A'B + AB')\,xy + BB'y^2 = m^2$$
$$x^2 - 2\alpha xy + y^2 = a^2$$

aufzulösen und erhält dann aus 3. die Werthe von z und u. Die vorstehenden beiden Gleichungen reduciren sich sogleich auf eine quadratische Gleichung, indem man beide in einander dividirt und $y = tx$ setzt. Ist t aus der quadratischen Gleichung

$$a^2\,(A + Bt)\,(A' + B't) = m^2\,(1 - 2\alpha t + t^2)$$

bestimmt, so findet man x und y durch die Formeln

$$x = \frac{a}{\sqrt{1 - 2\alpha t + t^2}}\,;\quad y = \frac{at}{\sqrt{1 - 2\alpha t + t^2}}$$

u. s. w.

Zwölfter Abschnitt.

Ueber die arithmetischen Reihen.

Einleitung.

Wenn die Reihenfolge der n Größen

$$a_0, \ a_1, \ a_2, \ a_3, \ \dots \ a_{n-1} \qquad (R)$$

gegeben ist und man subtrahirt jedes Glied von dem darauf fol=
genden Gliede, so erhält man eine neue Reihenfolge von Größen,
nämlich

$$a_1 - a_0, \ a_2 - a_1, \ a_3 - a_2, \ \dots \ a_{n-1} - a_{n-2} \qquad (R_1)$$

Diese letztere Reihenfolge (R_1) nennt man die **Differenzen=
Reihe** der Reihenfolge (R). Es ist einleuchtend, daß die Diffe=
renzen=Reihe (R_1) einer aus n Gliedern bestehenden Reihe (R) nur
$(n—1)$ Glieder enthält.

Sieht man jetzt die Reihenfolge (R_1) als ursprünglich gegeben
an, so kann die Differenzen=Reihe von letzterer Reihe gebildet
werden. Diese ist:

$$a_2 - 2a_1 + a_0, \ a_3 - 2a_2 + a_1, \ \dots \ a_{n-1} - 2a_{n-2} + a_{n-3} \qquad (R_2)$$

Die Reihe (R_2) ist die erste Differenzen=Reihe von der Reihe (R_1),
welche ihrerseits die erste Differenzen=Reihe von der ursprünglich
gegebenen Reihe (R) war. Man nennt, um die Darstellungsweise
der Reihe (R_2) aus der Reihe (R) zu charakterisiren, die Reihe (R_2)
die zweite Differenzen=Reihe der Reihe (R). — Enthält un=
serer Annahme gemäß die Reihe (R) n Glieder, so kann die zweite
Differenzen=Reihe von (R) nur deren $(n—2)$ enthalten.

Bildet man ferner von der Reihe (R_2) wieder die Differenzen=
Reihe, so erhält man eine neue Reihe von $(n — 3)$ Gliedern

$$a_3 - 3a_2 + 3a_1 - a_0, \ a_4 - 3a_3 + 3a_2 - 1_1, \ \dots \ a_{n-1} - 3a_{n-2} + 3a_{n-3}$$
$$- a_{n-4} \ (R_3)$$

welche die dritte Differenzen=Reihe der Reihe (R) genannt
wird. —

Aus dieser einleitenden Erklärung wird ersichtlich, was die
vierte Differenzen=Reihe der Reihe (R) bedeutet u. s. f.

Einige Zahlenbeispiele mögen das Gesagte erläutern.

Es sei gegeben die Reihe der 10 Glieder:

$$(R) \quad 1, \ 2, \ 5, \ 12, \ 29, \ 70, \ 169, \ 408, \ 985, \ 2378$$

so erhält man als erste Differenzen=Reihe von (R) die folgende
Reihe von 9 Gliedern

$$(R_1) \quad 1, \ 3, \ 7, \ 17, \ 41, \ 99, \ 239, \ 577, \ 1393$$

Bildet man von dieser Reihe wieder die erste Differenzen=Reihe, so erhält man die zweite Differenzen=Reihe der Reihe (R), welche aus folgenden 8 Gliedern besteht:

$$(R_2) \qquad 2, 4, 10, 24, 58, 140, 338, 816$$

Die erste Differenzen=Reihe von (R_2), welche zugleich die dritte Differenzen=Reihe von (R) ist — enthält die 7 Glieder:

$$(R_3) \qquad 2, 6, 14, 34, 82, 198, 478$$

Die vierte Differenzen=Reihe von (R) besteht aus den 6 folgenden Gliedern:

$$(R_4) \qquad 4, 8, 20, 48, 116, 280$$

Die fünfte Differenzen=Reihe von (R) enthält die 5 folgenden Glieder:

$$(R_5) \qquad 4, 12, 28, 68, 164$$

u. s. f.

Uebersichtlicher stellt diese Bildung der Differenzen=Reihen sich durch den folgenden Abriß dar:

$$
\begin{array}{lrrrrrrrrrr}
R \;; . & 1, & 2, & 5, & 12, & 29, & 70, & 169, & 408, & 985, & 2378 \\
R_1 \;; . . & & 1, & 3, & 7, & 17, & 41, & 99, & 239, & 577, & 1393 \\
R_2 \;; . . . & & & 2, & 4, & 10, & 24, & 58, & 140, & 338, & 816 \\
R_3 \;; . . . . . & & & & 2, & 6, & 14, & 34, & 82, & 198, & 478 \\
R_4 \;; . . . . & & & & & 4, & 8, & 20, & 48, & 116, & 280 \\
R_5 \;; . . . . & & & & & & 4, & 12, & 28, & 68, & 164 \\
R_6 \;; . . . . & & & & & & & 8, & 16, & 40, & 96 \\
R_7 \;; . . . . & & & & & & & & 8, & 24, & 56 \\
R_8 \;; . . . . & & & & & & & & & 16, & 32 \\
R_9 \;; . . . . & & & & & & & & & & 16
\end{array}
$$

Von der Reihe

$$R; \quad 1, 9, 31, 73, 141, 241, 379, 561$$

lauten die ersten Differenzen=Reihen:

$$
\begin{array}{lrrrrrrr}
R_1 \;; . . & 8, & 22, & 42, & 68, & 100, & 138, & 182 \\
R_2 \;; . . . . & & 14, & 20, & 26, & 32, & 38, & 44 \\
R_3 \;; . . . . . . & & & 6, & 6, & 6, & 6, & 6
\end{array}
$$

Ist die erste Differenzen=Reihe gegeben, so kann man die Reihe selber bilden, sobald man ihr erstes Glied oder ein bestimmtes ihrer Glieder kennt.

In der That ist die ursprüngliche Reihe R noch nicht bestimmt, sobald ihre Differenzen=Reihe R_1 gegeben ist; — denn wenn x eine beliebige Zahl bedeutet, so hat die Reihe

$$R; \quad 1+x, \ 9+x, \ 31+x, \ 73+x, \ 141+x, \ 241+x$$
dieselbe erste Differenzen-Reihe
$$R_1; \quad 8, \ 22, \ 42, \ 68, \ 100$$
wie die Reihe
$$1, \ 9, \ 31, \ 73, \ 141, \ 241$$

Es muß also das erste Glied oder ein (der Stellenzahl nach) bestimmtes Glied der ursprünglichen Reihe gegeben sein, um aus der ersten Differenzen-Reihe R_1 die ursprüngliche Reihe R zu entwickeln.

Diese Entwickelung geschieht durch reine Addition und wird durch das folgende Beispiel erläutert werden können.

Es sei die erste Differenzen-Reihe R_1 gegeben:
$$R_1; \quad 3, \ 7, \ 12, \ 18, \ 25, \ 33, \ 42$$
und bekannt, daß das zweite Glied der ursprünglichen Reihe 8 ist, so lautet letztere offenbar
$$R; \quad 5, \ 8, \ 15, \ 27, \ 45, \ 70, \ 103, \ 145$$

Zieht man nämlich von dem zweiten Gliede der ursprünglichen Reihe $= 8$ das erste Glied $= 3$ der ersten Differenzen-Reihe ab, so erhält man das erste Glied der Reihe R; addirt man ferner zum zweiten Gliede $= 8$ der ursprünglichen Reihe R das zweite Glied der Differenzen $=$ Reihe $R_1 = 7$, so erhält man das dritte Glied der ursprünglichen Reihe $= 15$ u. s. f.

Ueberhaupt erhält man das n^{te} Glied der ursprünglichen Reihe, indem man zum ersten Gliede derselben die ersten $(n - 1)$ Glieder der gegebenen Differenzen-Reihe R_1 addirt.

Beweis:

Es sei die ursprünglich gegebene Reihe:
$$R; \quad a_0, \ a_1, \ a_2, \ a_3, \ \ldots \ a_{n-2}, \ a_{n-1}$$
welche n Glieder enthält. Ferner sei die erste Differenzen-Reihe derselben
$$R_1; \quad b_0, \ b_1, \ b_2, \ b_3, \ \ldots \ b_{n-3}, \ b_{n-2}$$
so hat man nach dem Früheren
$$b_0 = a_1 - a_0$$
$$b_1 = a_2 - a_1$$
$$b_2 = a_3 - a_2$$
u. s. w.
$$b_{n-3} = a_{n-2} - a_{n-3}$$
$$b_{n-2} = a_{n-1} - a_{n-2}$$
Addirt man diese $(n - 1)$ Gleichungen zu einander, so ergiebt sich
$$b_0 + b_1 + b_2 + \ldots + b_{n-3} + b_{n-2} = a_{n-1} - a_0$$
oder, was behauptet wurde
$$a_{n-1} = a_0 + b_0 + b_1 + b_2 + \ldots + b_{n-3} + b_{n-2}$$

d. h. das n^{te} Glied der ursprünglichen Reihe R wird er=
halten, indem man zu dem ersten Gliede a_0 der ursprüng=
lich gegebenen Reihe R die ersten $(n-1)$ Glieder der
ersten Differenzen=Reihe hinzufügt.

Jetzt wird es einleuchtend sein, daß man auch aus der zwei=
ten Differenzen=Reihe R_2 die ursprüngliche Reihe R entwickeln
kann, wenn die ersten beiden Glieder letzterer (oder zwei beliebige
der Stellenzahl nach bestimmte Glieder letzterer) gegeben sind. Es
sei zum Beispiel, wie weiter oben

$$R; \quad 2, 4, 10, 24, 58, 140, 338, 816$$

und bekannt, daß die ersten beiden Glieder von R 1, 2 sind; so
muß das erste Glied der ersten Differenzen=Reihe R_1 gleich 1 sein.
Demnach kann jetzt aus R_2 und dem ersten Gliede von R_1 gleich 1
die erste Differenzen=Reihe R_1 gebildet werden. Man erhält:

$$R_1; \quad 1, 3, 7, 17, 41, 99, 239, 577, 1393$$

Da ferner das erste Glied der ursprünglichen Reihe R gleich
1 ist, so erhält man jetzt mittelst der ersten Differenzenreihe R_1 die
folgenden Glieder der ursprünglichen Reihe

$$R; \quad 1, 2, 5, 12, 29, 70, 169, 408, 985, 2378$$

Ganz ähnlich hat man zu verfahren, um aus der dritten
Differenzen=Reihe, der vierten u. s. w. die ursprüngliche Reihe
R herzuleiten, wenn die ersten drei, vier u. s. w. Glieder letzterer
gegeben sind.

Die arithmetische Reihe erster Ordnung.

Erklärung:

Unter einer arithmetischen Reihe erster Ordnung ver=
steht man eine Reihe von Gliedern, deren auf einander
folgende Differenzen gleich sind oder deren erste Diffe=
renzen=Reihe lauter gleiche Größen enthält.

Ist a das erste Glied einer arithmetischen Reihe erster Ord=
nung, n die Anzahl ihrer Glieder und b die Differenz von je zwei
auf einander folgenden Gliedern, so hat die Reihe die Form

$$R; \quad a, a+b, a+2b, a+3b, \ldots a+(n-1)b$$

Ist das erste Glied einer arithmetischen Reihe erster Ordnung
$= a$ gegeben, das letzte Glied derselben $= t$ und die Anzahl der
Glieder $= n$, so findet man die Differenz der auf einander fol=
genden Glieder $= b$ mittelst der Gleichung

$$t = a + (n-1)b$$

nämlich:

$$b = \frac{t-a}{n-1}$$

wodurch die Reihe selber bestimmt ist.

Aufgabe.

Die Summe s der arithmetischen Reihe erster Ord=
nung

$$a, \ a + b, \ a + 2b, \ \ldots \ a + (n - 1)\,b$$

anzugeben.

Da die Summe der Reihe von der Reihenfolge des Addirens
der einzelnen Glieder nicht abhängig ist, so wird die Summe s sich
auf die beiden folgenden Arten darstellen lassen:

$$s = a + (a + b) + (a + 2b) + \ldots + [a + (n - 2)b] + [a + (n - 1)\,b]$$
$$s = [a + (n - 1)\,b] + [a + (n - 2)\,b] + [a + (n - 3)\,b] + \ldots$$
$$+ (a + b) + a$$

Addirt man diese beiden Gleichungen zu einander und fügt
rechts immer die über einander stehenden Glieder der Reihe zu=
sammen, so erhält man für die Summe eines jeden über einander
stehenden Gliederpaares $2a + (n - 1)\,b$. Es ergiebt sich demnach:

$$2s = [2a + (n - 1)\,b] + [2a + (n - 1)\,b] + \ldots + [2a + (n - 1)\,b]$$

Rechts hat man eine Summe von lauter gleichen Summanden,
deren jeder gleich $2a + (n - 1)\,b$ ist und deren Anzahl gleich der
Zahl der in der Reihe s enthaltenen Glieder, nämlich $= n$ ist.
Nach der Erklärung eines Produktes wird also:

$$2s = n\,[2a + (n - 1)\,b] = 2an + n\,(n - 1)\,b$$

Dividirt man diese Gleichung noch durch Zwei, so ergiebt sich

$$s = n \cdot a + \frac{n\,(n - 1)}{2} \cdot b$$

Daher ist die Summe:

$$a + (a + b) + (a + 2b) + \ldots + [a + (n - 1)\,b] = n \cdot a + \frac{n\,(n - 1)}{2} \cdot b$$

Anmerkung:

Ist $a = b = 1$, so wird die Summe der Reihe

$$1 + 2 + 3 + \ldots + n = \frac{n\,(n + 1)}{2} = \frac{n^2}{2} + \frac{n}{2}$$

d. h. die Summe der ersten n natürlichen Zahlen wird
gefunden, indem man zu der Hälfte des Quadrats vom
letzten Gliede die Hälfte des letzten Gliedes addirt.

Die arithmetische Reihe zweiter Ordnung.

Erklärung:

Eine arithmetische Reihe zweiter Ordnung ist eine
Reihe von Gliedern, deren erste Differenzen=Reihe eine

arithmetische Reihe erster Ordnung ist; oder deren zweite Differenzen-Reihe lauter gleiche Größen enthält.

Ist a das erste Glied der arithmetischen Reihe zweiter Ordnung, b das erste Glied ihrer ersten Differenzen-Reihe, c die Größe aller Glieder ihrer zweiten Differenzen-Reihe und ist endlich n die Anzahl aller ihrer Glieder, so lautet nach dem Früheren ihre erste Differenzen-Reihe:

$$R_1; \quad b, \ (b + c), \ (b + 2c), \ b + 3c, \ \ldots \ [b + (n-2)c]$$

Aus der ersten Differenzen-Reihe der arithmetischen Reihe zweiter Ordnung R kann nun diese Reihe selber, deren erstes Glied gleich a ist, aufgefunden werden. Will man sogleich das n^{te} Glied der Reihe R haben, so hat man nur zu dem ersten Gliede a die Summe aller Glieder der ersten Differenzen-Reihe zu addiren. Die Summe aller Glieder der Reihe R_1 ist nach dem Früheren gleich

$$(n-1)\,b + \frac{(n-1)\,(n-2)}{2}\,c$$

Daher lautet das n^{te} Glied der Reihe R

$$t = a + (n-1)b + \frac{(n-1)\,(n-2)}{2}\,c$$

Aus diesem letzten Gliede der Reihe R können nun alle Glieder derselben leicht abgeleitet werden. Denn hätte die Reihe R nur 7 Glieder, so würde ihr siebentes Glied gefunden, indem man in dem Ausdruck für t der Zahl n den besonderen Werth 7 beilegt. Das siebente Glied der Reihe R muß also lauten

$$a + 6b + 15c$$

Ganz ähnlich hätte man das erste, zweite u. s. w. Glied der Reihe R aus t finden können, indem man in den Ausdruck

$$t = a + (n-1)b + \frac{(n-1)\,(n-2)}{2}\,c$$

an Stelle von n der Reihe nach die Zahlen 1, 2, u. s. w. setzt. Auf diesem Wege erhält man nun für R die folgende Reihe:

$$R; \quad a, \ (a + b), \ (a + 2b + c), \ (a + 3b + 3c), \ (a + 4b + 6c),$$

$$\text{u. s. w.} \quad \left\{ a + (n-1)b + \frac{(n-1)\,(n-2)}{2}\,c \right\}$$

Bemerkung.

Das n^{te} Glied einer beliebigen Reihe, aus welchem die einzelnen Glieder derselben der Reihe nach dadurch abgeleitet werden können, daß man für n der Reihe nach die Zahlen 1, 2, 3 u. s. w. setzt — heißt das allgemeine Glied dieser Reihe. Ist nun s_n die Summe einer Reihe von n Gliedern, deren allgemeines Glied a_n ist, so daß man hat

$$s_n = a_1 + a_2 + a_3 + \ldots + a_n$$

so wird man s_n als das allgemeine Glied einer Reihe ansehen können, deren erstes Glied gleich Null ist und deren erste Differenzen-Reihe lautet

$$a_1, \; a_2, \; a_3, \; \ldots \; a_n$$

d. h. es wird

$$a_n = s_n -\!\!- s_{n-1}$$

sein. Zu demselben Resultat gelangt man, indem man nur die $(n-1)$ Glieder

$$a_1, \; a_2, \; \ldots \; a_{n-1}$$

addirt. Die Summe derselben wird durch s_{n-1} zu bezeichnen sein. Subtrahirt man nun die beiden Gleichungen

$$s_n = a_1 + a_2 + a_3 + \ldots + a_{n-2} + a_{n-1} + a_n$$
$$s_{n-1} = a_1 + a_2 + a_3 + \ldots + a_{n-2} + a_{n-1}$$

von einander, so erhält man wie vorher

$$s_n - s_{n-1} = a_n$$

Gelingt es nun, eine Größe s_n so zu finden, daß die Differenz

$$s_n - s_{n-1} = a_n$$

d. i. gleich dem allgemeinen Gliede der gegebenen Reihe ist, so kann man die Summe der ersten n Glieder der gegebenen Reihe sogleich angeben.

Aufgabe.

Die Summe der arithmetischen Reihe zweiter Ordnung, deren allgemeines Glied gleich

$$a + (n-1)\,b + \frac{(n-1)\,(n-2)}{2}\,c$$

ist — soll aufgefunden werden.

Auflösung.

Es ist:

$$\frac{n-(n-3)}{3} = 1 = \frac{n}{3} - \frac{n-3}{3}$$

daher durch Multiplikation mit $\dfrac{(n-1)\,(n-2)}{2}\,c$;

$$\frac{n\,(n-1)\,(n-2)}{2 \cdot 3}\,c - \frac{(n-1)\,(n-2)\,(n-3)}{2 \cdot 3}\,c$$
$$= \frac{(n-1)\,(n-2)}{2}\,c$$

Eben so ist:

$$\frac{n}{2} - \frac{n-2}{2} = 1$$

daher durch Multiplikation mit $(n-1)b$:

$$\frac{n(n-1)}{2}\,b - \frac{(n-1)(n-2)}{2}\,b = (n-1)b$$

Endlich ist:

$$na - (n-1)a = a$$

Faßt man das Vorhergehende zusammen, so kann man das allgemeine Glied unserer arithmetischen Reihe zweiter Ordnung folgendermaßen umformen:

$$a + (n-1)\,b + \frac{(n-1)\,(n-2)}{2}\,c =$$

$$\left\{ na + \frac{n\,(n-1)}{2}\,b + \frac{n\,(n-1)\,(n-2)}{2\ .\ 3}\,c \right\} -$$

$$\left\{ (n-1)\,a + \frac{(n-1)\,(n-2)}{2}\,b + \frac{(n-1)\,(n-2)\,(n-3)}{2\ .\ 3}\,c \right\}$$

Setzt man nun der Einfachheit wegen

$$na + \frac{n\,(n-1)}{2}\,b + \frac{n\,(n-1)\,(n-2)}{2\ .\ 3}\,c = s_n$$

so wird

$$(n-1)\,a + \frac{(n-1)(n-2)}{2}\,b + \frac{(n-1)(n-2)(n-3)}{2\ .\ 3}\,c = s_{n-1}$$

und daher

$$a + (n-1)\,b + \frac{(n-1)\,(n-2)}{2}\,c = s_n - s_{n-1}$$

Da nun $s_0 = 0$ ist, so wird nach dem vorher Bemerkten die Summe der arithmetischen Reihe zweiter Ordnung von n Gliedern, deren allgemeines oder n^{tes} Glied gleich

$$a + (n-1)\,b + \frac{(n-1)\,(n-2)}{2}\,c$$

ist, dem Ausdruck

$$s_n = na + \frac{n\,(n-1)}{2}\,b + \frac{n\,(n-1)\,(n-2)}{2\ .\ 3}\,c$$

gleich sein müssen.

Um dieses bei der Wichtigkeit des Gegenstandes noch ausführlicher zu zeigen — bezeichnen wir die Glieder der gegebenen arithmetischen Reihe zweiter Ordnung der Reihe nach durch $a_1,\ a_2,\ \ldots$ a_n, so daß man hat

$$a_1 = a$$
$$a_2 = a + b$$
$$a_3 = a + 2b + c$$
$$a_4 = a + 3b + 3c$$
$$\text{u. f. w.}$$
$$a_n = a + (n-1)\,b + \frac{(n-1)\,(n-2)}{2}\,c$$

Dann ift allgemein

$$a_n = s_n - s_{n-1}$$

und daher, wenn man für n der Reihe nach die Werthe 1, 2, 3, … n fetzt

$$a_1 = s_1 - s_0$$
$$a_2 = s_2 - s_1$$
$$a_3 = s_3 - s_2$$
$$\text{u. f. w.}$$
$$a_{n-1} = s_{n-1} - s_{n-2}$$
$$a_n = s_n - s_{n-1}$$

Addirt man diefe n Gleichungen zu einander, fo ergiebt fich

$$a_1 + a_2 + a_3 + \ldots a_n = s_n - s_0$$

d. h. da $s_0 = 0$ ift

$$a_1 + a_2 + a_3 + \ldots + a_n = s_n$$

Die Summe der arithmetifchen Reihe zweiter Ordnung:

$$a + (a + b) + (a + 2b + c) + (a + 3b + 3c) + (a + 4b + 6c) + \ldots$$
$$+ \ldots + \left\{ a + (n-1)\,b + \frac{(n-1)\,(n-2)}{2}\,c \right\}$$

wird alfo gleich:

$$na + \frac{n\,(n-1)}{2}\,b + \frac{n\,(n-1)\,(n-2)}{2 \cdot 3}\,c$$

Anmerfung. Setzt man in der vorftehenden Summirungs= formel $a = 1$, $b = 3$, $c = 2$, fo erhält man als allgemeines Glied der arithmetifchen Reihe zweiter Ordnung

$$1 + 3\,(n-1) + (n-1)\,(n-2) = n^2$$

und als Summe der Reihe

$$n + \frac{3}{2}\,n\,(n-1) + \frac{n\,(n-1)\,(n-2)}{3} = \frac{n^3}{3} + \frac{n^2}{2} + \frac{n}{6}$$

Die Summe der arithmetifchen Reihe zweiter Ordnung ver= wandelt fich daher in die Summe der erften n Quadratzahlen und es wird:

$$1^2 + 2^2 + 3^2 + \ldots + n^2 = \frac{n^3}{3} + \frac{n^2}{2} + \frac{n}{6}$$

Die Entwickelung letzterer Summenformel geschieht auch ganz einfach dadurch, daß man von der Gleichung

$$(n + 1)^3 - n^3 = 3n^2 + 3n + 1$$

ausgeht und in derselben statt n die auf einander folgenden Zahlen 1, 2, 3, 2c. n setzt. Hierdurch ergeben sich folgende n Gleichungen

$$2^3 - 1^3 = 3 \cdot 1^2 + 3 \cdot 1 + 1$$
$$3^3 - 2^3 = 3 \cdot 2^2 + 3 \cdot 2 + 1$$
$$4^3 - 3^3 = 3 \cdot 3^2 + 3 \cdot 3 + 1$$
$$\text{u. f. w.}$$
$$n^3 - (n-1)^3 = 3(n-1)^2 + 3(n-1) + 1$$
$$(n + 1)^3 - n^3 = 3n^2 + 3n + 1$$

Addirt man nun diese n Gleichungen zu einander, so ergiebt sich

$$(n + 1)^3 - 1 = 3 [1^2 + 2^2 + 3^2 + \ldots + n^2]$$
$$+ 3 [1 + 2 + 3 + \ldots + n]$$
$$+ n$$

Da aber nach einer früheren Formel die Summe der ersten n natürlichen Zahlen

$$1 + 2 + 3 + \ldots + n = \frac{n^2}{2} + \frac{n}{2} \text{ ist,}$$

so erhält man nach Einsetzung dieses Summenwerthes

$$(n + 1)^3 - 1 = 3 (1^2 + 2^2 + 3^2 + \ldots + n^2) + \frac{3n^2}{2} + \frac{3n}{2} + n$$

Aus dieser Gleichung fließt nach einer leichten Reduktion das obige Resultat:

$$1^2 + 2^2 + 3^2 + \ldots + n^2 = \frac{n^2}{3} + \frac{n^2}{2} + \frac{n}{6}$$

Die arithmetische Reihe dritter Ordnung.

Erklärung: Eine arithmetische Reihe dritter Ord=nung ist eine Reihe von Gliedern, deren erste Diffe=renzen=Reihe eine arithmetische Reihe zweiter Ordnung ist — oder deren zweite Differenzen=Reihe eine arith=metische Reihe erster Ordnung ist — oder deren dritte Differenzen=Reihe lauter gleiche Größen enthält.

Ist a das erste Glied der arithmetischen Reihe dritter Ord=nung, b das erste Glied ihrer ersten Differenzen=Reihe, c das erste Glied ihrer zweiten Differenzen=Reihe, d die Größe aller Glieder ihrer dritten Differenzen=Reihe und ist n die Anzahl aller ihrer Glieder, so lautet nach dem Früheren ihre zweite Differenzen=Reihe

$$R_2 ; \quad c, \ c + d, \ c + 2d, \ \ldots \ (c + (n - 3)\,d)$$

und ihre erste Differenzen=Reihe

$$R_1 ; \quad b, \ (b + c), \ (b + 2c + d), \ (b + 3c + 3d), \ \ldots$$

$$\text{u. s. w.} \quad \left(b + (n - 2)\,c + \frac{(n - 2)\,(n - 3)}{2}\,d \right)$$

Aus dieser ersten Differenzen=Reihe kann nun die arithmetische Reihe dritter Ordnung, deren erstes Glied gleich a ist, selber gebildet werden. Wenn man zugleich ihr allgemeines n^{tes} Glied angeben will, so hat man nur zu ihrem ersten Gliede a die Summe ihrer ersten Differenzen=Reihe zu addiren. Die Summe der ersten Differenzen=Reihe, einer arithmetischen Reihe zweiter Ordnung von $(n - 1)$ Gliedern — kann nach der früheren Summirungsformel sogleich angegeben werden und lautet:

$$(n - 1)\,b + \frac{(n - 1)\,(n - 2)}{2}\,c + \frac{(n - 1)\,(n - 2)\,(n - 3)}{2 \ . \ 3}\,d$$

Daher wird das allgemeine n^{te} Glied der gesuchten arithmetischen Reihe dritter Ordnung

$$a_n = a + (n - 1)\,b + \frac{(n - 1)\,(n - 2)}{2}\,c + \frac{(n - 1)\,(n - 2)\,(n - 3)}{2 \ . \ 3}\,d$$

Aus diesem allgemeinen Gliede bildet man nun dadurch, daß man für n der Reihe nach die Zahlen 1, 2, 3, 2c. n setzt — die n Glieder der arithmetischen Reihe dritter Ordnung, nämlich

$$a, \ (a + b), \ (a + 2b + c), \ (a + 3b + 3c + d), \ (a + 4b + 6c + 4d), \ \text{2c.}$$

$$\left\{ a + (n - 1)\,b + \frac{(n - 1)\,(n - 2)}{2}\,c + \frac{(n - 1)\,(n - 2)\,(n - 3)}{2 \ . \ 3}\,d \right\}$$

Aufgabe.

Die Summe der arithmetischen Reihe dritter Ordnung, deren allgemeines (n^{tes}) Glied

$$a_n = a + (n - 1)\,b + \frac{(n - 1)\,(n - 2)}{2}\,c + \frac{(n - 1)\,(n - 2)\,(n - 3)}{2 \ . \ 3}\,d$$

lautet, soll aufgefunden werden.

Sobald es gelingt, das allgemeine Glied a_n durch eine Differenz von der Form

$$a_n = s_n - s_{n-1}$$

darzustellen — wird die Bildung der Summe

$$a_1 + a_2 + a_3 + \ldots a_n$$

ohne Schwierigkeit sein. — Ersteres geschieht aber auf folgendem Wege. Multiplicirt man die Gleichung:

$$\frac{n}{4} - \frac{n-4}{4} = 1$$

auf beiden Seiten mit

$$\frac{(n-1)\,(n-2)\,(n-3)}{2\,.\,3}\,d$$

so erhält man

$$\frac{n\,(n-1)\,(n-2)\,(n-3)}{2\,.\,3\,.\,4}\,d - \frac{(n-1)\,(n-2)\,(n-3)\,(n-4)}{2\,.\,3\,.\,4}\,d$$
$$= \frac{(n-1)\,(n-2)\,(n-3)}{2\,.\,3}\,d$$

Auf ähnliche Weise erhält man:

$$\frac{n\,(n-1)\,(n-2)}{2\,.\,3}\,c - \frac{(n-1)\,(n-2)\,(n-3)}{2\,.\,3}\,c = \frac{(n-1)(n-2)}{2}\,c$$

$$\frac{n\,(n-1)}{2}\,b - \frac{(n-1)\,(n-2)}{2}\,b = (n-1)\,b$$

$$n\,a - (n-1)\,a = a$$

Addirt man diese vier Gleichungen, so folgt:

$$a_n = a + (n-1)\,b + \frac{(n-1)(n-2)}{2}\,c + \frac{(n-1)(n-2)\,(n-3)}{2\,.\,3}\,d =$$
$$\left\{ n\,a + \frac{n\,(n-1)}{2}\,b + \frac{n\,(n-1)\,(n-2)}{2\,.\,3}\,c + \frac{n\,(n-1)\,(n-2)\,(n-3)}{2\,.\,3\,.\,4}\,d \right\}$$
$$- \left\{ (n-1)\,a + \frac{(n-1)\,(n-2)}{2}\,b + \frac{(n-1)\,(n-2)\,(n-3)}{2\,.\,3}\,c \right.$$
$$\left. + \frac{(n-1)\,(n-2)\,(n-3)\,(n-4)}{2\,.\,3\,.\,4}\,d \right\}$$

Nun setze man der Einfachheit wegen

$$n a + \frac{n(n-1)}{2}\,b + \frac{n(n-1)\,(n-2)}{2\,.\,3}\,c + \frac{n(n-1)\,(n-2)\,(n-3)}{2\,.\,3\,.\,4}\,d = s_n$$

so folgt, indem man für n stets (n — 1) schreibt

$$(n-1)\,a + \frac{(n-1)\,(n-2)}{2}\,b + \frac{(n-1)\,(n-2)\,(n-3)}{2\,.\,3}\,c$$
$$+ \frac{(n-1)\,(n-2)\,(n-3)\,(n-4)}{2\,.\,3\,.\,4}\,d = s_{n-1}$$

und daher:

$$a_n = s_n - s_{n-1}$$

Da nun
$$s_0 = 0,$$
so wird die Summe der Reihe
$$a_1 + a_2 + a_3 + \ldots + a_n = s_n$$
nach einer früheren Bemerkung sein müssen.

Die Summe der arithmetischen Reihe dritter Ordnung
$$a + (a + b) + (a + 2b + c) + (a + 3b + 3c + d) +$$
$$(a + 4b + 6c + 4d) + \ldots$$
$$+ \left\{ a + (n-1)\,b + \frac{(n-1)\,(n-2)}{2}\,c + \frac{(n-1)\,(n-2)\,(n-3)\,d}{2\,.\,3} \right\}$$
wird also gleich
$$na + \frac{n(n-1)}{2}\,b + \frac{n\,(n-1)\,(n-2)}{2\,.\,3}\,c + \frac{n\,(n-1)\,(n-2)\,(n-3)}{2\,.\,3\,.\,4}\,d$$

Anmerkung:

Setzt man in dieser Summirungsformel
$$a = 1,\ b = 7,\ c = 12,\ d = 6$$
so erhält man als allgemeines Glied der arithmetischen Reihe dritter Ordnung
$$1 + 7\,(n-1) + 6\,(n-1)\,(n-2) + (n-1)\,(n-2)\,(n-3) = n^3$$
und als Summe der Reihe
$$n + \frac{7}{2}\,n\,(n-1) + 2n\,(n-1)\,(n-2) + \frac{n\,(n-1)\,(n-2)\,(n-3)}{4} =$$
$$\frac{n^4}{4} + \frac{n^3}{2} + \frac{n^2}{4}$$

Die Summe der arithmetischen Reihe dritter Ordnung verwandelt sich daher in die Summe der ersten n Kuben und man erhält:
$$1^3 + 2^3 + 3^3 + \ldots + n^3 = \frac{n^4}{4} + \frac{n^3}{2} + \frac{n^2}{4} = \left(\frac{n^2}{2} + \frac{n}{2} \right)^2$$

Da die Summe der ersten n natürlichen Zahlen
$$1 + 2 + 3 + \ldots + n = \frac{n^2}{2} + \frac{n}{2}$$
ist, so erhält man das überraschende Resultat
$$1^3 + 2^3 + 3^3 + \ldots + n^3 = \left\{ 1 + 2 + 3 + \ldots + n \right\}^2$$

d. h. die Summe der ersten n Kuben ist gleich dem Quadrat der Summe der ersten n natürlichen Zahlen.

Die arithmetiſchen Reihen höherer Ordnung.

Erklärung:

Unter einer arithmetiſchen Reihe von der m^{ten} Ord=
nung verſteht man eine Reihe von Gliedern, deren erſte
Differenzen = Reihe eine arithmetiſche Reihe von der
$(m-1)^{\text{ten}}$ Ordnung iſt — oder deren zweite Differenzen=
Reihe eine arithmetiſche Reihe von der $(m-2)^{\text{ten}}$ Ordnung
iſt u. ſ. f., oder deren m^{te} Differenzen=Reihe lauter gleiche
Größen enthält.

Für die Behandlung der arithmetiſchen Reihen höherer Ordnun=
gen iſt es der größeren Ueberſichtlichkeit wegen zweckmäßig, einige
abkürzende Bezeichnungen einzuführen.

Iſt eine Reihe von n Gliedern

$$a_1, \quad a_2, \quad a_3, \quad \ldots \quad a_n$$

gegeben, deren allgemeines Glied a_n iſt, ſo mag für die Folge die
Summe dieſer Reihe durch

$$S(a_n)$$

bezeichnet werden. Es ſoll alſo ſein:

$$S(a_n) = a_1 + a_2 + a_3 + \ldots + a_n$$

Vermöge dieſer Bezeichnungsweiſe würde zum Beiſpiel bedeuten:

$$S(a) = \overbrace{a + a + \ldots + a}^{n} = na$$

$$S(n) = 1 + 2 + 3 + \ldots + n = \frac{n^2}{2} + \frac{n}{2}$$

$$S(n^3) = 1^3 + 2^3 + 3^3 + \ldots + n^3 = \frac{n^4}{4} + \frac{n^3}{2} + \frac{n^2}{4}$$

$$S \frac{(n-1)(n-2)}{2} = 0 + 0 + 1 + 3 + \ldots + \frac{(n-1)(n-2)}{2}$$

$$= \frac{n(n-1)(n-2)}{2 \cdot 3}$$

u. ſ. w.

Ferner ſollen für die Folge die Bezeichnungen angewendet
werden

$$n = (n, 1)$$

$$\frac{n(n-1)}{2} = (n, 2)$$

$$\frac{n(n-1)(n-2)}{2 \cdot 3} = (n, 3)$$

u. ſ. w.

$$\frac{n\,(n-1)\,(n-2)\ldots\ldots(n-m+2)\,(n-m+1)}{1\,.\,2\,.\,3\,\ldots\ldots\qquad(m-1)\,.\,m} = (n,m)^{*})$$

In dem hier mit (n,m) bezeichneten Bruch von Produkten enthält der Zähler m Faktoren, deren jeder um die Einheit kleiner ist, als der vorhergehende — der Nenner enthält mit Einschluß des Faktors 1 ebenfalls m Faktoren, welche der Reihe nach die natürlichen Zahlen von 1 bis m darstellen.

Dieser Bezeichnungsweise entsprechend würde zum Beispiel bedeuten

$$(7,5) \text{ den Bruch } \frac{7\,.\,6\,.\,5\,.\,4\,.\,3}{1\,.\,2\,.\,3\,.\,4\,.\,5} = 21$$

$$(11,3) \quad\text{\textit{\char34}}\quad\text{\textit{\char34}}\quad \frac{11\,.\,10\,.\,9}{1\,.\,2\,.\,3} = 165$$

$$(n-2,2) \quad\text{\textit{\char34}}\quad\text{\textit{\char34}}\quad \frac{(n-2)\,(n-3)}{1\,.\,2}$$

$$(n+1,4) \quad\text{\textit{\char34}}\quad\text{\textit{\char34}}\quad \frac{(n+1)\,n\,(n-1)\,(n-2)}{1\,.\,2\,.\,3\,.\,4}$$

u. s. w.

Zur Behandlung der arithmetischen Reihen höherer Ordnung ist erforderlich der folgende

Lehrsatz:

$$(n,m) - (n-1,m) = (n-1,m-1)$$

Beweis.

Es ist

$$\frac{n}{m} - \frac{n-m}{m} = 1$$

Multiplicirt man diese Gleichung auf beiden Seiten mit

$$\frac{(n-1)\,(n-2)\ldots\ldots(n-m+1)}{1\,.\qquad 2\qquad\ldots\ldots(m-1)} = (n-1,m-1)$$

so wird erhalten

$$\frac{n\,(n-1)\,(n-2)\ldots\ldots(n-m+1)}{1\,.\,2\,.\qquad 3\ldots\ldots\qquad m} - \frac{(n-1)\,(n-2)\ldots(n-m)}{1\,.\qquad 2\,\ldots\ldots\qquad m}$$

$$= (n-1,m-1)$$

d. h.

$$(n,m) - (n-1,m) = (n-1,m-1)$$

---

*) In der Regel pflegt man den hier durch (n,m) bezeichneten Bruch von Produkten durch n_m zu bezeichnen. Letztere Bezeichnungsweise würde aber hier zu Irrungen Veranlassung geben, weil die Glieder der Reihen selber mit Zeigern behaftet sind; daher ist sie durch eine andere ersetzt.

Nach dieser Gleichung würde z. B. sein müssen
$$(8,5) - (7,5) = (7,4)$$
Es ist aber
$$(8,5) = \frac{8 \cdot 7 \cdot 6 \cdot 5 \cdot 4}{1 \cdot 2 \cdot 3 \cdot 4 \cdot 5} = 56$$
$$(7,5) = \frac{7 \cdot 6 \cdot 5 \cdot 4 \cdot 3}{1 \cdot 2 \cdot 3 \cdot 4 \cdot 5} = 21$$
$$(7,4) = \frac{7 \cdot 6 \cdot 5 \cdot 4}{1 \cdot 2 \cdot 3 \cdot 4} = 35$$
also in der That:
$$(8,5) - (7,5) = 56 - 21 = (7,4) = 35.$$

Nach diesen Feststellungen lassen sich die allgemeinen Glieder der arithmetischen Reihen erster, zweiter und dritter Ordnung folgendermaßen abgekürzt schreiben. Es lautet das allgemeine Glied der arithmetischen Reihe

erster Ordnung $\quad a_n = A_0 + A_1(n-1,1)$
zweiter Ordnung $\quad a_n = A_0 + A_1(n-1,1) + A_2(n-1,2)$
dritter Ordnung $\quad a_n = A_0 + A_1(n-1,1) + A_2(n-1,2)$
$$+ A_3(n-1,3)$$

Diese allgemeinen Glieder der betreffenden Reihen stimmen mit den früher gefundenen vollständig überein — nur hat man anstatt der Buchstaben a, b, c, d entsprechend die Bezeichnungen A_0, A_1, A_2, A_3 gewählt. — Durch den Anblick dieser allgemeinen Glieder wird man leicht zu der Vermuthung geführt, daß das allgemeine Glied einer arithmetischen Reihe vierter Ordnung die Form hat
$$a_n = A_0 + A_1(n-1,1) + A_2(n-1,2) + A_3(n-1,3) + A_4(n-1,4)$$
und daß überhaupt das allgemeine Glied einer arithmetischen Reihe m^{ter} Ordnung lauten wird:
$$a_n = A_0 + A_1(n-1,1) + A_2(n-1,2) + A_3(n-1,3) + \ldots$$
$$+ A_m(n-1,m)$$

Um die Richtigkeit dieser Vermuthung zu beweisen, mag der folgende Satz voraufgeschickt werden.

Wenn das allgemeine n^{te} Glied einer arithmetischen Reihe m^{ter} Ordnung
$$a_n = A_0 + A_1(n-1,1) + A_2(n-1,2) + \ldots + A_m(n-1,m)$$
ist, so muß das allgemeine n^{te} Glied einer arithmetischen Reihe $(m+1)^{\text{ter}}$ Ordnung lauten:
$$a'_n = A'_0 + A'_1(n-1,1) + A'_2(n-1,2) + \ldots + A'_m(n-1,m)$$
$$+ A'_{m+1}(n-1,m+1)$$

Um dieses zu beweisen, hat man nur darzuthun, daß das all=
gemeine n^{te} Glied der erften Differenzen=Reihe von der Reihe

$$a'_1; \ a'_2; \ a'_3; \ldots \ a'_n; \ a'_{n+1} \ldots$$

das ift die Differenz $a'_{n+1} - a'_n$ dieselbe Form, wie a_n hat. Bildet
man nun die Differenz $a'_{n+1} - a'_n$ und erwägt, daß nach einem frü=
heren Satze die Gleichungen beftehen

$$A'_1(n,1) - A'_1(n-1,1) = A'_1 n - A'_1(n-1) = A'_1$$
$$A'_2(n,2) - A'_2(n-1,2) = A'_2(n-1,1)$$
$$A'_3(n,3) - A'_3(n-1,3) = A'_3(n-1,2)$$
$$\text{u. f. w.}$$
$$A'_{m+1}(n,m+1) - A'_{m+1}(n-1,m+1) = A'_{m+1}(n-1,m)$$

fo ergiebt fich:

$$a'_{n+1} - a'_n = A'_1 + A'_2(n-1,1) + A'_3(n-1,2) + \ldots$$
$$+ A'_{m+1}(n-1,m)$$

Die Differenz $(a'_{n+1} - a'_n)$ hat alfo in der That die Form,
welche das allgemeine n^{te} Glied a_n der arithmetifchen Reihe m^{ter} Ord=
nung befitzt. Man hat nur $A'_1 = A_0$; $A'_2 = A_1$; $\ldots A'_{m+1} = A_m$
zu fetzen, um eine vollkommene Uebereinftimmung zu erzielen. Fer=
ner hat die Reihe, deren allgemeines Glied a'_n ift, ein ganz will=
kürliches durch A'_0 bezeichnetes erftes Glied. — Wenn daher die
Reihe, deren allgemeines n^{tes} Glied mit a_n bezeichnet ift — eine
arithmetifche Reihe m^{ter} Ordnung darftellt, fo muß die Reihe, deren
n^{tes} Glied durch a'_n bezeichnet war, eine arithmetifche Reihe von der
$(m+1)^{ten}$ Ordnung fein; da ihre erfte Differenzen=Reihe eine
arithmetifche Reihe von der m^{ten} Ordnung ift.

Das allgemeine n^{te} Glied einer arithmetifchen Reihe dritter
Ordnung hatte nach dem Früheren die Form

$$A_0 + A_1(n-1,1) + A_2(n-1,2) + A_3(n-1,3)$$

alfo muß nach dem fo eben bewiefenen Satze das allgemeine n^{te} Glied
einer allgemeinen arithmetifchen Reihe vierter Ordnung lauten

$$A_0 + A_1(n-1,1) + A_2(n-1,2) + A_3(n-1,3) + A_4(n-1,4)$$

So kann man nach dem eben bewiefenen Satze von der Form
des allgemeinen Gliedes einer arithmetifchen Reihe vierter Ordnung
auf die Form des allgemeinen Gliedes einer arithmetifchen Reihe
fünfter Ordnung fchließen und fo fort — und wird als allgemeines
n^{tes} Glied einer arithmetifchen Reihe m^{ter} Ordnung, wie von vorn
herein zu vermuthen war, den Ausdruck erhalten:

$$a_n = A_0 + A_1(n-1,1) + A_2(n-1,2) + A_3(n-1,3) + \ldots$$
$$+ A_m(n-1,m)$$

Um die Summe einer arithmetischen Reihe m^{ter} Ordnung
$$S\,a_n$$
zu finden, beachte man die oben bewiesene Gleichung
$$(n, m+1) - (n-1, m+1) = (n-1, m)$$
und setze in derselben für n der Reihe nach alle Zahlen von 1 bis n incl., so ergiebt sich
$$(1, m+1) - (0, m+1) = (0, m)$$
$$(2, m+1) - (1, m+1) = (1, m)$$
$$(3, m+1) - (2, m+1) = (2, m)$$
$$(4, m+1) - (3, m+1) = (3, m)$$
$$\text{u. f. w.}$$
$$(n, m+1) - (n-1, m+1) = (n-1, m)$$

Addirt man diese n Gleichungen zu einander, so behält man links $(n, m+1) - (0, m+1)$ übrig, da sich die andern Glieder gegenseitig aufheben. Da aber $(0, m+1)$ gleich Null ist, so erhält man durch Addition
$$(n, m+1) = (0, m) + (1, m) + (2, m) + \ldots + (n-1, m) = S(n-1, m)$$

Setzt man nun in dem allgemeinen Gliede der arithmetischen Reihe m^{ter} Ordnung
$$a_n = A_0 + A_1 (n-1, 1) + A_2 (n-1, 2) + \ldots + A_m (n-1, m)$$
für n der Reihe nach die Zahlwerthe $1, 2, 3, \ldots n$ und addirt alle diese Gleichungen, so erhält man mit Benutzung der so eben bewiesenen Summenformel:
$$S a_n = A_0\, n + A_1 (n, 2) + A_2 (n, 3) + \ldots + A_m (n, m+1)$$
oder da $n = (n, 1)$ ist:
$$S(a_n) = A_0 (n, 1) + A_1 (n, 2) + A_2 (n, 3) + \ldots + A_m (n, m+1)$$

Soll zum Beispiel die Summe der vierten Potenzen der ersten n natürlichen Zahlen oder
$$S\,n^4$$
gebildet werden, so setze man
$$n^4 = A_0 + A_1 (n-1) + A_2 \frac{(n-1)\,(n-2)}{1.\quad 2} + A_3 \frac{(n-1)\,(1-2)\,(n-3)}{1.\quad 2.\quad 3}$$
$$+ A_4 \frac{(n-1)\,(n-2)\,(n-3)\,(n-4)}{1.\quad 2.\quad 3.\quad 4}$$
und bestimme der Reihe nach die Werthe von A_0, A_1, A_2, A_3, A_4, indem man für n nach und nach die Zahlwerthe $1, 2, 3, 4, 5$ annimmt. Dann erhält man

$$1^4 = A_0 \qquad\qquad \text{oder} \qquad\qquad A_0 = 1$$
$$2^4 = A_0 + A_1 \qquad\qquad\qquad\qquad\qquad A_1 = 15$$
$$3^4 = A_0 + 2A_1 + A_2 \qquad\qquad\qquad\quad A_2 = 50$$
$$4^4 = A_0 + 3A_1 + 3A_2 + A_3 \qquad\qquad A_3 = 60$$
$$5^4 = A_0 + 4A_1 + 6A_2 + 4A_3 + A_4 \qquad A_4 = 24$$

Es ergiebt sich also

$$n^4 = 1 + 15\,(n-1,\,1) + 50\,(n-1,\,2) + 60\,(n-1,\,3) + 24\,(n-1,\,4)$$

Demnach erhält man vermöge der oben gegebenen allgemeinen Summirungsformel für arithmetische Reihen

$$S(n^4) = (n,\,1) + 15\,(n,\,2) + 50\,(n,\,3) + 60\,(n,\,4) + 24\,(n,\,5)$$

oder

$$S(n^4) = n + 15\,\frac{n\,(n-1)}{1.\quad 2} + 50\,\frac{n\,(n-1)\,(n-2)}{1.\quad 2.\quad 3}$$

$$+\; 60\,\frac{n\,(n-1)\,(n-2)\,(n-3)}{1.\quad 2.\quad 3.\quad 4} + 24\,\frac{n\,(n-1)\,(n-2)\,(n-3)\,(n-4)}{1.\quad 2.\quad 3.\quad 4.\quad 5}$$

Ordnet man die rechte Seite dieser Gleichung nach fallenden Potenzen von n, so erhält man

$$S(n^4) = \frac{n^5}{5} + \frac{n^4}{2} + \frac{n^3}{3} + \frac{n}{30}$$

Soll die Summe der m^{ten} Potenzen der ersten n natürlichen Zahlen oder

$$S(n^m)$$

gebildet werden, so hat man zunächst zu erwägen, daß die zu summirende Reihe

$$1^m + 2^m + 3^m + \ldots + n^m$$

eine arithmetische Reihe m^{ter} Ordnung sein muß. Um dieses allgemein zu zeigen, beachte man, daß der Ausdruck

$$(n-1,\,m) = \frac{(n-1)\,(n-2)\,(n-3)\,\ldots\,(n-m)}{1.\quad 2.\quad 3.\,\ldots\ldots\, m}$$

im Zähler und Nenner m Faktoren enthält. Löst man nun das Produkt der m Faktoren

$$(n-1)\,(n-2)\,(n-3)\,\ldots\,(n-m)$$

nach fallenden Potenzen von n auf, so muß n^m die höchste Potenz sein, welche bei dieser Entwickelung vorkommt. Die höchste Potenz von n, welche der Ausdruck $(n-1,\,m)$ enthält — ist also n^m. Auf dieselbe Weise läßt sich darthun, daß $(n-1,\,m-1)$ höchstens die $(m-1)^{\text{te}}$ Potenz von n enthält u. s. f. Hiernach muß, wenn n^m als das allgemeine Glied einer arithmetischen Reihe dargestellt werden soll, diese Darstellung die Form haben

$$n^m = A_0 + A_1\,(n-1,\,1) + A_2\,(n-1,\,2) + \ldots + A_m\,(n-1,\,m)$$

Es ist ferner ersichtlich, da das Glied dieser Darstellung
$$A_m (n-1, m)$$
allein die höchste m^{te} Potenz von n enthält, daß
$$A_m = 1 . 2 . 3 \ldots (m-1) m{}^{*})$$
sein muß, weil die in dem Ausdruck $(n-1, m)$ enthaltene m^{te} Potenz von n mit ihrem Nenner vollständig lautet
$$\frac{n^m}{1 . 2 . 3 \ldots m}$$

Die Faktoren A_0, A_1, A_2, ... A_{m-1}, erhält man aus der Gleichung
$$n^m = A_0 + A_1 (n-1, 1) + A_2 (n-1, 2) + \ldots + A_m (n-1, m)$$
indem man nach und nach für n die Zahlen $1, 2, 3, \ldots m$ einsetzt. Ist die Bestimmung der Faktoren „A" erfolgt, so leitet man aus der Summirungsformel der arithmetischen Reihe m^{ter} Ordnung den folgenden Ausdruck für $S(n^m)$ her
$$S(n^m) = A_0 (n, 1) + A_1 (n, 2) + A_2 (n, 3) + \ldots + A_m (n, m)$$

Handelt es sich nur darum, den Ausdruck für die in $S(n^m)$ enthaltene höchste Potenz von n zu erhalten, so bemerke man, daß diese höchste Potenz von n nur in dem Gliede der Summe
$$A_m (n, m)$$
vorkommen kann. Es ist aber
$$(n, m) = \frac{n (n-1) (n-2) \ldots (n-m)}{1 . \quad 2 . \quad 3 \ldots (m+1)}$$

Aus dieser Darstellung von (n, m) wird ersichtlich, daß der vollständige Werth der in dem Ausdruck (n, m) enthaltenen höchsten Potenz von n der folgende ist
$$\frac{n^{m+1}}{1 . 2 . 3 \ldots m (m+1)}$$

Daher muß die in dem Ausdruck
$$A_m (n, m)$$
enthaltene höchste Potenz von n lauten
$$\frac{A_m n^{m+1}}{1 . 2 . 3 \ldots m (m+1)}$$

---

*) Die Faktoren A_0, A_1, A_2, ... lassen sich ebenfalls allgemein bestimmen. So ist z. B.
$$A_k = (1+k)^m - (k, 1) k^m + (k, 2) (k-1)^m - (k, 3) (k-2)^m + \ldots$$
$$+ (-1)^{k-1} (k, k-1) 2^m + (-1)^k (k, k) 1^m$$
Für den Zweck dieses Lehrbuches ist indessen diese Bestimmung nur von geringerem Gewicht, weshalb der Beweis übergangen worden ist.

oder nachdem für A_m sein oben gefundener Werth

$$A_m = 1 . 2 . 3 \ldots m$$

eingesetzt ist

$$\frac{n^{m+1}}{m+1}$$

Die höchste Potenz von n, welche in der Summe $S(n^m)$ über=haupt enthalten ist — wird daher

$$\frac{n^{m+1}}{m+1}$$

oder wenn $S(n^m)$ nach fallenden Potenzen von n dargestellt wird, so lautet diese Darstellung

$$S(n^m) = \frac{n^{m+1}}{m+1} + \cdots$$

wo die fehlenden Glieder nur Potenzen von n mit solchen Expo=nenten enthalten, welche kleiner als $(m+1)$ sind. Bedeuten nun a, b, c, d, $\ldots$ noch unbekannte Faktoren, welche den Buchstaben n nicht enthalten, so wird $S(n^m)$ die Form haben

$$S(n^m) = \frac{n^{m+1}}{m+1} + an^m + bn^{m-1} + cn^{m-2} + dm^{n-3} + \cdots$$

Dividirt man diese Gleichung durch n^{m+1} und schreibt die Summe $S(n^m)$ aus, so erhält man

$$\frac{1^m + 2^m + 3^m + \ldots + n^m}{n^{m+1}} = \frac{1}{m+1} + \frac{a}{n} + \frac{b}{n^2} + \frac{c}{n^3} + \frac{d}{n^4} + \cdots$$

Läßt man nun die Anzahl der Glieder der Summe immer größer werden oder legt der Zahl n immer größere Werthe bei, so werden die Glieder der Summe

$$\frac{a}{n}, \quad \frac{b}{n^2}, \quad \frac{c}{n^3}, \quad \frac{d}{n^4}, \ldots$$

immer mehr verkleinert, während das erste Glied der Summe $\frac{1}{m+1}$ ungeändert bleibt. Denkt man sich ferner unter n eine Zahl, welche größer als irgend eine gegebene Zahl (unendlich groß) wird, so werden die Glieder

$$\frac{a}{n}, \quad \frac{b}{n^2}, \quad \frac{c}{n^3}, \quad \frac{d}{n^4}, \ldots$$

von verschwindender Kleinheit und man erhält daher, wenn n eine über alle Grenzen große Zahl bedeutet

$$\frac{1^m + 2^m + 3^m + \ldots + n^m}{n^{m+1}} = \frac{1}{m+1}$$

Diese Gleichung drückt nicht eine absolute Gleichstellung ihrer beiden Seiten aus, sondern dieselbe soll nur angeben, daß die linke Seite der rechten sich um so mehr annähert, je größere Werthe man für n annimmt.

Setzt man des Beispiels wegen $m = 3$ und macht $n = 100$, 101 und 102, so erhält man nach der Summenformel

$$S(n^3) = \left(\frac{n^2}{2} + \frac{n}{2}\right)^2 = \left\{\frac{n(n+1)}{2}\right\}^2$$

$$1^3 + 2^3 + 3^3 + \ldots + 100^3 = (5050)^2 = 25502500$$
$$1^3 + 2^3 + 3^3 + \ldots + 101^3 = \qquad\qquad 26532801$$
$$1^3 + 2^3 + 3^3 + \ldots + 102^3 = \qquad\qquad 27594009$$

Daher wird

$$\frac{1^3 + 2^3 + 3^3 + \ldots + 100^3}{100^4} = \frac{25502500}{100000000}$$
$$= 0{,}255025$$
$$\frac{1^3 + 2^3 + 3^3 + \ldots + 101^3}{101^4} = \frac{26532801}{104060401}$$
$$= 0{,}254975\ldots$$
$$\frac{1^3 + 2^3 + 3^3 + \ldots + 102^3}{102^4} = \frac{27594009}{108243216}$$
$$= 0{,}254925\ldots$$

Würde man in unserem Beispiele $n = 1000$ gesetzt haben, so hätte man erhalten

$$\frac{1^3 + 2^3 + 3^3 + \ldots + 1000^3}{1000^4} = 0{,}250500\ldots$$

Aus diesen numerischen Resultaten kann man sich also die Ueberzeugung verschaffen, daß in der That der Ausdruck

$$\frac{1^3 + 2^3 + 3^3 + \ldots + n^3}{n^4}$$

sich um so mehr dem Werthe $\frac{1}{4} = 0{,}25$ annähert, je größer der Werth ist, welchen man n beilegt.

Daß der Ausdruck

$$\frac{1^m + 2^m + 3^m + \ldots + n^m}{n^{m+1}}$$

sich der Grenze $\frac{1}{m+1}$ um so mehr annähert, je größere Werthe man der Zahl n beilegt — ohne dieselbe mit aller Genauigkeit zu erreichen, so lange n eine meßbar große Zahl ist — pflegt man durch die Bezeichnung

$$\lim \left(\frac{1^m + 2^m + 3^m + \ldots + n^m}{n^{m+1}} \right)_{n=\infty} = \frac{1}{m+1}$$

darzustellen.

Die vorstehende Formel läßt sich auch folgendermaßen aus=drücken:

$$\lim \frac{1}{n} \left\{ \left(\frac{1}{n}\right)^m + \left(\frac{2}{n}\right)^m + \left(\frac{3}{n}\right)^m + \ldots + \left(\frac{n}{n}\right)^m \right\}_{n=\infty}$$

$$= \frac{1}{m+1}$$

Die Richtigkeit derselben ist bis jetzt nur erwiesen, wenn m eine ganze positive Zahl bedeutet. Vorläufig mag der Formel eine größere Allgemeinheit gegeben werden dadurch, daß die Richtigkeit der folgen=den Gleichung bewiesen wird

$$\lim \frac{1}{n} \left\{ \left(a + \frac{b}{n}\right)^m + \left(a + \frac{2b}{n}\right)^m + \left(a + \frac{3b}{n}\right)^m + \ldots \right.$$

$$\left. + \left(a + \frac{nb}{n}\right)^m \right\}_{n=\infty} = \frac{(a+b)^{m+1} - a^{m+1}}{(m+1)b}$$

Zu dem Zweck wollen wir in der Gleichung

$$\lim \frac{1}{n} \left\{ \left(\frac{1}{n}\right)^m + \left(\frac{2}{n}\right)^m + \left(\frac{3}{n}\right)^m + \ldots + \left(\frac{n}{n}\right)^m \right\}_{n=\infty}$$

$$= \frac{1}{m+1}$$

an Stelle von n die Zahl αn setzen, wo α irgend welche positive endliche Zahl bedeutet, n dagegen eine über alle Grenzen große Zahl. Es ergiebt sich alsdann

$$\lim \frac{1}{\alpha^{m+1}} \frac{1}{n} \left\{ \left(\frac{1}{n}\right)^m + \left(\frac{2}{n}\right)^m + \left(\frac{3}{n}\right)^m + \ldots \right.$$

$$\left. + \left(\frac{\alpha n - 1}{n}\right)^m + \left(\frac{\alpha n}{n}\right)^m \right\}_{n=\infty} = \frac{1}{m+1}$$

oder nachdem mit α^{m+1} multiplicirt ist

$$\lim \frac{1}{n} \left\{ \left(\frac{1}{n}\right)^m + \left(\frac{2}{n}\right)^m + \left(\frac{3}{n}\right)^m + \ldots + \left(\frac{\alpha n - 1}{n}\right)^m \right.$$

$$\left. + \left(\frac{\alpha n}{n}\right)^m \right\}_{n=\infty} = \frac{\alpha^{m+1}}{m+1}$$

Seßt man ſtatt α immer $\alpha + 1$, ſo ergiebt ſich

$$\lim \frac{1}{n}\left\{\left(\frac{1}{n}\right)^m + \left(\frac{2}{n}\right)^m + \left(\frac{3}{n}\right)^m + \ldots \left(\frac{\alpha n}{n}\right)^m + \left(\frac{\alpha n + 1}{n}\right)^m + \ldots \right.$$

$$\left. + \left(\frac{(\alpha + 1)n}{n}\right)^m\right\}_{n=\infty} = \frac{(\alpha + 1)^{m+1}}{m+1}$$

Die linke Seite dieſer Gleichung zerlegt ſich, wie man leicht bemerkt, in die beiden folgenden Ausdrücke

$$\lim \frac{1}{n}\left\{\left(\frac{1}{n}\right)^m + \left(\frac{2}{n}\right)^m + \left(\frac{3}{n}\right)^m + \ldots + \left(\frac{\alpha n - 1}{n}\right)^m + \left(\frac{\alpha n}{n}\right)^m\right\}_{n=\infty}$$

$$+ \lim \frac{1}{n}\left\{\left(\frac{\alpha n + 1}{n}\right)^m + \left(\frac{\alpha n + 2}{n}\right)^m + \ldots \left(\frac{(\alpha + 1)n}{n}\right)^m\right\}_{n=\infty}$$

Der erſte dieſer beiden Ausdrücke iſt, wie oben gezeigt war, gleich

$$\frac{\alpha^{m+1}}{m+1}$$

folglich muß, da die Summe der beiden Ausdrücke gleich

$$\frac{(\alpha + 1)^{m+1}}{m+1}$$

iſt, der zweite Ausdruck

$$\lim \frac{1}{n}\left\{\left(\frac{\alpha n + 1}{n}\right)^m + \left(\frac{\alpha n + 2}{n}\right)^m + \ldots \left(\frac{\alpha n + n - 1}{n}\right)^m\right.$$

$$\left. + \left(\frac{\alpha n + n}{n}\right)^m\right\}_{n=\infty} = \frac{(\alpha + 1)^{m+1} - \alpha^{m+1}}{m+1}$$

ſein. Führt man die Diviſionen in den Grundzahlen aller Potenzen wirklich aus, ſo folgt:

$$\lim \frac{1}{n}\left\{\left(\alpha + \frac{1}{n}\right)^m + \left(\alpha + \frac{2}{n}\right)^m + \left(\alpha + \frac{3}{n}\right)^m + \ldots\right.$$

$$\left. + \left(\alpha + \frac{n}{n}\right)^m\right\}_{n=\infty} = \frac{(\alpha + 1)^{m+1} - \alpha^{m+1}}{m+1}$$

In dieſer Gleichung hat man anſtatt α nur den Bruch $\frac{a}{b}$ zu ſchreiben, ſo erhält man leicht das zu beweiſende Reſultat. Es entſteht dann nämlich

$$\lim \frac{1}{n}\left\{\left(\frac{a}{b}+\frac{1}{n}\right)^m+\left(\frac{a}{b}+\frac{2}{n}\right)^m+\left(\frac{b}{b}+\frac{3}{n}\right)^m+\dots\right.$$

$$\left.+\left(\frac{a}{b}+\frac{n}{n}\right)^m\right\}_{n=\infty}=\frac{\left(\frac{a}{b}+1\right)^{m+1}-\left(\frac{a}{b}\right)^{m+1}}{m+1}$$

Multiplicirt man nun vorstehende Gleichung mit der folgenden

$$b^m=\frac{b^{m+1}}{b}$$

o erhält man das verlangte Resultat

$$\lim \frac{1}{n}\left\{\left(a+\frac{b}{n}\right)^m+\left(a+\frac{2b}{n}\right)^m+\left(a+\frac{3b}{n}\right)^m+\dots\right.$$

$$\left.+\left(a+\frac{nb}{n}\right)^m\right\}_{n=\infty}=\frac{(a+b)^{m+1}-a^{m+1}}{(m+1)\,b}$$

Diese Gleichung ist von großer Wichtigkeit bei gewissen geometrischen und mechanischen Berechnungen.

Dreizehnter Abschnitt.

Ueber die geometrischen Reihen erster Ordnung.

Erklärung:

Eine geometrische Reihe erster Ordnung ist eine Reihe von Gliedern, deren jedes aus dem vorhergehenden durch Multiplikation mit derselben Zahl hervorgebracht wird.

Wenn a das erste Glied der geometrischen Reihe ist und b die Zahl, mit welcher man jedes Glied zu multipliciren hat, um das nächstfolgende zu gewinnen und die geometrische Reihe aus n Gliedern besteht, so lautet dieselbe

$$a,\ ab,\ ab^2,\ ab^3,\ \dots\ ab^{n-2},\ ab^{n-1}$$

Aufgabe.

Die Summe der geometrischen Reihe

$$a+ab+ab^2+ab^3+\dots+ab^{n-1}=s$$

anzugeben.

Multiplicirt man die Gleichung

$$a+ab+ab^2+ab^3+\dots+ab^{n-1}=s$$

auf beiden Seiten mit b, so erhält man:

$$ab+ab^2+ab^3+\dots+ab^{n-1}+ab^n=bs$$

Durch Subtraktion dieſer Gleichung von der früheren

$$a + ab + ab^2 + \ldots + ab^{n-1} = s$$

folgt nach Vernichtung der beiden Summen gemeinſchaftlichen Glieder

$$a - ab^n = s - bs$$

oder

$$a\,(1 - b^n) = s\,(1 - b)$$

Iſt der Faktor $b < 1$; ſo wird man s die Form geben

$$s = \frac{a\,(1 - b^n)}{1 - b};$$

iſt dagegen $b > 1$, ſo wird

$$s = \frac{a\,(b^n - 1)}{b - 1}$$

In dem Falle, wo $b = 1$ iſt, wird die Summe ſich auf eine Summe von n gleichen Summanden, deren jeder gleich a iſt, redu=ciren. Man hat daher in dieſem Falle

$$s = na$$

Die Summe der geometriſchen Reihe

$$a + ab + ab^2 + \ldots + ab^{n-1} = s$$

iſt alſo:

$$s = a \cdot \frac{1 - b^n}{1 - b}, \quad \text{wenn } b < 1$$

$$s = a \cdot \frac{b^n - 1}{b - 1}, \quad \text{wenn } b > 1$$

$$s = \quad na, \quad \text{wenn } b = 1$$

Setzt man $a = 1$, $b = x$ und verſteht unter x einen poſitiven oder negativen ächten Bruch, ſo wird in der Gleichung

$$1 + x + x^2 + \ldots + x^{n-1} = \frac{1 - x^n}{1 - x}$$

die Größe x^n um ſo mehr der Grenze Null ſich annähern, je größer n oder die Anzahl der Glieder iſt, aus denen die geometriſche Reihe beſteht. Wenn daher die Gliederzahl der geometriſchen Reihe un=endlich groß angenommen wird, ſo muß die Größe x^n unangebbar klein werden, d. h. in dieſem Falle reducirt ſich die Summe der geometriſchen Reihe auf

$$\frac{1}{1 - x}$$

Iſt alſo x ein ächter poſitiver oder negativer Bruch, ſo wird die Summe der unendlichen geometriſchen Reihe

$$1 + x + x^2 + x^3 + \ldots \text{ in inf.} = \frac{1}{1 - x}$$

Soll x ein negativer ächter Bruch sein, so thut man besser, an Stelle von x die Größe — x zu setzen, wodurch man erhält:

$$1 - x + x^2 - x^3 + x^4 - x^5 + \ldots \text{ in inf.} = \frac{1}{1 + x}$$

Setzt man des Beispiels wegen x = 0,1, so stellt die unendliche geometrische Reihe

$$1 + 0,1 + (0,1)^2 + (0,1)^3 + \ldots$$

den Decimalbruch

$$1,111 \ldots.$$

dar, dessen Werth gleich $\frac{10}{9}$ ist. — Benutzt man aber die Summenformel und setzt für x den Werth 0,1 ein, so erhält man als Summe der unendlichen Reihe

$$\frac{1}{1 - 0,1} = \frac{10}{9} \text{ (dasselbe Resultat).}$$

Setzt man eben so in der zweiten Reihe

$$1 - x + x^2 - x^3 + \ldots \text{ in inf.} = \frac{1}{1 + x}$$

an Stelle von x den Werth 0,1, so erhält man

$$1 - 0,1 + (0,1)^2 - (0,1)^3 + \ldots = \frac{1}{1 + 0,1} = \frac{1}{1,1} = \frac{10}{11}$$

Es ist aber

$$1 - \ \ 0,1 \ \ = 0,9$$
$$(0,1)^2 - (0,1)^3 = 0,009$$
$$(0,1)^4 - (0,1)^5 = 0,00009$$
$$\text{u. s. w.}$$

Daher folgt durch Addition

$$1 - 0,1 + (0,1)^2 - (0,1)^3 + \ldots = 0,90909 \ldots. = \frac{10}{11}$$

Die Summe einer unendlichen geometrischen Reihe läßt sich auf rein geometrischem Wege folgendermaßen bilden:

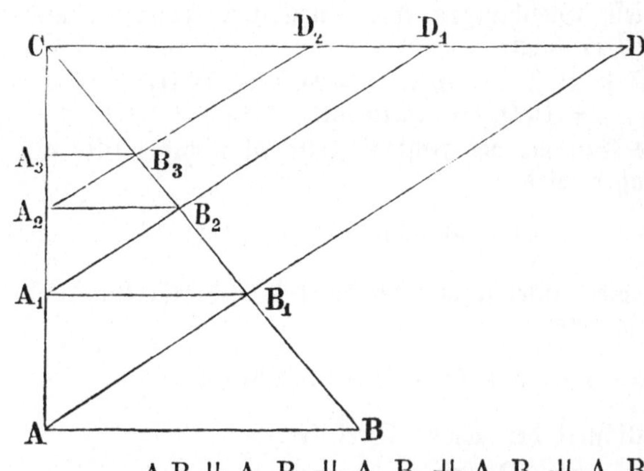

In nebenstehen=
der Figur sei ∠
CAB gleich einem
Rechten, Seite
CD ∦ AB; ferner
sei das Verhält=
niß $\dfrac{A_1 B_1}{A B}$ gleich
einem beliebigen
ächten Bruch, den
wir durch $\dfrac{m}{n} = k$
bezeichnen wollen;
endlich sei

$$A B \parallel A_1 B_1 \parallel A_2 B_2 \parallel A_3 B_3 \parallel A_4 B_4 \ \text{u. f. w.}$$
$$A B_1 D \parallel A_1 B_2 D_1 \parallel A_2 B_3 D_2 \parallel A_3 B_4 D_3 \parallel A_4 B_5 D_4 \ \text{u. f. w.}$$

Es findet nun wegen des Parallelismus der betreffenden Seiten Aehnlichkeit zwischen den Dreiecken statt:

$$\triangle CAB \backsim \triangle CA_1B_1 \backsim \triangle CA_2B_2 \backsim \triangle CA_3B_3 \ \text{u. f. w.}$$
$$\triangle CAB_1 \backsim \triangle CA_1B_2 \backsim \triangle CA_2B_3 \backsim \triangle CA_3B_4 \ \text{u. f. w.}$$
$$\triangle AA_1B_1 \backsim \triangle A_1A_2B_2 \backsim \triangle A_2A_3B_3 \backsim \triangle A_3A_4B_4 \ \text{u. f. w.}$$

Aus der Aehnlichkeit der letzteren Dreiecke erhält man die Gleichheit der folgenden Verhältnisse

$$k = \frac{A_1 B_1}{A B} = \frac{A_1 B_2}{A B_1} = \frac{A_2 B_2}{A_1 B_1} = \frac{A_2 B_3}{A_1 B_2} = \frac{A_3 B_3}{A_2 B_2} = \ldots$$

d. h.

$$A_1 B_1 = k A B = k \ A B$$
$$A_2 B_2 = k A_1 B_1 = k^2 A B$$
$$A_3 B_3 = k A_2 B_2 = k^3 A B$$
$$A_4 B_4 = k A_3 B_3 = k^4 A B$$
$$\text{u. f. w.}$$

Geometrisch ergiebt sich aber:

$$A_1 B_1 = D \ D_1$$
$$A_2 B_2 = D_1 D_2$$
$$A_3 B_3 = D_2 D_3$$
$$\text{u. f. w.}$$

d. h.

$$k \ A B = D \ D_1$$
$$k^2 A B = D_1 D_2$$
$$k^3 A B = D_2 D_3$$
$$k^4 A B = D_3 D_4$$
$$\text{u. f. w.}$$

Denkt man diese Gleichungen in's Unendliche fortgesetzt und die Summe gebildet, so folgt:

$$AB\,[k + k^2 + k^3 + k^4 + \ldots \text{ in inf.}] = DD_1 + D_1D_2 + D_2D_3 + D_3D_4 + \ldots \text{ in inf.}$$

Die unendliche Summe der rechten Seite ist nichts weiter als die Strecke CD; daher wird

$$\frac{CD}{AB} = k + k^2 + k^3 + k^4 + \ldots \text{ in inf.}$$

Dividirt man diese Gleichung noch durch k und setzt für kAB die Strecke A_1B_1, so folgt:

$$\frac{CD}{A_1B_1} = 1 + k + k^2 + k^3 + \ldots \text{ in inf.}$$

Aus der Aehnlichkeit der beiden Dreiecke

$$\triangle\,CAD \quad \text{und} \quad \triangle\,A_1AB_1$$

erhält man die Gleichheit der Verhältnisse:

$$\frac{CD}{A_1B_1} = \frac{CA}{AA_1} \quad \text{oder} = \frac{CA}{CA - CA_1}$$

d. h. da $CA_1 = kCA$ ist,

$$\frac{CD}{A_1B_1} = \frac{CA}{CA - kCA} = \frac{1}{1 - k}$$

Vergleicht man diesen Werth von $\frac{CD}{A_1B_1}$ mit dem oben erhaltenen Reihen=Werth, so ergiebt sich

$$1 + k + k^2 + k^3 + . + \text{ in inf.} = \frac{1}{1 - k}$$

Setzt man in der Gleichung

$$1 + x + x^2 + x^3 + \ldots + x^{n-1} = \frac{1 - x^n}{1 - x}$$

an Stelle von x den Bruch $\frac{b}{a}$, so findet man:

$$1 + \frac{b}{a} + \frac{b^2}{a^2} + \frac{b^3}{a^3} + \ldots + \frac{b^{n-1}}{a^{n-1}} = \frac{1 - \dfrac{b^n}{a^n}}{1 - \dfrac{b}{a}}$$

oder nachdem diese Gleichung mit der folgenden

$$a^{n-1} = \frac{a^n}{a}$$

multiplicirt worden ist:

$$a^{n-1} + a^{n-2} b + a^{n-3} b^2 + \ldots + b^{n-1} = \frac{a^n - b^n}{a - b}$$

Diese Gleichung zeigt an, daß wenn n eine ganze positive Zahl ist — die Differenz der n^{ten} Potenzen zweier Zahlen stets durch die Differenz dieser Zahlen selber ohne Rest getheilt werden kann.

Setzt man noch in der Gleichung

$$a^{n-1} + a^{n-2} b + a^{n-3} b^2 + \ldots + b^{n-1} = \frac{a^n - b^n}{a - b}$$

statt b, — b und statt n, 2 m + 1, so erhält man

$$a^{2m} - a^{2m-1} b + a^{2m-2} b^2 - \ldots + b^{2m} = \frac{a^{2m+1} + b^{2m+1}}{a + b}$$

Die Summe zweier Potenzen, deren Exponenten ungerade positive Zahlen sind — ist demnach stets durch die Summe der Grundzahlen der beiden Potenzen ohne Rest theilbar.

Man erhält zum Beispiel:

$$\frac{a^2 - b^2}{a - b} = a + b$$

$$\frac{a^3 - b^3}{a - b} = a^2 + ab + b^2$$

$$\frac{a^4 - b^4}{a - b} = a^3 + a^2b + ab^2 + b^3$$

u. s. w.

$$\frac{a^3 + b^3}{a + b} = a^2 - ab + b^2$$

$$\frac{a^5 + b^5}{a + b} = a^4 - a^3b + a^2b^2 - ab^3 + b^4$$

u. s. w.

Zinses-Zins- und Renten-Rechnung.

Der Einfachheit wegen mögen die Interessen oder Zinsen, welche für jeden Thaler eines geliehenen Kapitals vom Schuldner dem Gläubiger jährlich zu entrichten sind — durch p Thlr. bezeichnet werden.

Leiht nun Jemand einer Person ein Kapital von C Thlr. mit der Bestimmung, daß die jährlichen Zinsen alljährlich zum Kapitale gelegt und wieder verzinst werden sollen, so frägt sich, auf welche Höhe nach n Jahren das Kapital angewachsen ist.

Nach Verlauf das erſten Jahres würde vom Schuldner dem Gläubiger die Summe von Cp Thlr. an Zinſen zu zahlen ſein. Dieſe Summe ſoll der Verabredung gemäß nicht an den Gläubiger gezahlt, ſondern zum Kapitale geſchlagen und ebenfalls verzinſt werden. Der Gläubiger hat demnach von ſeinem Schuldner die Summe

$$C + Cp = C\,(1 + p)\ \text{Thlr.}$$

nach Ablauf des erſten Jahres zu fordern.

Das urſprüngliche Kapital C Thlr., welches ein Jahr hindurch der Benützung des Inhabers entzogen iſt — iſt alſo nach Ablauf dieſes Jahres auf das $(1 + p)$ fache angewachſen. Sieht man dieſes Kapital $= C\,(1 + p)$ als das urſprüngliche dem Schuldner geliehene an, ſo wird ſich ergeben, daß es nach Ablauf eines ferneren Jahres auf $C\,(1 + p)\,(1 + p) = C\,(1 + p)^2$ Thlr. angewachſen iſt — oder es wird nach Ablauf einer zweijährigen Friſt das urſprünglich hergeliehene Kapital von C Thlr. ſich vermehrt haben auf $C\,(1 + p)^2$ Thlr. Nach drei Jahren iſt das Kapital auf $C\,(1 + p)^3$ Thlr. angewachſen u. ſ. f.

Bezeichnet man das Kapital, welches der Schuldner dem Gläubiger nach n Jahren zu zahlen hat — durch K, ſo wird man finden:

$$K = C\,(1 + p)^n\ \lceil \text{Zinſes-Zins-Formel} \rfloor$$

Eine Summe C Thlr. kann daher, wenn die von ihr fallenden Zinſen alljährlich wieder kapitaliſirt werden in n Jahren auf

$$K = C\,(1 + p)^n\ \text{Thlr.}$$

vermehrt werden.

Hat Jemand an eine Perſon nach Verlauf von n Jahren eine Summe von K Thlr. zu bezahlen, ſo wird er ſich ſeiner Verpflichtung entledigen können, indem er augenblicklich die Summe

$$C = \frac{K}{(1 + p)^n}\ \text{Thlr.}$$

entrichtet; — denn dieſe Summe würde in n Jahren, wenn die jährlichen Zinſen wieder kapitaliſirt werden — angewachſen ſein auf:

$$C\,(1 + p)^n = K$$

das nach n Jahren zu zahlende Kapital.

Wird die Beſtimmung getroffen, daß die Zinſen nicht jährlich, ſondern halbjährlich zum Kapital geſchlagen werden ſollen, ſo kann man annehmen, daß der Zinsfuß auf die Hälfte reducirt, die Zahl der Jahre dagegen verdoppelt iſt. Wenn alſo die Zinſen halbjährlich zum Kapital geſchlagen werden, ſo hat ſich ein Kapital von C Thlr. nach Verlauf von n Jahren oder $2n$ Halbjahren vermehrt auf

$$K = C\left(1 + \frac{p}{2}\right)^{2n}\ \text{Thlr.}$$

Umgekehrt würde in diesem Falle statt eines nach n Jahren zahlbaren Kapitales von K Thlr. augenblicklich die Summe zu zahlen sein

$$C = \frac{K}{\left(1 + \dfrac{p}{2}\right)^{2n}} \text{ Thlr.}$$

Beispiele:

Wie groß ist ein Kapital von 147 Thlr. geworden, nachdem dasselbe 23 Jahre hindurch zu $4^1/_2\,\%$ auf Zinses=Zins ausgeliehen war,

    a) unter der Voraussetzung, daß die Zinsen jährlich zum Kapital geschlagen werden,

    b) unter der Voraussetzung, daß die Zinsen halbjährlich kapitalisirt werden.

Bezeichnet man in beiden Fällen die Höhe des angewachsenen Kapitales durch K, so hat man im Falle

    a) $K = 147 (1{,}045)^{23}$ Thlr. $= 404$ Thlr. 17 Sgr.

    b) $K = 147 (1{,}0225)^{46}$ Thlr. $= 409$ Thlr. 3 Sgr.

Hat Jemand dagegen nach Verlauf von 23 Jahren die Summe von 147 Thlr. zu entrichten, so zahlt derselbe augenblicklich, wenn der Zinsfuß $4^1/_2\,\%$ angenommen ist — bei jährlicher Kapitalisirung:

$$C = \frac{147}{(1{,}045)^{23}} = 53 \text{ Thlr. } 12 \text{ Sgr. } 4 \text{ Pf.}$$

bei halbjährlicher Kapitalisirung:

$$C = \frac{147}{(1{,}0225)^{46}} = 52 \text{ Thlr. } 24 \text{ Sgr. } 7 \text{ Pf.}$$

Zahlt Jemand augenblicklich an eine Person die Summe von C Thlr. und alljährlich die Summe von a Thlr.; ist ferner festgesetzt, daß der Schuldner seinem Gläubiger Zinses=Zinsen vergütet, so frägt sich, wie hoch nach Ablauf des n^{ten} oder beim Beginn des $(n+1)^{ten}$ Jahres die Forderung des Gläubigers an seinen Schuldner ist.

Der Gläubiger zahlt augenblicklich C Thlr.; diese Summe hat sich nach n Jahren auf $C(1+p)^n$ Thlr. vermehrt. Nach einem Jahre zahlt der Gläubiger a Thlr.; diese Summe behält der Schuldner $n-1$ Jahre, sie ist daher zur Zeit der Berechnung angewachsen auf $a(1+p)^{n-1}$ Thlr. Nach zwei Jahren zahlt der Gläubiger wieder a Thlr., welche zur Zeit der Berechnung angewachsen sind auf $a(1+p)^{n-2}$ Thlr. u. s. f.

Die Zahlungen des Gläubigers sind also	Diese Summen sind am Tage der Berechnung angewachsen auf
augenblicklich C Thlr. . .	$C(1+p)^n$
nach einem Jahre a „ . .	$a(1+p)^{n-1}$
„ 2 Jahren a „ . .	$a(1+p)^{n-2}$
„ 3 „ a „ . .	$a(1+p)^{n-3}$
u. f. w.	u. f. w.
„ (n—1) „ a „ . .	$a(1+p)$
„ n „ a „ . .	a
Summa C + na Thlr . .	$C(1+p)^n + a\{1+(1+p) + (1+p)^2 + \ldots + (1+p)^{n-1}\}$

Für die vom Gläubiger dem Schuldner überhaupt gezahlte Summe von C + na Thlr. ist also letzterer verbunden ersterem die Summe

$$K = C(1+p)^n + a\left[1+(1+p)+(1+p)^2+\ldots+(1+p)^{n-1}\right]$$

am Tage der Berechnung zu bezahlen oder gut zu schreiben. Aus der Summirungsformel der geometrischen Reihe findet man aber

$$1+(1+p)+(1+p)^2+\ldots+(1+p)^{n-1} = \frac{(1+p)^n-1}{(1+p)-1}$$

$$= \frac{(1+p)^n-1}{p}$$

Es ergiebt sich also:

$$K = C(1+p)^n + a\frac{(1+p)^n-1}{p}$$

Beispiele:

Jemand legt augenblicklich die Summe von 50 Thlr. in eine Sparkasse, welche $3\frac{1}{4}\,^0/_0$ Zinses-Zinsen zahlt und jährlich den Betrag von 40 Thlr. Wie hoch sind seine Ersparnisse nach 8 Jahren?

Da $p = 0{,}0325$; $C = 50$ Thlr.; $a = 40$ Thlr. $n = 8$ ist, so ist die ersparte Summe

$$K = 50(1{,}0325)^8 + 40\,\frac{(1{,}0325)^8-1}{0{,}0325} = 423 \text{ Thlr. } 13 \text{ Sgr. } 3 \text{ Pf.}$$

Wie viel muß Jemand, welcher eine Summe von 47 Thlr. in die Sparkasse thut — jährlich zuzahlen, um nach Verlauf von 10 Jahren die Summe von 500 Thlr. erspart zu haben?

In diesem Falle ist

$$K = 500, \; C = 47, \; n = 10, \; p = 0{,}0325$$

Man findet daher aus der Gleichung

$$500 = 47(1,0325)^{10} + a\frac{(1,0325)^{10}-1}{0,0325}$$

die Summe, welche jährlich zuzuzahlen ist:

$$a = \frac{0,0325\left[500 - 47 \cdot (1,0325)^{10}\right]}{(1,0325)^{10}-1} \text{ Thlr.}$$

oder nach erfolgter Berechnung:

$$a = 37 \text{ Thlr. } 16 \text{ Sgr.} \ldots$$

————

Uebergiebt Jemand einer Person die Summe von C Thlr. mit der Bedingung, daß ihm jährlich a Thlr. zurückgezahlt werden, so frägt sich, wie viel nach Ablauf von n Jahren der Schuldner seinem Gläubiger zu zahlen hat, wenn Zinses=Zinsen berechnet werden.

Bezeichnen wir die Größe der dem Gläubiger von seinem Schuldner nach n Jahren noch zu zahlenden Summe durch K, so wird diese Summe aus der obigen Formel

$$K = C(1+p)^n + a\frac{(1+p)^n - 1}{p}$$

gefunden werden, indem man statt a die Größe $-a$ einsetzt. Es würde sich also ergeben

$$K = C(1+p)^n - a\frac{(1+p)^n - 1}{p}$$

Denselben Werth würde man erhalten, wenn die Werthe der geleisteten Zahlungen für den Termin der Abrechnung bestimmt würden. Der Gläubiger gab seinem Schuldner C Thlr. Diese C Thlr. haben am Berechnungstermine nach n Jahren den Werth $C(1+p)^n$ Thlr. Der Schuldner zahlte dagegen zurück nach Ablauf

des ersten Jahres a Thlr., welche den Werth $a(1+p)^{n-1}$ am Abrechnungstermin haben;

des zweiten Jahres a Thlr., welche den Werth $a(1+p)^{n-2}$ am Abrechnungstermin haben;

des dritten Jahres a Thlr., welche den Werth $a(1+p)^{n-3}$ am Abrechnungstermin haben;

u. s. w.

des $(n-1)^{\text{ten}}$ Jahres a Thlr., welche den Werth $a(1+p)$ am Abrechnungstermin haben;

des n^{ten} Jahres a Thlr., welche den Werth a am Abrechnungs= termin haben.

Die vom Gläubiger hergegebene Summe hat also am Berech= nungstermin den Werth

$$C(1+p)^n \text{ Thlr.}$$

Dagegen haben die vom Schuldner seinem Gläubiger zurück=
gezahlten Posten am Berechnungstermin den Gesammtwerth

$$a[1 + (1+p) + (1+p)^2 + \ldots + (1+p)^{n-1}] = a \cdot \frac{(1+p)^n - 1}{p} \text{ Thlr.}$$

Mithin hat der Gläubiger von seinem Schuldner nach Ablauf
von n Jahren noch die Summe

$$K = C(1+p)^n - a \cdot \frac{(1+p)^n - 1}{p} \text{ Thlr.}$$

zu fordern.

Beispiel:

Wie viel Vermögen wird Jemand nach Ablauf von 8 Jahren
besitzen, welcher anfänglich ein Kapital von 4678 Thlr. besaß und
jedes Jahr 425 Thlr. verausgabte, wenn der Zinsfuß $4\frac{1}{4} \%$ der
Berechnung zu Grunde gelegt wird.

Hier ist

$$K = 4678 (1{,}0425)^8 - 425 \frac{(1{,}0425)^8 - 1}{0{,}0425} \text{ Thlr.}$$

oder in Zahlen

$$K = 2419 \text{ Thlr. } 29 \text{ Sgr. (beinahe).}$$

———

Soll nach Verlauf von n Jahren die vom Gläubiger dem
Schuldner anfänglich überwiesene Summe von C Thlr. durch jähr=
liche Rückzahlung von a Thlr. getilgt sein, so muß in diesem Falle
$K = 0$ werden und man erhält:

$$C(1+p)^n = a \frac{(1+p)^n - 1}{p}$$

d. h.

$$\left.\begin{aligned} a &= \frac{pC(1+p)^n}{(1+p)^n - 1} \\[2ex] (1+p)^n &= \frac{a}{a - pC} \end{aligned}\right\} \text{ Formeln der Rentenrechnung.}$$

Aus der ersten dieser beiden Formeln kann man die jährlich
dem Gläubiger zurückzuzahlende Summe a bestimmen, damit die
Schuld nach n Jahren getilgt (amortisirt) ist; aus der zweiten kann
man mit Hülfe der Logarithmen bei bestimmtem jährlichen Abtrag a
die Zahl der Jahre n finden, innerhalb welcher bis zur vollständigen
Amortisirung der Schuld dieser Abtrag zu zahlen ist.

Beispiele.

Die Summe von 150000 Thlr. soll durch jährliche Abzahlungen
nach 30 Jahren amortisirt werden. Wie groß wird die jährliche
Abzahlung sein müssen, wenn der Zinsfuß $= 4 \%$ angenommen wird?

Die jährliche Abzahlung beträgt:

$$a = \frac{6000\,(1{,}04)^{30}}{(1{,}04)^{30} - 1} \text{ Thlr.} = 8674 \text{ Thlr. } 15\tfrac{1}{3} \text{ Sgr. (beinahe)}$$

Soll dagegen unter der Voraussetzung desselben Zinsfußes die jährliche Abzahlung gleich 7000 Thlr. sein, so erhält man für die Zahl der Jahre n, innerhalb welcher der Abtrag zu zahlen ist — die Gleichung

$$1{,}04^n = \frac{7000}{7000 - 6000} = 7$$

Aus dieser Gleichung findet sich mit Hülfe der logarithmischen Berechnung:

$$n \log 1{,}04 = \log 7$$

$$n = \frac{\log 7}{\log 1{,}04} = \frac{0{,}8450980}{0{,}01703334} = 49{,}61437$$

Also ist

$$n = 49{,}61437 \text{ Jahre.}$$

Anwendung der geometrischen Reihen, um eine für gewisse geometrische und mechanische Berechnungen wichtige Summenformel herzuleiten.

Aus der Summirungsformel geometrischer Reihen haben wir die folgende Gleichung hergeleitet:

$$a^{n-1} + a^{n-2}b + a^{n-3}b^2 + \ldots + ab^{n-2} + b^{n-1} = \frac{b^n - a^n}{b - a}$$

wenn $b > a$ angenommen wird. Aus dieser Gleichung ergiebt sich durch Multiplikation mit $(b - a)$

$$(b - a)\,[a^{n-1} + a^{n-2}b + a^{n-3}b^2 + \ldots + b^{n-1}] = b^n - a^n$$

Setzt man in dieser Gleichung statt n die Zahl m, so folgt

$$(b - a)\,[a^{m-1} + a^{m-2}b + a^{m-3}b^2 + \ldots + b^{m-1}] = b^m - a^m$$

Durch Division dieser Gleichung in die vorhergehende ergiebt sich:

$$\frac{a^{n-1} + a^{n-2}b + a^{n-3}b^2 + \ldots + b^{n-1}}{a^{m-1} + a^{m-2}b + a^{m-3}b^2 + \ldots + b^{m-1}} = \frac{b^n - a^n}{b^m - a^m}$$

Nimmt man nun an, daß b unmerklich größer als a sei — so werden die Größen b^2, b^3, … b^{n-1} ebenfalls nur um unmerklich kleine Größen von den folgenden a^2, a^3, … a^{n-1} beziehlich verschieden sein. Daher weicht der Zähler der linken Seite

$$a^{n-1} + a^{n-2}b + a^{n-3}b^2 + \ldots + b^{n-1}$$

von der Größe nb^{n-1} nur um eine unmerklich kleine Größe ab. Eben so ist der Nenner der linken Seite

$$a^{m-1} + a^{m-2}b + a^{m-3}b^2 + \ldots + b^{m-1}$$

von der Größe mb^{m-1} nur um eine unmerklich kleine Größe verschieden. Es kann daher der Bruch

$$\frac{a^{n-1} + a^{n-2}b + a^{n-3}b^2 + \ldots + b^{n-1}}{a^{m-1} + a^{m-2}b + a^{m-3}b^2 + \ldots + b^{m-1}} = \frac{b^n - a^n}{b^m - a^m}$$

von dem Bruch

$$\frac{n\,b^{n-1}}{m\,b^{m-1}} = \frac{n}{m}\,b^{n-m}$$

nur um eine unmerklich kleine Größe abweichen.

Je näher also b bei a liegt, um so genauer ist

$$\frac{b^n - a^n}{b^m - a^m} = \frac{n}{m}\,b^{n-m}$$

Man nehme jetzt zwischen a_0 und $a_n = a$ die $(n-1)$ Zahlen an

$$a_1,\ a_2,\ a_3,\ \ldots\ a_{n-1}$$

wo n eine unmeßbar große Zahl bedeutet und die Unterschiede

$$a_1 - a_0,\ a_2 - a_1,\ a_3 - a_2,\ \ldots\ a_{n-1} - a_{n-2},\ a - a_{n-1}$$

unmerklich kleine Größen sind.

Dann ist nach der eben bewiesenen Formel, wenn m und μ zwei ganze Zahlen sind und s eine der Zahlen 1, 2, 3, ... n bedeutet

$$\frac{a_s^{m+\mu} - a_{s-1}^{m+\mu}}{a_s^{\mu} - a_{s-1}^{\mu}}$$

von der Größe $\dfrac{m+\mu}{\mu}\,a_s^m$ nur um eine unmerklich kleine Größe verschieden. Je größer also die Zahl n und je kleiner in Folge dessen die Größe der Intervalle

$$a_s - a_{s-1}$$

angenommen wird, um so genauer muß

$$\frac{a_s^{m+\mu} - a_{s-1}^{m+\mu}}{a_s^{\mu} - a_{s-1}^{\mu}} = \frac{m+\mu}{\mu}\,a_s^m$$

sein. Da aber $a_s^{\mu} - a_{s-1}^{\mu}$ eine unmerklich kleine Größe ist, so kann die Abweichung der beiden Ausdrücke

$$a_s^{m+\mu} - a_{s-1}^{m+\mu} \quad \text{und} \quad \frac{m+\mu}{\mu}\,a_s^m \left(a_s^{\mu} - a_{s-1}^{\mu} \right)$$

nur so gering sein, daß dieselbe sogar im Verhältniß zu diesen beiden unmerklich kleinen Größen vernachläſſigt werden darf. Man hat daher

$$a_s^{m+\mu} - a_{s-1}^{m+\mu} = \frac{m+\mu}{\mu} \, a^m \left(a_s^\mu - a_{s-1}^\mu \right)$$

oder

$$\left(a_s^\mu - a_{s-1}^\mu \right) a_s^m = \frac{\mu}{m+\mu} \left\{ a_s^{m+\mu} - a_{s-1}^{m+\mu} \right\}$$

Setzt man in dieser Gleichung an Stelle von s der Reihe nach die Zahlen 1, 2, 3, ... n, so ergeben sich die n Gleichungen

$$\left(a_1^\mu - a_0^\mu \right) a_1^m = \frac{\mu}{m+\mu} \left\{ a_1^{m+\mu} - a_0^{m+\mu} \right\}$$

$$\left(a_2^\mu - a_1^\mu \right) a_2^m = \frac{\mu}{m+\mu} \left\{ a_2^{m+\mu} - a_1^{m+\mu} \right\}$$

$$\left(a_3^\mu - a_2^\mu \right) a_3^m = \frac{\mu}{m+\mu} \left\{ a_3^{m+\mu} - a_2^{m+\mu} \right\}$$

$$\text{u. ſ. w.}$$

$$\left(a_n^\mu - a_{n-1}^\mu \right) a_n^m = \frac{\mu}{m+\mu} \left\{ a_n^{m+\mu} - a_{n-1}^{m+\mu} \right\}$$

Diese n Gleichungen addire man zu einander, so erhält man bis auf eine unmerklich kleine Abweichung

$$\left(a_1^\mu - a_0^\mu \right) a_1^m + \left(a_2^\mu - a_1^\mu \right) a_2^m + \left(a_3^\mu - a_2^\mu \right) a_3^m + \ldots$$

$$+ \left(a_n^\mu - a_{n-1}^\mu \right) a_n^m = \frac{\mu}{m+\mu} \left(a_n^{m+\mu} - a_0^{m+\mu} \right)$$

Jetzt setze man

$$a_0^\mu = b_0, \text{ oder } a_0 = \sqrt[\mu]{b_0}$$

$$a_1^\mu = b_1, \quad \text{\textit{"}} \quad a_1 = \sqrt[\mu]{b_1}$$

$$a_2^\mu = b_2, \quad \text{\textit{"}} \quad a_2 = \sqrt[\mu]{b_2}$$

$$\text{u. ſ. w.}$$

$$a_n^\mu = b_n, \text{ oder } a_n = \sqrt[\mu]{b_n}$$

so sind von den Größen b_0, b_1, b_2, ... b_n je zwei auf einander folgende nur unmerklich verschieden. Man erhält nun, da

$$a_1^m = \left(\sqrt[\mu]{b_1} \right)^m = b_1^{\frac{m}{\mu}}$$

$$a_2^m = \left(\sqrt[\mu]{b_2} \right)^m = b_2^{\frac{m}{\mu}}$$

$$a_3^m = \left(\sqrt[\mu]{b_3} \right)^m = b_3^{\frac{m}{\mu}}$$

u. f. w.

$$a_n^m = \left(\sqrt[\mu]{b_n} \right)^m = b_n^{\frac{m}{\mu}}$$

ist — die folgende Gleichung

$$(b_1 - b_0)\, b_1^{\frac{m}{\mu}} + (b_2 - b_1)\, b_2^{\frac{m}{\mu}} + (b_3 - b_2)\, b_3^{\frac{m}{\mu}} + \ldots$$

$$+ (b_n - b_{n-1})\, b_n^{\frac{m}{\mu}} = \frac{\mu}{m + \mu} \left(b_n^{1 + \frac{m}{\mu}} - b_0^{1 + \frac{m}{\mu}} \right)$$

oder wenn $\dfrac{m}{\mu} = \alpha$ gefeßt wird

$$(b_1 - b_0)\, b_1^{\alpha} + (b_2 - b_1)\, b_2^{\alpha} + (b_3 - b_2)\, b_3^{\alpha} + \ldots$$

$$+ (b_n - b_{n-1})\, b_n^{\alpha} = \frac{1}{1 + \alpha} \left(b_n^{1 + \alpha} - b_0^{1 + \alpha} \right)$$

Nimmt man jeßt die unmerklich kleinen Intervalle

$$b_1 - b_0,\ b_2 - b_1,\ \ldots\ b_n - b_{n-1}$$

einander gleich an und ſeßt jedes derſelben gleich $\dfrac{b}{n}$, ſo wird

$$b_1 = b_0 + \frac{b}{n}$$

$$b_2 = b_0 + \frac{2b}{n}$$

$$b_3 = b_0 + \frac{3b}{n}$$

u. f. w.

$$b_n = b_0 + \frac{nb}{n}$$

Werden dieſe Werthe in die frühere Gleichung eingeſeßt, ſo ergiebt ſich

$$\frac{b}{n} \left[\left(b_0 + \frac{b}{n} \right)^{\alpha} + \left(b_0 + \frac{2b}{n} \right)^{\alpha} + \left(b_0 + \frac{3b}{n} \right)^{\alpha} + \ldots + \left(b_0 + \frac{nb}{n} \right)^{\alpha} \right]$$

$$= \frac{\left(b_0 + \frac{nb}{n} \right)^{1+\alpha} - b_0^{1+\alpha}}{1 + \alpha} = \frac{(b_0 + b)^{1+\alpha} - b_0^{1+\alpha}}{1 + \alpha}$$

Der größeren Einfachheit wegen mag noch ſtatt b_0 der Buch=
ſtab a geſeßt und dann durch b dividirt werden, ſo folgt

$$\lim \frac{1}{n}\left\{\left(a+\frac{b}{n}\right)^{\alpha}+\left(a+\frac{2b}{n}\right)^{\alpha}+\left(a+\frac{3b}{n}\right)^{\alpha}+\ldots+\left(a+\frac{nb}{n}\right)^{\alpha}\right\}_{n=\infty}$$

$$=\frac{(a+b)^{1+\alpha}-a^{1+\alpha}}{(1+\alpha)\,b}$$

Die Grenzbezeichnung lim ...$_{n=\infty}$ ift aus dem Grunde gleich gebraucht worden, weil die linke Seite sich um so mehr der rechten annähert, je größer der Werth ist, welchen man der Zahl n beilegt. — Die Größe α bedeutet in der vorliegenden Formel eine beliebige gebrochene aber positive Zahl.

Setzt man nun in der allgemeinen Formel

$$\lim \frac{1}{n}\left[\left(a+\frac{b}{n}\right)^{\alpha}+\left(a+\frac{2b}{n}\right)^{\alpha}+\left(a+\frac{3b}{n}\right)^{\alpha}+\ldots+\left(a+\frac{nb}{n}\right)^{\alpha}\right]_{n=\infty}$$

$$=\frac{(a+b)^{1+\alpha}-a^{1+\alpha}}{(1+\alpha)\,b}$$

für a den Werth 0 und für b den Werth 1, so erhält man leicht die folgende Formel

$$\lim \left\{\frac{1^{\alpha}+2^{\alpha}+3^{\alpha}+\ldots+n^{\alpha}}{n^{\alpha+1}}\right\}_{n=\infty}=\frac{1}{1+\alpha}$$

in welcher also α eine beliebige ganze oder gebrochene positive Zahl bedeutet.

Die Entwickelung der beiden vorstehenden Formeln beruhte, wie wir so eben sehen, auf der Richtigkeit der Gleichung

$$\frac{b^{n}-a^{n}}{b^{m}-a^{m}}=\frac{n}{m}\,b^{n-m}$$

in dem Falle, wo (b — a) eine unmerklich kleine Größe ist. Wir setzten n und m als positive ganze Zahlen voraus. Die Richtigkeit der Gleichung

$$\frac{b^{n}-a^{n}}{b^{m}-a^{m}}=\frac{n}{m}\,b^{n-m}, \quad (b-a \text{ verschwindend klein})$$

besteht aber noch, wenn anstatt m, — m' also eine negative ganze Zahl gesetzt wird. Man erhält nämlich hierdurch

$$\frac{b^{n}-a^{n}}{b^{-m'}-a^{-m'}}=a^{m'}b^{m'}\frac{b^{n}-a^{n}}{b^{m'}-a^{m'}}=-a^{m'}b^{m'}\frac{b^{n}-a^{n}}{b^{m'}-a^{m'}}$$

Da nun

$$\frac{b^{n}-a^{n}}{b^{m'}-a^{m'}}=\frac{n}{m'}\,b^{n-m'}$$

ift, wenn b — a verschwindend klein wird und alsdann

$$a^{m'} = b^{m'}$$

ohne merklichen Fehler gesetzt werden darf, so findet man

$$\frac{b^n - a^n}{b^{-m'} - a^{-m'}} = - b^{2m'} \cdot \frac{n}{m'} b^{n-m'} = \frac{n}{-m'} b^{n+m'}$$

oder wenn statt — m' sein Werth m gesetzt ist

$$\frac{b^n - a^n}{b^m - a^m} = \frac{n}{m} b^{n-m}$$

Diese Formel gilt also selbst dann noch, wenn m eine negative ganze Zahl ist. Auf ähnliche Weise kann man zeigen, daß die Formel

$$\frac{b^n - a^n}{b^m - a^m} = \frac{n}{m} b^{n-m}, \quad (b - a \text{ verschwindend klein})$$

auch noch gültig bleibt, wenn n eine negative ganze Zahl ist; ja sogar, wenn n und m gleichzeitig negative ganze Zahlen sind.

Aus diesem Grunde bleibt die Gleichung

$$\frac{a_s^{m+\mu} - a_{s-1}^{m+\mu}}{a_s^\mu - a_{s-1}^\mu} = \frac{m+\mu}{\mu} a_s^m$$

in welcher $a_s - a_{s-1}$ verschwindend klein ist — noch richtig, wenn m oder μ oder beide zugleich negative ganze Zahlen sind. Da nun in dem Verfolg der obigen Entwickelungen $\frac{m}{\mu} = \alpha$ gesetzt wurde, so muß die Schlußgleichung

$$\lim \frac{1}{n} \left\{ \left(a + \frac{b}{n}\right)^\alpha + \left(a + \frac{2b}{n}\right)^\alpha + \ldots \left(a + \frac{nb}{n}\right)^\alpha \right\}_{n=\infty} = \frac{(a+b)^{1+\alpha} - a^{1+\alpha}}{(1+\alpha) \cdot b}$$

wenn α dadurch eine negative gebrochene Zahl wird, daß man für μ eine negative ganze Zahl annimmt — ebenfalls noch für negative gebrochene Werthe von α richtig sein.

Man hat daher die allgemeine Formel:

$$\lim \frac{1}{n} \left\{ \left(a + \frac{b}{n}\right)^\alpha + \left(a + \frac{2b}{n}\right)^\alpha + \left(a + \frac{3b}{n}\right)^\alpha + \ldots + \left(a + \frac{nb}{n}\right)^\alpha \right\}_{n=\infty}$$

$$= \frac{(a+b)^{1+\alpha} - a^{1+\alpha}}{b(1+\alpha)}$$

wo a und b irgend welche positive Zahlen sind und α eine

beliebige positive oder negative gebrochene Zahl sein
kann.

Anmerkung:

Wenn $\alpha = -1$ gesetzt wird, so erscheint der Summen-
ausdruck

$$\frac{(a + b)^{1+\alpha} - a^{1+\alpha}}{b(1+\alpha)}$$

in der unbestimmten Form $\frac{0}{0}$. Um in diesem Falle den Werth
der Summe zu bestimmen, beachte man, daß nach einer in der
Logarithmen-Theorie entwickelten Formel

$$\lim \left\{ \frac{\sqrt[n]{a} - 1}{\sqrt[n]{b} - 1} \right\}_{n=\infty} = \frac{\log a}{\log b}$$

ist. Nun bestimme man die Zahl b so, daß

$$\sqrt[n]{b} - 1 = \frac{1}{n}$$

wird. Dann erhält man

$$b = \left(1 + \frac{1}{n}\right)^{n}$$

oder da n eine über alle Grenzen große Zahl sein soll,

$$b = \lim \left(1 + \frac{1}{n}\right)^{n}_{n=\infty}$$

Diesen Werth von b pflegt man durch den Buchstaben

$$e$$

zu bezeichnen. Die Zahl e hat also den Ausdruck

$$\left(1 + \frac{1}{n}\right)^{n}$$

für fortwährend größer werdende n zur Grenze. Um nun den
Werth von e annähernd zu bestimmen, setze man $n = 1000$ und
dann $n = 10000$, so findet man angenähert mittelst der logarithmischen Tafeln

$$\log e = 1000 \log 1{,}001 = 0{,}43408; \quad e = 2{,}7169$$

und genauer im zweiten Falle

$$\log e = 10000 \log 1{,}0001 = 0{,}4343; \quad e = 2{,}7183$$

Der wahre Werth von log e, welchen man auf anderen Wegen
ermitteln kann — ist

$$\log e = 0{,}43429448$$

Diesem Logarithmus entspricht die Zahl

$$e = 2{,}718281828 \ldots$$

Bezeichnet man nun den Werth

$$\frac{1}{\log e} = 2{,}30258509 \text{ durch } M$$

so erhält man aus der Gleichung

$$\lim \left(\frac{\sqrt[n]{a} - 1}{\sqrt[n]{e} - 1} \right)_{n = \infty} = \frac{\log a}{\log e} = M \log a$$

da

$$\sqrt[n]{e} - 1 = \frac{1}{n}$$

ist — die folgende

$$\lim \left(\frac{\sqrt[n]{a} - 1}{\dfrac{1}{n}} \right)_{n = \infty} = M \log a$$

Setzt man nun in dem Ausdruck

$$\frac{(a + b)^{1 + \alpha} - a^{1 + \alpha}}{(1 + \alpha)\, b}$$

für α den Werth

$$\frac{1}{n} - 1$$

so erhält man

$$\frac{\sqrt[n]{a + b} - \sqrt[n]{a}}{\dfrac{1}{n} \cdot b} = \frac{(a + b)^{\frac{1}{n}} - a^{\frac{1}{n}}}{\dfrac{1}{n} \cdot b}$$

Läßt man hier n über alle Grenzen hinaus zunehmen oder $\frac{1}{n}$ immer mehr der Null sich annähern, so ergiebt sich

$$\lim \left\{ \frac{(a + b)^{\frac{1}{n}} - a^{\frac{1}{n}}}{\dfrac{1}{n}\, b} \right\}_{n = \infty} = \lim \left(\frac{(a + b)^{\frac{1}{n}} - 1}{\dfrac{1}{n}\, b} \right)_{n = \infty}$$

$$- \lim \left(\frac{a^{\frac{1}{n}} - 1}{\dfrac{1}{n}\, b} \right)_{n = \infty}$$

Da aber nach der eben bewiesenen Formel

$$\lim \left(\frac{\sqrt[n]{a + b} - 1}{\frac{1}{n}} \right)_{n = \infty} = M \log (a + b)$$

$$\lim \left(\frac{\sqrt[n]{a} - 1}{\frac{1}{n}} \right)_{n = \infty} = M \log a$$

ist, so folgt

$$\lim \left(\frac{(a + b)^{\frac{1}{n}} - a^{\frac{1}{n}}}{\frac{1}{n} b} \right)_{n = \infty} = M \frac{[\log (a + b) - \log a]}{b}$$

Hieraus und aus der Gleichung

$$\frac{1}{n} - 1 = \alpha$$

folgt, daß die beiden Seiten der Gleichung

$$\frac{(a + b)^{1 + \alpha} - a^{1 + \alpha}}{(1 + \alpha) b} = M \frac{[\log (a + b) - \log a]}{b}$$

um so mehr übereinstimmen werden, je näher α bei der Zahl -1 angenommen wird. Für $\alpha = -1$ findet eine vollkommene Ueber= einstimmung statt. Setzt man daher in der oben gegebenen Summi= rungsformel $\alpha = -1$, so hat man für

$$\frac{(a + b)^{1 + \alpha} - a^{1 + \alpha}}{(1 + \alpha) b}$$

nur zu schreiben

$$M \left\{ \frac{\log (a + b) - \log a}{b} \right\}$$

und man erhält in diesem Falle aus der Summirungsformel die folgende

$$\lim \frac{1}{n} \left(\frac{1}{a + \frac{b}{n}} + \frac{1}{a + \frac{2b}{n}} + \frac{1}{a + \frac{3b}{n}} + \cdots \frac{1}{a + \frac{nb}{n}} \right)_{n = \infty}$$

$$= M \left\{ \frac{\log (a + b) - \log a}{b} \right\}$$

Vierzehnter Abschnitt.

Ueber das Rationalmachen der Nenner algebraischer Ausdrücke.

Einleitung:

Wenn a, b, a′, b′ irgend welche Rationalzahlen bedeuten und m nicht das Quadrat einer Rationalzahl ist, so würde man den Werth des Bruches

$$x = \frac{a' + b'\sqrt{m}}{a + b\sqrt{m}}$$

erhalten, indem man den Werth der Wurzel $\sqrt{m}$ auf eine bestimmte Anzahl von Decimalstellen berechnet und dann mit dem zu bildenden Nennerwerth $a + b\sqrt{m}$ in den zu bildenden Zählerwerth $a' + b'\sqrt{m}$ dividirt. Bei dieser Berechnung hat man mit einer Irrationalzahl in eine andere Irrationalzahl zu dividiren und es ist ersichtlich, daß die Division um so viel mühsamer wird, je größer die Anzahl der Decimalstellen ist, auf welche die Wurzel berechnet werden muß. Die Ausführung der Berechnung wird wesentlich erleichtert dadurch, daß man mit Hülfe eines gewissen Verfahrens, welches das Rationalmachen der Nenner genannt wird — den irrationalen Nenner in einen rationalen verwandelt. In dem hier vorliegenden sehr einfachen Falle hat man nur den Bruch

$$x = \frac{a' + b'\sqrt{m}}{a + b\sqrt{m}}$$

im Zähler und Nenner mit der Größe

$$a - b\sqrt{m}$$

zu multipliciren. Hierdurch ergiebt sich

$$x = \frac{(a' + b'\sqrt{m})(a - b\sqrt{m})}{(a + b\sqrt{m})(a - b\sqrt{m})}$$

$$= \frac{aa' - bb'm + (a'b - a'b)\sqrt{m}}{a^2 - b^2 \cdot m}$$

Der neue Nenner $a^2 - b^2 \cdot m$ ist, wie es gewünscht wurde, rational.

Handelt es sich, des Beispiels wegen, um das Rationalmachen des Nenners vom Bruch

$$x = \frac{7 + 6\sqrt{2}}{5 + \sqrt{2}}$$

so multiplicire man Zähler und Nenner des vorgelegten Bruches mit $5 - 3\sqrt{2}$. Hierdurch verwandelt sich derselbe in

$$x = \frac{-1 + 9\sqrt{2}}{7}$$

Um nun durch die Berechnung selber zu zeigen, daß die beiden Brüche

$$\frac{7 + 6\sqrt{2}}{5 + 3\sqrt{2}} \quad \text{und} \quad \frac{-1 + 9\sqrt{2}}{7}$$

dieselben Zahlen darstellen, bilde man

$$\sqrt{2} = 1{,}41421356\ldots$$
$$7 + 6\sqrt{2} = 15{,}48528136\ldots$$
$$5 + 3\sqrt{2} = 9{,}24264068\ldots$$
$$\frac{15{,}48528136\ldots}{9{,}24264068\ldots} = 1{,}67541743\ldots = x$$

Bildet man dagegen gleich

$$\frac{-1 + 9\sqrt{2}}{7} = \frac{11{,}72792204\ldots}{7}$$

so erhält man dasselbe Resultat

$$x = 1{,}67541743\ldots$$

jedoch auf einem viel einfacheren Wege.

––––––––

Nicht mehr ganz so einfach ist das Verfahren des Rationalmachens der Nenner, wenn es sich darum handelt, den irrationalen Nenner des Bruches

$$p = \frac{a' + b'\sqrt[3]{m} + c'\sqrt[3]{m^2}}{a + b\sqrt[3]{m} + c\sqrt[3]{m^2}}$$

fortzuschaffen, in welchem a, b, c, a', b', c' Rationalzahlen sind, und m nicht die dritte Potenz einer Rationalzahl ist.

Soll zum Beispiel dem Bruch

$$p = \frac{4 + \sqrt[3]{2} + 5\sqrt[3]{4}}{1 + 3\sqrt[3]{2} + 2\sqrt[3]{4}}$$

der irrationale Nenner genommen werden, so multiplicire man den vorgelegten Bruch im Zähler und Nenner mit

$$-11 + 5\sqrt[3]{2} + 7\sqrt[3]{4}$$

Es wird hierdurch der beabsichtigte Zweck erreicht.

In der That ergiebt sich nach ausgeführter Multiplikation und wenn man die Gleichungen

$$\sqrt[3]{2} \cdot \sqrt[3]{4} = \sqrt[3]{8} = 2$$

$$\sqrt[3]{2} \cdot \sqrt[3]{2} = \sqrt[3]{4}$$

$$\sqrt[3]{4} \cdot \sqrt[3]{4} = \sqrt[3]{16} = \sqrt[3]{8.2} = 2\sqrt[3]{2}$$

berücksichtigt

$$\left(4 + \sqrt[3]{2} + 5\sqrt[3]{4}\right)\left(-11 + 5\sqrt[3]{2} + 7\sqrt[3]{4}\right) = 20 + 79\sqrt[3]{2} - 22\sqrt[3]{4}$$

$$\left(1 + 3\sqrt[3]{2} + 2\sqrt[3]{4}\right)\left(-11 + 5\sqrt[3]{2} + 7\sqrt[3]{4}\right) = 51$$

Daher ist:

$$p = \frac{4 + \sqrt[3]{2} + 5\sqrt[3]{4}}{1 + 3\sqrt[3]{2} + 2\sqrt[3]{4}} = \frac{20 + 79\sqrt[3]{2} - 22\sqrt[3]{4}}{51}$$

Die Schwierigkeit besteht, wie man sieht, also nur darin, den Faktor

$$-11 + 5\sqrt[3]{2} + 7\sqrt[3]{4}$$

mit welchem im vorliegenden Beispiel Zähler und Nenner zu multipliciren waren — aufzufinden. Um diese Schwierigkeit zu heben suche man, was aus dem vorgelegten Bruch

$$p = \frac{4 + \sqrt[3]{2} + 5\sqrt[3]{4}}{1 + 3\sqrt[3]{2} + 2\sqrt[3]{4}}$$

wird, wenn man den Zähler und Nenner desselben mit der Summe multiplicirt

$$1 + x\sqrt[3]{2} + y\sqrt[3]{4}$$

wo x und y zwei noch unbestimmte Faktoren bedeuten.

Die Ausführung der Multiplikation giebt:

$$\left(4 + \sqrt[3]{2} + 5\sqrt[3]{4}\right)\left(1 + x\sqrt[3]{2} + y\sqrt[3]{4}\right) =$$

$$4 + 10x + 2y + (1 + 4x + 10y)\sqrt[3]{2} + (5 + x + 4y)\sqrt[3]{4}$$

$$\left(1 + 3\sqrt[3]{2} + 2\sqrt[3]{4}\right)\left(1 + x\sqrt[3]{2} + y\sqrt[3]{4}\right) =$$

$$1 + 4x + 6y + (3 + x + 4y)\sqrt[3]{2} + (2 + 3x + y)\sqrt[3]{4}$$

Man erhält also:

$$p = \frac{4 + \sqrt[3]{2} + 5\sqrt[3]{4}}{1 + 3\sqrt[3]{2} + 2\sqrt[3]{4}} =$$

$$\frac{4 + 10x + 2y + (1 + 4x + 10y)\sqrt[3]{2} + (5 + x + 4y)\sqrt[3]{4}}{1 + 4x + 6y + (3 + x + 4y)\sqrt[3]{2} + (2 + 3x + y)\sqrt[3]{4}}$$

Im Nenner dieses Bruches sind die beiden irrationalen Größen $\sqrt[3]{2}$ und $\sqrt[3]{4}$ beziehlich mit den beiden Faktoren behaftet

$$3 + x + 4y$$
$$2 + 3x + y$$

Sollen nun die Irrationalzahlen des Nenners, wie beabsichtigt wurde, herausfallen, so müßte jeder dieser beiden Faktoren gleich Null werden. Man würde hierdurch die beiden Gleichungen

$$3 + x + 4y = 0$$
$$2 + 3x + y = 0$$

erhalten. Mittelst derselben können also x und y so bestimmt werden, daß durch Multiplikation des vorgelegten Bruchs mit

$$1 + x\sqrt[3]{2} + y\sqrt[3]{4}$$

im Zähler und Nenner der beabsichtigte Zweck erreicht wird, den Nenner des gegebenen Bruches von seinen Irrationalzahlen zu befreien. — Durch wirkliche Auflösung der beiden Gleichungen des ersten Grades

$$3 + x + 4y = 0$$
$$2 + 3x + y = 0$$

erhält man:

$$x = -\frac{5}{11}; \quad y = -\frac{7}{11}$$

Daher ist der vorgelegte Bruch im Zähler und Nenner mit

$$1 - \frac{5}{11}\sqrt[3]{2} - \frac{7}{11}\sqrt[3]{4}$$

zu multipliciren, um seinen Nenner rational zu machen. Multiplicirte man außerdem noch im Zähler und Nenner mit — 11, wodurch an der Rationalität des Nenners nichts geändert wird, so würde man den oben angegebenen Multiplikator

$$-11\left(1 - \frac{5}{11}\sqrt[3]{2} - \frac{7}{11}\sqrt[3]{4}\right) = -11 + 5\sqrt[3]{2} + 7\sqrt[3]{4}$$

erhalten.

Diese ausführlichen Beispiele werden nicht wenig dazu beitragen, das Verständniß der folgenden allgemeineren Theorie „des Rationalmachens der Nenner algebraischer Ausdrücke" zu erleichtern.

Problem.

Der Bruch

$$p = \frac{b_0 + b_1\sqrt[n]{\alpha} + b_2\sqrt[n]{\alpha^2} + \ldots + b_{n-1}\sqrt[n]{\alpha^{n-1}}}{a_0 + a_1\sqrt[n]{\alpha} + a_2\sqrt[n]{\alpha^2} + \ldots + a_{n-1}\sqrt[n]{\alpha_{n-1}}}$$

ſoll in einen andern, ihm gleichen Bruch mit rationalem Nenner verwandelt werden (wenn eine ſolche Verwandlung möglich iſt) unter der Vorausſetzung, daß

$$\left. \begin{array}{l} a_0, \; a_1, \; a_2, \; \ldots \; a_{n-1} \\ b_0, \; b_1, \; b_2, \; \ldots \; b_{n-1} \end{array} \right\} \text{Rationalzahlen ſind}$$

und die Größe α nicht gleich der n^{ten} Potenz einer Rationalzahl iſt.

Auflöſung.

In der Summe

$$s = 1 + x_1 \sqrt[n]{\alpha} + x_2 \sqrt[n]{\alpha^2} + \ldots + x_{n-1} \sqrt[n]{\alpha^{n-1}}$$

mögen die Faktoren

$$x_1, \; x_2, \; \ldots \ldots \; x_{n-1}$$

der irrationalen Summanden vorläufig unbeſtimmte Größen bedeuten. Multiplicirt man nun den Nenner des vorgelegten Bruches p, nämlich

$$a_0 + a_1 \sqrt[n]{\alpha} + a_2 \sqrt[n]{\alpha^2} + \ldots + a_{n-1} \sqrt[n]{\alpha^{n-1}}$$

mit

$$s = 1 + x_1 \sqrt[n]{\alpha} + x_2 \sqrt[n]{\alpha^2} + \ldots + x_{n-1} \sqrt[n]{\alpha^{n-1}}$$

ſo kann gefragt werden, ob es möglich iſt, die $(n-1)$ Größen $x_1, x_2, \ldots x_{n-1}$ derartig zu beſtimmen, daß in dem Produkt alle irrationalen Größen verſchwunden ſind.

Zu dem Ende führen wir die Multiplikation wirklich aus, ſo erhalten wir

$$\left\{ a_0 + a_1 \sqrt[n]{\alpha} + a_2 \sqrt[n]{\alpha^2} + \ldots + a_{n-1} \sqrt[n]{\alpha^{n-1}} \right\}$$
$$\left\{ 1 + x_1 \sqrt[n]{\alpha} + x_2 \sqrt[n]{\alpha^2} + \ldots + x_{n-1} \sqrt[n]{\alpha^{n-1}} \right\} =$$
$$a_0 + a_1 \alpha x_{n-1} + a_2 \alpha x_{n-2} + \ldots + a_{n-2} \alpha x_2 + a_{n-1} \alpha x_1$$
$$+ (a_1 + a_2 \alpha x_{n-1} + a_3 \alpha x_{n-2} + \ldots + a_{n-1} \alpha x_2 + a_0 x_1) \sqrt[n]{\alpha}$$
$$+ (a_2 + a_3 \alpha x_{n-1} + a_4 \alpha x_{n-2} + \ldots + a_0 x_2 + a_1 x_1) \sqrt[n]{\alpha^2}$$
$$+ \ldots \text{u. ſ. w.}$$
$$+ (a_{n-1} + a_0 x_{n-1} + a_1 x_{n-2} + \ldots + a_{n-3} x_2 + a_{n-2} x_1) \sqrt[n]{\alpha^{n-1}}$$

Bezeichnet man noch der Einfachheit wegen die rechte Seite dieſer Gleichung durch

$$P_0 + P_1 \sqrt[n]{\alpha} + P_2 \sqrt[n]{\alpha^2} + \ldots + P_{n-1} \sqrt[n]{\alpha^{n-1}}$$

ſo überſieht man, daß jede der Größen „P" eine Summe iſt aus einem gegebenen Summanden und einer Anzahl von $(n-1)$ Summanden, welche der Reihe nach in die Größen $x_{n-1}, x_{n-2}, \ldots x_2,$

x_1 multiplicirt find. Sollte nun, wie (unter Voraussetzung der Möglichkeit) beabsichtigt war — das Produkt der Größen

$$(a_0 + a_1 \sqrt[n]{\alpha} + a_2 \sqrt[n]{\alpha^2} + \ldots a_{n-1} \sqrt[n]{\alpha^{n-1}}) \text{ und}$$

$$(1 + x_1 \sqrt[n]{\alpha} + x_2 \sqrt[n]{\alpha^2} + \ldots x_{n-1} \sqrt[n]{\alpha^{n-1}})$$

welches durch

$$P_0 + P_1 \sqrt[n]{\alpha} + P_2 \sqrt[n]{\alpha^2} + \ldots + P_{n-1} \sqrt[n]{\alpha^{n-1}}$$

bezeichnet worden ift — keine Irrationalzahlen mehr enthalten, so müßte jedenfalls dieses Produkt sich auf sein erstes Glied P_0 reduciren lassen; denn wenn noch ein oder mehrere Glieder in demselben vorkämen, welche in eine der Irrationalzahlen $\sqrt[n]{\alpha}$, $\sqrt[n]{\alpha^2}$ u.f.w. multiplicirt wären, so würde die Absicht des Rationalmachens vom Nenner nicht erreicht sein. Es müßten also die Faktoren

$$P_1, \; P_2, \; \ldots P_{n-1}$$

einzeln der Null gleich gemacht werden können, damit das betrachtete Produkt sich in eine Rationalzahl verwandelt. — Setzt man daher

$$P_1 = a_1 + a_2 \alpha x_{n-1} + a_3 \alpha x_{n-2} + \ldots a_{n-1} \alpha x_2 + a_0 x_1 \quad = 0$$
$$P_2 = a_2 + a_3 \alpha x_{n-1} + a_4 \alpha x_{n-2} + \ldots a_0 x_2 + a_1 x_1 \quad = 0$$
$$\text{u. f. w.}$$
$$P_{n-1} = a_{n-1} + a_0 x_{n-1} + a_1 x_{n-2} + \ldots + a_{n-3} x_2 + a_{n-2} x_1 = 0$$

so hat man $(n-1)$ Gleichungen mit den $(n-1)$ unbekannten Größen $x_1, x_2, \ldots x_{n-2}, x_{n-1}$, aus welchen die Werthe letzterer aufgefunden werden können. Setzt man die Werthe dieser Größen in den Ausdruck

$$s = 1 + x_1 \sqrt[n]{\alpha} + x_2 \sqrt[n]{\alpha^2} + \ldots + x_{n-1} \sqrt[n]{\alpha^{n-1}}$$

so erhält man denjenigen Faktor „s", mit dem der Nenner des gegebenen Bruches, nämlich

$$a_0 + a_1 \sqrt[n]{\alpha} + a_2 \sqrt[n]{\alpha^2} + \ldots + a_{n-1} \sqrt[n]{\alpha^{n-1}}$$

zu multipliciren ift, damit als Produkt eine Rationalzahl erhalten wird.

Nachdem der Faktor „s" aufgefunden ift — hat man mit demselben nur den Zähler und Nenner des vorgelegten Bruches zu multipliciren, um einen gleichen Bruch mit rationalem Nenner zu erhalten.

Beispiel:

Den Bruch

$$p = \frac{7 + \sqrt[5]{9} + 2\sqrt[5]{27}}{1 + \sqrt[5]{3} - 3\sqrt[5]{27} + 2\sqrt[5]{81}}$$

in einen gleichen Bruch mit rationalem Nenner zu verwandeln.

Auflösung:

Man bestimme die Größen x, y, z, u so, daß das Produkt der beiden Faktoren

$$\left(1 + \sqrt[5]{3} - 3\sqrt[5]{27} + 2\sqrt[5]{81}\right)\left(1 + x\sqrt[5]{3} + y\sqrt[5]{9} + z\sqrt[5]{27} + u\sqrt[5]{81}\right)$$

eine Rationalzahl wird. — Durch Ausführung der Multiplikation erhält man für dieses Produkt:

$$
\begin{aligned}
&1 + 6x - 9y && + 3u \\
&+ (1 + x + 6y - 9z) && \sqrt[5]{3} \\
&+ (x + y + 6z - 9u) && \sqrt[5]{9} \\
&+ (-3 + y + z + 6u) && \sqrt[5]{27} \\
&+ (2 - 3x + z + u) && \sqrt[5]{81}
\end{aligned}
$$

Soll dieses Produkt sich also auf eine Rationalzahl reduciren, so müssen die Gleichungen erfüllt werden

$$
\begin{aligned}
1 + x + 6y - 9z \quad\;\; &= 0 \\
x + y + 6z - 9u &= 0 \\
-3 \quad\;\; + y + z + 6u &= 0 \\
2 - 3x \quad\;\; + z + u &= 0
\end{aligned}
$$

Aus diesen vier Gleichungen leitet man folgende Werthe für x, y, z, u her:

$$x = \frac{1127}{1216}; \quad y = \frac{319}{1216}; \quad z = \frac{473}{1216}; \quad u = \frac{119}{304}$$

Es wird demnach der Nenner des vorgelegten Bruches rational gemacht durch den Faktor

$$1 + \frac{1127}{1216}\sqrt[5]{3} + \frac{319}{1216}\sqrt[5]{9} + \frac{473}{1216}\sqrt[5]{27} + \frac{119}{304}\sqrt[5]{81}$$

oder auch durch den folgenden

$$1216 + 1127\sqrt[5]{3} + 319\sqrt[5]{9} + 473\sqrt[5]{27} + 476\sqrt[5]{81}$$

In der That verwandelt sich der gegebene Bruch

$$p = \frac{7 + \sqrt[5]{9} + 2\sqrt[5]{27}}{1 + \sqrt[5]{3} - 3\sqrt[5]{27} + 2\sqrt[5]{81}}$$

wenn derselbe im Zähler und Nenner mit dem zuletzt gegebenen Faktor multiplicirt wird, in den folgenden:

$$p = \frac{11845 + 12155\sqrt[5]{3} + 6305\sqrt[5]{9} + 6870\sqrt[5]{27} + 5905\sqrt[5]{81}}{9391}$$

Handelt es sich nur darum, den Bruch

$$p = \frac{b_0 + b_1 \sqrt[n]{\alpha} + b_2 \sqrt[n]{\alpha^2} + \ldots + b_{n-1} \sqrt[n]{\alpha^{n-1}}}{a_0 + a_1 \sqrt[n]{\alpha} + a_2 \sqrt[n]{\alpha^2} + \ldots + a_{n-1} \sqrt[n]{\alpha^{n-1}}}$$

in einen andern gleichen mit rationalem Nenner zu verwandeln, ohne den Multiplikator seines Nenners anzugeben, welcher letzteren rational macht, so setze man:

$$p = y_0 + y_1 \sqrt[n]{\alpha} + y_2 \sqrt[n]{\alpha^2} + \ldots + y_{n-1} \sqrt[n]{\alpha^{n-1}}$$

Jetzt multiplicire man diesen Ausdruck mit dem Nenner des gegebenen Bruches

$$a_0 + a_1 \sqrt[n]{\alpha} + a_2 \sqrt[n]{\alpha^2} + \ldots a_{n-1} \sqrt[n]{\alpha^{n-1}}$$

so wird das Produkt beider Größen gleich sein müssen dem gegebenen Zähler

$$b_0 + b_1 \sqrt[n]{\alpha} + b_2 \sqrt[n]{\alpha^2} + \ldots + b_{n-1} \sqrt[n]{\alpha^{n-1}}$$

Durch wirkliche Ausführung der Multiplikation der beiden obigen Faktoren erhält man ein Resultat von der Form

$$Y_0 + Y_1 \sqrt[n]{\alpha} + Y_2 \sqrt[n]{\alpha^2} + \ldots + Y_{n-1} \sqrt[n]{a^{n-1}}$$

wo jede der Größen „Y" jede der Größen „y" in der ersten Potenz enthält. Damit nun dieses Resultat der Multiplikation mit dem Zähler des gegebenen Bruches

$$b_0 + b_1 \sqrt[n]{\alpha} + b_2 \sqrt[n]{\alpha^2} + \ldots + b_{n-1} \sqrt[n]{\alpha^{n-1}}$$

vollkommen, wie erforderlich übereinstimmt — müssen die Gleichungen

$$Y_0 = b_0; \quad Y_1 = b_1; \quad \text{u. f. w.} \quad Y_{n-1} = b_{n-1}$$

erfüllt werden. Aus diesen n Gleichungen hat man die Werthe der n Größen „y" darzustellen, welches keiner theoretischen Schwierigkeit unterliegt, da alle Gleichungen die Unbekannten „y" nur in der ersten Potenz enthalten. Ist dieses geschehen, so erhält man durch Einführung der Größen „y" in den Ausdruck

$$y_0 + y_1 \sqrt[n]{\alpha} + y_2 \sqrt[n]{\alpha^2} + \ldots y_{n-1} \sqrt[n]{\alpha^{n-1}}$$

einen dem Bruch p gleichen Werth ohne **irrationalen** Nenner.

Beispiel:

Wir wählen den schon oben behandelten Bruch

$$p = \frac{4 + \sqrt[3]{2} + 5 \sqrt[3]{4}}{1 + 3 \sqrt[3]{2} + 2 \sqrt[3]{4}}$$

als Beispiel und setzen

$$\frac{4 + \sqrt[3]{2} + 5\sqrt[3]{4}}{1 + 3\sqrt[3]{2} + 2\sqrt[3]{4}} = x + y\sqrt[3]{2} + z\sqrt[3]{4}$$

Multiplicirt man diese Gleichung auf beiden Seiten mit

$$1 + 3\sqrt[3]{2} + 2\sqrt[3]{4}$$

so ergiebt sich

$$4 + \sqrt[3]{2} + 5\sqrt[3]{4} = \left(1 + 3\sqrt[3]{2} + 2\sqrt[3]{4}\right)\left(x + y\sqrt[3]{2} + z\sqrt[3]{4}\right)$$

oder nach Ausführung der Multiplikation

$$4 + \sqrt[3]{2} + 5\sqrt[3]{4} = x + 4y + 6z + (3x + y + 4z)\sqrt[3]{2}$$
$$+ (2x + 3y + z)\sqrt[3]{4}$$

Für die Uebereinstimmung beider Seiten ist erforderlich, daß die Gleichungen

$$x + 4y + 6z = 4$$
$$3x + y + 4z = 1$$
$$2x + 3y + z = 5$$

erfüllt werden. — Aus letzteren drei Gleichungen findet man für x, y, z die Werthe

$$\dot{x} = \frac{20}{51}; \quad y = \frac{79}{51}; \quad z = -\frac{22}{51}$$

so daß man also erhält

$$\frac{4 + \sqrt[3]{2} + 5\sqrt[3]{4}}{1 + 3\sqrt[3]{2} + 2\sqrt[3]{4}} = \frac{20}{51} + \frac{79}{51}\sqrt[3]{2} - \frac{22}{51}\sqrt[3]{4}$$
$$= \frac{20 + 79\sqrt[3]{2} - 22\sqrt[3]{4}}{51}$$

Es würde ganz dasselbe Resultat erhalten werden, wenn man den Bruch

$$\frac{4 + \sqrt[3]{2} + 5\sqrt[3]{4}}{1 + 3\sqrt[3]{2} + 2\sqrt[3]{4}}$$

im Zähler und Nenner mit dem oben gefundenen Faktor

$$- 11 + 5\sqrt[3]{2} + 7\sqrt[3]{4}$$

multiplicirt hätte.

———

Wir wenden uns nun zu dem verwickelteren

Problem,

den Nenner eines Bruches rational zu machen, wenn in demselben sich zweierlei nicht auf einander zurückführ= bare irrationale Größen befinden.

Der einzuschlagende Weg der Auflösung wird sich am deutlich=
sten an einem Beispiele zeigen lassen; auch würde die allgemeine
Durchführung dieses und allgemeinerer Fälle die vom Verfasser sich
gestellten Grenzen erheblich überschreiten.

Aufgabe:

Den Nenner des Bruches

$$p = \frac{1 + \sqrt{3} + \sqrt[3]{2}}{1 + \sqrt{3} + \left(2 - \sqrt{3}\right)\sqrt[3]{2} + \left(3 + 2\sqrt{3}\right)\sqrt[3]{4}}$$

in eine Rationalzahl zu verwandeln.

Erste Auflösung.

Man multiplicire den vorgelegten Bruch im Zähler und Nenner
mit der Größe

$$1 + x\sqrt[3]{2} + y\sqrt[3]{4}$$

so ergiebt sich nach Ausführung der Multiplikation als Zähler des
Bruches

$$1 + \sqrt{3} + 2y + \left(1 + x + x\sqrt{3}\right)\sqrt[3]{2} + \left(x + y + y\sqrt{3}\right)\sqrt[3]{4}$$

und als Nenner

$$1 + \sqrt{3} + \left(6 + 4\sqrt{3}\right)x + \left(4 - 2\sqrt{3}\right)y$$
$$+ \left\{2 - \sqrt{3} + \left(1 + \sqrt{3}\right)x + \left(6 + 4\sqrt{3}\right)y\right\}\sqrt[3]{2}$$
$$+ \left\{3 + 2\sqrt{3} + \left(2 - \sqrt{3}\right)x + \left(1 + \sqrt{3}\right)y\right\}\sqrt[3]{4}$$

Jetzt disponire man über die beiden bis dahin unbestimmten
Größen x und y dergestalt, daß die beiden Irrationalzahlen $\sqrt[3]{2}$
und $\sqrt[3]{4}$ aus dem Nenner verschwinden. Letzteres geschieht durch
Verschwinden ihrer Faktoren. Es sei also

$$2 - \sqrt{3} + x\left(1 + \sqrt{3}\right) + y\left(6 + 4\sqrt{3}\right) = 0$$
$$3 + 2\sqrt{3} + x\left(2 - \sqrt{3}\right) + y\left(1 + \sqrt{3}\right) = 0$$

Aus diesen beiden Gleichungen erhält man für x und y in
ihrer einfachsten Gestalt die folgenden irrationalen Werthe

$$x = \frac{43 + 23\sqrt{3}}{4}$$

$$y = - \frac{2 + 9\sqrt{3}}{4}$$

Setzt man nun diese beiden Werthe in die obigen beiden Aus=
drücke für den Zähler und Nenner des Bruches p ein, so erhält
man als Zähler:

$$-\frac{7}{2}\sqrt{3} + \frac{58 + 33\sqrt{3}}{2}\cdot\sqrt[3]{2} + \frac{7 + 6\sqrt{3}}{2}\cdot\sqrt[3]{4}$$

und als Nenner:

$$\frac{292 + 141\sqrt{3}}{2}$$

Der Werth des Bruches p ist demnach gleich

$$\frac{-7\sqrt{3} + (58 + 33\sqrt{3})\cdot\sqrt[3]{2} + (7 + 6\sqrt{3})\cdot\sqrt[3]{4}}{292 + 141\sqrt{3}}$$

Auf dem eben angegebenen Wege hat man zuerst dem Nenner des vorgelegten Bruches die beiden irrationalen Zahlen $\sqrt[3]{2}$ und $\sqrt[3]{4}$ genommen. Die $\sqrt{3}$ schafft man nun leicht dadurch weg, daß man im Zähler und Nenner mit

$$292 - 141\sqrt{3}$$

multiplicirt. Hierdurch ergiebt sich:

$$p =$$

$$\frac{2961 - 2044\sqrt{3} + (2977 + 1458\sqrt{3})\sqrt[3]{2} + (-494 + 765\sqrt{3})\sqrt[3]{4}}{25621}$$

Zweite Auflösung.

Man ändere den vorgelegten Bruch

$$p = \frac{1 + \sqrt{3} + \sqrt[3]{2}}{1 + \sqrt{3} + (2 - \sqrt{3})\sqrt[3]{2} + (3 + 2\sqrt{3})\sqrt[3]{4}}$$

in folgenden um:

$$p = \frac{1 + \sqrt[3]{2} + \sqrt{3}}{1 + 2\sqrt[3]{2} + 3\sqrt[3]{4} + (1 - \sqrt[3]{2} + 2\sqrt[3]{4})\sqrt{3}}$$

und multiplicire nun im Zähler und im Nenner, um die $\sqrt{3}$ aus dem Nenner zu entfernen, mit der Größe

$$1 + 2\sqrt[3]{2} + 3\sqrt[3]{4} - (1 - \sqrt[3]{2} + 2\sqrt[3]{4})\sqrt{3}$$

so erhält man nach Ausführung der angezeigten Multiplikationen als Zähler:

$$4 + 6\sqrt[3]{2} - \sqrt[3]{4} + (-4 + 2\sqrt[3]{2} + 2\sqrt[3]{4})\sqrt{3}$$

und als Nenner:

$$46 + 4\sqrt[3]{2} - 5\sqrt[3]{4}$$

Es hat sich also jetzt der vorgelegte Bruch

$$p = \frac{1 + \sqrt{3} + \sqrt[3]{2}}{1 + \sqrt{3} + (2 - \sqrt{3})\sqrt[3]{2} + (3 + 2\sqrt{3})\sqrt[3]{4}}$$

in den folgenden verwandelt:

$$p = \frac{4 + 6\sqrt[3]{2} - \sqrt[3]{4} + (-4 + 2\sqrt[3]{2} + 2\sqrt[3]{4})\sqrt{3}}{46 + 4\sqrt[3]{2} - 5\sqrt[3]{4}}$$

Um nun die irrationalen Zahlen $\sqrt[3]{2}$ und $\sqrt[3]{4}$ aus dem Nenner wegzuschaffen, bilde man eine solche Größe

$$1 + x\sqrt[3]{2} + y\sqrt[3]{4}$$

daß das Produkt

$$(46 + 4\sqrt[3]{2} - 5\sqrt[3]{4})(1 + x\sqrt[3]{2} + y\sqrt[3]{4}) = P$$

eine Rationalzahl wird. — Durch wirkliche Ausführung der Multiplikation erhält man aber

$$P = 46 - 10x + 8y + (4 + 46x - 10y)\sqrt[3]{2} + (-5 + 4x + 46y)\sqrt[3]{4}$$

Setzt man nun

$$4 + 46x - 10y = 0$$
$$-5 + 4x + 46y = 0$$

oder

$$x = -\frac{67}{1078}\,;\; y = \frac{123}{1078}$$

so reducirt sich die Größe P auf:

$$P = \frac{25621}{539}$$

Man ersieht aus dem Vorhergehenden, daß der gegebene Bruch „p" durch Multiplikation mit

$$1078 - 67\sqrt[3]{2} + 123\sqrt[3]{4}$$

im Zähler und Nenner seinen irrationalen Nenner verliert. — Durch wirkliche Ausführung dieser Multiplikation ergiebt sich endlich:

$$p = \frac{5922 + 5954\sqrt[3]{2} - 988\sqrt[3]{4} + (-4088 + 2916\sqrt[3]{2} + 1530\sqrt[3]{4})\sqrt{3}}{51242}$$

Dieser Bruch ist nur durch 2 zu heben, damit das auf dem zweiten Wege erhaltene Resultat mit dem zuerst gefundenen vollständig übereinstimmt.

Aufgabe.

Den Nenner des Bruches

$$p = \frac{1 + \sqrt{2} + \sqrt[3]{3 - \sqrt{2}}}{1 + \sqrt{2}\,\sqrt[3]{3 - \sqrt{2}} + (1 + \sqrt{2})\sqrt[3]{(3 - \sqrt{2})^2}}$$

in eine Rationalzahl zu verwandeln.

Auflösung.

In diesem Falle enthält der Nenner dritte Wurzeln aus irra=
tionalen Zahlen, welche von der Irrationalzahl $\sqrt{2}$ abhängig sind;
außer in diesen dritten Wurzeln kommt noch die Zahl $\sqrt{2}$ in den
Faktoren der dritten Wurzeln vor. Das Verfahren des Rational=
machens vom Nenner bleibt auch in diesem verwickelteren Falle dem
früheren ganz ähnlich.

Man multiplicire nämlich den gegebenen Bruch

$$p = \frac{1 + \sqrt{2} + \sqrt[3]{3 - \sqrt{2}}}{1 + \sqrt{2}\,\sqrt[3]{3 - \sqrt{2}} + (1 + \sqrt{2})\sqrt[3]{(3 - \sqrt{2})^2}}$$

im Zähler und Nenner mit der Größe

$$1 + x\sqrt[3]{3 - \sqrt{2}} + y\sqrt[3]{(3 - \sqrt{2})^2} = s$$

und bestimme die beiden Größen x und y dergestalt, daß aus dem
Nenner nach erfolgter Multiplikation die beiden Haupt=Irrational=
zahlen $\sqrt[3]{3 - \sqrt{2}}$ und $\sqrt[3]{(3 - \sqrt{2})^2}$ verschwinden.

Multiplicirt man den Nenner des gegebenen Bruches wirklich
mit der Größe s, so erhält man:

$$\left\{ 1 + \sqrt{2}\,\sqrt[3]{3 - \sqrt{2}} + (1 + \sqrt{2})\sqrt[3]{(3 - \sqrt{2})^2} \right\}$$

$$\left\{ 1 + x\sqrt[3]{3 - \sqrt{2}} + y\sqrt[3]{(3 - \sqrt{2})^2} \right\}$$

$$= 1 + x(1 + 2\sqrt{2}) + y(-2 + 3\sqrt{2})$$

$$+ \left\{ \sqrt{2} + x + y(1 + 2\sqrt{2}) \right\}\sqrt[3]{3 - \sqrt{2}}$$

$$+ \left\{ 1 + \sqrt{2} + x\sqrt{2} + y \right\}\sqrt[3]{(3 - \sqrt{2})^2}$$

Setzt man nun

$$\sqrt{2} + x + y\,(1 + 2\sqrt{2}) = 0$$
$$1 + \sqrt{2} + x\sqrt{2} + y = 0$$

so erhält man für x und y die beiden folgenden „einfach irra=tionalen" Werthe:

$$x = -\frac{11 + \sqrt{2}}{7}$$

$$y = \frac{-5 + 4\sqrt{2}}{7}$$

Hieraus folgt nun leicht, daß der vorgelegte Bruch p im Zähler und Renner mit

$$7 - (11 + \sqrt{2})\sqrt[3]{3 - \sqrt{2}} + (4\sqrt{2} - 5)\sqrt[3]{(3 - \sqrt{2})^2}$$

zu multipliciren ist, damit seinem Renner die beiden irrationalen Größen $\sqrt[3]{3 - \sqrt{2}}$ und $\sqrt[3]{(3 - \sqrt{2})^2}$ genommen werden. Nach Ausführung der angezeigten Multiplikationen ergiebt sich in der That:

$$p = \frac{24\sqrt{2} - 16 - (6 + 12\sqrt{2})\sqrt[3]{3 - \sqrt{2}} - (8 + 2\sqrt{2})\sqrt[3]{(3 - \sqrt{2})^2}}{26 - 46\sqrt{2}}$$

oder nachdem im Zähler und Renner mit (-2) dividirt ist:

$$p = \frac{8 - 12\sqrt{2} + (3 + 6\sqrt{2})\sqrt[3]{3 - \sqrt{2}} + (4 + \sqrt{2})\sqrt[3]{(3 - \sqrt{2})^2}}{23\sqrt{2} - 13}$$

Diesem Bruch giebt man nun dadurch leicht die gewünschte Form, daß man Zähler und Renner mit

$$23\sqrt{2} + 13$$

multiplicirt. Es folgt dann endlich:

$$p = \frac{28\sqrt{2} - 448 + (315 + 147\sqrt{2})\sqrt[3]{3 - \sqrt{2}} + (98 + 105\sqrt{2})\sqrt[3]{(3 - \sqrt{2})^2}}{889}$$

und nachdem Zähler und Renner dieses Bruches durch 7 dividirt sind:

$$p = \frac{-64 + 4\sqrt{2} + (45 + 21\sqrt{2})\sqrt[3]{3 - \sqrt{2}} + (14 + 15\sqrt{2})\sqrt[3]{(3 - \sqrt{2})^2}}{127}$$

Die hier behandelten Beispiele werden ausreichen, selbst in verwickelteren Fällen algebraischer Zusammensetzungen des Nenners, dem Leser die nöthige Aufklärung über das Rationalmachen der Nenner gebrochener algebraischer Ausdrücke zu gewähren.

Fünfzehnter Abschnitt.

Ueber die Kettenbrüche.

Erklärung.

Ein Kettenbruch ist ein Bruch, dessen Nenner eine Summe ist aus einer ganzen Zahl und einem Bruch, dessen Nenner wieder eine Summe ist aus einer ganzen Zahl und einem Bruch, dessen Nenner u. s. w.

Die Form eines begrenzten Kettenbruches würde hiernach sein

$$\cfrac{b_1}{a_1 + \cfrac{b_2}{a_2 + \cfrac{b_3}{a_3 + \ldots + \cfrac{b_n}{a_n}}}}$$

Für die Folge soll jedoch angenommen werden, daß sämmtliche Zähler b_1, b_2, b_3, $\ldots b_n$ der Einheit gleich sind. Wir haben demnach nur mit Kettenbrüchen von der folgenden Form zu thun

$$\cfrac{1}{a_1 + \cfrac{1}{a_2 + \cfrac{1}{a_3 + \ldots + \cfrac{1}{a_n}}}}$$

Geht der Kettenbruch ohne abzubrechen ins Unendliche fort, so nennt man ihn einen unendlichen Kettenbruch. Die in dem Kettenbruch vorkommenden Ganzen a_1, a_2, a_3, $\ldots a_n$ nennt man die Quotienten des Kettenbruchs. Kehren bei einem unendlichen Kettenbruch dieselben Quotienten in derselben Reihenfolge wieder, so heißt der Kettenbruch „ein periodischer Kettenbruch."

Periodische Kettenbrüche sind zum Beispiel die folgenden

$$\cfrac{1}{2+\cfrac{1}{2+\cfrac{1}{2+\ldots}}} \quad \text{oder} \quad \cfrac{1}{2+\cfrac{1}{3+\cfrac{1}{2+\cfrac{1}{3+\cfrac{1}{2+\cfrac{1}{3+\ldots}}}}}}$$

Aufgabe.

Jeden gewöhnlichen Bruch in einen Kettenbruch zu verwandeln.

Soll der ächte Bruch

$$\frac{A}{B}$$

in einen Kettenbruch verwandelt werden, so schreibe man denselben

$$\frac{A}{B} = \cfrac{1}{\left(\cfrac{B}{A}\right)}$$

Da $B > A$, so muß $\frac{B}{A}$ eine oder mehrere Einheiten enthalten. Es sei das größte in $\frac{B}{A}$ enthaltene Ganze gleich a_1 und r_1 der Divisionsrest, so ist

$$\frac{B}{A} = a_1 + \frac{r_1}{A}, \text{ wo } r_1 < A$$

Man erhält daher

$$\frac{A}{B} = \cfrac{1}{a_1+\cfrac{r_1}{A}} = \cfrac{1}{a_1+\cfrac{1}{\left(\cfrac{A}{r_1}\right)}}$$

Da $A > r_1$, so muß $\frac{A}{r_1}$ eine oder mehrere Einheiten enthalten. Ist a_2 das größte in $\frac{A}{r_1}$ enthaltene Ganze und r_2 der Divisionsrest, so wird

$$\frac{A}{r_1} = a_2 + \frac{r_2}{r_1}, \text{ wo } r_2 < r_1$$

Daher ergiebt sich

$$\frac{A}{B} = \cfrac{1}{a_1 + \cfrac{1}{a_2 + \cfrac{r_2}{r_1}}}$$

Auf dieselbe Weise kann man die Entwickelung fortsetzen. Da die Divisionsreste r_1, r_2, u. s. w. ganze Zahlen sind, die fortwährend kleiner werden, so tritt entweder der Fall ein, daß ein Divisionsrest in dem vorhergehenden Divisionsrest aufgeht — oder daß ein Divisionsrest gleich der Einheit wird und demgemäß auch in dem vorhergehenden Divisionsrest aufgeht. Der Kettenbruch, durch welchen sich ein ächter Bruch darstellen läßt, bricht daher stets ab, oder derselbe ist ein begrenzter Kettenbruch.

Des Beispiels wegen mag der ächte Bruch

$$\frac{301}{477}$$

in einen Kettenbruch entwickelt werden.

Man erkennt leicht die Art und Weise dieser Entwickelung aus dem folgenden Schema

```
301 : 477 | 1
    301
    ‾‾‾
    176 : 301 | 1
        176
        ‾‾‾
        125 : 176 | 1
            125
            ‾‾‾
             51 : 125 | 2
                102
                ‾‾‾
                 23 : 51 | 2
                     46
                     ‾‾
                      5 : 23 | 4
                         20
                         ‾‾
                          3 : 5 | 1
                             3
                             ‾
                              2 : 3 | 1
                                 2
                                 ‾
                                  1 : 2 | 2
                                     2
                                     ‾
                                     0
```

Aus diesem Schema ergiebt sich nun der folgende Kettenbruch

$$\frac{301}{477} = \cfrac{1}{1 + \cfrac{1}{1 + \cfrac{1}{1 + \cfrac{1}{2 + \cfrac{1}{2 + \cfrac{1}{4 + \cfrac{1}{1 + \cfrac{1}{1 + \cfrac{1}{2}}}}}}}}}$$

Umgekehrt kann man jeden begrenzten Kettenbruch in einen gewöhnlichen Bruch verwandeln.

Soll z. B. der Kettenbruch

$$K = \cfrac{1}{2 + \cfrac{1}{3 + \cfrac{1}{4 + \cfrac{1}{5}}}}$$

in einen gewöhnlichen Bruch verwandelt werden, so fange man die Reduktion bei dem letzten Bruch an und bilde nach und nach

$$4 + \frac{1}{5} = \frac{21}{5}; \quad \frac{1}{\left(\frac{21}{5}\right)} = \frac{5}{21}$$

$$3 + \frac{5}{21} = \frac{68}{21}; \quad \frac{1}{\left(\frac{68}{21}\right)} = \frac{21}{68}$$

$$2 + \frac{21}{68} = \frac{157}{68}; \quad \frac{1}{\left(\frac{157}{68}\right)} = \frac{68}{157}$$

Aus diesem Schema ergiebt sich nun

$$K = \cfrac{1}{2 + \cfrac{1}{3 + \cfrac{1}{4 + \cfrac{1}{5}}}} = \frac{68}{157}$$

Lehrsatz.

Ein Bruch, welcher aus einem Kettenbruch durch Reduktion entstanden ist — läßt sich nicht mehr durch Heben vereinfachen.

Beweis:

Wenn der Bruch $\frac{\alpha}{\beta}$ sich nicht mehr heben läßt, so kann auch der durch Reduktion des Bruches

$$\frac{1}{a + \dfrac{\alpha}{\beta}}$$

entstandene Bruch

$$\frac{\beta}{a\beta + \alpha}$$

sich nicht mehr heben lassen. Denn ließen sich Zähler und Nenner des letzteren Bruches durch m theilen, so müßte m zu gleicher Zeit Theiler von β und $a\beta + \alpha$ sein, — also müßte m auch Theiler von α sein gegen die Voraussetzung, nach welcher α und β keinen gemeinschaftlichen Theiler besitzen. Eben so wenig hat der durch Reduktion des Bruches

$$\frac{1}{a + \dfrac{1}{b + \dfrac{\alpha}{\beta}}}$$

entstandene Bruch einen seinem Zähler und Nenner gemeinschaft= lichen Theiler, weil sonst der Bruch

$$\frac{\beta}{b\beta + \alpha}$$

sich heben ließe. Dieses ist aber nicht der Fall, so lange α und β sich nicht heben lassen. —

Auf diese Weise kann man fortfahren und allgemein nach= weisen, daß der durch Reduktion des Bruchs

$$\frac{1}{a_1 + \dfrac{1}{a_2 + \dfrac{1}{a_3 + \dots \; + \dfrac{1}{a_m + \dfrac{\alpha}{\beta}}}}}$$

entstandene Bruch nicht gehoben werden kann, sobald der Bruch $\frac{\alpha}{\beta}$ durch Heben nicht vereinfacht wird.

Also, da in dem Kettenbruch

$$\cfrac{1}{a_1 + \cfrac{1}{a_2 + \cfrac{1}{a_3 + \ldots + \cfrac{1}{a_n}}}}$$

der Bruch $\dfrac{1}{a_n}$ nicht durch Heben vereinfacht werden kann — läßt der durch Reduktion des Kettenbruches entstandene Bruch sich nicht heben.

———

Ist der Kettenbruch

$$K = \cfrac{1}{a_1 + \cfrac{1}{a_2 + \cfrac{1}{a_3 + \ldots + \cfrac{1}{a_n}}}}$$

gegeben, so nennt man die Kettenbrüche

$$\frac{1}{a_1} \;;\; \cfrac{1}{a + \cfrac{1}{a_2}} \;;\; \cfrac{1}{a_1 + \cfrac{1}{a_2 + \cfrac{1}{a_3}}} \;;\; \text{u. f. w.}$$

Näherungsbrüche des gegebenen Kettenbruchs. —

Der m^{te} Näherungsbruch ist derjenige von diesen Näherungsbrüchen, dessen letzter Nenner gleich dem m^{ten} Quotienten des gegebenen Kettenbruchs ist.

Von dem vorher gegebenen Kettenbruch

$$K = \cfrac{1}{2 + \cfrac{1}{3 + \cfrac{1}{4 + \cfrac{1}{5}}}}$$

ist der erste Näherungsbruch gleich $\dfrac{1}{2}$

    "   "   zweite   "   "   " $\dfrac{3}{7}$

    "   "   dritte   "   "   " $\dfrac{13}{30}$

    "   "   vierte   "   "   " $\dfrac{68}{157}$

Diese Näherungsbrüche sind abwechselnd größer und kleiner als der Werth des ganzen Kettenbruchs. — Denn man findet, daß der erste Nenner des vollen Kettenbruchs, nämlich

$$a_1 + \cfrac{1}{a_2 + \cfrac{1}{a_3 + \ldots \atop \qquad + \cfrac{1}{a_n}}} > a_1$$

sein muß. Daher wird

$$K < \frac{1}{a_1} \quad \text{oder} \quad \frac{1}{a_1} > K$$

sein. — Ferner ist der zweite Nenner des Kettenbruchs

$$a_2 + \cfrac{1}{a_3 + \ldots \atop \qquad + \cfrac{a}{a_n}} > a_2$$

Daher ist

$$a_1 + \cfrac{1}{a_2 + \cfrac{1}{a_3 + \ldots \atop \qquad + \cfrac{1}{a_n}}} < a_1 + \cfrac{1}{a_2}$$

oder

$$\cfrac{1}{a_1 + \cfrac{1}{a_2 + \cfrac{1}{a_3 + \ldots \atop \qquad + \cfrac{1}{a_n}}}} > \cfrac{1}{a_1 + \cfrac{1}{a_2}}$$

Der ganze Kettenbruch ist daher größer als der zweite Näherungsbruch oder der zweite Näherungsbruch kleiner als der ganze Kettenbruch, also

$$\cfrac{1}{a_1 + \cfrac{1}{a_2}} < K$$

Auf ähnliche Weise findet man, daß

$$\cfrac{1}{a_2 + \cfrac{1}{a_3}} < \cfrac{1}{a_2 + \cfrac{1}{a_3 + \cfrac{1}{a_4 + \cdots + \cfrac{1}{a_n}}}}$$

sein muß oder

$$a_1 + \cfrac{1}{a_2 + \cfrac{1}{a_3}} < a_1 + \cfrac{1}{a_2 + \cfrac{1}{a_3 + \cdots + \cfrac{1}{a_n}}}$$

d. h.

$$\cfrac{1}{a_1 + \cfrac{1}{a_2 + \cfrac{1}{a_3}}} > K$$

u. f. f.

Man bezeichne nun die Näherungsbrüche des Kettenbruchs

$$K = \cfrac{1}{a_1 + \cfrac{1}{a_2 + \cfrac{1}{a_3 + \cdots + \cfrac{1}{a_n}}}}$$

der Reihe nach durch

$$\frac{Z_1}{N_1}; \ \frac{Z_2}{N_2}; \ \frac{Z_3}{N_3}; \ \cdots \ \frac{Z_n}{N_n}$$

Der letzte dieser Brüche $\frac{Z_n}{N_n}$ ist gleich dem Werthe des gege=
benen Kettenbruchs K. Um aus diesem letzten Bruch den Ketten=
bruch rückwärts darzustellen, dividire man nach und nach

Z_n in N_n; der Quotient ist a_1; der Rest sei r_1
r_1 in Z_n; „ „ „ a_2; „ „ „ r_2
r_2 in r_1; „ „ „ a_3; „ „ „ r_3

u. f. w.

so muß fein

$$\left.\begin{aligned}
N_n &= a_1\,Z_n + r_1 \\
Z_n &= a_2\,r_1 + r_2 \\
r_1 &= a_3\,r_2 + r_3 \\
r_2 &= a_4\,r_3 + r_4 \\
&\text{u. f. w.} \\
r_{m-2} &= a_m\,r_{m-1} + r_m \\
&\text{u. f. w.}
\end{aligned}\right\} 1.$$

Der n^{te} Reſt r_n muß gleich Null ſein, der $(n-1)^{\text{te}}$ Reſt gleich der Einheit. Denn wäre r_n nicht gleich Null, ſo würde der Ketten=bruch mehr als n Quotienten haben, was gegen die Vorausſetzung iſt. Würde ferner r_{n-1} eine andere Zahl als die Einheit ſein, ſo müßte dieſe Zahl Theiler aller Reſte r_{n-2}, r_{n-3}, $\ldots r_1$ ſein, wie man aus den vorliegenden Gleichungen überſieht, folglich müßte ſie auch Theiler von

$$Z_n = a_2\,r_1 + r_2$$

und daher Theiler von

$$N_n = a_1\,Z_n + r_1$$

ſein. Der Bruch $\dfrac{Z_n}{N_n}$ ließe ſich alſo durch r_{n-1} heben, was nach einem früheren Satze nicht möglich iſt, da dieſer Bruch durch Re=duktion des Kettenbruches

$$K = \cfrac{1}{a_1 + \cfrac{1}{a_2 + \cfrac{1}{a_3 + \ldots + \cfrac{1}{a_n}}}}$$

entſtanden iſt. — Alſo muß

$$r_n = 0 \text{ und } r_{n-1} = 1$$

ſein.

Führt man nun die Bildung der erſten Näherungsbrüche des gegebenen Kettenbruches K aus, ſo erhält man

$$\frac{Z_1}{N_1} = \frac{1}{a_1}$$

$$\frac{Z_2}{N_2} = \frac{a_2}{a_1\,a_2 + 1}$$

$$\frac{Z_3}{N_3} = \frac{a_2\,a_3 + 1}{a_1\,a_2\,a_3 + a_3 + a_1}$$

$$\frac{Z_4}{N_4} = \frac{a_2\,a_3\,a_4 + a_4 + a_2}{a_1\,a_2\,a_3\,a_4 + a_3\,a_4 + a_1\,a_4 + a_1\,a_2 + 1}$$

$$\frac{Z_5}{N_5} = \frac{a_2\,a_3\,a_4\,a_5 + a_4\,a_5 + a_2\,a_5 + a_2\,a_3 + 1}{a_1\,a_2\,a_3\,a_4\,a_5 + a_3\,a_4\,a_5 + a_1\,a_4\,a_5 + a_1\,a_2\,a_5 + a_5 + a_1\,a_2\,a_3 + a_3 + a_1}$$

u. f. w.

Man findet bei allen diesen Näherungsbrüchen nur einfache Summen-Verbindungen aus Produkten der Quotienten des Kettenbruches, während Quadrate oder höhere Potenzen dieser Quotienten nicht vorkommen. Es erscheinen ferner im Zähler und Nenner des dritten Näherungsbruches nur die drei ersten Quotienten; im vierten Näherungsbruch die vier ersten Quotienten. Man wird daher auf die Vermuthung geführt, daß der m^{te} Näherungsbruch sowohl im Zähler als auch im Nenner die erste Potenz von a_m enthalten wird. Um dieses zu beweisen, nehmen wir vorläufig an, daß

$$\frac{Z_m}{N_m} = \frac{A_m\, a_m + B_m}{A'_m\, a_m + B'_m}$$

ist, wo die Größen A_m, B_m, A'_m, B'_m den m^{ten} Quotienten a_m nicht mehr enthalten. Dann ergiebt sich der $(m+1)^{te}$ Näherungsbruch, indem man in den m^{ten} Näherungsbruch anstatt a_m den Werth $a_m + \dfrac{1}{a_{m+1}}$ einsetzt. Ist also die obige Form für den m^{ten} Näherungsbruch richtig, so ergiebt sich für den $(m+1)^{ten}$ Näherungsbruch die Form

$$\frac{Z_{m+1}}{N_{m+1}} = \frac{A_m\left(a_m + \dfrac{1}{a_{m+1}}\right) + B_m}{A'_m\left(a_m + \dfrac{1}{a_{m+1}}\right) + B'_m}$$

oder nach erfolgter Reduktion

$$\frac{Z_{m+1}}{N_{m+1}} = \frac{A_m\,(a_m\, a_{m+1} + 1) + B_m\, a_{m+1}}{A'_m\,(a_m\, a_{m+1} + 1) + B'_m\, a_{m+1}}, \ \ \text{d. i.}$$

$$\frac{Z_{m+1}}{N_{m+1}} = \frac{(A_m\, a_m + B_m)\, a_{m+1} + A_m}{(A'_m\, a_m + B'_m)\, a_{m+1} + A'_m}$$

Die Größen

$$A_m\, a_m + B_m;\ \ A_m;\ \ A'_m\, a_m + B'_m;\ \ A'_m$$

enthalten den $(m+1)^{ten}$ Quotienten a_{m+1} nicht mehr und man sieht, daß wenn die Form

$$\frac{Z_m}{N_m} = \frac{A_m\, a_m + B_m}{A'_m\, a_m + B'_m}$$

für ein beliebiges m gilt, sie auch für $m+1$ richtig sein muß. Da sie aber für $m = 1, 2, 3, 4, 5$ gültig ist, so muß sie zunächst für $m = 6$, also auch für $m = 7$ u. s. w. richtig sein. — Setzt man nun in der Gleichung

$$\frac{Z_m}{N_m} = \frac{A_m\, a_m + B_m}{A'_m\, a_m + B'_m}$$

an Stelle des Buchstaben m überall $(m+1)$, so erhält man

$$\frac{Z_{m+1}}{N_{m+1}} = \frac{A_{m+1}\, a_{m+1} + B_{m+1}}{A'_{m+1}\, a_{m+1} + B'_{m+1}}$$

Da dieser Ausdruck mit dem oben gefundenen

$$\frac{Z_{m+1}}{N_{m+1}} = \frac{(A_m\, a_m + B_m)\, a_{m+1} + A_m}{(A'_m\, a_m + B'_m)\, a_{m+1} + A'_m}$$

vollständig übereinstimmen muß, so erhält man

$$A_{m+1} = A_m\, a_m + B_m \quad . \quad B_{m+1} = A_m$$
$$A'_{m+1} = A'_m\, a_m + B'_m \quad , \quad B'_{m+1} = A'_m$$

Da ferner Z_m, N_m und $A_m\, a_m + B_m$, $A'_m\, a_m + B'_m$ ganze Zahlen sind, die sich nicht mehr heben lassen, so muß man

$$Z_m = A_m\, a_m + B_m$$
$$N_m = A'_m\, a_m + B'_m$$

erhalten — folglich da

$$A_{m+1} = A_m\, a_m + B_m$$
$$A'_{m+1} = A'_m\, a_m + B'_m$$

war — so ergiebt sich

$$Z_m = A_{m+1}$$
$$N_m = A'_{m+1}$$

oder indem man für m immer $(m-1)$ setzt

$$A_m = Z_{m-1}$$
$$A'_m = N_{m-1}$$

Da jetzt ferner

$$B_{m+1} = A_m = Z_{m-1}$$
$$B'_{m+1} = A'_m = N_{m-1}$$

ist, so erhält man, nachdem für m, $(m-1)$ gesetzt ist:

$$B_m = Z_{m-2}$$
$$B'_m = N_{m-2}$$

Setzt man nun in die Gleichungen

$$A_{m+1} = A_m\, a_m + B_m$$
$$A'_{m+1} = A'_m\, a_m + B'_m$$

die Werthe

$$A_{m+1} = Z_m \quad . \quad A_m = Z_{m-1} \quad . \quad B_m = Z_{m-2}$$
$$A'_{m+1} = N_m \quad , \quad A'_m = N_{m-1} \quad , \quad B'_m = N_{m-2}$$

ein, so erhält man die Formeln

$$\left. \begin{aligned} Z_m &= a_m\, Z_{m-1} + Z_{m-2} \\ N_m &= a_m\, N_{m-1} + N_{m-2} \end{aligned} \right\} \; 2.$$

Diese Formeln dienen dazu, aus den Zählern und Nennern des $(m-2)^{\text{ten}}$ und $(m-1)^{\text{ten}}$ Näherungsbruchs mit Hülfe des m^{ten} Quotienten des gegebenen Kettenbruchs den Zähler und den Nenner des m^{ten} Näherungsbruches zu bestimmen.

Da

$$\frac{Z_1}{N_1} = \frac{1}{a_1} \; ; \; \frac{Z_2}{N_2} = \frac{a_2}{a_1 a_2 + 1}$$

und demnach

$$\frac{Z_1 = 1}{N_1 = a_1} \; , \; \frac{Z_2 = a_2}{N_2 = a_1 a_2 + 1}$$

ist, so erhält man, wenn in den Gleichungen

$$Z_m = a_m Z_{m-1} + Z_{m-2}$$
$$N_m = a_m N_{m-1} + N_{m-2}$$

$m = 2$ gemacht wird:

$$a_2 = a_2 \cdot 1 + Z_0$$
$$a_1 a_2 + 1 = a_2 \cdot a_1 + N_0$$

d. h. es sind für Z_0 und N_0 die Werthe zu nehmen

$$Z_0 = 0; \; N_0 = 1$$

Nach diesen Feststellungen wollen wir die weiter oben gegebene m^{te} Restgleichung

$$r_{m-2} = a_m r_{m-1} + r_m$$

mit den beiden Gleichungen

$$Z_m = a_m Z_{m-1} + Z_{m-2}$$
$$N_m = a_m N_{m-1} + N_{m-2}$$

so verbinden, daß der Quotient a_m zweimal herausfällt. Man erhält durch Elimination von a_m die beiden Gleichungen

$$\begin{cases} r_{m-2} Z_{m-1} + r_{m-1} Z_{m-2} = r_{m-1} Z_m + r_m Z_{m-1} \\ r_{m-2} N_{m-1} + r_{m-1} N_{m-2} = r_{m-1} N_m + r_m N_{m-1} \end{cases}$$

Die rechten beiden Seiten dieser Gleichungen ergeben sich aus den betreffenden beiden linken Seiten, indem man statt m die Zahl $(m+1)$ setzt. Daraus folgt, daß man ohne die rechten beiden Seiten zu ändern die Zahl m um beliebig viele Einheiten größer machen kann. Also muß auch sein

$$r_{m-1} Z_m + r_m Z_{m-1} = r_{n-1} Z_n + r_n Z_{n-1}$$
$$r_{m-1} N_m + r_m N_{m-1} = r_{n-1} N_n + r_n N_{n-1}$$

Da nun, wie oben gezeigt war

$$r_n = 0; \; r_{n-1} = 1$$

ist, so ergiebt sich

$$\left. \begin{matrix} r_{m-1} Z_m + r_m Z_{m-1} = Z_n \\ r_{m-1} N_m + r_m N_{m-1} = N_n \end{matrix} \right\} 3.$$

Die erste dieser beiden Gleichungen multiplicire man mit N_m, die zweite mit Z_m und subtrahire, so erhält man

$$r_m [N_m Z_{m-1} - Z_m N_{m-1}] = N_m Z_n - Z_m N_n$$

Eliminirt man jetzt aus den beiden Gleichungen
$$Z_m = a_m Z_{m-1} + Z_{m-2}$$
$$N_m = a_m N_{m-1} + N_{m-2}$$
die Größe a_m, so findet man
$$Z_m N_{m-1} - N_m Z_{m-1} = - [Z_{m-1} N_{m-2} - N_{m-1} Z_{m-2}]$$
Diese Gleichung kann man auch folgendermaßen schreiben:
$$(-1)^m [Z_m N_{m-1} - N_m Z_{m-1}] = (-1)^{m-1} [Z_{m-1} N_{m-2} - N_{m-1} Z_{m-2}]$$

Die rechte Seite dieser Gleichung entsteht aus der linken, indem man daselbst an Stelle von m die Zahl $m - 1$ setzt. Es ergiebt sich durch öftere Benutzung der vorstehenden Gleichung, daß der Ausdruck
$$(-1)^m [Z_m N_{m-1} - N_m Z_{m-1}]$$
für jeden Werth, den man der Zahl m beilegt — dieselbe Größe darstellen muß. Also muß auch sein
$$(-1)^m [Z_m N_{m-1} - N_m Z_{m-1}] = (-1) . [Z_1 N_0 - N_1 Z_0]$$
d. h. da $N_0 = 1$; $Z_1 = 1$; $N_1 = a_1$; $Z_0 = 0$ zu setzen war:
$$(-1)^m [Z_m N_{m-1} - N_m Z_{m-1}] = - 1$$
oder
$$4. \quad N_m Z_{m-1} - Z_m N_{m-1} = (-1)^m$$
Verbindet man diese Gleichung mit der vorher gefundenen
$$r_m [N_m Z_{m-1} - Z_m N_{m-1}] = N_m Z_n - Z_m N_n$$
so erhält man:
$$r_m (-1)^m = N_m Z_n - Z_m N_n$$
oder nach erfolgter Multiplikation mit $(-1)^m$
$$5. \quad r_m = (-1)^m [N_m Z_n - Z_m N_n]$$

Durch diese Gleichung wird der m^{te} Rest r_m durch die Zähler und Nenner des m^{ten} Näherungsbruchs und des ganzen Kettenbruchs dargestellt.

Aus der oben bewiesenen Formel 3.
$$N_m Z_{m-1} - Z_m N_{m-1} = (-1)^m$$
erhält man durch Division mit dem Produkte $N_m N_{m-1}$ die folgende
$$\frac{Z_{m-1}}{N_{m-1}} - \frac{Z_m}{N_m} = \frac{(-1)^m}{N_{m-1} N_m}$$

Da das Produkt $N_{m-1} N_m$ um so größer wird, je größer der Werth von m angenommen wird, so sieht man

daß der Unterschied von zwei auf einander folgenden Näherungsbrüchen um so kleiner wird, je höher dieselben in der Reihe der Näherungsbrüche gelegen sind.

Aus der Formel 4.

$$(-1)^m \, r_m = N_m \, Z_n - Z_m \, N_n$$

erhält man ferner durch Division mit $N_m \, N_n$ die Gleichung:

$$\frac{(-1)^m \, r_m}{N_n \, N_m} = \frac{Z_n}{N_n} - \frac{Z_m}{N_m}$$

Ist m eine gerade Zahl und demnach $(-1)^m = 1$, so findet man aus vorstehender Formel

$$\frac{Z_n}{N_n} > \frac{Z_m}{N_m} \quad \text{oder} \quad \frac{Z_m}{N_m} < \frac{Z_n}{N_n}$$

Ist dagegen m ungerade und daher $(-1)^m = -1$, so er= giebt sich

$$\frac{Z_n}{N_n} < \frac{Z_m}{N_m} \quad \text{oder} \quad \frac{Z_m}{N_m} > \frac{Z_n}{N_n}$$

Man erhält daher das folgende Resultat:

Ein Näherungsbruch $\dfrac{Z_m}{N_m}$ ist größer als der ganze Kettenbruch $\dfrac{Z_n}{N_n}$, wenn m eine ungerade Zahl ist; kleiner dagegen, wenn m eine gerade Zahl ist. Er weicht ferner um so weniger von dem Ketten= bruch $\dfrac{Z_n}{N_n}$ ab, je größer m oder je näher m bei n angenommen wird.

Dividirt man die Gleichung 1.

$$N_m = a_m \, N_{m-1} + N_{m-2}$$

auf beiden Seiten durch N_{m-1}, so erhält man

$$\frac{N_m}{N_{m-1}} = a_m + \frac{N_{m-2}}{N_{m-1}}$$

oder durch Umkehrung der Brüche:

$$\frac{N_{m-1}}{N_m} = \frac{1}{a_m + \dfrac{N_{m-2}}{N_{m-1}}}$$

Auf dieselbe Weise erhält man, indem man für m stets (m—1) setzt:

$$\frac{N_{m-2}}{N_{m-1}} = \cfrac{1}{a_{m-1} + \cfrac{N_{m-3}}{N_{m--2}}}$$

$$\frac{N_{m-3}}{N_{m-2}} = \cfrac{1}{a_{m-2} + \cfrac{N_{m-4}}{N_{m-3}}}$$

u. f. w.

$$\frac{N_2}{N_3} = \cfrac{1}{a_3 + \cfrac{N_1}{N_2}}$$

$$\frac{N_1}{N_2} = \cfrac{1}{a_2 + \cfrac{N_0}{N_1}} = \cfrac{1}{a_2 + \cfrac{1}{a_1}}$$

da $N_0 = 1$, $N_1 = a_1$ zu ſetzen war.

Aus der Verbindung dieſer Gleichungen ergiebt ſich die Ketten=bruchentwickelung:

6. $\dfrac{N_{m-1}}{N_m} = \cfrac{1}{a_m + \cfrac{1}{a_{m-1} + \cfrac{1}{a_{m-2} + \ldots}}}$
$$+ \cfrac{1}{a_3 + \cfrac{1}{a_2 + \cfrac{1}{a_1}}}$$

Setzt man $m = n$, ſo folgt

$\dfrac{N_{n-1}}{N_n} = \cfrac{1}{a_n + \cfrac{1}{a_{n-1} + \cfrac{1}{a_{n-2} + \ldots}}}$
$$+ \cfrac{1}{a_3 + \cfrac{1}{a_2 + \cfrac{1}{a_1}}}$$

Entwickelt man daher einen Bruch, deſſen Zähler gleich dem Nenner des vorletzten Näherungsbruchs von einem gegebenen Kettenbruch und deſſen Nenner gleich dem Nenner des reducirten Kettenbruches iſt — in einen Kettenbruch, ſo erhält man die Quotienten des urſprüng=lich gegebenen Kettenbruchs, aber in umgekehrter Rei=henfolge.

Die bis jetzt in der Theorie der Kettenbrüche entwickelten Formeln sind also die folgenden:

1) $\quad r_{m-2} = a_m\, r_{m-1} + r_m$

2) $\begin{cases} Z_m = a_m\, Z_{m-1} + Z_{m-2} \\ N_m = a_m\, N_{m-1} + N_{m-2} \end{cases}$

3) $\begin{cases} Z_n = r_{m-1}\, Z_m + r_m\, Z_{m-1} \\ N_n = r_{m-1}\, N_m + r_m\, N_{m-1} \end{cases}$

4) $\quad N_m\, Z_{m-1} - Z_m\, N_{m-1} = (-1)^m$

5) $\quad r_m = (-1)^m\, [\, N_m\, Z_n - Z_m\, N_n\,]$

6) $\quad \dfrac{N_{m-1}}{N_m} = \cfrac{1}{a_m + \cfrac{1}{a_{m-1} + \cfrac{1}{a_{m-2} + \cdots \; + \cfrac{1}{a_3 + \cfrac{1}{a_2 + \cfrac{1}{a_1}}}}}}$

Des Beispiels wegen mögen diese Formeln an dem Kettenbruch, welcher durch Entwickelung des Bruchs

$$K = \frac{2647}{4598}$$

gebildet wird, geprüft werden.

Man bilde zunächst den Kettenbruch mit Hülfe des folgenden Schema's

$$2647 : 4598 = 1$$
$$2647$$
$$\overline{1951} : 2647 = 1$$
$$1951$$
$$\overline{696} : 1951 = 2$$
$$1392$$
$$\overline{559} : 696 = 1$$
$$559$$
$$\overline{137} : 559 = 4$$
$$548$$
$$\overline{11} : 137 = 12$$
$$132$$
$$\overline{5} : 11 = 2$$
$$10$$
$$\overline{1} : 5 = 5$$

ſo ergiebt ſich

$$K = \frac{2647}{4598} = \cfrac{1}{1 + \cfrac{1}{1 + \cfrac{1}{2 + \cfrac{1}{1 + \cfrac{1}{4 + \cfrac{1}{12 + \cfrac{1}{2 + \cfrac{1}{5}}}}}}}}$$

Es ist demnach

$$a_1 = 1 ; a_2 = 1 ; a_3 = 2 ; a_4 = 1 ; a_5 = 4 ; a_6 = 12 ; a_7 = 2 ; a_8 = 5$$
$$r_1 = 1951 ; r_2 = 696 ; r_3 = 559 ; r_4 = 137 ; r_5 = 11 ; r_6 = 5 ;$$
$$r_7 = 1 ; r_8 = 0$$

Die Näherungsbrüche lauten

$$\frac{1}{1} , \; \frac{1}{2} , \; \frac{3}{5} , \; \frac{4}{7} , \; \frac{19}{33} , \; \frac{232}{403} , \; \frac{483}{839} , \; \frac{2647}{4598}$$

Daher ist:

$$\begin{array}{ll}
Z_1 = 1 & N_1 = 1 \\
Z_2 = 1 & N_2 = 2 \\
Z_3 = 3 & N_3 = 5 \\
Z_4 = 4 & N_4 = 7 \\
Z_5 = 19 & N_5 = 33 \\
Z_6 = 232 & N_6 = 403 \\
Z_7 = 483 & N_7 = 839 \\
Z_8 = 2647 & N_8 = 4598
\end{array}$$

Zur Prüfung von 2) bilde man:

$$\begin{array}{lll}
Z_5 = a_5 Z_4 + Z_3 ; & 19 = & 4.\;\;4 + 3 \\
Z_6 = a_6 Z_5 + Z_4 ; & 232 = & 12.\;19 + 4 \\
N_5 = a_5 N_4 + N_3 ; & 33 = & 4.\;\;7 + 5 \\
N_6 = a_6 N_5 + N_4 ; & 403 = & 12.\;33 + 7
\end{array}$$

Zur Prüfung von 3) bilde man:

$$\begin{array}{lll}
Z_8 = r_4 Z_5 + r_5 Z_4 ; & 2647 = & 137.\;\;19 + 11.\;\;4 \\
Z_8 = r_5 Z_6 + r_6 Z_5 ; & 2647 = & 11.\,232 + 5.\,19 \\
N_8 = r_4 N_5 + r_5 N_4 ; & 4598 = & 137.\;\;33 + 11.\;\;7 \\
N_8 = r_5 N_6 + r_6 N_5 ; & 4598 = & 11.\,403 + 5.\,33
\end{array}$$

Zur Prüfung von 4) setze man $m = 4, 5, 6, 7$, so ergiebt sich

$$N_4 Z_3 - Z_4 N_3 = (-1)^4; \quad 7 \cdot 3 - 4 \cdot 5 = 1$$
$$N_5 Z_4 - Z_5 N_4 = (-1)^5; \quad 33 \cdot 4 - 19 \cdot 7 = -1$$
$$N_6 Z_5 - Z_6 N_5 = (-1)^6; \quad 403 \cdot 19 - 232 \cdot 33 = 1$$
$$N_7 Z_6 - Z_7 N_6 = (-1)^7; \quad 839 \cdot 232 - 483 \cdot 403 = -1$$

Um 5) zu prüfen, setze man $m = 5, 6$, so folgt

$$r_5 = (-1)^5 [N_5 Z_8 - Z_5 N_8] \text{ d. i.}$$
$$11 = (-1) [33 \cdot 2647 - 19 \cdot 4598] \text{ oder berechnet}$$
$$11 = (-1) [87351 - 87362] = (-1)(-11)$$
$$r_6 = (-1)^6 (N_6 Z_8 - Z_6 N_8) \text{ d. i.}$$
$$5 = 403 \cdot 2647 - 232 \cdot 4598 \text{ oder}$$
$$5 = 1066741 - 1066736$$

Um endlich die Richtigkeit der Formel 6) zu prüfen, setze man $m = 3, 4, 8$, so erhält man

$$\frac{N_2}{N_3} = \cfrac{1}{a_3 + \cfrac{1}{a_2 + \cfrac{1}{a_1}}}$$

oder in Zahlen

$$\frac{2}{5} = \cfrac{1}{2 + \cfrac{1}{1 + \cfrac{1}{1}}} = \cfrac{1}{2 + \cfrac{1}{2}} = \frac{2}{5}$$

Ferner ergiebt sich

$$\frac{N_3}{N_4} = \cfrac{1}{a_4 + \cfrac{1}{a_3 + \cfrac{1}{a_2 + \cfrac{1}{a_1}}}} = \cfrac{1}{a_4 + \cfrac{2}{5}}$$

oder in Zahlen

$$\frac{5}{7} = \cfrac{1}{1 + \cfrac{1}{2 + \cfrac{1}{1 + \cfrac{1}{1}}}} = \cfrac{1}{1 + \cfrac{2}{5}} = \frac{5}{7}$$

Endlich wird

$$\frac{N_7}{N_8} = \cfrac{1}{a_8 + \cfrac{1}{a_7 + \cfrac{1}{a_6 + \cfrac{1}{a_5 + \cfrac{1}{a_4 + \cfrac{1}{a_3 + \cfrac{1}{a_2 + \cfrac{1}{a_1}}}}}}}}$$

oder in Zahlen

$$\frac{839}{4598} = \cfrac{1}{5 + \cfrac{1}{2 + \cfrac{1}{12 + \cfrac{1}{4 + \cfrac{1}{1 + \cfrac{1}{2 + \cfrac{1}{1 + \cfrac{1}{1}}}}}}}} = \cfrac{1}{5 + \cfrac{1}{2 + \cfrac{1}{12 + \cfrac{1}{4 + \cfrac{5}{7}}}}}$$

$$= \cfrac{1}{5 + \cfrac{1}{2 + \cfrac{1}{12 + \cfrac{7}{33}}}} = \cfrac{1}{5 + \cfrac{1}{2 + \cfrac{33}{403}}} = \cfrac{1}{5 + \cfrac{403}{839}} = \frac{839}{4598}$$

Die Theorie der Kettenbrüche läßt sich bei der Bestimmung relativer Längen von Linien sehr vortheilhaft anwenden.

$$A \underset{\cdot}{<} \dots\dots\dots a \dots\dots\dots > A'$$
$$B < \dots\dots b \dots\dots > B'$$

Soll z. B. die relative Länge der Linien $AA' = a$ und $BB' = b$ bestimmt werden, so verfahre man folgendermaßen. Man messe mit der kleineren Linie b die größere a, d. h. man sehe zu, wie oft b sich auf der Linie a abtragen läßt. Gesetzt, dieses könnte n_1 mal geschehen, so wird auf a eine Länge r_1 übrig bleiben, welche kleiner als b ist und daher durch b nicht mehr gemessen werden kann. Umgekehrt aber kann man die Linie b durch den Rest r_1 messen. Geſetzt, die Linie r_1 ließe ſich n_2 mal auf der Linie b abtragen, ſo wird im Allgemeinen auf der Linie b eine Länge r_2 übrig bleiben, welche kleiner als r_1 iſt und daher als Maß von r_1 dienen kann. Läßt ſich die Länge r_2 nun n_3 mal auf der Länge r_1 abtragen, ſo wird auf r_1 im Allgemeinen wieder eine Länge r_3 übrig bleiben, welche kleiner als r_2 iſt u. ſ. f. Nach einigen ähnlichen Operationen wird nun eine dieſer übrig bleibenden Linien entweder ſich eine ganze Anzahl mal auf dem vorhergehenden Linienreſt abtragen laſſen, oder dieſe Linien werden von ſolcher Kleinheit, daß man die Beobachtung nicht weiter treiben kann, man wird daher, wenn n_m der letzte Quotient zweier Linien iſt, der entweder ohne Reſt iſt, oder deſſen Reſt nicht mehr beobachtet werden kann — als relative Länge der Linien a und b den folgenden Kettenbruch erhalten

$$\frac{a}{b} = n_1 + \cfrac{1}{n_2 + \cfrac{1}{n_3 + \cdots + \cfrac{1}{n_m}}}$$

oder umgekehrt

$$\frac{b}{a} = \cfrac{1}{n_1 + \cfrac{1}{n_2 + \cfrac{1}{n_3 + \cdots + \cfrac{1}{n_m}}}}$$

Zu beachten iſt, daß man bei einiger Uebung und ohne Anwendung eines Vergrößerungsglaſes auf dieſe Weiſe die relative Länge zweier Linien ſehr leicht bis auf $\frac{1}{1000}$ des Ganzen genau finden kann.

Kettenbrüche, deren Quotienten alle einander gleich ſind.

Hat ein Kettenbruch n einander gleiche Quotienten, deren jeder gleich a iſt, ſo läßt ſich ſein Werth durch a und n darſtellen. Bezeichnet man ſeinen Werth durch K_n, ſo muß

$$K_n = \cfrac{1}{a + \cfrac{1}{a + \cfrac{1}{a + \cdots + \cfrac{1}{a}}}} \qquad \text{(n Quotienten)}$$

sein. — Würde man nun einen Kettenbruch haben mit $(n + 1)$ Quotienten a, so stellte sich derselbe dar

$$K_{n+1} = \cfrac{1}{a + \cfrac{1}{a + \cfrac{1}{a + \dots}}} \qquad [(n+1)\ \text{Quotienten}]$$
$$+ \cfrac{1}{a + \cfrac{1}{a}}$$

oder

$$K_{n+1} = \frac{1}{a + K_n}$$

Setzt man nun

$$K_n = \frac{x_{n-1}}{x_n}$$

so erhält man aus der Gleichung

$$K_{n+1} = \frac{1}{a + K_n}$$

die folgende

$$\frac{x_n}{x_{u+1}} = \frac{x_n}{a x_n + x_{n-1}}$$

oder

$$x_{n+1} = a x_n + x_{n-1}$$

Da $K_1 = \dfrac{1}{a}$, so folgt $x_0 = 1$, $x_1 = a$

Die Gleichung

$$x_{n+1} = a x_n + x_{n-1}$$

läßt sich auch folgendermaßen schreiben

$$x_{n+1} - \lambda x_n = (a - \lambda)\{x_n - \lambda x_{n-1}\}$$

wo λ eine Wurzel der Gleichung ist

$$\lambda(\lambda - a) = 1$$

nämlich

$$\lambda = \frac{a}{2} + \sqrt{\frac{a^2}{4} + 1}$$

oder

$$\lambda = \frac{a}{2} - \sqrt{\frac{a^2}{4} + 1}$$

Aus der Gleichung

$$x_{n+1} - \lambda x_n = (a - \lambda)(x_n - \lambda x_{n-1})$$

findet man nun allmählich, indem man für n der Reihe nach die

Werthe $n-1$, $n-2$, $n-3$, ... 2, 1 setzt — die folgenden Gleichungen

$$x_n \quad - \lambda x_{n-1} = (a - \lambda)(x_{n-1} - \lambda x_{n-2})$$
$$x_{n-1} - \lambda x_{n-2} = (a - \lambda)(x_{n-2} - \lambda x_{n-3})$$

u. s. w.

$$x_3 - \lambda x_2 = (a - \lambda)(x_2 - \lambda x_1)$$
$$x_2 - \lambda x_1 = (a - \lambda)(x_1 - \lambda x_0)$$

Multiplicirt man diese $(n-1)$ letzteren Gleichungen in einander und läßt die beiden Seiten gemeinschaftlichen Faktoren weg, so erhält man

$$x_n - \lambda x_{n-1} = (a - \lambda)^{n-1}(x_1 - \lambda x_0) = (a - \lambda)^n$$

da $x_1 = a$, $x_0 = 1$ war. — Setzt man nun für λ seine beiden Werthe ein, so ergiebt sich

$$x_n - x_{n-1}\left(\frac{a}{2} + \sqrt{\frac{a^2}{4} + 1}\right) = \left(\frac{a}{2} - \sqrt{\frac{a^2}{4} + 1}\right)^n \text{ und}$$

$$x_n - x_{n-1}\left(\frac{a}{2} - \sqrt{\frac{a^2}{4} + 1}\right) = \left(\frac{a}{2} + \sqrt{\frac{a^2}{4} + 1}\right)^n$$

Subtrahirt man die obere dieser beiden Gleichungen von der unteren, so erhält man

$$2x_{n-1}\sqrt{\frac{a^2}{4} + 1} = \left\{\frac{a}{2} + \sqrt{\frac{a^2}{4} + 1}\right\}^n - \left\{\frac{a}{2} - \sqrt{\frac{a^2}{4} + 1}\right\}^n$$

Setzt man in dieser Gleichung an Stelle von n immer $(n+1)$, so ergiebt sich

$$2x_n\sqrt{\frac{a^2}{4} + 1} = \left\{\frac{a}{2} + \sqrt{\frac{a^2}{4} + 1}\right\}^{n+1} - \left\{\frac{a}{2} - \sqrt{\frac{a^2}{4} + 1}\right\}^{n+1}$$

Durch Division dieser Gleichung in die vorhergehende erhält man

$$\frac{x_{n-1}}{x_n} = \frac{\left\{\frac{a}{2} + \sqrt{\frac{a^2}{4} + 1}\right\}^n - \left\{\frac{a}{2} - \sqrt{\frac{a^2}{4} + 1}\right\}^n}{\left\{\frac{a}{2} + \sqrt{\frac{a^2}{4} + 1}\right\}^{n+1} - \left\{\frac{a}{2} - \sqrt{\frac{a^2}{4} + 1}\right\}^{n+1}} = K_n$$

Dieses ist also der Werth des gegebenen Kettenbruches mit n einander gleichen Quotienten von der Größe a.

Geht der Kettenbruch

$$K = \cfrac{1}{a + \cfrac{1}{a + \cfrac{1}{a + \dots}}}$$

ins Unendliche fort, so findet man seinen Werth K aus der Gleichung

$$K = \frac{1}{a + K}$$

oder
$$K^2 + a\,K = 1$$

Die beiden Wurzeln dieser Gleichung sind

$$K = -\frac{a}{2} \pm \sqrt{\frac{a^2}{4} + 1}$$

Da aber K für positive a nur einen positiven Werth haben kann, so ist

$$-\frac{a}{2} + \sqrt{\frac{a^2}{4} + 1} = \cfrac{1}{a + \cfrac{1}{a + \cfrac{1}{a + \cfrac{1}{a + \cfrac{1}{a + \cdots}}}}} \quad \text{in inf.}$$

Setzt man noch statt a, $2a$ — so erhält man

$$\sqrt{a^2 + 1} = a + \cfrac{1}{2a + \cfrac{1}{2a + \cfrac{1}{2a + \cdots}}} \quad \text{in inf.}$$

Umgekehrt kann man Quadratwurzeln aus ganzen Zahlen oder Brüchen durch unendliche periodische Kettenbrüche darstellen. Soll z. B. $\sqrt{a^2 + 2}$ durch einen Kettenbruch entwickelt werden, so bilde man

$$\sqrt{a^2 + 2} - a = \cfrac{1}{a + \cfrac{\sqrt{a^2 + 2} - a}{2}}$$

$$\frac{\sqrt{a^2 + 2} - a}{2} = \cfrac{1}{2a + \left\{\sqrt{a^2 + 2} - a\right\}}$$

Aus diesen beiden Gleichungen stellt man leicht den folgenden Kettenbruch zusammen:

$$\sqrt{a^2 + 2} = a + \cfrac{1}{a + \cfrac{1}{2a + \cfrac{1}{a + \cfrac{1}{2a + \cfrac{1}{a + \cdots}}}}} \quad \text{in inf.}$$

Eben so findet man die Kettenbruch-Entwickelungen

$$\sqrt{a^2-1} = (a-1) + \cfrac{1}{1 + \cfrac{1}{2(a-1) + \cfrac{1}{1 + \cfrac{1}{2(a-1)}}}} + \dots \quad \text{in inf.}$$

$$\sqrt{a^2-2} = (a-1) + \cfrac{1}{1 + \cfrac{1}{a-2 + \cfrac{1}{1 + \cfrac{1}{2a-2 + \cfrac{1}{1 + \cfrac{1}{a-2 + \cfrac{1}{1 + \cfrac{1}{2a-2 + \cfrac{1}{1 + \dots}}}}}}}}} \quad \text{in inf.}$$

Allgemein kann man den Werth eines jeden periodischen unbegrenzten Kettenbruchs durch Auflösung einer quadratischen Gleichung finden.

Es reicht aus, die Methode der Werthbestimmung solcher Kettenbrüche an einigen Beispielen zu zeigen.

Der Werth des Kettenbruches

$$x = \cfrac{1}{2 + \cfrac{1}{3 + \cfrac{1}{4 + \cfrac{1}{2 + \cfrac{1}{3 + \cfrac{1}{4 + \cfrac{1}{2 + \dots}}}}}}} \quad \text{in inf.}$$

soll berechnet werden.

Man hat offenbar, da der Werth des gegebenen unbegrenzten Kettenbruchs durch x bezeichnet ist, die folgende Gleichung

$$x = \cfrac{1}{2 + \cfrac{1}{3 + \cfrac{1}{4 + x}}}$$

Reducirt man die rechte Seite auf die Form eines gewöhn=
lichen Bruches, so erhält man

$$x = \frac{13 + 3x}{30 + 7x}$$

Die positive Wurzel dieser quadratischen Gleichung ist

$$x = \frac{-27 + \sqrt{1093}}{14}$$

Dieselbe drückt daher den Werth des oben vorgelegten unbe=
grenzten periodischen Kettenbruchs aus.

Den Werth des unbegrenzten periodischen Kettenbruchs

$$x = \cfrac{1}{2 + \cfrac{1}{3 + \cfrac{1}{5 + \cfrac{1}{3 + \cfrac{1}{2 + \cfrac{1}{3 + \cfrac{1}{5 + \cfrac{1}{3 + \dots}}}}}}}} \quad \text{in inf.}$$

anzugeben.

In diesem Falle ist

$$x = \cfrac{1}{2 + \cfrac{1}{3 + \cfrac{1}{5 + \cfrac{1}{3 + x}}}}$$

Reducirt man die rechte Seite auf die Form eines gewöhn=
lichen Bruches, so ergiebt sich

$$x = \frac{51 + 16x}{118 + 37x}$$

Aus dieser Gleichung erhält man den Werth des obigen Ketten=
bruchs als positive Wurzel, nämlich

$$x = \frac{-51 + 2\sqrt{1122}}{37}$$

Es soll jetzt das Verfahren angegeben werden, jede Quadratwurzel aus einer ganzen Zahl in einen periodischen unbegrenzten Kettenbruch zu entwickeln.

Ist r eine ganze Zahl, welche nicht das Quadrat einer anderen Zahl ist und bedeutet a^2 die nächst niedere Quadratzahl, so läßt sich r als eine Summe

$$r = a^2 + b$$

darstellen, in welcher $b < 2a + 1$ sein muß.

Um für die Folge Umständlichkeiten zu vermeiden, mag das in dem Bruch $\dfrac{m}{n}$ steckende größte Ganze durch das Zeichen

$$G\left(\frac{m}{n}\right)$$

dargestellt werden. Hiernach würde zum Beispiel

$$G\left(\frac{11}{3}\right) = 3$$

sein. — Die Zahl m läßt sich folgendermaßen ausdrücken

$$m = n\, G\left(\frac{m}{n}\right) + n'$$

wo $n' < n$ sein muß.

Nach diesen Feststellungen bilde man

$$\sqrt{r} - a = \frac{b}{a + \sqrt{r}} = \frac{1}{\left\{\dfrac{a + \sqrt{r}}{b}\right\}}$$

Da das größte in $\sqrt{r}$ enthaltene Ganze gleich a ist, so muß das größte in $\dfrac{a + \sqrt{r}}{b}$ enthaltene Ganze

$$c_1 = G\left(\frac{a + a}{b}\right) = G\left(\frac{2a}{b}\right)$$

sein. Man erhält dann

$$\frac{a + \sqrt{r}}{b} = c_1 + \frac{\sqrt{r} - (bc_1 - a)}{b}$$

und es ist klar, daß, da c_1 das größte in dem Ausdrucke $\dfrac{a + \sqrt{r}}{b}$ steckende Ganze ist, der Ausdruck

$$\frac{\sqrt{r} - (bc_1 - a)}{b} \genfrac{}{}{0pt}{}{> 0}{< 1}$$

sein muß. Setzt man nun

$$bc_1 - a = a_1$$

so darf a_1 höchstens gleich a sein. Man erhält dann:

$$\sqrt{r} - a = \cfrac{1}{c_1 + \cfrac{\sqrt{r} - a_1}{b}}$$

Die Differenz $r - a_1{}^2$ ist durch b theilbar; denn setzt man für r und a_1 ihre betreffenden Werthe $a^2 + b$ und $bc_1 - a$ ein, so erhält man

$$\frac{r - a_1{}^2}{b} = 1 + 2ac_1 - bc_1{}^2$$

Diesen Werth bezeichnen wir durch b_1, so daß

$$\frac{r - a_1{}^2}{b} = b_1 = 1 + 2ac_1 - bc_1{}^2$$

wird. — Jetzt bilde man

$$\frac{\sqrt{r} - a_1}{b} = \frac{r - a_1{}^2}{b\,(a_1 + \sqrt{r})} = \frac{b_1}{a_1 + \sqrt{r}} = \frac{1}{\left(\dfrac{a_1 + \sqrt{r}}{b_1}\right)}$$

und bezeichne das größte in dem Ausdruck $\dfrac{a_1 + \sqrt{r}}{b_1}$ oder $\dfrac{a_1 + a}{b_1}$ steckende Ganze durch c_2, so daß

$$c_2 = G\,\frac{a + a_1}{b_1}$$

wird und setze

$$b_1\,c_2 - a_1 = a_2$$

so erhält man

$$\frac{a_1 + \sqrt{r}}{b_1} = c_2 + \frac{\sqrt{r} - (b_1\,c_2 - a_1)}{b_1} = c_2 + \frac{\sqrt{r} - a_2}{b_1}$$

Dann muß

$$b_1 > \sqrt{r} - a_2$$

sein. — Es ergiebt sich also

$$\frac{\sqrt{r} - a_1}{b} = \cfrac{1}{c_2 + \cfrac{\sqrt{r} - a_2}{b_1}}$$

Jetzt ist zu bemerken, daß $r - a_2{}^2$ durch b_1 theilbar ist; denn da weiter oben

$$\frac{r - a_1{}^2}{b} = b_1 \quad \text{oder} \quad r = a_1{}^2 + bb_1$$

$$a_2 = b_1\,c_2 - a_1$$

gesetzt war, so erhält man mit Benutzung dieser Gleichungen

$$\frac{r - a_2{}^2}{b_1} = b + 2a_1\,c_2 - b_1\,c_2{}^2$$

Diesen Werth bezeichnen wir durch b_2, so daß

$$\frac{r - a_2{}^2}{b_1} = b_2 = b + 2_1a\,c_2 - b_1\,c_2{}^2$$

wird. — Jetzt ergiebt sich:

$$\frac{\sqrt{r} - a_2}{b_1} = \frac{r - a_2{}^2}{b_1\,(a_2 + \sqrt{r})} = \frac{b_2}{a_2 + \sqrt{r}} = \frac{1}{\left(\dfrac{a_2 + \sqrt{r}}{b_2}\right)}$$

Man bezeichne nun das größte in $\dfrac{a_2 + \sqrt{r}}{b_2}$ oder in $\dfrac{a_2 + a}{b_2}$ steckende Ganze durch c_3, so ist

$$c_3 = G\left(\frac{a + a_2}{b_2}\right)$$

Setzt man ferner

$$b_2\,c_3 - a_2 = a_3$$

so erhält man:

$$\frac{a_2 + \sqrt{r}}{b_2} = c_3 + \frac{\sqrt{r} - (b_2\,c_3 - a_2)}{b_2} = c_3 + \frac{\sqrt{r} - a_3}{b_2}$$

und es ist ersichtlich, daß

$$b_2 > \sqrt{r} - a_3$$

sein muß. Man erhält demnach

$$\frac{\sqrt{r} - a_2}{b_1} = \frac{1}{c_3 + \dfrac{\sqrt{r} - a_3}{b_2}}$$

In der hier angegebenen Weise fahre man nun fort, den Ketten=
bruch zu entwickeln, so gelangt man der Reihe nach im Ganzen zu
folgenden Gleichungen:

$$r = a^2 + b$$
$$c_1 = G\left(\frac{2a}{b}\right)$$
$$a_1 = bc_1 - a$$
$$b_1 = 1 + 2ac_1 - bc_1{}^2$$
$$r = a_1{}^2 + b\,b_1$$
$$\sqrt{r} - a = \frac{1}{c_1 + \dfrac{\sqrt{r} - a_1}{b}}$$

$$c_2 = G\left(\frac{a + a_1}{b_1}\right)$$

$$a_2 = b_1\,c_2 - a_1$$

$$b_2 = b + 2a_1\,c_2 - b_1\,c_2{}^2$$

$$r = a_2{}^2 + b_1\,b_2$$

$$\frac{\sqrt{r} - a_1}{b} = \cfrac{1}{c_2 + \cfrac{\sqrt{r} - a_2}{b_1}}$$

$$c_3 = G\left(\frac{a + a_2}{b_2}\right)$$

$$a_3 = b_2\,c_3 - a_2$$

$$b_3 = b_1 + 2a_2\,c_3 - b_2\,c_3{}^2$$

$$r = a_3{}^2 + b_2\,b_3$$

$$\frac{\sqrt{r} - a_2}{b_1} = \cfrac{1}{c_3 + \cfrac{\sqrt{r} - a_3}{b_2}}$$

$$\text{u. f. w.}$$

Allgemein wird:

$$c_n = G\left(\frac{a + a_{n-1}}{b_{n-1}}\right)$$

$$a_n = b_{n-1}\,c_n - a_{n-1}$$

$$b_n = b_{n-2} + 2a_{n-1}\,c_n - b_{n-1}\,c_n{}^2$$

$$r = a_n{}^2 + b_{n-1}\,b_n$$

$$\frac{\sqrt{r} - a_{n-1}}{b_{n-2}} = \cfrac{1}{c_n + \cfrac{\sqrt{r} - a_n}{b_{n-1}}}$$

Mit Hülfe dieser Gleichungen kann man nun für $\sqrt{r}$ den folgenden unbegrenzten Kettenbruch herleiten

$$\sqrt{r} = a + \cfrac{1}{c_1 + \cfrac{1}{c_2 + \cfrac{1}{c_3 + \ldots \; + \cfrac{1}{c_n + \ldots}}}}$$

$$\text{in inf.}$$

Es bleibt jetzt noch zu erweisen, daß dieser Kettenbruch perio=
disch ist. Zu dem Ende ist zu bemerken, daß die Zahlen a_n, b_{n-1}
und b_n alle der Gleichung

$$r = a_n^2 + b_{n-1}\, b_n$$

genügen müssen. Da diese Gleichung aber nur eine beschränkte
Anzahl von Werthen für a_n, b_{n-1} und b_n zuläßt, so muß jedenfalls
einmal der Rest

$$\frac{\sqrt{r} - a_n}{b_{n-1}}$$

mit einem anderen Rest

$$\frac{\sqrt{r} - a_{n+m}}{b_{n+m-1}}$$

vollkommen übereinstimmen. Es wird also immer ein m gefunden
werden können, so daß zugleich

$$a_{n+m} = a_n$$
$$b_{n+m-1} = b_{n-1}$$

wird. Es werden dann von selber die betreffenden Quotienten ein=
ander gleich und man erhält daher:

$$c_{n+m+1} = c_{n+1}$$

Jetzt müssen auch die folgenden Reste einander gleich sein d. h.

$$a_{n+m+1} = a_{n+1}$$
$$b_{n+m} = b_n$$
$$\text{u. s. f.}$$

Der Kettenbruch ist also periodisch, denn es kehren dieselben
Quotienten wieder.

Auf dieselbe Weise kann man zeigen, daß der Ausdruck
$\alpha \sqrt{r} \pm \beta$, wo α und β Rationalzahlen sind — sich in einen
periodischen Kettenbruch entwickeln läßt.

Beispiels halber mag der irrationale Ausdruck

$$x = \frac{20}{61} + \frac{7}{183}\sqrt{5} = \frac{60 + 7\sqrt{5}}{183}$$

in einen Kettenbruch entwickelt werden.

Da $183 > 60 + 7\sqrt{5}$ so werde gebildet:

$$\frac{60 + 7\sqrt{5}}{183} = \frac{55}{180 - 21\sqrt{5}} = \frac{1}{\left(\dfrac{180 - 21\sqrt{5}}{55}\right)}$$

Da das in dem Bruch $\dfrac{180 - 21\sqrt{5}}{55}$ enthaltene größte Ganze nun gleich 2 ist, so erhält man

$$\frac{60 + 7\sqrt{5}}{183} = \cfrac{1}{2 + \cfrac{70 - 21\sqrt{5}}{55}}$$

Ferner wird

$$\frac{70 - 21\sqrt{5}}{55} = \frac{7}{10 + 3\sqrt{5}} = \cfrac{1}{2 + \cfrac{3\sqrt{5} - 4}{7}}$$

$$\frac{3\sqrt{5} - 4}{7} = \frac{29}{28 + 21\sqrt{5}} = \cfrac{1}{2 + \cfrac{21\sqrt{5} - 30}{29}}$$

$$\frac{21\sqrt{5} - 30}{29} = \frac{15}{10 + 7\sqrt{5}} = \cfrac{1}{1 + \cfrac{7\sqrt{5} - 5}{15}}$$

$$\frac{7\sqrt{5} - 5}{15} = \frac{44}{15 + 21\sqrt{5}} = \cfrac{1}{1 + \cfrac{21\sqrt{5} - 29}{44}}$$

$$\frac{21\sqrt{5} - 29}{44} = \frac{31}{29 + 21\sqrt{5}} = \cfrac{1}{2 + \cfrac{21\sqrt{5} - 33}{31}}$$

$$\frac{21\sqrt{5} - 33}{31} = \frac{12}{11 + 7\sqrt{5}} = \cfrac{1}{2 + \cfrac{7\sqrt{5} - 13}{12}}$$

$$\frac{7\sqrt{5} - 13}{12} = \frac{19}{39 + 21\sqrt{5}} = \cfrac{1}{4 + \cfrac{21\sqrt{5} - 37}{19}}$$

$$\frac{21\sqrt{5} - 37}{19} = \frac{44}{37 + 21\sqrt{5}} = \cfrac{1}{1 + \cfrac{21\sqrt{5} - 7}{44}}$$

$$\frac{21\sqrt{5}-7}{44} = \frac{7}{1+3\sqrt{5}} = \cfrac{1}{1+\cfrac{3\sqrt{5}-6}{7}}$$

$$\frac{3\sqrt{5}-6}{7} = \frac{3}{14+7\sqrt{5}} = \cfrac{1}{9+\cfrac{7\sqrt{5}-13}{3}}$$

$$\frac{7\sqrt{5}-13}{3} = \frac{76}{39+21\sqrt{5}} = \cfrac{1}{1+\cfrac{21\sqrt{5}-37}{76}}$$

$$\frac{21\sqrt{5}-37}{76} = \frac{11}{37+21\sqrt{5}} = \cfrac{1}{7+\cfrac{21\sqrt{5}-40}{11}}$$

$$\frac{21\sqrt{5}-40}{11} = \frac{55}{40+21\sqrt{5}} = \cfrac{1}{1+\cfrac{21\sqrt{5}-15}{55}}$$

$$\frac{21\sqrt{5}-15}{55} = \frac{12}{5+7\sqrt{5}} = \cfrac{1}{1+\cfrac{7\sqrt{5}-7}{12}}$$

$$\frac{7\sqrt{5}-7}{12} = \frac{7}{3+3\sqrt{5}} = \cfrac{1}{1+\cfrac{3\sqrt{5}-4}{7}}$$

$$\frac{3\sqrt{5}-4}{7} = \frac{29}{28+21\sqrt{5}} = \cfrac{1}{2+\cfrac{21\sqrt{5}-30}{29}}$$

u. ſ. w.

Der Reſt $\dfrac{3\sqrt{5}-4}{7}$ kam ſchon weiter oben vor; daher muß die Periode des Kettenbruchs die Quotienten, welche zwiſchen dieſen beiden gleichen Reſten vorkommen, enthalten.

Der Kettenbruch ſelber mag nur in ſeinen Quotienten aufge= führt werden. Er ſtellt ſich dann folgendermaßen dar:

$$\frac{60+7\sqrt{5}}{183} = \text{Kettenbruch aus den Quotienten:}$$

$$2, 2, 2, 1, 1, 2, 2, 4, 1, 1, 9, 1, 7, 1, 1, 1,$$
$$2, 1, 1, 2, 2, 4, 1, 1, 9, 1, 7, 1, 1, 1,$$
$$\text{u. f. w.}$$

Die beiden erſten Quotienten 2, 2 gehören nicht der Periode an; letztere beginnt mit dem dritten Quotienten 2 und enthält folgende vierzehn Quotienten:

$$2, 1, 1, 2, 2, 4, 1, 1, 9, 1, 7, 1, 1, 1$$

Anwendung der Kettenbrüche zur Berechnung von Logarithmen gegebener Zahlen.

Mit Hülfe der Kettenbrüche kann man die Berechnung von Logarithmen gegebener Zahlen auf Multiplikationen von Decimalbrüchen zurückführen.

Es mag z. B.

$$\log 2 = x$$

berechnet werden, ſo muß die Gleichung

$$10^x = 2$$

aufgelöſt werden.

Da $x < 1$, ſo kann geſetzt werden

$$x = \frac{1}{y}, \text{ wo } y > 1$$

Man erhält dann

$$10^{\frac{1}{y}} = 2$$

oder wenn man dieſe Gleichung zur Potenz y erhebt

$$10 = 2^y$$

Da

$$2^3 = 8, \ 2^4 = 16$$

ſo kann man ſetzen

$$y = 3 + \frac{1}{z}, \ z > 1$$

Es ergiebt ſich dann

$$10 = 8 \cdot 2^{\frac{1}{z}}$$

$$\frac{5}{4} = 2^{\frac{1}{z}}$$

oder durch Erhebung zur Potenz z

$$\left(\frac{5}{4}\right)^z = 2$$

Da nun

$$\left(\frac{5}{4}\right)^3 = \frac{125}{64}, \; <$$

$$\left(\frac{5}{4}\right)^4 = \frac{625}{256}, \; >$$

so kann wieder gesetzt werden

$$z = 3 + \frac{1}{u}, \; u > 1$$

Dann folgt

$$\frac{125}{64} \left(\frac{5}{4}\right)^{\frac{1}{u}} = 2$$

$$\frac{128}{125} = \left(\frac{5}{4}\right)^{\frac{1}{u}}$$

oder

$$\left(\frac{128}{125}\right)^u = \frac{5}{4}$$

Verwandelt man die Brüche in Decimalbrüche, so folgt:

$$(1{,}024)^u = 1{,}25$$

Da nun

$$(1{,}024)^9 = 1{,}23794003928538027 \ldots, \; < 1{,}25$$
$$(1{,}024)^{10} = 1{,}26765060022822940 1 \ldots, \; > 1{,}25$$

so kann man setzen

$$u = 9 + \frac{1}{v}, \; v > 1$$

Begnügt man sich mit dieser Annäherung und schätzt

$$\frac{1}{v} = 0{,}4 = \frac{2}{5} = \cfrac{1}{2 + \cfrac{1}{2}}$$

so erhält man für $x = \log 2$ den Kettenbruch

$$\log 2 = \cfrac{1}{3 + \cfrac{1}{3 + \cfrac{1}{9 + \cfrac{1}{2 + \cfrac{1}{2}}}}} = \frac{146}{485} = 0{,}30103$$

Dieses Beispiel zeigt hinreichend, wie man bei der Berechnung der Logarithmen gegebener Zahlen die Kettenbrüche benutzen kann.

Sechszehnter Abschnitt.

Vom binomischen Satz und seinen Anwendungen.

In der Potenzrechnung sind die beiden Sätze über Potenzen, deren Grundzahlen Summen oder Differenzen sind, übergangen worden — weil solche Potenzen nicht auf einfache Weise umgeformt werden können. Eben so vermißt man in der Wurzelrechnung zwei Sätze über Wurzeln, deren Radikanden Summen oder Differenzen sind. Diese Lücken sollen nunmehr ausgefüllt werden.

Erhebt man die Summe $(1 + x)$ zur 0ten, 1ten, 2ten Potenz und so fort, so erhält man der Reihe nach

$$(1 + x)^0 = 1$$
$$(1 + x)^1 = 1 + x$$
$$(1 + x)^2 = 1 + 2x + x^2$$
$$(1 + x)^3 = 1 + 3x + 3x^2 + x^3$$
$$(1 + x)^4 = 1 + 4x + 6x^2 + 4x^3 + x^4$$
$$(1 + x)^5 = 1 + 5x + 10x^2 + 10x^3 + 5x^4 + x^5$$
$$(1 + x)^6 = 1 + 6x + 15x^2 + 20x^3 + 15x^4 + 6x^5 + x^6$$
$$(1 + x)^7 = 1 + 7x + 21x^2 + 35x^3 + 35x^4 + 21x^5 + 7x^6 + x^7$$
$$(1 + x)^8 = 1 + 8x + 28x^2 + 56x^3 + 70x^4 + 56x^5 + 28x^6 + 8x^7 + x^8$$

u. s. w.

Bedeutet nun n eine ganze positive Zahl, so überzeugt man sich bald davon, daß die Entwickelung der Potenz

$$(1 + x)^n$$

nur die folgenden Potenzen von x

$$x^0, \ x^1, \ x^2, \ x^3, \ \ldots \ x^n$$

eine jede mit gewissen Faktoren multiplicirt, enthalten kann; denn multiplicirt man einen Ausdruck

$$a + a_1 x + a_2 x^2 + \ldots + a_n x^n$$

mit $(1 + x)$, so kann das Produkt keine höhere als die $(n + 1)^{\text{te}}$ Potenz von x enthalten. Da nun, wie wir oben sehen, $(1 + x)^8$ höchstens die Potenz x^8 enthält, so muß $(1 + x)^9$ höchstens die Potenz x^9; daher $(1 + x)^{10}$ höchstens die Potenz x^{10} u. s. f. enthalten.

Ferner überzeugt man sich, daß die Entwickelung von $(1 + x)^n$ mit der Einheit beginnt.

Man setze nun

$$(1 + x)^n = 1 + n_1 x + n_2 x^2 + n_3 x^3 + n_4 x^4 + \ldots$$

so bleiben die Faktoren $n_1, \ n_2, \ n_3, \ \ldots$ welche von der Größe der Zahl n abhängig sind — zu bestimmen.

Da $(1 + x)^0 = 1$ ift, ſo müſſen die Werthe von
$$0_1 = 0;\ 0_2 = 0;\ 0_3 = 0;\ \ldots$$
ſein.

Es muß ferner, da $(1 + x)^1 = 1 + x$ ift — ſein
$$1_1 = 1;\ 1_2 = 0;\ 1_3 = 0;\ \ldots$$

Eben ſo findet man aus den oben gegebenen ferneren Potenz-entwickelungen $(1 + x)^2$, $(1 + x)^3$, $(1 + x)^4$, u. ſ. w.
$$2_1 = 2;\ 2_2 = 1;\ 2_3 = 0;\ \ldots$$
$$3_1 = 3;\ 3_2 = 3;\ 3_3 = 1;\ 3_4 = 0;\ \ldots$$
$$4_1 = 4;\ 4_2 = 6;\ 4_3 = 4;\ 4_4 = 1;\ 4_5 = 0;\ \ldots$$
$$\text{u. ſ. w.}$$

Multiplicirt man nun die Gleichung
$$(1 + x)^n = 1 + n_1 x + n_2 x^2 + n_3 x^3 + \ldots$$
mit $(1 + x)$, ſo erhält man
$$(1+x)^{n+1} = 1+(1+n_1)\,x+(n_1+n_2)\,x^2+(n_2+n_3)\,x^3+\ldots\text{(a)}$$

Daſſelbe Reſultat aber muß aus der Gleichung
$$(1+x)^n = 1 + n_1 x + n_2 x^2 + n_3 x^3 + \ldots$$
erlangt werden, wenn anſtatt n die Zahl $(n + 1)$ geſetzt wird. — Dadurch folgt nämlich:
$$(1+x)^{n+1} = 1 + (n+1)_1\,x + (n+1)_2\,x^2 + (n+1)_3\,x^3 + \ldots\text{(b)}$$

Vergleicht man die beiden Darſtellungen (a) und (b) für $(1 + x)^{n+1}$ mit einander, ſo müſſen dieſelben in allen einzelnen Gliedern übereinſtimmen. Dieſes iſt nicht anders möglich, als wenn die Faktoren zu allen Potenzen von x mit gleichen Potenzexponenten in beiden Darſtellungen einander gleich ſind; nämlich:
$$(n + 1)_1 = n_1 + 1 = n_1 + n_0 \text{ (wenn } n_0 \text{ gleich } 1 \text{ geſetzt wird)}$$
$$(n + 1)_2 = n_2 + n_1$$
$$(n + 1)_3 = n_3 + n_2$$
$$(n + 1)_4 = n_4 + n_3$$
$$\text{u. ſ. w.}$$
$$(n + 1)_m = n_m + n_{m-1}$$
$$\text{u. ſ. w.}$$

Die allgemeine Gleichung
$$(n + 1)_m = n_m + n_{m-1}$$
ſchreibt ſich auch folgendermaßen
$$(n + 1)_m - n_m = n_{m-1}$$
oder wenn man anſtatt n immer $(n - 1)$ ſetzt und ſtatt m, $(m + 1)$
$$n_{m+1} - (n - 1)_{m+1} = (n - 1)_m$$

Man ſetze nun in dieſer Gleichung an Stelle von n die Zahlen 1, 2, 3, $\ldots$ n der Reihe nach und addire die ſo entſtehenden Gleichungen, ſo folgt
$$n_{m+1} - 0_{m+1} = S\,(n - 1)_m$$

oder da, wie wir weiter oben sehen, $0_{m+1} = 0$ ist —
$$\text{(c)} \quad n_{m+1} = S\,(n-1)_m$$

Das Zeichen S hat hier dieselbe Bedeutung, welche wir ihm in der Theorie der arithmetischen Reihen beigelegt haben. Setzt man nun in (c) für m den Werth Null und berücksichtigt, daß $n_0 = 1$ gesetzt worden ist, so erhält man

$$n_1 = S\,1 = n$$

Setzt man ferner $m = 1$ und bedenkt, daß jetzt

$$(n-1)_1 = n-1$$

ist, so ergiebt sich aus der Theorie der arithmetischen Reihen

$$n_2 = S\,(n-1) = \frac{n\,(n-1)}{1.\ 2}$$

Setzt man jetzt $m = 2$ und bedenkt, daß

$$(n-1)_2 = \frac{(n-1)\,(n-2)}{1.\quad 2}$$

ist, so folgt aus der Theorie der arithmetischen Reihen

$$n_3 = S\,\frac{(n-1)\,(n-2)}{1.\quad 2} = \frac{n\,(n-1)\,(n-2)}{1.\ 2.\quad 3}$$

Auf ähnliche Weise ergiebt sich nach und nach:

$$n_4 = S\,\frac{(n-1)\,(n-2)\,(n-3)}{1.\quad 2.\quad 3} = \frac{n\,(n-1)\,(n-2)\,(n-3)}{1.\ 2.\quad 3.\quad 4}$$

$$n_5 = S\,\frac{(n-1)(n-2)(n-3)(n-4)}{1.\quad 2.\quad 3.\quad 4} = \frac{n(n-1)(n-2)(n-3)(n-4)}{1.\ 2.\quad 3.\quad 4.\quad 5}$$

$$\text{u. f. f.}$$

Allgemein kann man endlich zeigen, daß

$$n_m = \frac{n\,(n-1)\,(n-2)\ \ldots\ (n-m+1)}{1.\quad 2.\quad 3\ \ldots\ m}$$

oder gleich derjenigen Größe sein muß, welche wir in der Theorie der arithmetischen Reihen durch

$$(n, m)$$

bezeichnet haben. — Ueber die Größen (n, m) haben wir nämlich den folgenden Satz bewiesen

$$(n, m) - (n-1, m) = (n-1, m-1)$$

oder wenn für $m, m+1$ gesetzt wird

$$(n, m+1) - (n-1, m+1) = (n-1, m)$$

Aus dieser Gleichung haben wir ferner in der Theorie der arithmetischen Reihen die Summenformel hergeleitet

$$(n, m+1) = S\,(n-1, m)$$

Aus dieser Summenformel und der folgenden

$$n_{m+1} = S\,(n-1)_m$$

ergiebt sich, daß die Größen n_m und (n, m) für alle Werthe von m übereinstimmen müssen, wenn sie für einen bestimmten Werth von m gleich sind.

Wir haben aber gefunden

$$n_1 = n = (n, 1)$$
$$n_2 = \frac{n(n-1)}{1 \cdot 2} = (n, 2)$$
$$\text{u. f. w.}$$

Daher muß allgemein

$$n_m = (n, m) = \frac{n(n-1)(n-2) \ldots (n-m+1)}{1 \cdot 2 \cdot 3 \ldots m}$$

sein.

Aus dem Vorhergehenden folgt nun, daß — wenn

$$\frac{n(n-1)(n-2)(n-3) \ldots (n-m+1)}{1 \cdot 2 \cdot 3 \cdot 4 \ldots m} = n_m$$

gesetzt wird — die Potenz $(1+x)^n$ sich folgendermaßen darstellt

$$(1+x)^n = 1 + n_1 x + n_2 x^2 + n_3 x^3 + \ldots + n_n x^n$$

Die Faktoren $n_1, n_2, n_3, \ldots n_m, \ldots$ nennt man Binomial=Coëfficienten, da sie die Faktoren oder Coëfficienten bei Ent=wickelung der n^{ten} Potenz des Binoms $(1+x)$ noch Potenzen der einfachen Größe x bedeuten.

Ueber diese Binomial=Coëfficienten existiren mehrere Sätze, welche zum Theil eigenes Interesse besitzen, zum Theil für die folgenden Entwickelungen von Nutzen sein werden.

I. $\qquad\qquad n_m = n_{n-m}$

Um diesen Satz zu beweisen, bemerke man die Identität der beiden Produkte

$$[n(n-1)(n-2) \ldots (n-m+1)] [1 \cdot 2 \cdot 3 \ldots (n-m)] =$$
$$[n(n-1)(n-2) \ldots (m+1)] [1 \cdot 2 \cdot 3 \ldots m]$$

Jedes dieser Produkte stellt das Produkt der ersten n natür=lichen Zahlen

$$1 \cdot 2 \cdot 3 \ldots (n-1)n$$

dar. Aus der vorstehenden Produktgleichung leitet man nun die folgende Gleichung her

$$\frac{n(n-1)(n-2) \ldots (n-m+1)}{1 \cdot 2 \cdot 3 \ldots m} = \frac{n(n-1)(n-2) \ldots (m+1)}{1 \cdot 2 \cdot 3 \ldots (n-m)}$$

Die linke Seite dieser Gleichung ist nach der Erklärung des m^{ten} Binomialcoëfficienten gleich n_m; die rechte dagegen gleich n_{n-m}. Denn es ist:

$$n_{n-m} = \frac{n \, (n-1) \, (n-2) \, \ldots \, (n-(n-m)+1)}{1 \, . \, 2 \, . \quad 3 \quad \ldots \quad (n-m)}$$

$$= \frac{n \, (n-1) \, (n-2) \, \ldots \, (m+1)}{1 \, . \, 2 \, . \quad 3 \quad \ldots \quad (n-m)}$$

Also ergiebt sich, was zu erweisen war

$$n_m = n_{n-m}$$

Aus dieser Gleichung folgt z. B.

$$1 = n_0 = n_n$$
$$n_1 = n_{n-1}$$
$$n_2 = n_{n-2}$$

u. f. w.

II. $$(\alpha + 1)_n = \alpha_n + \alpha_{n-1}$$

(wenn α eine beliebige Zahl bedeutet).

Dieser Satz ist schon früher für eine ganze Zahl α bewiesen worden und es läßt sich seine Richtigkeit auf demselben Wege für jedes α leicht nachweisen. Denn es ist

$$(\alpha + 1)_n = \frac{(\alpha + 1) \, \alpha \, (\alpha - 1) \, \ldots \, (\alpha - n + 2)}{1 \, . \, 2 \, . \, 3 \quad \ldots \quad n}$$

$$\alpha_n = \frac{\alpha \, (\alpha - 1) \, \ldots \, (\alpha - n + 2) \, (\alpha - n + 1)}{1 \, . \, 2 \quad \ldots \quad (n-1) \quad n}$$

Subtrahirt man beide Gleichungen von einander und beachtet, daß die beiden Zähler den gemeinschaftlichen Faktor

$$\alpha \, (\alpha - 1) \, (\alpha - 2) \, \ldots \, (\alpha - n + 2)$$

befitzen, so ergiebt sich

$$(\alpha + 1)_n - \alpha_n = \frac{n \, . \, \alpha \, (\alpha - 1) \, \ldots \, (\alpha - n + 2)}{1 \, . \, 2 \, . \, 3 \quad \ldots \quad n}$$

$$= \frac{\alpha \, (\alpha - 1) \, (\alpha - 2) \, \ldots \, (\alpha - n + 2)}{1 \, . \, 2 \, . \quad 3 \quad \ldots \quad (n-1)}$$

d. i. $$= \alpha_{n-1}$$

Man erhält also

$$(\alpha + 1)_n = \alpha_n + \alpha_{n-1}$$

für jeden Werth von α.

Die Bedeutung von α_0 ergiebt sich aus dieser Gleichung, wenn $n = 1$ gesetzt wird; denn da $(\alpha + 1)_1 = \alpha + 1$; $\alpha_1 = \alpha$ ist — so wird $\alpha + 1 = \alpha + \alpha_0$ d. h.

$$\alpha_0 = 1$$

III. $(n + 1) \, \alpha_{m+1} - (\alpha - n) \, \alpha_m = (n - m) \, (\alpha + 1)_{m+1}$

Um diese Gleichung zu beweisen, bilden wir

$$\alpha_{m+1} = \frac{\alpha(\alpha-1)\ldots(\alpha-m+1)(\alpha-m)}{1\cdot2\ldots m\,(m+1)}$$

$$\alpha_m = \frac{\alpha(\alpha-1)\ldots(\alpha-m+1)}{1\cdot2\ldots m}$$

Multiplicirt man die obere Gleichung mit $(m+1)$, die untere mit $(\alpha-m)$, so erhält man dasselbe Resultat. Daher ist

$$(m+1)\,\alpha_{m+1} = (\alpha-m)\,\alpha_m = \alpha\alpha_m - m\alpha_m$$

Aus dieser Gleichung folgt

$$m(\alpha_{m+1}+\alpha_m) + \alpha_{m+1} = \alpha\alpha_m$$

oder da nach II.

$$\alpha_{m+1} + \alpha_m = (\alpha+1)_{m+1}$$

ist, so ergiebt sich:

$$m(\alpha+1)_{m+1} + \alpha_{m+1} = \alpha\alpha_m$$

Multiplicirt man ferner die Gleichung

$$\alpha_{m+1} + \alpha_m = (\alpha+1)_{m+1}$$

mit n und addirt zur vorstehenden Gleichung, so folgt:

$$(n+1)\,\alpha_{m+1} + n\alpha_m + m(\alpha+1)_{m+1} = \alpha\alpha_m + n(\alpha+1)_{m+1}$$

oder

$$(n+1)\,\alpha_{m+1} - (\alpha-n)\,\alpha_m = (n-m)\,(\alpha+1)_{m+1}$$

IV. Es ist:

$$\alpha_0\beta_n + \alpha_1\beta_{n-1} + \alpha_2\beta_{n-2} + \ldots \alpha_{n-1}\beta_1 + \alpha_n\beta_0 = (\alpha+\beta)_n$$

wenn α und β irgend welche Zahlen bedeuten.

Man setze die Summe

$$\alpha_0\beta_n + \alpha_1\beta_{n-1} + \ldots \alpha_{n-1}\beta_1 + \alpha_n\beta_0 = \sigma_n$$

und bilde hieraus:

$$(n+1)\,\sigma_{n+1} = (n+1)\,\alpha_0\beta_{n+1} + (n+1)\,\alpha_1\beta_n + \ldots$$
$$+ (n+1)\,\alpha_n\beta_1 + (n+1)\,\alpha_{n+1}\beta_0$$

Von dieser Gleichung subtrahire man die folgende

$$(\alpha-n)\,\sigma_n = (\alpha-n)\,\alpha_0\beta_n + (\alpha-n)\,\alpha_1\beta_n + \ldots + (\alpha-n)\,\alpha_n\beta_0$$

so ergiebt sich, wenn man nach β_{n+1}, β_n, β_{n-1}, … ordnet:

$$(n+1)\,\sigma_{n+1} - (\alpha-n)\,\sigma_n = (n+1)\,\alpha_0\beta_{n+1}$$
$$+ [(n+1)\,\alpha_1 - (\alpha-n)\,\alpha_0]\,\beta_n$$
$$+ [(n+1)\,\alpha_2 - (\alpha-n)\,\alpha_1]\,\beta_{n-1}$$
$$+ \ldots$$
$$+ [(n+1)\,\alpha_{n+1} - (\alpha-n)\,\alpha_n]\,\beta_0$$

Nun ist aber nach III.

$$(n+1)\,\alpha_1 - (\alpha-n)\,\alpha_0 = n(\alpha+1)_1$$
$$(n+1)\,\alpha_2 - (\alpha-n)\,\alpha_1 = (n-1)\,(\alpha+1)_2$$
$$(n+1)\,\alpha_3 - (\alpha-n)\,\alpha_2 = (n-2)\,(\alpha+1)_3$$
$$\text{u. f. w.}$$
$$(n+1)\,\alpha_{n+1} - (\alpha-n)\,\alpha_n = \quad 0 \quad\cdot\quad (\alpha+1)_{n+1} = 0$$

Benutzt man diese Gleichungen, so erhält man:

$$(n+1)\,\sigma_{n+1} - (\alpha - n)\,\sigma_n = (n+1)\,\alpha_0\beta_{n+1} + n\,(\alpha+1)_1\beta_n$$
$$+ (n-1)\,(\alpha+1)_2\beta_{n-1} + \ldots + 2\,(\alpha+1)_{n-1}\beta_2 + 1\,.\,(\alpha+1)_n\,\beta_1$$

Dividirt man die Größe $m\beta_m$ durch β, so ergiebt sich

$$\frac{m\beta_m}{\beta} = \frac{m\,\beta\,(\beta-1)(\beta-2)\ldots(\beta-m+1)}{\beta\,.\,1\,.\,2\,.\quad 3\,\ldots\quad m} = \frac{(\beta-1)(\beta-2)\ldots(\beta-m+1)}{1\,.\quad 2\,\ldots\,(m-1)}$$

$$= (\beta - 1)_{m-1}$$

Wenn daher die vorletzte Gleichung durch β dividirt und die eben gegebene Formel benutzt wird, so folgt

$$\frac{(n+1)\sigma_{n+1} - (\alpha - n)\sigma_n}{\beta} = \alpha_0\,(\beta-1)_n + (\alpha+1)_1\,(\beta-1)_{n-1}$$
$$+ (\alpha+1)_2\,(\beta-1)_{n-2} + \ldots + (\alpha+1)_{n-1}\,(\beta-1)_1 + (\alpha+1)_n\,(\beta-1)_0$$

Setzt man nun nach II.

$$(\alpha+1)_m = \alpha_m + \alpha_{m-1}$$

so erhält man:

$$\frac{(n+1)\sigma_{n+1} - (\alpha - n)\sigma_n}{\beta} = \alpha_0\,(\beta-1)_n + (\alpha_1 + \alpha_0)\,(\beta-1)_{n-1} +$$
$$(\alpha_2+\alpha_1)(\beta-1)_{n-2} + \ldots + (\alpha_{n-1}+\alpha_{n-2})(\beta-1)_1 + (\alpha_n + \alpha_{n-1})(\beta-1)_0$$
$$= \alpha_0\,[(\beta-1)_n + (\beta-1)_{n-1}] + \alpha_1\,[(\beta-1)_{n-1} + (\beta-1)_{n-2}] +$$
$$\alpha_2\,[(\beta-1)_{n-2} + (\beta-1)_{n-3}] + \ldots + \alpha_{n-1}\,[(\beta-1)_1 + (\beta-1)_0]$$
$$+ \alpha_n\,(\beta-1)_0$$

Wendet man nun die Formel II.

$$(\beta-1)_m + (\beta-1)_{m-1} = \beta_m$$

zur Umwandlung der rechten Seite an und bemerkt, daß $(\beta-1)_0 = 1 = \beta_0$ ist — so wird erhalten

$$\frac{(n+1)\sigma_{n+1} - (\alpha-n)\sigma_n}{\beta} = \alpha_0\beta_n + \alpha_1\beta_{n-1} + \ldots \alpha_{n-1}\beta_1 + \alpha_n\beta_0$$

$$\text{d. i.} = \sigma_n$$

Es ergiebt sich bald aus dieser Gleichung

$$(n+1)\,\sigma_{n+1} = (\alpha + \beta - n)\,\sigma_n$$

Nun setze man für n der Reihe nach die Zahlen 0, 1, 2, ... n—1 und multiplicire die so entstehenden Gleichungen mit einander, so folgt

$$1\,.\,2\,.\,3\ldots n\;\sigma_1\,\sigma_2\,\sigma_3 \ldots \sigma_n = (\alpha+\beta)\,(\alpha+\beta-1)\ldots$$
$$(\alpha+\beta-n+1)\;\sigma_0\,\sigma_1\,\sigma_2 \ldots \sigma_{n-1}$$

Dividirt man rechts und links erst durch das Produkt

$$\sigma_1\;\sigma_2\;\ldots\;\sigma_{n-1}$$

und dann durch $1\,.\,2\,.\,3\ldots n$, so entsteht die Gleichung:

$$\sigma_n = \frac{(\alpha+\beta)\,(\alpha+\beta-1)\ldots(\alpha+\beta-n+1)}{1\,.\quad 2\,.\quad\ldots\quad n}\,\sigma_0$$

d. h.

$$\sigma_n = (\alpha+\beta)_n\,\sigma_0$$

Um σ_0 zu finden, setze man in der Reihe für σ_n, $n = 0$, so ergiebt sich

$$\sigma_0 = \alpha_0 \beta_0 = 1$$

Also ist $\qquad \sigma_n = (\alpha + \beta)_n$

und daher, was zu erweisen war:

$$(\alpha + \beta)_n = \alpha_0 \beta_n + \alpha_1 \beta_{n-1} + \ldots \alpha_{n-1}\beta_1 + \alpha_n \beta_0$$

Es soll jetzt die Summe der Reihe

$$S_\alpha = \alpha_0 + \alpha_1 x + \alpha_2 x^2 + \alpha_3 x^3 + \ldots \text{ in inf.}$$

angegeben werden, wenn α eine beliebige reelle Zahl ist.

Zunächst ist zu bemerken, daß die Reihe ins Unendliche fortgeht, wenn α keine ganze Zahl ist. — Bedeutet nun β eine beliebige reelle Größe, so erhält man die der obigen Reihe entsprechende

$$S_\beta = \beta_0 + \beta_1 x + \beta_2 x^2 + \beta_3 x^3 + \ldots$$

Multiplicirt man nun die beiden Reihen S_α und S_β mit einander, so ergiebt sich nach Ausführung der Multiplikation, da $\alpha_0\beta_0 = 1$ ist

$$\begin{aligned}
S_\alpha S_\beta = {}& 1 + (\alpha_0\beta_1 + \alpha_1\beta_0)\, x + (\alpha_0\beta_2 + \alpha_1\beta_1 + \alpha_2\beta_0)\, x^2 \\
& + (\alpha_0\beta_3 + \alpha_1\beta_2 + \alpha_2\beta_1 + \alpha_3\beta_0)\, x^3 + \ldots \\
& + (\alpha_0\beta_n + \alpha_1\beta_{n-1} + \alpha_2\beta_{n-2} + \ldots + \alpha_{n-1}\beta_1 + \alpha_n\beta_0)\, x^n \\
& + \ldots
\end{aligned}$$

Da nun nach IV.

$$\begin{aligned}
\alpha_0\beta_1 + \alpha_1\beta_0 &= (\alpha + \beta)_1 \\
\alpha_0\beta_2 + \alpha_1\beta_1 + \alpha_2\beta_0 &= (\alpha + \beta)_2 \\
\alpha_0\beta_3 + \alpha_1\beta_2 + \alpha_2\beta_1 + \alpha_3\beta_0 &= (\alpha + \beta)_3
\end{aligned}$$

$$\text{u. s. w.}$$

$$\alpha_0\beta_n + \alpha_1\beta_{n-1} + \alpha_2\beta_{n-2} + \ldots \alpha_{n-1}\beta_1 + \alpha_n\beta_0 = (\alpha + \beta)_n$$

$$\text{u. s. w.}$$

ist, so erhält man

$$S_\alpha S_\beta = 1 + (\alpha + \beta)_1 x + (\alpha + \beta)_2 x^2 + (\alpha + \beta)_3 x^3 + \ldots \text{ in inf.}$$

Nun ist nach der Erklärung der Reihe S_α

$$S_{(\alpha + \beta)} = 1 + (\alpha + \beta)_1 x + (\alpha + \beta)_2 x^2 + (\alpha + \beta)_3 x^3 + \ldots \text{ in inf.}$$

Daher ergiebt sich

$$S_\alpha S_\beta = S_{(\alpha + \beta)}$$

Aus dieser Gleichung leitet man leicht die allgemeinere folgende her:

$$S_\alpha S_\beta S_\gamma \ldots = S_{(\alpha + \beta + \gamma + \ldots)}$$

Setzt man nun

$$\alpha = \beta = \gamma = \ldots = \frac{m}{n}$$

wo m und n ganze Zahlen sind und nimmt n solcher gleichen Größen an, so folgt

$$\left\{ S\left(\tfrac{m}{n}\right) \right\}^{n} = S_{m}$$

Da nun nach dem Obigen

$$S_{m} = 1 + m_{1}\, x + m_{2}\, x^{2} + m_{3}\, x^{3} + \ldots = (1 + x)^{m}$$

ist, so ergiebt sich

$$\left\{ S\left(\tfrac{m}{n}\right) \right\}^{n} = (1 + x)^{m}$$

oder

$$S\left(\tfrac{m}{n}\right) = (1 + x)^{\frac{m}{n}}$$

d. h. wenn wieder $\dfrac{m}{n} = \alpha$ gesetzt wird

$$S_{\alpha} = (1 + x)^{\alpha}$$

Also erhält man folgende Summenformel

$$(1 + x)^{\alpha} = 1 + \alpha_{1}\, x + \alpha_{2}\, x^{2} + \alpha_{3}\, x^{3} + \ldots \text{ in inf.}$$

Diese Formel gilt vorläufig nur, wenn α irgend welche positive gebrochene Zahl bedeutet. Aus der Gleichung

$$S_{\alpha}\, S_{\beta} = S_{(\alpha + \beta)}$$

ergiebt sich aber, wenn $\beta = -\,\alpha$ gesetzt wird

$$S_{\alpha}\, S_{-\alpha} = 1$$

oder

$$S_{-\alpha} = \frac{1}{S_{\alpha}} = \frac{1}{(1 + x)^{\alpha}} = (1 + x)^{-\alpha}$$

Daher gilt die Summenformel

$$(1 + x)^{\alpha} = 1 + \alpha_{1}\, x + \alpha_{2}\, x^{2} + \alpha_{3}\, x^{3} + \ldots \text{ in inf.}$$

auch noch, wenn α irgend welche gebrochene Zahl bedeutet.

Endlich ersieht man, daß diese Formel noch gültig bleibt, selbst wenn α irgend welche irrationale Zahl ist — denn man kann jede irrationale Zahl, so genau man will, als Bruch zweier ganzen Zahlen darstellen.

Allgemein ist daher für jedes reelle α

$$(1 + x)^{\alpha} = 1 + \alpha_{1}\, x + \alpha_{2}\, x^{2} + \alpha_{3}\, x^{3} + \ldots \text{ in inf.}$$

Die Größe x muß nur innerhalb solcher Grenzen bleiben, daß die Reihe für $(1 + x)^{\alpha}$ summirbar (convergent) bleibt. Ist dieses der Fall, so ist ihre Summe gleich $(1 + x)^{\alpha}$

Es mag nun untersucht werden, innerhalb welcher Werthe von x die Reihe

$$1 + \alpha_1 x + \alpha_2 x^2 + \alpha_3 x^3 + \ldots = (1 + x)^\alpha$$

summirbar bleibt.

Die Reihe

$$1 + \alpha_1 x + \alpha_2 x^2 + \alpha_3 x^3 + \ldots$$

ist stets summirbar, wenn sie einmal abbricht. Dieses geschieht, sobald α eine ganze positive Zahl ist. Für jede ganze positive Zahl α hat man daher, wie auch x beschaffen sein mag

$$(1 + x)^\alpha = 1 + \alpha\ x + \alpha_2 x^2 + \alpha_3 x^3 + \ldots$$

Ist α eine gebrochene Zahl, so bricht die Reihe niemals ab.

Soll nun die Reihe summirbar bleiben, so müssen ihre Glieder, abgesehen von den Vorzeichen, immer kleiner werden oder sich der Null bei wachsender Gliederzahl immer mehr annähern.

Betrachten wir nun die beiden auf einander folgenden Glieder der Reihe

$$\alpha_n x^n, \quad \alpha_{n+1} x^{n+1}$$

und bilden ihren Quotienten

$$q_{n+1} = \frac{\alpha_{n+1}\ x^{n+1}}{\alpha_n\ x^n} = \frac{\alpha - n}{1 + n}\ x$$

so ersehen wir, daß dieser Quotient für ein positives x und für eine beträchtlich große Zahl n (welche stets größer als α angenommen werden kann) eine negative Größe hat. So lange nun x einen solchen Werth hat, daß der Zahlwerth dieses Quotienten:

$$\frac{n - \alpha}{n + 1}\ x$$

so groß auch n angenommen werden mag — kleiner als die Einheit ist, wird die Reihe summirbar sein.

Daraus folgt, daß, welche Zahl auch α sein mag — die Reihe stets summirbar bleiben muß, wenn

x eine positive Zahl innerhalb der Grenzen $x = 0$
x < 1 bedeutet.

Denn je größer n wird, um so mehr nähert sich der Bruch

$$\frac{n - \alpha}{n + 1} = \frac{1 - \dfrac{\alpha}{n}}{1 + \dfrac{1}{n}}$$

der Einheit; damit also für beliebig große n

$$\frac{n - \alpha}{n + 1}\ x < 1$$

ist, muß x selber kleiner als die Einheit sein.

Ist zweitens x eine negative Zahl, so ist

$$q_{n+1} = \frac{\alpha - n}{n + 1}\, x$$

eine positive Zahl, wenn n beträchtlich groß (größer als α) ange=
nommen wird. Damit nun für ein noch so großes n diese Zahl
kleiner als die Einheit wird, muß der Zahlwerth der negativen Zahl x
kleiner als die Einheit sein. Denn der Bruch

$$\frac{\alpha - n}{n + 1} = \frac{-1 + \dfrac{\alpha}{n}}{1 + \dfrac{1}{n}}$$

nähert sich, je größer n wird, um so mehr der Zahl -1; daher
muß der Zahlwerth von x kleiner als die Einheit sein, damit das
Produkt

$$\frac{\alpha - n}{n + 1}\, x$$

für noch so große n kleiner als die Einheit bleibt.

Es ist demnach die Reihe

$$1 + \alpha_1\, x + \alpha_2\, x^2 + \alpha_3\, x^3 + \ldots$$

stets summirbar für eine beliebige Zahl α, wenn x nur die Grenz=
bedingung erfüllt

$$1 > x > -1^*)$$

Entwickelung der allgemeinen Binomialformel.

Bezeichnet für die Folge b eine positive oder negative Zahl,
deren Zahlwerth kleiner als die positive Zahl a ist, so ist

$$1 > \frac{b}{a} > -1$$

Daher muß die Reihe

$$1 + \alpha_1\, \frac{b}{a} + \alpha_2 \left(\frac{b}{a}\right)^2 + \alpha_3 \left(\frac{b}{a}\right)^3 - \ldots$$

stets summirbar bleiben, welche Zahl α auch immer sein mag. Die
Summe dieser Reihe ist nun nach dem Früheren

$$\left(1 + \frac{b}{a}\right)^{\alpha} = 1 + \alpha_1 \left(\frac{b}{a}\right) + \alpha_2 \left(\frac{b}{a}\right)^2 + \alpha_3 \left(\frac{b}{a}\right)^3 + \ldots$$

---

*) Diejenigen Fälle, in welchen die Reihe noch summirbar bleibt, wenn x die
Grenzen 1 und -1 erreicht — sind hier übergangen.

Multiplicirt man diese Gleichung mit a^α, so ergiebt sich

$$(a + b)^\alpha = a^\alpha + \alpha_1\, a^{\alpha-1}\, b + \alpha_2\, a^{\alpha-2}\, b^2 + \alpha_3\, a^{\alpha-3}\, b^3 + \ldots$$

Diese Gleichung bleibt so lange richtig, als der Zahlwerth der negativen oder positiven Zahl b kleiner ist als die positive Größe a.

Setzt man noch α gleich der positiven ganzen Zahl n, so ist die Reihe auf der rechten Seite stets summirbar, da sie nur $(n + 1)$ Glieder enthält. In diesem Falle erhält man, wenn a und b irgend welche Zahlen sind und nachdem für n_1, n_2, ... ihre Werthe gesetzt sind für die n^{te} Potenz des Binoms $(a + b)$ die Formel

$$(a+b)^n = a^n + \frac{n}{1}a^{n-1}b + \frac{n(n-1)}{1\,.\,2}a^{n-2}b^2 + \frac{n(n-1)(n-2)}{1\,.\,2\,.\,3}a^{n-3}b^3 + \ldots$$

$$+ \ldots + \frac{n(n-1)}{1\,.\,2}a^2\,b^{n-2} + \frac{n}{1}a\,b^{n-1} + b^n$$

Setzt man für b die der Form nach negative Zahl $- b$, so erhält man:

$$(a-b)^n = a^n - \frac{n}{1}a^{n-1}b + \frac{n(n-1)}{1\,.\,2}a^{n-2}b^2 - \frac{n(n-1)(n-2)}{1\,.\,2\,.\,3}a^{n-3}b^3 + \ldots$$

$$+ \ldots + (-1)^{n-1}\frac{n}{1}\cdot a\,b^{n-1} + (-1)^n\,b^n$$

Es soll jetzt die Anwendbarkeit der Formel

$$(a + b)^\alpha = a^\alpha + \alpha_1\, a^{\alpha-1}\, b + \alpha_2\, a^{\alpha-2}\, b^2 + \alpha_3\, a^{\alpha-3}\, b^3 + \ldots$$

$$\text{(wenn } a > b > - a \text{ ist)}$$

zur Ausziehung von Wurzeln gezeigt werden.

Setzt man nämlich für α den Bruch $\dfrac{1}{n}$, so ergiebt sich, da

$$(a + b)^{\frac{1}{n}} = \sqrt[n]{a + b}$$

ist — die Entwickelung

$$\sqrt[n]{a+b} = \sqrt[n]{a} + \frac{1}{n}\sqrt[n]{a}\cdot\frac{b}{a} + \frac{\frac{1}{n}\left(\frac{1}{n}-1\right)}{1\,.\,2}\sqrt[n]{a}\cdot\frac{b^2}{a^2} + \ldots$$

oder

$$\sqrt[n]{a+b} = \sqrt[n]{a}\left[1 + \frac{1}{n}\frac{b}{a} - \frac{1(n-1)}{n\,.\,2n}\frac{b^2}{a^2} + \frac{1(n-1)(2n-1)}{n\,.\,2n\,.\,3n}\frac{b^3}{a^3} + \ldots\right]$$

Setzt man noch für a, a^n so ergiebt sich die Reihenentwickelung

$$\sqrt[n]{a^n + b} = a\left[1 + \frac{1}{n}\frac{b}{a^n} - \frac{1(n-1)}{n\,.\,2n}\frac{b^2}{a^{2n}}\right.$$

$$\left. + \frac{1\,.\,(n-1)(2n-1)}{n\,.\,2n\,.\,3n}\frac{b^3}{a^{3n}} - \ldots\right]$$

Soll nun aus einer Zahl Z die n^{te} Wurzel gezogen werden, so suche man eine solche Zahl für a, daß a^n möglichst nahe bei Z liegt und setze $Z = a^n + b$, so wird b einen um so kleineren Zahlwerth haben, je näher a^n bei Z liegt. Es wird daher die Entwickelung von

$$\sqrt[n]{Z} = \sqrt[n]{a^n + b}$$

durch eine Reihe dargestellt werden, welche um so schneller zum Ziele führt, je geringer der Zahlwerth des Bruches $\dfrac{b}{a^n}$ ist.

Beispiele.

1. Die Quadratwurzel aus der Zahl 2 durch eine Reihe darzustellen und zu berechnen.

Man setze

$$2 = \frac{m^2}{n^2} + \frac{c}{n^2}$$

und wähle für m eine nicht zu kleine Zahl — suche dann das unter $\dfrac{m^2}{2}$ liegende nächst niedere Quadrat, welches gleich n^2 sei — so muß c eine verhältnißmäßig kleine Zahl sein.

Es sei z. B. $m = 10$, so ist $\dfrac{m^2}{2} = 50$, daher $n^2 = 49$.

Man erhält nun aus der Gleichung

$$2 = \frac{m^2}{n^2} + \frac{c}{n^2} = \frac{100}{49} + \frac{c}{49}$$

für c die Zahl — 2, daher ist

$$2 = \frac{100 - 2}{49}$$

oder

$$\sqrt{2} = \frac{\sqrt{100 - 2}}{7}$$

Da nun nach der Formel

$$\sqrt[n]{a^n + b} = a\left[1 + \frac{1}{n}\,\frac{b}{a^n} - \frac{1 \cdot (n-1)}{n \cdot 2n}\left(\frac{b}{a^n}\right)^2 + \cdots\right]$$

so ergiebt sich in dem vorliegenden Fall, wo $n = 2$, $a = 10$, $b = -2$ und $\dfrac{b}{a^n} = -\dfrac{1}{50}$ ist:

$$\sqrt{100 - 2} = 10\left[1 - \frac{1}{2}\cdot\frac{1}{50} - \frac{1}{2}\cdot\frac{1}{4}\cdot\left(\frac{1}{50}\right)^2\right.$$
$$\left. - \frac{1}{2}\cdot\frac{1}{4}\cdot\frac{1}{2}\left(\frac{1}{50}\right)^3 - \cdots\right]$$

oder

$$\sqrt{100-2} = 10\left[1 - \frac{1}{100} - \frac{1}{2}\cdot\left(\frac{1}{100}\right)^2 - \frac{1}{2}\left(\frac{1}{100}\right)^3 - \frac{5}{8}\left(\frac{1}{100}\right)^4 - \cdots\right]$$

Numerisch ergiebt sich

$$\frac{1}{100} = 0{,}01$$

$$\frac{1}{2}\left(\frac{1}{100}\right)^2 = 0{,}00005$$

$$\frac{1}{2}\left(\frac{1}{100}\right)^3 = 0{,}0000005$$

$$\frac{5}{8}\left(\frac{1}{100}\right)^4 = 0{,}000000006\ldots$$

Daher ist

$$\frac{1}{100} + \frac{1}{2}\left(\frac{1}{100}\right)^2 + \frac{1}{2}\cdot\left(\frac{1}{100}\right)^3 + \frac{5}{8}\left(\frac{1}{100}\right)^4 + \cdots$$
$$= 0{,}010050506$$

auf neue Decimalen genau.

Es ergiebt sich also

$$\sqrt{100-2} = 10\,[1 - 0{,}010050506] = 9{,}89949494$$

und demnach vermöge der Gleichung

$$\sqrt{2} = \frac{\sqrt{100-2}}{7}$$

$$\sqrt{2} = \frac{9{,}89949494}{7} = 1{,}41421356$$

auf acht Decimalen genau.

---

2. Die dritte Wurzel aus der Zahl 19 durch eine Reihe darzustellen und zu berechnen.

Man setze

$$19 = \frac{m^3}{n^3} + \frac{c}{n^3}$$

nehme für m eine nicht zu kleine Zahl an und suche diejenige Zahl n auf, deren dritte Potenz so nahe als möglich bei $\frac{m^3}{19}$ liegt.

Setzt man zum Beispiel $m = 8$, so wird, da n^3 möglichst nahe bei $\frac{8^3}{19} = \frac{512}{19}$ liegen soll, n gleich 3 zu setzen sein.

Es ergiebt sich nun $c = 1$. Zieht man jetzt aus der Gleichung

$$19 = \frac{8^3 + 1}{27} = \frac{512 + 1}{27}$$

die dritte Wurzel, so erhält man:

$$\sqrt[3]{19} = \frac{\sqrt[3]{8^3 + 1}}{3}$$

Aus der Formel

$$\sqrt[n]{a^n + b} = a \left[1 + \frac{1}{n} \cdot \frac{b}{a^n} - \frac{1 \cdot (n-1)}{n \cdot 2n} \left(\frac{b}{a^n} \right)^2 + \cdots \right]$$

erhält man nun, wenn $a = 8$, $b = 1$, $n = 3$ gesetzt wird, die folgende Reihenentwickelung für $\sqrt[3]{8^3 + 1}$

$$\sqrt[3]{8^3 + 1} = 8 \left[1 + \frac{1}{3} \cdot \frac{1}{512} - \frac{1}{9} \left(\frac{1}{512} \right)^2 + \frac{5}{81} \left(\frac{1}{512} \right)^3 - \cdots \right]$$

In Decimalbrüchen ist jetzt

$$\frac{1}{3 \cdot 512} = 0{,}000651042$$

$$\frac{1}{9 \, (512)^2} = 0{,}000000424$$

Hieraus folgt

$$\sqrt[3]{8^3 + 1} = 8{,}0052049472$$

und daher bis auf die neunte Decimale genau

$$\sqrt[3]{19} = \frac{\sqrt[3]{8^3 + 1}}{3} = 2{,}668401649 \ldots$$

Auf die angegebene Weise findet man ferner durch Reihenentwickelung

$$\sqrt[7]{17} = \frac{\sqrt[7]{3^7 - 11}}{2} = \frac{3}{2} \left[1 - \frac{1}{7} \cdot \frac{11}{2187} - \frac{3}{7^2} \cdot \frac{11^2}{2187^2} - \cdots \right]$$
$$= 1{,}49891987 \ldots$$

Anwendung der Binomial=Reihe zur Entwickelung der Größe a^x und des Logarithmus von $(1 + x)$ nach Potenzen von x.

Wenn in der Reihe

$$(1 + x)^n = 1 + \frac{n}{1} x + \frac{n(n-1)}{1 \cdot 2} x^2 + \frac{n(n-1)(n-2)}{1 \cdot 2 \cdot 3} x^3 + \cdots$$

an die Stelle von x stets $\frac{x}{n}$ gesetzt wird, so ergiebt sich

$$\left(1+\frac{x}{n}\right)^{n}=1+\frac{n}{1}\cdot\frac{x}{n}+\frac{n(n-1)}{1.\quad2}\frac{x^{2}}{n^{2}}+\frac{n(n-1)(n-2)}{1.\quad2.\quad3}\frac{x^{3}}{n^{3}}+\cdots$$

oder nach einfachen Umformungen

$$\left(1+\frac{x}{n}\right)^{n}=1+\frac{x}{1}+\left(1-\frac{1}{n}\right)\frac{x^{2}}{1.2}+\left(1-\frac{1}{n}\right)\left(1-\frac{2}{n}\right)\frac{x^{3}}{1.2.3}+\cdots$$

Je größer nun die Zahl n angenommen wird, um so kleiner werden die Brüche $\frac{1}{n}$, $\frac{2}{n}$, $\frac{3}{n}$, $\cdots$

Daher muß für $n=\infty$ jeder der Faktoren $\left(1-\frac{1}{n}\right)$, $\left(1-\frac{2}{n}\right)$, $\cdots$ der Einheit gleich sein und man erhält

(a) $\displaystyle\lim_{n=\infty}\left(1+\frac{x}{n}\right)^{n}=1+\frac{x}{1}+\frac{x^{2}}{1.2}+\frac{x^{3}}{1.2.3}+\frac{x^{4}}{1.2.3.4}+\cdots$

Würde man in der früheren Gleichung statt $n-\infty$ setzen, so würde sich ergeben

$$\lim_{n=-\infty}\left(1+\frac{x}{n}\right)^{n}=1+\frac{x}{n}+\frac{x^{2}}{1.2}+\frac{x^{3}}{1.2.3}+\frac{x^{4}}{1.2.3.4}\pm\cdots$$

oder

(b) $\displaystyle\lim_{n=\infty}\left(1-\frac{x}{n}\right)^{-n}=1+\frac{x}{1}+\frac{x^{2}}{1.2}+\frac{x^{3}}{1.2.3}+\frac{x^{4}}{1.2.3.4}+\cdots$

Setzt man nun

$$\frac{n}{x}=m,\ n=mx$$

in (a) ein und bemerkt, daß, wenn x eine positive Größe ist, m unendlich groß wird, wenn n unendlich groß ist, so ergiebt sich

$$\lim_{m=\infty}\left(1+\frac{1}{m}\right)^{mx}=1+\frac{x}{1}+\frac{x^{2}}{1.2}+\frac{x^{3}}{1.2.3}+\frac{x^{4}}{1.2.3.4}+\cdots$$

Setzt man ferner

$$\frac{n}{-x}=m,\ n=-mx$$

in (b) ein und bemerkt, daß, wenn x eine negative Größe ist und n unendlich groß wird — auch m unendlich groß werden muß, — so ergiebt sich

$$\lim_{m=\infty}\left(1+\frac{1}{m}\right)^{mx}=1+x+\frac{x^{2}}{1.2}+\frac{x^{3}}{1.2.3}+\frac{x^{4}}{1.2.3.4}+\cdots$$

Letztere Gleichung gilt also, wenn x sowohl positiv als auch negativ genommen wird.

Nun ift aber

$$\left(1+\frac{1}{m}\right)^{mx} = \left\{\left(1+\frac{1}{m}\right)^{m}\right\}^{x}$$

und daher

$$\lim_{m=\infty}\left(1+\frac{1}{m}\right)^{mx} = \left\{\lim_{m=\infty}\left(1+\frac{1}{m}\right)^{m}\right\}^{x}$$

Demnach ergiebt ſich

$$\text{(c)}\quad \left\{\lim_{m=\infty}\left(1+\frac{1}{m}\right)^{m}\right\}^{x} = 1+\frac{x}{1}+\frac{x^2}{1.2}+\frac{x^3}{1.2.3}+\frac{x^4}{1.2.3.4}+..$$

Setzt man in dieſer Gleichung an die Stelle von x einen Augenblick die Einheit, ſo folgt

$$\lim_{m=\infty}\left(1+\frac{1}{m}\right)^{m} = 1+\frac{1}{1}+\frac{1}{1.2}+\frac{1}{1.2.3}+\frac{1}{1.2.3.4}+...$$

Am Schluß des Abſchnittes über geometriſche Reihen haben wir die Grenze, welcher ſich die Größe

$$\left(1+\frac{1}{m}\right)^{m}$$

bei immer größer werdendem m mehr und mehr annähert, durch den Buchstaben e bezeichnet. Für die Berechnung dieſer Zahl e erhält man daher jetzt die unendliche Reihe

$$e = 1+\frac{1}{1}+\frac{1}{1.2}+\frac{1}{1.2.3}+\frac{1}{1.2.3.4}+...$$

aus welcher man für e den Zahlwerth erhalten kann

$$e = 2{,}718281828459045235536\ldots$$

Bedeutet der Buchstab e diesen beſtimmten Werth, ſo findet man aus (c), wo

$$\lim_{m=\infty}\left(1+\frac{1}{m}\right)^{m} = e$$

zu ſetzen ist — die folgende Reihe

$$e^{x} = 1+\frac{x}{1}+\frac{x^2}{1.2}+\frac{x^3}{1.2.3}+\frac{x^4}{1.2.3.4}+\ldots \text{ in inf.}$$

Mittelst dieſer Reihe kann man beliebige Potenzen oder Wurzeln der Zahl e berechnen, da x eine beliebige poſitive oder negative, ganze oder gebrochene Zahl ſein kann.

Setzt man nun

$$a^{y} = e^{x}$$

und nimmt von dieſer Gleichung die briggiſchen Logarithmen, ſo erhält man

$$y \log a = x \log e$$

oder

$$x = y \, \frac{\log a}{\log e}$$

Aus der Logarithmenlehre ist aber bekannt, daß der Logarith=
mus einer Zahl N, genommen in einem System, dessen Grundzahl
m ist — sich mit Hülfe der briggischen Logarithmen folgendermaßen
darstellen läßt

$$\frac{\log N}{\log m}$$

Nach der Erklärung eines Logarithmus ist der obige Logarith=
mus aber auch zu schreiben

$$\mathrm{Log}^{(m)} N$$

Demnach würde

$$\frac{\log a}{\log e} = \mathrm{Log}^{(e)}(a)$$

zu schreiben sein.

Erklärung:

Das logarithmische Zeichen

$$\mathrm{Log}^{(e)}(a)$$

d. i. der Logarithmus einer Zahl a, genommen in einem
System, dessen Grundzahl

$$e = 2{,}7182818284 \ldots$$

ist — wird einfach bezeichnet durch

$$l(a) \text{ oder } \log \mathrm{nat}\,(a)$$

und gelesen **logarithmus naturalis a.**

In Folge dieser Erklärung erhält man aus der Gleichung

$$x = y \, \frac{\log a}{\log e}$$

da $\dfrac{\log a}{\log e} = l(a)$ ist — die folgende Gleichung

$$x = y \, l(a)$$

Demnach ergiebt sich, weil $a^y = e^x$ gesetzt war — aus der
Gleichung

$$a^y = 1 + \frac{x}{1} + \frac{x^2}{1 \cdot 2} + \frac{x^3}{1 \cdot 2 \cdot 3} + \ldots$$

die folgende

$$a^y = 1 + \frac{y \, l(a)}{1} + \frac{y^2 \, (la)^2}{1 \cdot 2} + \frac{y^3 \, (la)^3}{1 \cdot 2 \cdot 3} + \ldots$$

oder wenn man wieder für $l(a)$ den Ausdruck $\dfrac{\log a}{\log e}$ schreibt

$$a^y = 1 + \frac{y}{1}\frac{\log a}{\log e} + \frac{y^2}{1.2}\left(\frac{\log a}{\log e}\right)^2 + \frac{y^3}{1.2.3}\left(\frac{\log a}{\log e}\right)^3 + \ldots$$

In der Reihenentwickelung

$$a^y = 1 + \frac{y}{1}\,la + \frac{y^2}{1.2}\,(la)^2 + \ldots$$

setze man an die Stelle von a den Werth $(1 + x)$ und für y die Größe $\dfrac{1}{n}$, so folgt

$$(1 + x)^{\frac{1}{n}} = 1 + \frac{1}{n}\,l(1 + x) + \frac{\frac{1}{n^2}}{1.2}\,\big(l(1 + x)\big)^2 + \ldots$$

Entwickelt man nun $(1 + x)^{\frac{1}{n}}$ nach der Binomial-Reihe, so wird erhalten:

$$(1 + x)^{\frac{1}{n}} = 1 + \frac{1}{n} + \frac{\frac{1}{n}\left(\frac{1}{n} - 1\right)}{1.2}x^2 + \frac{\frac{1}{n}\left(\frac{1}{n} - 1\right)\left(\frac{1}{n} - 2\right)}{1.2.3}x^3 + \ldots$$

Durch Vergleichung der beiden Entwickelungen von $(1 + x)^{\frac{1}{n}}$ ergiebt sich also:

$$1 + \frac{1}{n}\,l(1 + x) + \frac{\frac{1}{n^2}}{1.2}\big(l(1 + x)\big)^2 + \ldots = 1 + \frac{1}{n}x + \frac{\frac{1}{n}\left(\frac{1}{n} - 1\right)}{1.2}x^2$$

$$+ \frac{\frac{1}{n}\left(\frac{1}{n} - 1\right)\left(\frac{1}{n} - 2\right)}{1.2.3}x^3 + \ldots$$

Subtrahirt man auf beiden Seiten dieser Gleichung die Einheit und multiplicirt dann mit n, so folgt

$$l(1 + x) + \frac{\frac{1}{n}}{1.2}[l(1 + x)]^2 + \ldots = x + \frac{\left(\frac{1}{n} - 1\right)}{1.2}x^2$$

$$+ \frac{\left(\frac{1}{n} - 1\right)\left(\frac{1}{n} - 2\right)}{1.2.3}x^3 + \ldots$$

Dadurch, daß man in dieser Gleichung die Zahl n über alle Grenzen wachsen läßt — wird der Bruch $\frac{1}{n}$ der Zahl 0 immer näher gerückt und man sieht, daß für $n = \infty$ die linke Seite der vorstehenden Gleichung sich auf $l(1 + x)$ reducirt, — während die rechte Seite die Gestalt gewinnt

$$x - \frac{1 \cdot x^2}{1 \cdot 2} + \frac{1 \cdot 2}{1 \cdot 2 \cdot 3} x^3 - \frac{1 \cdot 2 \cdot 3}{1 \cdot 2 \cdot 3 \cdot 4} x^4 + \ldots$$

oder einfacher

$$x - \frac{x^2}{2} + \frac{x^3}{3} - \frac{x^4}{4} + \ldots$$

Daher ergiebt sich:

$$l(1 + x) = x - \frac{x^2}{2} + \frac{x^3}{3} - \frac{x^4}{4} + \frac{x^5}{5} \quad \ldots$$

In dieser Reihe für $l(1 + x)$ bedeutet x eine Zahl, welche innerhalb der Grenzen $- 1$ und $+ 1$ liegt. Setzt man an die Stelle von x die Größe $- x$, so erhält man aus der vorstehenden Reihe

$$l(1 - x) = - x - \frac{x^2}{2} - \frac{x^3}{3} - \frac{x^4}{4} - \frac{x^5}{5} - \ldots$$

Diese Gleichung subtrahire man nun von der obigen und bedenke, daß

$$l(1 + x) - l(1 - x) = l\left(\frac{1 + x}{1 - x}\right)$$

ist, so entsteht

$$l\left(\frac{1 + x}{1 - x}\right) = 2x + \frac{2 x^3}{3} + \frac{2 x^5}{5} + \frac{2 x^7}{7} + \ldots$$

Es soll jetzt noch zweier Reihen Erwähnung geschehen, welche insbesondere bei der Berechnung der Logarithmen ganzer Zahlen benutzt werden.

Aus der Gleichung

$$p^2 = (p + 1)(p - 1)\left(\frac{p^2}{p^2 - 1}\right)$$

folgt, wenn die Logarithmen genommen werden

$$2 l p = l(p + 1) + l(p - 1) + l\left(\frac{p^2}{p^2 - 1}\right)$$

oder

$$2\,\mathrm{l}\,p - \mathrm{l}(p+1) - \mathrm{l}(p-1) = \mathrm{l}\,\frac{2p^2 - 1 + 1}{2p^2 - 1 - 1}$$

$$= \mathrm{l}\left(\frac{1 + \dfrac{1}{2p^2 - 1}}{1 - \dfrac{1}{2p^2 - 1}} \right)$$

Entwickelt man nun nach der Reihe

$$\mathrm{l}\left(\frac{1+\mathrm{x}}{1-\mathrm{x}} \right) = 2\mathrm{x} + \frac{2\mathrm{x}^3}{3} + \frac{2\mathrm{x}^5}{5} + \ldots$$

den Ausdruck $\quad \mathrm{l}\left(\dfrac{1 + \dfrac{1}{2p^2 - 1}}{1 - \dfrac{1}{2p^2 - 1}} \right)$, so erhält man

$$\mathrm{l}\left(\frac{1 + \dfrac{1}{2p^2 - 1}}{1 - \dfrac{1}{2p^2 - 1}} \right) = \frac{2}{2p^2 - 1} + \frac{2}{3\,(2p^2 - 1)^3}$$

$$+ \frac{2}{5\,(2p^2 - 1)^5} + \ldots$$

Daher ergiebt sich

$$2\,\mathrm{l}\,p - \mathrm{l}(p+1) - \mathrm{l}(p-1) = \frac{2}{2p^2 - 1} + \frac{2}{3\,(2p^2 - 1)^3}$$

$$+ \frac{2}{5\,(2p^2 - 1)^5} + \ldots$$

oder nach erfolgter Division durch 2

$$\mathrm{l}\,p - \frac{1}{2}\,\mathrm{l}\,(p+1) - \frac{1}{2}\,\mathrm{l}\,(p-1) = \frac{1}{2\,p^2 - 1} + \frac{1}{3\,(2\,p^2 - 1)^3}$$

$$+ \frac{1}{5\,(2\,p^2 - 1)^5} + \ldots$$

In dieser Gleichung setze man an die Stelle von p der Reihe nach die Zahlen 101, 102, 103 ...... 132 und berechne für diese Zahlwerthe die zweiunddreißig Reihen

$$(p) = \frac{1}{2\,p^2 - 1} + \frac{1}{3\,(2\,p^2 - 1)^3} + \frac{1}{5\,(2\,p^2 - 1)^5} + \ldots$$

welches ohne erhebliche Schwierigkeit geschehen kann, da man von diesen Reihen nur sehr wenige Glieder gebraucht — indem der größte aller Brüche $\dfrac{1}{2\,p^2-1}$ den Werth $\dfrac{1}{20401}$ besitzt und man zur Berechnung der Reihe

$$(101) = \frac{1}{20401} + \frac{1}{3\,(20401)^3} + \dots$$

auf hundert Decimalen nur 12 Glieder dieser Reihe gebraucht.

Ist die Berechnung der 32 Reihen erfolgt, so zerlege man die links auftretenden Logarithmen in die Summe der Logarithmen der Primfaktoren, so ergeben sich 32 Gleichungen, aus denen man die Logarithmen der ersten 32 Primzahlen von 2 bis 131 und demnächst auch die Logarithmen aller zusammengesetzten Zahlen von 2 bis 136 erhalten kann.

Weit schneller erreicht man die Berechnung der Logarithmen auf dem folgenden Wege.

Man bemerke die Gleichung

$$(p-1)^2\,(p+2) - (p+1)^2\,(p-2) = 4$$

und forme dieselbe in die folgende um

$$\frac{(p-1)^2\,(p+2)}{(p+1)^2\,(p-2)} = \frac{(p+1)^2\,(p-2)+4}{(p+1)^2\,(p-2)} = \frac{p^3-3p+2}{p^3-3p-2}$$

Jetzt nehme man auf beiden Seiten die Logarithmen, so folgt

$$2\,l\,(p-1) + l\,(p+2) - 2\,l\,(p+1) - l\,(p-2) = l\left(\frac{p^3-3p+2}{p^3-3p-2}\right)$$

$$= l\left(\frac{1 + \dfrac{2}{p^3-3p}}{1 - \dfrac{2}{p^3-3p}}\right)$$

Nun entwickele man den Logarithmus rechts mittelst der Formel

$$l\left(\frac{1+x}{1-x}\right) = 2x + \frac{2x^3}{3} + \frac{2x^5}{5} + \dots$$

so ergiebt sich, wenn der Einfachheit wegen gesetzt wird

$$(p) = \frac{2}{p^3-3p} + \frac{1}{3}\left(\frac{2}{p^3-3p}\right)^3 + \frac{1}{5}\left(\frac{2}{p^3-3p}\right)^5 + \dots$$

die Gleichung

$$2\,l\,(p-1) + l\,(p+2) - 2\,l\,(p+1) - l\,(p-2) = 2\,(p)$$

oder wenn durch 2 dividirt wird

$$l\,(p-1) - l\,(p+1) + \frac{1}{2}\,l\,(p+2) - \frac{1}{2}\,l\,(p-2) = (p)$$

In dieser Gleichung setze man wieder an die Stelle von p der Reihe nach die Zahlen 101, 102, 103, ... 132 und berechne für diese Zahlwerthe die zweiunddreißig Reihen

$$(p) = \frac{2}{p^3 - 3p} + \frac{1}{3}\left(\frac{2}{p^3 - 3p}\right)^3 + \frac{1}{5}\left(\frac{2}{p^3 - 3p}\right)^5 + \ldots$$

welches um so leichter geschehen kann, da der größte aller Brüche $\frac{2}{p^3 - 3p}$ nur den Werth $\frac{1}{514999}$ besitzt und man daher von keiner dieser Reihen, um auf hundert Decimalen die Rechnung aus= zudehnen, mehr als neun Glieder gebraucht.

Der weitere Fortgang der Berechnung ist derselbe, wie weiter oben.

Hat man sich nun eine Reihe von Logarithmen für die Grund= zahl e verschafft, so kann man die briggischen Logarithmen der be= treffenden Zahlen finden, indem man die ersteren durch l (10) divi= dirt; denn aus der Logarithmen=Theorie hat man die Gleichung

$$\log (m) = \frac{l\, m}{l\, 10}$$

Siebenzehnter Abschnitt.
Auflösung der Gleichungen durch Annäherung.

Obwohl man die Gleichungen dritten und vierten Grades noch algebraisch auflösen kann, so macht man von dieser Auflösungs= methode doch nur selten Gebrauch, weil die Berechnung eine zu umständliche wird; man bedient sich vielmehr einer Methode, welche unter der Bezeichnung „Auflösung der Gleichungen durch Annäherung" bekannt ist und welche den Vortheil vereinfachter Rechnung gewährt.

Ist irgend eine algebraische Gleichung von der Form

$$x^n + a_1 x^{n-1} + a_2 x^{n-2} + \ldots + a_{n-1} x + a_n = 0$$

gegeben, so suche man durch einige Proben zwei ganze auf einander folgende Zahlen zu ermitteln, innerhalb welcher eine Wurzel x der vorgelegten Gleichung liegt. Bedeutet nun α einen Werth zwischen diesen beiden auf einander folgenden ganzen Zahlen (den man am besten so nahe als möglich der Wurzel x durch Probiren oder Schätzen wählt), so läßt die Wurzel x sich folgendermaßen darstellen

$$x = \alpha + \omega$$

wo ω eine geringe Zahlengröße (Correktion) bedeutet, deren Zahl= werth zwischen den Grenzen 0 und 1 enthalten sein wird. — Setzt man nun in der gegebenen Gleichung

$$x^n + a_1 x^{n-1} + a_2 x^{n-2} + \ldots + a_n = 0$$

an die Stelle von x diese Summe $\alpha + \omega$ und bildet nach dem binomischen Satze die Potenzen x^n, x^{n-1} u. f. w., so wird man eine Gleichung erhalten, deren linke Seite sich nach Potenzen von ω fortschreitend entwickeln läßt. Dieselbe wird die Form haben

$$A + A_1 \omega + A_2 \omega^2 + \ldots = 0$$

Da nun ω als verhältnißmäßig kleine Größe anzusehen ist, so kann man die dritten und höheren Potenzen von ω als unerheblich vernachläſſigen; in der Regel wird man sogar schon das Quadrat von ω vernachläſſigen dürfen. Man erhält dann entweder die Gleichung

$$A + A_1 \omega + A_2 \omega^2 = 0$$

oder bei Vernachläſſigung des Quadrates von ω

$$A + A_1 \omega = 0$$

Aus einer dieser beiden Gleichungen wird man nun einen angenäherten Werth für ω erhalten und mit Hülfe dieses Werthes eine Größe

$$x = \alpha + \omega$$

finden, welche der wahren Wurzel x näher liegt als die Größe α. Diesen Werth setze man nun an die Stelle von α in der Gleichung

$$x = \alpha + \omega$$

und wiederhole die Bestimmung von ω in der vorher angegebenen Weise, so erlangt man nach einigen Operationen einen Werth von x, welcher als zusammenfallend mit der wahren Wurzel der Gleichung angesehen werden darf, indem der Unterschied der erhaltenen und der wahren Wurzel beliebig klein gemacht werden kann.

Soll z. B. die Gleichung

$$x^3 + 2x^2 + 4x = 87$$

aufgelöſt werden, so überzeuge man sich zunächst, daß der Werth einer ihrer Wurzeln zwischen den auf einander folgenden Zahlen 3 und 4 liegt; denn es ist

$$3^3 + 2 \cdot 3^2 + 4 \cdot 3 = 57$$
$$4^3 + 2 \cdot 4^2 + 4 \cdot 4 = 112$$

Setzt man für x den Werth zwischen 3 und 4 gleich 3, 5, — so erhält man

$$3{,}5^3 + 2 \cdot 3{,}5^2 + 4 \cdot 3{,}5 = 81{,}375$$

Aus dieser Berechnung ersieht man, daß x noch größer als 3, 5 anzunehmen ist. Setzt man daher x = 3, 6, — so findet man:

$$3{,}6^3 + 2 \cdot 3{,}6^2 + 4 \cdot 3{,}6 = 86{,}976$$

Hieraus sieht man, daß x nur sehr wenig größer als 3, 6 sein wird. Man setze daher

$$x = 3, 6 + \omega$$

in die Gleichung

$$x^3 + 2x^2 + 4x = 87$$

ein, so ergiebt sich, nachdem die linke Seite derselben nach Potenzen von ω entwickelt ist

$$86{,}976 + 57{,}28\,\omega + 12{,}8\,\omega^2 + \omega^3 = 87$$

Durch Subtraktion von 86,976 folgt aus dieser Gleichung

$$57{,}28\,\omega + 12{,}8\,\omega^2 + \omega^3 = 0{,}024$$

Da ω, wie man sieht, eine sehr kleine Zahl sein muß, so mag das Quadrat derselben und um so mehr ihr Cubus vernachlässigt werden. Hierdurch geht die vorliegende Gleichung in folgende über

$$57{,}28\,\omega = 0{,}024$$

aus welcher erhalten wird

$$\omega = \frac{0{,}024}{57{,}28} = 0{,}0004189$$

Für x, welches gleich $3{,}6 + \omega$ gesetzt war — ergiebt sich demnach der angenäherte oder corrigirte Werth

$$x = 3{,}6004189$$

Man überzeugt sich leicht, daß dieser Werth sehr nahe der Wurzel der Gleichung

$$x^3 + 2x^2 + 4x = 87$$

liegen muß, denn man erhält, wenn man denselben durch β bezeichnet

$$\beta^3 + 2\beta^2 + 4\beta = 86{,}9999968\ldots$$

Soll der Werth von x mit einem noch größeren Grade von Genauigkeit berechnet werden, so hat man

$$x = 3{,}6004189 + \omega$$

in die Gleichung

$$x^3 + 2x^2 + 4x = 87$$

einzusetzen und zur Bestimmung der neuen sehr kleinen Correktion ω in der vorher angegebenen Weise zu verfahren. —

Wenn man in der Gleichung

$$57{,}28\,\omega + 12{,}8\,\omega^2 + \omega^3 = 0{,}024$$

aus welcher die erste Correktion der Wurzel gefunden wurde — das Quadrat von ω beibehält und nur den Cubus von ω vernachlässigt, so ergiebt sich zur Bestimmung der Correktion ω die quadratische Gleichung

$$57{,}28\,\omega + 12{,}8\,\omega^2 = 0{,}024$$

oder

$$\omega^2 + \frac{17{,}9}{4}\,\omega = \frac{0{,}03}{16}$$

Aus dieser Gleichung hat man nur die positive Wurzel zu nehmen, weil die Correktion ω in diesem Falle positiv sein muß. Es ergiebt sich daher

$$\omega = \frac{-\,17,9 + \sqrt{(17,9)^2 + 0,12}}{8}$$

oder berechnet

$$\omega = 0,00041895519 \ldots$$

Also findet man

$$x = 3,60041895519 \ldots$$

Von dieser Wurzel ist noch die 11. Decimalziffer richtig.

Will man durch Annäherung die Gleichung

$$x^5 + 5x = 10$$

auflösen, so überzeuge man sich zunächst durch einige Proben, daß x innerhalb der beiden ganzen Zahlen 1 und 2 und ziemlich nahe der Zahl 1,3 liegt.

Dann setze man

$$x = 1,3 + \omega$$

so erhält man aus der Gleichung

$$x^5 + 5x = 10$$

wenn man noch Potenzen von ω entwickelt, die folgende:

$$10,21293 + 19,2805\,\omega + 21,97\,\omega^2 + 16,9\,\omega^3 + 6,5\,\omega^4 + \omega^5 = 10$$

oder

$$0,21293 + 19,2805\,\omega + 21,97\,\omega^2 + 16,9\,\omega^3 + 6,5\,\omega^4 + \omega^5 = 0$$

Vernachlässigt man in dieser Gleichung die Potenzen ω^3, ω^4, ω^5 — so ergiebt sich die quadratische Gleichung

$$0,21293 + 19,2805\,\omega + 21,97\,\omega^2 = 0$$

aus welcher man in Berücksichtigung des Umstandes, daß ω eine kleine negative Größe sein muß, den folgenden Werth erhält

$$\omega = \frac{-\,19,2805 + \sqrt{(19,2805)^2 - 4\,.\,0,21293\,.\,21,97}}{2\,.\,21,97}$$

oder berechnet

$$\omega = -\,0,011186$$

Da nun

$$x = 1,3 + \omega$$

gesetzt war, so ergiebt sich näherungsweise

$$x = 1,288814$$

Bezeichnet man diesen angenäherten Werth der Wurzel durch α, so findet man:

$$\alpha^5 + 5\alpha = 9,99998380555 \ldots$$

Um die Wurzel x noch genauer zu erhalten, setze man
$$x = 1{,}288814 + \omega$$
in die Gleichung
$$x^5 + 5x = 10$$
und vernachläſſige das Quadrat und die folgenden Potenzen der sehr kleinen neuen Correktion ω, so findet man aus der sich bilden=den Gleichung
$$[5\,(1{,}288814)^4 + 5]\,\omega = 0{,}00001619445$$
die neue Correktion
$$\omega = 0{,}0000008616227\ldots$$
Man erhält daher den sehr genauen Werth der Wurzel
$$x = 1{,}2888148616227\ldots$$

In einigen Fällen kann man dem Werthe einer Wurzel sich sehr schnell annähern auf einem jetzt anzugebenden Wege.

Wenn eine Gleichung von der Form
$$x^n - ax = b$$
gegeben ist, in welcher der Exponent n eine nicht zu kleine Zahl ist und a eine nicht zu große Zahl, b dagegen eine größere Zahl — so bilde man aus dieser Gleichung
$$x = \sqrt[n]{b + ax}$$
und setze in die rechte Seite derselben für x einen beliebigen, der Wurzel möglichst nahe kommenden Werth ein; darauf berechne man die n^{te} Wurzel mit Hülfe der Logarithmen, so erhält man einen der wahren Wurzel x sehr viel näher kommenden Werth. Denselben setze man in die rechte Seite für x ein und berechne abermals die Wurzel, so wird man nach einigen Operationen einen der wahren Wurzel x äußerst nahe liegenden Werth erhalten. — Es sei z. B. die Gleichung
$$x^{10} - 5x = 100$$
gegeben, so bilde man zunächst
$$x = \sqrt[10]{100 + 5x}$$
und setze rechts für x den Werth 1 ein, so erhält man den genaueren Werth
$$x = \sqrt[10]{105} = 1{,}592645$$
Diesen Zahlwerth setze man nun wieder in die rechte Seite der Gleichung
$$x = \sqrt[10]{100 + 5x}$$
ein, so erhält man als zweite Verbesserung der Wurzel den folgen=den Ausdruck
$$x = \sqrt[10]{107{,}963225} = 1{,}597083$$

Setzt man diesen Zahlwerth noch einmal in die rechte Seite der Gleichung

$$x = \sqrt[10]{100 + 5x}$$

für x ein, so ergiebt sich

$$x = \sqrt[10]{107{,}985415} = 1{,}597116$$

als sehr angenäherter Werth der gesuchten Wurzel.

Hat man die Gleichung

$$x^{10} - x^2 + 2x = 1000$$

aufzulösen, so bilde man aus derselben

$$x = \sqrt[10]{1000 - 2x + x^2}$$

Setzt man nun in der rechten Seite dieser Gleichung für x den Werth = 2 ein, so erhält man als sehr angenäherte Wurzel von x den Ausdruck:

$$x = \sqrt[10]{1000} = 1{,}995262$$

Wenn man diesen Werth noch einmal in die Gleichung

$$x = \sqrt[10]{1000 - 2x + x2}$$

einsetzt, so erhält man den einer Correktion nicht weiter bedürfenden Werth

$$x = \sqrt[10]{999{,}990548} = 1{,}9952604$$

Bemerkung:

Auf demselben Wege kann man auch nicht algebraische (transcendente) Gleichungen auflösen. Es sei z. B. die folgende Gleichung gegeben

$$10^x = 500 + x$$

so nehme man auf beiden Seiten die briggischen Logarithmen. Hierdurch ergiebt sich:

$$x = \log(500 + x)$$

Setzt man nun in der rechten Seite dieser Gleichung an die Stelle von x den Werth 3, so erhält man

$$x = \log 503 = 2{,}7015680$$

Diesen Werth von x setze man noch einmal in die rechte Seite der Gleichung

$$x = \log(500 + x)$$

so folgt

$$x = \log 502{,}701568 = 2{,}7013103$$

Durch nochmaliges Einsetzen erhält man
$$x = \log 502{,}70131 = 2{,}7013101$$
Dieser Werth genügt offenbar auf sieben Decimalen der vorge=
legten Gleichung.

———

Von der so eben angegebenen Methode, die Wurzeln von
Gleichungen durch Näherung aufzufinden, hat man insbesondere in
der Rentenrechnung Gebrauch zu machen, wenn der Procent= oder
der per Thaler=Satz gefunden werden soll.

Legt Jemand nämlich alljährlich die Summe von a Thlr. zins=
tragend an und begann derselbe seine Ersparnisse mit dem Kapital
C, so wird derselbe nach Ablauf von n Jahren unter der Voraus=
setzung, daß er sein Geld zu 100 p Procent anlegt — ein Ver=
mögen von

$$K = C\,(1 + p)^n + a\,\frac{(1 + p)^n - 1}{p}$$

Thalern besitzen. Sind nun a, n, C, K gegeben, so läßt sich p
folgendermaßen durch Annäherung finden. Man bilde aus der vor=
stehenden Gleichung die folgende

$$(1 + p)^n = \frac{a + Kp}{a + Cp}$$

oder

$$1 + p = \sqrt[n]{\frac{a + Kp}{a + Cp}}$$

Setzt man nun in der rechten Seite dieser Gleichung an die
Stelle von p einen ungefähren Werth, so erhält man als genaueren
Werth von p den Ausdruck

$$p = \sqrt[n]{\frac{a + Kp}{a + Cp}} - 1$$

Wenn z. B.

$$a = 50$$
$$C = 3000$$
$$K = 5000$$
$$n = 10$$

gesetzt wird, so erhält man zur Bestimmung von p nach erfolgter
Vereinfachung die Gleichung

$$p = \sqrt[10]{\frac{1 + 100p}{1 + 60p}} - 1$$

Jetzt setze man rechts für p den Werth

$$p = 0{,}05 \quad \left(= 5\,\tfrac{0}{0}\right)$$

so findet man aus der Gleichung

$$p = \sqrt[10]{\frac{3}{2}} - 1$$

den genaueren Werth

$$p = 0,04138$$

Setzt man diesen Werth wieder für p in die rechte Seite der Gleichung

$$p = \sqrt[10]{\frac{1 + 100p}{1 + 60p}} - 1$$

so erhält man den genaueren Werth

$$p = \sqrt[10]{\frac{5,138}{3,4828}} - 1 = 0,03965$$

Durch abermalige Einsetzung dieses Werthes in die Gleichung

$$p = \sqrt[10]{\frac{1 + 100p}{1 + 60p}} - 1$$

erhält man

$$p = \sqrt[10]{\frac{4,965}{3,379}} - 1 = 0,03923$$

Die auf ähnliche Weise herzuleitenden nächsten Werthe für p lauten:

$$p = 0,03913$$
$$p = 0,039103$$
$$p = 0,039096$$
$$p = 0,039095$$

Demnach ist der Procentsatz

$$= 3,9095 \tfrac{0}{0}$$

Je kleiner man a im Verhältniß zu C und K annimmt, um so schneller liefert das angegebene Verfahren einen genauen Werth von p.

Auflösung algebraischer Gleichungen mit zwei Unbe=
kannten durch allmähliche Annäherung.

Sind zwei algebraische Gleichungen gegeben, deren beide Un=
bekannten x und y sind, — so suche man zunächst zwei solche Werthe x = a und y = b durch Probiren zu ermitteln, welche nahezu den beiden vorgelegten Gleichungen Genüge leisten. Alsdann setze man

$$x = a + \omega$$
$$y = b + \varepsilon$$

in die beiden gegebenen Gleichungen ein und vernachläſſige bei der Auflöſung der Klammern die Quadrate und höheren Potenzen von ω und ε, ſo wie die Produktverbindung $\omega\varepsilon$. Es ergeben ſich auf dieſem Wege dann zwei Gleichungen des erſten Grades, deren Unbekannte ω und ε ſind und aus denen die angenäherten Werthe dieſer beiden Correktionen der ungefähren Wurzeln a und b entnommen werden können. Werden die corrigirten Werthe von x und y entſprechend durch a' und b' bezeichnet, wo

$$a' = a + \omega$$
$$b' = b + \varepsilon$$

iſt, ſo ſetze man

$$x = a' + \omega'$$
$$y = b' + \varepsilon'$$

und verfahre zur Beſtimmung der beiden neuen Correktionen ω' und ε' ganz wie vorher. Nach einigen Annäherungen wird man dann die Werthe von x und y mit einem beliebigen Grade von Genauigkeit erhalten.

Anmerkung.

Ein ganz ähnliches Verfahren hat man einzuſchlagen, um aus mehreren algebraiſchen Gleichungen die Werthe aller Unbekannten durch allmähliche Annäherung zu erhalten.

Dieſes Verfahren mag nun an einigen Beiſpielen erläutert werden.

------

1) Aus den beiden Gleichungen

$$x^3 + xy^2 = 30$$
$$y^4 + 3x^2y = 120$$

x und y zu berechnen.

Zunächſt überzeuge man ſich durch einige Proben, daß die ungefähren Werthe der Unbekannten

$$x = 2 \text{ und } y = 3$$

ſind; dann ſetze man

$$x = 2 + \omega$$
$$y = 3 + \varepsilon$$

in die vorgelegten Gleichungen ein, ſo ergeben ſich, wenn die Quadrate und höheren Potenzen, ſo wie die Produkte der Correktionen ω und ε vernachläſſigt werden, die beiden Gleichungen

$$x^3 + xy^2 = 26 + 21\omega + 12\varepsilon = 30$$
$$y^4 + 3x^2y = 117 + 36\omega + 120\varepsilon = 120$$

oder

$$21\omega + 12\varepsilon = 4$$
$$12\omega + 40\varepsilon = 1$$

Aus diesen beiden Gleichungen findet man die Werthe der beiden Correktionen

$$\omega = \frac{37}{174} = 0{,}2124\ldots$$

$$\varepsilon = -\frac{9}{232} = -0{,}0388\ldots$$

Die corrigirten Werthe von x und y lauten also

$$a' = 2 + \omega = 2{,}2124\ldots$$
$$b' = 3 + \varepsilon = 2{,}9612$$

Um die Genauigkeit der Annäherung nun noch weiter zu treiben, setze man

$$x = a' + \omega' = 2{,}2124 + \omega'$$
$$y = b' + \varepsilon' = 2{,}9612 + \varepsilon'$$

in die vorgelegten Gleichungen ein und vernachlässige wieder die Quadrate und Produkte von ω', ε', so wie die höheren Potenzen dieser Correktionen. Es ergeben sich dann die beiden Gleichungen

$$x^3 + xy^2 = 30{,}22894 + 23{,}45284\omega' + 13{,}10271\varepsilon' = 30$$
$$y^4 + 3x^2y = 120{,}37282 + 39{,}30814\omega' + 118{,}5477\varepsilon' = 120$$

oder

$$0{,}22894 + 23{,}45284\omega' + 13{,}10271\varepsilon' = 0$$
$$0{,}37282 + 39{,}30814\omega' + 118{,}5477\varepsilon' = 0$$

Aus diesen Gleichungen findet man nun die Zahlen für die Correktionen

$$\omega' = -0{,}0098247$$
$$\varepsilon' = 0{,}0001128$$

Daher erhält man als folgende Näherungswerthe für x und y

$$x = a' + \omega' = 2{,}2025753$$
$$y = b' + \varepsilon' = 2{,}9613128$$

Diese Werthe genügen sehr nahe den vorgelegten Gleichungen, denn man erhält — wenn dieselben eingesetzt werden

$$x^3 + xy^2 = 30{,}00066$$
$$y^4 + 3x^2y = 120{,}00095$$

Würde man noch einmal die Werthe von x und y vermittelst der angegebenen Methode corrigiren, so würde man genauer erhalten

$$x = 2{,}202547$$
$$y = 2{,}961314$$

als Wurzeln der beiden Gleichungen

$$x^3 + xy^2 = 30$$
$$y^4 + 3x^2y = 120$$

2) Die beiden Gleichungen

$$x^4 + xy^2 = 250$$
$$y^4 + x^2y = 50$$

durch Annäherung aufzulösen.

Da die beiden Wurzeln dieser Gleichung, wie man nach einigen Proben findet — nahe bei den Zahlen $x = 4$ und $y = 2$ liegen, so setze man

$$x = 4 + \omega$$
$$y = 2 + \varepsilon$$

in die gegebenen Gleichungen ein und behalte nur die ersten Potenzen der Correktionen ohne Mitnahme ihrer Produktverbindung bei, so erhält man die beiden Gleichungen:

$$x^4 + xy^2 = 272 + 260\omega + 16\varepsilon = 250$$
$$y^4 + x^2y = 48 + 16\omega + 48\varepsilon = 50$$

oder

$$130\omega + 8\varepsilon = -11$$
$$8\omega + 24\varepsilon = 1$$

Aus diesen beiden Gleichungen findet man

$$\omega = -\frac{17}{191} = -0,089\,..$$

$$\varepsilon = \frac{109}{1528} = 0,071\,..$$

Man erhält daher als erste Annäherungen der Werthe von x und y die Größen

$$a' = 4 + \omega = 3,911$$
$$b' = 2 + \varepsilon = 2,071$$

Jetzt setze man

$$x = 3,911 + \omega'$$
$$y = 2,071 + \varepsilon'$$

in die gegebenen Gleichungen ein, so erhält man zur Bestimmung der neuen Correktionen die beiden Gleichungen

$$x^4 + xy^2 = 250,7396 + 243,5784\omega' + 16,19936\varepsilon' = 250$$
$$y^4 + x^2y = 50,07373 + 16,19936\omega' + 50,82633\varepsilon' = 50$$

oder die beiden folgenden

$$0,7396 + 243,5784\omega' + 16,19936\varepsilon' = 0$$
$$0,07373 + 16,19936\omega' + 50,82633\varepsilon' = 0$$

Aus diesen beiden Gleichungen erhält man für die Correktionen ω und ε' die Werthe

$$\omega' = -0,0030036$$
$$\varepsilon' = -0,0004930$$

Demnach erhält man als corrigirte Werthe für x und y

$$x = 3{,}907996$$
$$y = 2{,}070507$$

Die nun folgende Annäherung würde ergeben haben, daß von diesen beiden Werthen nur der erstere eine Correktion

$$= -\,0{,}000004$$

zu erhalten hat. Die wahren Werthe sind demnach

$$x = 3{,}907992$$
$$y = 2{,}070507$$

3) Die drei Gleichungen

$$x^2 + yz = 8$$
$$(x + y)z = 10$$
$$y^2 + z^2 = 12$$

durch allmähliche Annäherung aufzulösen.

Durch Probiren verschaffe man sich zunächst die Gewißheit, daß die Werthe x = 1, y = 2, z = 3 als rohe Annäherungs-werthe gelten und setze dann

$$x = 1 + \omega$$
$$y = 2 + \varepsilon$$
$$z = 3 + \delta$$

in die gegebenen Gleichungen ein, so erhält man mit Vernachlässigung der Produktverbindungen und der Quadrate der Correktionen die folgenden Gleichungen:

$$2\omega + 3\varepsilon + 2\delta = 1$$
$$3\omega + 3\varepsilon + 3\delta = 1$$
$$4\varepsilon + 6\delta = -\,1$$

Aus diesen Gleichungen ergiebt sich

$$\omega = \frac{7}{18}$$
$$\varepsilon = \frac{1}{3}$$
$$\delta = -\,\frac{7}{18}$$

Daher werden die corrigirten Werthe der Unbekannten

$$x = \frac{25}{18}$$
$$y = \frac{7}{3}$$
$$z = \frac{47}{18}$$

Nun setze man

$$x = \frac{25}{18} + \omega'$$

$$y = \frac{7}{3} + \varepsilon'$$

$$z = \frac{47}{18} + \delta'$$

in die gegebenen Gleichungen ein, so erhält man zur Bestimmung der neuen Correktionen ω', ε', δ' die drei Gleichungen

$$\frac{2599}{324} + \frac{25}{9}\,\omega' + \frac{47}{18}\,\varepsilon' + \frac{7}{3}\,\delta' = 8$$

$$\frac{3149}{324} + \frac{47}{18}\,\omega' + \frac{47}{18}\,\varepsilon' + \frac{67}{18}\,\delta' = 10$$

$$\frac{3973}{324} + \frac{14}{3}\,\varepsilon' + \frac{47}{9}\,\delta' = 12$$

oder die folgenden

$$50\,\omega' + 47\,\varepsilon' + 42\,\delta' = -\,\frac{7}{18}$$

$$47\,\omega' + 47\,\varepsilon' + 67\,\delta' = \frac{91}{18}$$

$$42\,\varepsilon' + 47\,\delta' = -\,\frac{85}{36}$$

Aus denselben erhält man die Werthe
$$\omega' = \ 0{,}0937\ ..$$
$$\varepsilon' = -\ 0{,}3124\ ..$$
$$\delta' = \ 0{,}2290\ ..$$
und daher die corrigirten Werthe der Wurzeln
$$x = 1{,}483$$
$$y = 2{,}021$$
$$z = 2{,}840$$
Jetzt setze man wieder
$$x = 1{,}483 + \omega''$$
$$y = 2{,}021 + \varepsilon''$$
$$z = 2{,}840 + \delta''$$
so erhält man aus den vorgelegten Gleichungen
$$2{,}966\,\omega'' + 2{,}840\,\varepsilon'' + 2{,}021\,\delta'' = +\ 0{,}061071$$
$$2{,}840\,\omega'' + 2{,}840\,\varepsilon'' + 3{,}504\,\delta'' = +\ 0{,}048640$$
$$4{,}042\,\varepsilon'' + 5{,}680\,\delta'' = -\ 0{,}150041$$
Die Werthe, welche man hieraus für die neuen Correktionen findet — sind
$$\omega'' = \ 0{,}054$$
$$\varepsilon'' = -\ 0{,}032$$
$$\delta'' = -\ 0{,}004$$

Hieraus ergeben sich die corrigirten Wurzeln

$$x = 1,537$$
$$y = 1,989$$
$$z = 2,836$$

Jetzt setze man wieder

$$x = 1,537 + \omega$$
$$y = 1,989 + \varepsilon$$
$$z = 2,836 + \delta$$

wo die Accente bei den Correktionen der Einfachheit wegen fort=
gelassen sind, so ergeben sich aus den ursprünglichen Gleichungen
die folgenden

$$3,074\,\omega + 2,836\,\varepsilon + 1,989\,\delta = -\ 0,003173$$
$$2,836\,\omega + 2,836\,\varepsilon + 3,526\,\delta = \ \ \ \ 0,000264$$
$$3,978\,\varepsilon + 5,672\,\delta = \ \ \ \ 0,000979$$

Durch Auflösung dieser Gleichungen ergiebt sich

$$\omega = \ \ \ \ 0,000262$$
$$\varepsilon = -\ 0,00300$$
$$\delta = \ \ \ \ 0,002277$$

Die verbesserten Werthe von x, y, z lauten jetzt

$$x = 1,537262$$
$$y = 1,986000$$
$$z = 2,838277$$

Setzt man nun noch einmal

$$x = 1,537262 + \omega$$
$$y = 1,986000 + \varepsilon$$
$$z = 2,838277 + \delta$$

in die gegebenen Gleichungen ein, so erhält man drei Gleichungen
aus denen sich folgende Werthe für die Correktionen ergeben

$$\omega = -\ 0,0000003$$
$$\varepsilon = -\ 0,0000031$$
$$\delta = \ \ \ \ 0,0000001$$

Die wahren Werthe der Wurzeln sind demnach:

$$x = 1,537262$$
$$y = 1,985997$$
$$z = 2,838277$$

Auf ähnliche Weise kann man algebraische Gleichungen mit
mehreren Unbekannten durch allmähliche Annäherungen auflösen.

Achtzehnter Abschnitt.

Theorie des Größten und Kleinsten.

Jeder Ausdruck von x, welcher durch eine Aenderung der Größe x selber verändert wird, heißt eine Funktion von x.

Die Ausdrücke

$$2x - x^2$$
$$\frac{3ax + x^3}{(b - x)^2}$$
$$x \log \left(\frac{2 + x}{1 - x} \right)$$

sind Funktionen von x, da eine Aenderung von x eine Veränderung jedes derselben zur Folge hat.

Eine beliebige Funktion von x pflegt man durch das Zeichen f(x) darzustellen.

Unter f(x) ist demnach jeder Ausdruck von x zu verstehen, welcher mit x sich ändert.

Im Allgemeinen wird durch eine kleine Aenderung von x nur eine geringe Veränderung der Funktion bewirkt und zwar ist die Aenderung der Funktion um so geringer, je kleiner die Veränderung von x ist.

Läßt man x alle möglichen Zahlenwerthe durchlaufen, so kann die Funktion f(x) fortwährend größere oder kleinere Werthe annehmen. Im ersten Falle sagt man, die Funktion wachse stetig und im zweiten, sie nehme stetig ab.

Es kann aber auch der Fall eintreten, daß die Funktion f(x), wenn x innerhalb gewisser Grenzen sich bewegt, stetig wächst und sobald diese Grenzen von x überschritten werden — stetig abnimmt.

Dieser Fall wird uns in dem gegenwärtigen Abschnitt beschäftigen.

Wächst die Funktion f(x) stetig, wenn x sich der Grenze a annähert, nimmt dagegen ab, wenn x sich von dieser Grenze entfernt; so sagt man

die Funktion f(x) habe für x = a einen größten
Werth erreicht oder sei „ein Größtes" geworden.

Nimmt ferner die Funktion f(x) stetig ab, wenn x sich der Grenze a annähert, wächst dagegen, sobald sich x von dieser Grenze entfernt; so sagt man

die Funktion f(x) habe für x = a einen kleinsten
Werth angenommen oder sei „ein Kleinstes" geworden.

Betrachten wir des Beispiels wegen die Funktion von x
$$f(x) = 2ax - x^2$$
so wird sich leicht ergeben, daß wenn x von Null her sich der Grenze a annähert, die Funktion $f(x)$ von Null bis zur Grenze a^2 stetig wächst; daß aber, wenn x über die Grenze a hinaus bis zur Grenze 2a sich bewegt, die Funktion $f(x)$ von a^2 bis Null stetig abnimmt. — Der klarern Uebersicht wegen stellen wir die Funktion $f(x)$ folgendermaßen dar
$$f(x) = a^2 - (a - x)^2$$
Es ist jetzt ersichtlich, daß die Größe $(a - x)^2$ stets positiv sein wird, gleichviel, ob x größer oder kleiner als a ist. Daher ist die Funktion $f(x)$ im Allgemeinen kleiner als a^2, außer wenn ihr Subtrahend $(a - x)^2$ der Null gleich wird. Dieser Fall tritt nur ein, wenn man $x = a$ annimmt. Die Funktion
$$f(x) = 2ax - x^2$$
erreicht daher einen größten Werth für $x = a$; nämlich den Werth $f(a) = a^2$.

Betrachten wir zweitens die Funktion
$$f(x) = x^2 - 2ax + b$$
so ergiebt sich, daß wenn x von Null bis a anwächst, die Funktion von der Grenze b bis zur Grenze $b - a^2$ stetig abnimmt; daß ferner, wenn x über die Grenze a hinaus bis zur Grenze 2a sich bewegt, die Funktion $f(x)$ von $b - a^2$ bis b stetig wächst.

Es ist nämlich
$$f(x) = b - a^2 + (x - a)^2$$
Aus dieser Form entnimmt man, daß $f(x)$ um die stets positive Größe $(x - a)^2$ größer sein muß als $b - a^2$. In dem Falle allein, wo $x = a$ ist, findet man, daß $f(x) = b - a^2$ wird. Daher hat die Funktion
$$f(x) = x^2 - 2ax + b$$
für $x = a$ einen kleinsten Werth erreicht; dieser ist $b - a^2$.

Damit eine stetige Funktion von x $f(x)$ für $x = a$ überhaupt einen größten Werth annimmt, muß offenbar, wenn man unter ω eine beliebig kleine positive Zahl versteht
$$f(a + \omega) < fa \quad \text{und}$$
$$f(a - \omega) < fa$$
sein.

Soll dagegen die Funktion $f(x)$ für $x = a$ einen kleinsten Werth annehmen, so muß
$$f(a + \omega) > fa, \quad \text{desgleichen}$$
$$f(a - \omega) > fa$$
werden.

Wir wollen nun an den beiden vorher behandelten Beispielen zeigen, daß man mittelst der obigen Ungleichheitsbedingungen die=

jenigen Werthe von x auffinden kann, durch welche den beiden Funktionen
$$f(x) = 2ax - x^2$$
$$f(x) = x^2 - 2ax + b$$
ein größter, beziehlich kleinster Werth ertheilt wird.

Ist $x = h$ derjenige Werth, für welchen die Funktion
$$f(x) = 2ax - x^2$$
ein Größtes wird, so muß
$$2a(h + \omega) - (h + \omega)^2 < 2ah - h^2 \quad \text{und}$$
$$2a(h - \omega) - (h - \omega)^2 < 2ah - h^2$$
sein.

Löst man die Klammern in beiden Ungleichheitsbedingungen auf und subtrahirt auf beiden Seiten $2ah - h^2$, so erhält man gleichzeitig
$$2a\omega - 2h\omega - \omega^2 < 0$$
$$- 2a\omega + 2h\omega - \omega^2 < 0$$
oder
$$2(a - h)\omega < \omega^2$$
$$- 2(a - h)\omega < \omega^2$$

Aus diesen beiden Bedingungen findet man, daß h von a nicht um eine angebbare Größe verschieden sein darf; denn wäre $h < a$ oder $a - h$ positiv, so würde sich aus der ersteren Ungleichheitsbedingung ergeben
$$a - h < \frac{\omega}{2} \quad \text{oder} \quad \omega > 2(a - h)$$

d. h. die nach der Voraussetzung beliebig kleine Größe ω müßte größer als eine angebbare Größe $2(a - h)$ sein, worin ein Widerspruch liegt. Eben so würde, wenn $h > a$ oder $h - a$ positiv angenommen wäre, aus der zweiten Ungleichheitsbedingung folgen
$$h - a < \frac{\omega}{2} \quad \text{oder} \quad \alpha > 2(h - a),$$

ein ähnlicher Widerspruch.

Es darf also h weder kleiner noch größer als a sein; deshalb muß
$$h = a$$
werden.

In der That erhält man aus den beiden obigen Ungleichheitsbedingungen, wenn $h = a$ gesetzt wird
$$0 < \omega^2$$
und diese Ungleichheitsbedingung wird für jedes reelle ω gültig bleiben.

Bezeichnet man ferner den Werth von x, welcher die Funktion
$$f(x) = x^2 - 2ax + b$$
zu einem Kleinsten macht, durch h, so muß
$$(h + \omega)^2 - 2a(h + \omega) + b > h^2 - 2ah + b \quad \text{und}$$
$$(h - \omega)^2 - 2a(h - \omega) + b > h^2 - 2ah + b$$

ſein. — Aus dieſen beiden Ungleichheitsbedingungen erhält man leicht die folgenden

$$\omega^2 > 2\,(a - h)\,\omega$$
$$\omega^2 > 2\,(h - a)\,\omega$$

welche in Berückſichtigung der Annahme, daß ω eine beliebig kleine Größe ſein ſoll, zu dem Reſultat

$$h = a$$

führen; wodurch beide ſich in die ſtets gültige Bedingung

$$\omega^2 > 0$$

verwandeln.

Es mag jetzt noch die Funktion von x

$$f(x) = \frac{2\,x}{x^2 + 2\,a\,x + b^2}$$

in Beziehung auf ihren größten und kleinſten Werth unterſucht werden.

Bezeichnet man den Werth von x, welcher $f(x)$ zu einem Größten macht, mit α; dagegen den Werth von x, durch welchen $f(x)$ zu einem Kleinſten gemacht wird, mit β, ſo muß nach dem Früheren, wenn ω eine unendlich kleine poſitive Größe bedeutet

$$\begin{cases} f(\alpha + \omega) < f\alpha \\ f(\alpha - \omega) < f\alpha \end{cases}$$

und

$$\begin{cases} f(\beta + \omega) > f\beta \\ f(\beta - \omega) > f\beta \end{cases}$$

ſein.

Aus dieſen Ungleichheitsbedingungen folgt demnach

$$\begin{cases} \dfrac{2\,(\alpha + \omega)}{(\alpha + \omega)^2 + 2\,a\,(\alpha + \omega) + b^2} < \dfrac{2\,\alpha}{\alpha^2 + 2\,a\,\alpha + b^2} \\[2mm] \dfrac{2\,(\alpha - \omega)}{(\alpha - \omega)^2 + 2\,a\,(\alpha - \omega) + b^2} < \dfrac{2\,\alpha}{\alpha^2 + 2\,a\,\alpha + b^2} \end{cases}$$

und

$$\begin{cases} \dfrac{2\,(\beta + \omega)}{(\beta + \omega)^2 + 2\,a\,(\beta + \omega) + b^2} > \dfrac{2\,\beta}{\beta^2 + 2\,a\,\beta + b^2} \\[2mm] \dfrac{2\,(\beta - \omega)}{(\beta - \omega)^2 + 2\,a\,(\beta - \omega) + b^2} > \dfrac{2\,\beta}{\beta^2 + 2\,a\,\beta + b^2} \end{cases}$$

Läßt man den gemeinſchaftlichen Faktor 2 weg und multipli=cirt dieſe Bedingungsgleichungen über Kreuz, ſo ergeben nach er=folgter Auflöſung der Klammern ſich folgende Ungleichheitsbedin=gungen

$$\begin{cases} \alpha^3 + 2a\alpha^2 + b^2\alpha + \omega\,(\alpha^2 + 2a\alpha + b^2) \\ < \alpha^3 + 2a\alpha^2 + b^2\alpha + \omega\,(2\alpha^2 + 2a\alpha) + \alpha\omega^2 \\ \alpha^3 + 2a\alpha^2 + b^2\alpha - \omega\,(\alpha^2 + 2a\alpha + b^2) \\ < \alpha^3 + 2a\alpha^2 + b^2\alpha - \omega\,(2\alpha^2 + 2a\alpha) + \alpha\omega^2 \end{cases}$$

und

$$\begin{cases} \beta^3 + 2a\beta^2 + b^2\beta + \omega\,(\beta^2 + 2a\beta + b^2) \\ > \beta^3 + 2a\beta^2 + b^2\beta + \omega\,(2\beta^2 + 2a\beta) + \beta\omega^2 \\[4pt] \beta^3 + 2a\beta^2 + b^2\beta - \omega\,(\beta^2 + 2a\beta + b^2) \\ > \beta^3 + 2a\beta^2 + b^2\beta - \omega\,(2\beta^2 + 2a\beta) + \beta\omega^2 \end{cases}$$

oder nach geschehener Vereinfachung

$$\begin{cases} \omega\,(b^2 - \alpha^2) < \alpha\,\omega^2 \\ - \omega\,(b^2 - \alpha^2) < \alpha\,\omega^2 \end{cases}$$

und

$$\begin{cases} \omega\,(b^2 - \beta^2) > \beta\,\omega^2 \\ - \omega\,(b^2 - \beta^2) > \beta\,\omega^2 \end{cases}$$

Aus den beiden ersteren Bedingungen folgt, da ω eine beliebige unendlich kleine positive Größe ist

$$\begin{cases} b^2 - \alpha^2 < \alpha\,\omega \\ - (b^2 - \alpha^2) < \alpha\,\omega \end{cases}$$

oder

$$\begin{cases} b^2 - \alpha^2 < \alpha\,\omega \\ b^2 - a^2 > - \alpha\,\omega \end{cases}$$

Läßt man ω bis zur Grenze Null abnehmen, so übersieht man, daß beiden Bedingungen genügt wird, wenn $b^2 = \alpha^2$ gesetzt wird und α eine positive Zahl ist; daher muß sein

$$\alpha = + \sqrt{b^2}$$

oder wenn b selber positiv ist

$$\alpha = + b$$

Ganz analog ergiebt sich aus den beiden Ungleichheitsbedingungen, welche sich auf die Bestimmung des kleinsten Werthes der Funktion f(x) beziehen

$$\begin{cases} b^2 - \beta^2 > \beta\,\omega \\ - (b^2 - \beta^2) > \beta\,\omega \quad \text{oder} \quad b^2 - \beta^2 < - b\,\omega \end{cases}$$

Hieraus folgt ähnlich, wie oben

$$b^2 - \beta^2 = 0$$

β negativ; daher

$$\beta = - \sqrt{b^2} = - b, \text{ wenn b positiv ist.}$$

Wir haben also gefunden, daß die Funktionen von x

$$f(x) = \frac{2x}{x^2 + 2ax + b^2}$$

für den Werth $x = b$ ein Größtes wird, nämlich

$$f(b) = \frac{1}{b + a}$$

und daß diese Funktion für $x = -b$ einen kleinsten Werth

$$f(-b) = -\frac{1}{b-a}$$

annimmt.

Daß der Ausdruck

$$\frac{2x}{x^2 + 2ax + b^2} = m$$

für $x = b$ ein Größtes wird, läßt sich folgendermaßen leicht bewahrheiten. Aus der Gleichung

$$\frac{2x}{x^2 + 2ax + b^2} = m$$

folgt

$$x^2 - 2\left(\frac{1}{m} - a\right)x + b^2 = 0$$

Durch Auflösung dieser quadratischen Gleichung nach x ergiebt sich ferner

$$x = \frac{1}{m} - a \pm \sqrt{\left(\frac{1}{m} - a\right)^2 - b^2}$$

Soll nun m möglichst groß werden, so muß $\frac{1}{m}$ möglichst klein sein; der kleinste Werth, welchen man $\frac{1}{m} - a$ beilegen kann, ohne die Quadratwurzel imaginär werden zu lassen, ist nun $= \pm b$. Demnach ist

$$x = \pm b$$

derjenige Werth, für welchen die Funktion

$$f(x) = \frac{2x}{x^2 + 2ax + b^2}$$

ein Größtes wird. Daß man von den beiden für x gefundenen Werthen $\pm b$ den positiven zu nehmen hat, um $f(x)$ zu einem Größten zu machen, übersieht man aus der Form der Funktion leicht.

Ist es von vorn herein ersichtlich, daß innerhalb gewisser Grenzen von x die Funktion $f(x)$ einen größten oder kleinsten Werth annimmt, so kann man diesen Werth von x viel bequemer als früher auf folgende Weise ermitteln.

Wächst die Funktion $f(x)$ so lange, bis x durch Anwachs den Werth a erreicht hat; nimmt aber ab, sobald x bei fortgesetztem Wachsen die Grenze a überschreitet, so ist nach dem Früheren die Funktion $f(x)$ für $x = a$ ein Größtes geworden.

In diesem Falle muß, wenn man unter ω und ε zwei willkürlich unendlich kleine positive Größen versteht

$$f(a - \omega) < fa \quad \text{und gleichzeitig}$$
$$f(a + \varepsilon) < fa$$

werden. Unter der Voraussetzung, daß $f(x)$ für solche Werthe von x, welche in der Nähe der Grenze a liegen, stetig bleibt — kann man die unendlich kleine Größe ε stets so bestimmt denken, daß

$$f(a - \omega) = f(a + \varepsilon).$$

wird. Setzt man nun

$$a = b + \omega, \quad \omega + \varepsilon = \delta$$

so ergiebt sich

$$f(b + \delta) = fb$$

Aus dieser Gleichung, in welcher δ eine willkürlich unendlich kleine positive Größe bedeutet, wird man, wie weiter unten gezeigt werden soll, eine zur Bestimmung von b dienende Gleichung herleiten können. Der für b erhaltene Werth ist aber nur um die Größe ω, welche kleiner als jede gegebene endliche Größe ist, von a verschieden; also wird der für b gefundene Werth zugleich ein solcher Werth sein, welcher die Funktion $f(x)$ zu einem Größten macht.

Wird also die Funktion $f(x)$ für $x = a$ ein Größtes, so kann man diesen Werth x aus der Gleichung

$$f(x + \delta) = f(x)$$

enthalten, in welcher δ eine willkürlich unendlich keine positive (oder negative) Größe bedeutet.

Die Gleichung

$$f(x + \delta) = f(x)$$

zeigt, wie noch zu bemerken ist, an, daß die Funktion $f(x)$ in unmittelbarer Nähe ihres größten Werthes auf eine meßbare Weise nicht geändert wird, wenn man die Veränderliche x um eine unendlich kleine Größe δ verändert.

Um mit Hülfe dieser Methode den Werth für x aufzufinden, welcher die Funktion

$$f(x) = \frac{x}{x^2 + a^2}$$

zu einem Größten macht, muß man die Gleichung

$$\frac{x + \delta}{(x + \delta)^2 + a^2} = \frac{x}{x^2 + a^2}$$

ansetzen. Löst man die Klammer auf und multiplicirt über Kreuz, so erhält man aus vorstehender Gleichung die folgende

$$x^3 + a^2x + \delta(x^2 + a^2) = x^3 + a^2x + 2x^2\delta + x\delta^2$$

Läßt man auf beiden Seiten $x^3 + a^2x$ weg und dividirt dann durch δ, so ergiebt sich

$$x^2 + a^2 = 2x^2 + x\delta$$

334

Nun bedeutet aber δ eine unendlich kleine Größe; also können die beiden Größen $x^2 + a^2$ und $2x^2$ um eine meßbare Größe nicht von einander abweichen; d. h. es muß sein

$$x^2 + a^2 = 2x^2$$

oder

$$x = \pm a$$

Daß die Funktion $\mathfrak{f}(x)$ nur durch den positiven Werth $x = a$ zu einem Größten gemacht wird, übersieht man aus der Form der Funktion

$$\mathfrak{f}(x) = \frac{x}{x^2 + a^2}$$

mit Leichtigkeit. Es konnte auch von vorn herein erkannt werden, daß ein positiver Werth für x existiren muß, welcher $\mathfrak{f}(x)$ zu einem Größten macht. Denn erstlich bleibt $\mathfrak{f}(x)$ innerhalb der Grenzen $x = 0$ und $x = \infty$ stetig und zweitens ist die Funktion

$$\mathfrak{f}(x) = \frac{x}{x^2 + a^2}$$

Null, wenn man x die Werthe 0 oder ∞ beilegt; sie nimmt aber einen positiven Werth an, wenn für x eine positive Größe ange= nommen wird.

Handelt es sich um die Bestimmung desjenigen Werthes von x, welcher die Funktion $\mathfrak{f}(x)$ zu einem Kleinsten macht, so hat man nur zu erwägen, daß die Differenz

$$A - \mathfrak{f}(x)$$

in welcher A eine unveränderliche Größe bedeutet, um so größer sein muß, je kleiner die Funktion $\mathfrak{f}(x)$ wird — und daß diese Differenz ein Größtes wird, wenn $\mathfrak{f}(x)$ zu einem Kleinsten gemacht wird. Weiß man nun von vorn herein, daß für einen gewissen Werth von x die Funktion $\mathfrak{f}(x)$ ein Kleinstes oder $A - \mathfrak{f}(x)$ ein Größtes wird, so kann man diesen Werth nach dem Früheren fin= den, indem man die Gleichung

$$A - \mathfrak{f}(x + \delta) = A - \mathfrak{f}(x)$$

oder

$$\mathfrak{f}(x + \delta) = \mathfrak{f}(x)$$

ansetzt, wo unter δ eine willkürlich unendlich kleine Größe ver= standen ist.

Nimmt also die Funktion $\mathfrak{f}(x)$ überhaupt einen größten oder kleinsten Werth für ein gewisses x an, so kann man diesen Werth von x aus der Gleichung

$$\mathfrak{f}(x + \delta) = \mathfrak{f}(x)$$

erhalten.

Diese Gleichung zeigt, daß die Aenderung einer Funktion $f(x)$ in dem Augenblick, wo sie einen größten oder kleinsten Werth erreicht, Null wird, — wenn x um eine unendlich kleine Größe δ geändert wird.

Beispielshalber mag jetzt die Funktion

$$f(x) = \frac{m}{x^2} + \frac{n}{(c-x)^2} \,{}^*)$$

in Betreff eines kleinsten Werthes untersucht werden. Da dieselbe für $x = 0$ und $x = c$ unendlich groß wird, dagegen für Werthe von x, welche zwischen 0 und c liegen, unendliche Werthe annimmt und innerhalb des Intervalls $x = 0$ und $x = c$ stetig ist; so muß zwischen 0 und c ein Werth für x existiren, welcher die Funktion

$$f(x) = \frac{m}{x^2} + \frac{n}{(c-x)^2}$$

zu einem Kleinsten macht. Man kann diesen Werth von x aus der Gleichung

$$\frac{m}{(x+\delta)^2} + \frac{n}{(c-x-\delta)^{-2}} = \frac{m}{x^2} + \frac{n}{(c-x)^2}$$

herleiten. Mit Hülfe der Potenzsätze läßt sich diese Gleichung auch folgendermaßen schreiben

$$m\,(x+\delta)^{-2} + n\,(c-x-\delta)^{-2} = mx^{-2} + n\,(c-x)^{-2}$$

oder

$$n\,[(c-x-\delta)^{-2} - (c-x)^{-2}] = m\,[x^{-2} - (x+\delta)^{-2}]$$

Aus der binomischen Reihe folgt ferner, wenn δ so klein angenommen ist, daß man die Quadrate und höheren Potenzen dieser Größe vernachlässigen darf

$$[(c-x)-\delta]^{-2} = (c-x)^{-2} + 2\,(c-x)^{-3}\,\delta$$
$$(x-\delta)^{-2} = x^{-2} - 2x^{-3}\,\delta$$

Daher nimmt die obige Bedingungsgleichung folgende Form an

$$n\,.\,2\,(c-x)^{-3}\,\delta = m\,.\,2x^{-3}\,\delta$$

oder wenn man durch 2δ dividirt und mit $x^3\,(c-x)^3$ multiplicirt

$$nx^3 = m\,(c-x)^3$$

Entnimmt man auf beiden Seiten dieser Gleichung die Cubikwurzeln, so ergiebt sich

$$x\,\sqrt[3]{n} = (c-x)\,\sqrt[3]{m}$$

und hieraus

***

*) Diese Funktion stellt die Lichtmenge dar, welche ein zwischen zwei leuchtenden Punkten befindlicher Punkt von beiden erhält.

$$\begin{cases} x = \dfrac{c\,\sqrt[3]{m}}{\sqrt[3]{m} + \sqrt[3]{n}} \\[3ex] c - x = \dfrac{c\,\sqrt[3]{n}}{\sqrt[3]{m} + \sqrt[3]{n}} \end{cases}$$

Mit Benutzung dieser beiden Gleichungen findet man als kleinsten Werth der Funktion $f(x)$ den Ausdruck

$$f\left(\frac{c\,\sqrt[3]{m}}{\sqrt[3]{m} + \sqrt[3]{n}} \right) = \frac{\left(\sqrt[3]{m} + \sqrt[3]{n} \right)^3}{c^2}$$

Der Uebung wegen mögen noch folgende einfache Beispiele aus der Lehre vom Größten und Kleinsten behandelt werden.

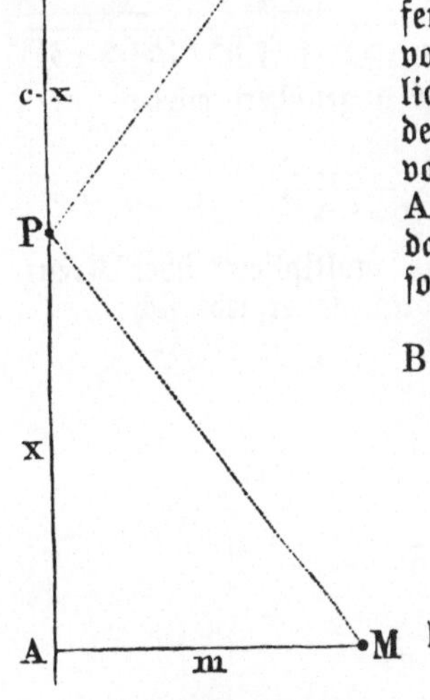

1. In beistehender Figur sind die Entfernungen zweier festen Punkte M und N von der festen Geraden AB gegeben, nämlich $MA = m$; $NB = n$. Die Fußpunkte der Perpendikel mögen den Abstand $AB = c$ von einander haben. Es soll nun zwischen A und B ein Punkt P so gefunden werden, daß die Summe der Geraden MP und NP so klein als möglich werde.

Bezeichnet man AP mit x und daher BP mit $c - x$, so ist

$$PM = \sqrt{m^2 + x^2}$$
$$PN = \sqrt{n^2 + (c - x)^2}$$

Der Aufgabe gemäß ist nun x so zu bestimmen, daß

$$PM + PN = \sqrt{m^2 + x^2} + \sqrt{n^2 + (c - x)^2}$$

ein Kleinstes wird.

Zu dem Ende setze man die Gleichung an:

$$\sqrt{m^2 + (x + \delta)^2} + \sqrt{n^2 + (c - x - \delta)^2} = \sqrt{m^2 + x^2} + \sqrt{n^2 + (c - x)^2}$$

welche sich auch folgendermaßen schreiben läßt:

$$\sqrt{m^2 + (x + \delta)^2} - \sqrt{m^2 + x^2} = \sqrt{n^2 + (c - x)^2} - \sqrt{n^2 + (c - x - \delta)^2}$$

Multiplicirt man die linke Seite im Zähler und Nenner mit:

$$\sqrt{m^2 + (x + \delta)^2} + \sqrt{m^2 + x^2}$$

und die rechte Seite desgleichen mit

$$\sqrt{n^2 + (c - x)^2} + \sqrt{n^2 + (c - x - \delta)^2}$$

so erhält man:

$$\frac{(x + \delta)^2 - x^2}{\sqrt{m^2 + (x + \delta)^2} + \sqrt{m^2 + x^2}} = \frac{(c - x)^2 - (c - x - \delta)^2}{\sqrt{n^2 + (c - x)^2} + \sqrt{n^2 + (c - x - \delta)^2}}$$

oder

$$\frac{2x\delta + \delta^2}{\sqrt{m^2 + (x + \delta)^2} + \sqrt{m^2 + x^2}} = \frac{2(c - x)^2 \delta - \delta^2}{\sqrt{n^2 + (c - x)^2} + \sqrt{n^2 + (c - x - \delta)^2}}$$

Dividirt man diese Gleichung durch δ, so folgt:

$$\frac{2x + \delta}{\sqrt{m^2 + (x + \delta)^2} + \sqrt{m^2 + x^2}} = \frac{2(c - x) - \delta}{\sqrt{n^2 + (c - x)^2} + \sqrt{n^2 + (c - x - \delta)^2}}$$

oder wenn δ der Genze Null immer mehr angenähert wird:

$$\frac{2x}{2\sqrt{m^2 + x^2}} = \frac{2(c - x)}{2\sqrt{n^2 + (c - x)^2}}$$

Läßt man die gleichen Faktoren weg, multiplicirt über Kreuz und erhebt die neue Gleichung zum Quadrat, so ergiebt sich:

$$n^2 x^2 + x^2 (c - x)^2 = m^2 (c - x)^2 + x^2 (c - x)^2$$

und hieraus

$$nx = m(c - x)$$

oder

$$\begin{cases} x = \dfrac{mc}{m + n} \\[2mm] c - x = \dfrac{nc}{m + n} \end{cases}$$

Die Gleichung

$$nx = m(c - x)$$

zeigt an, daß die beiden rechtwinkeligen Dreiecke APM und BPN einander ähnlich sind, wie man leichter übersieht, wenn man ihr die Form giebt

$$\frac{n}{m} = \frac{c - x}{x}$$

Aus der Aehnlichkeit der Dreiecke APM und BPN folgt weiter, daß

$$\measuredangle APM = \measuredangle BPN$$

ist. (Reflexionsgesetz des Lichtes.)

2. Einem Kreise vom Durchmesser d soll ein Rechteck eingeschrieben werden, so daß das Produkt aus der Grundlinie = x in das Quadrat der Höhe = y ein Größtes wird. (Tragfähigster Balken.)

Da xy^2 ein Größtes werden soll und $x^2 + y^2 = d^2$ ist, so hat man den Ausdruck

$$f(x) = x (d^2 - x^2) = d^2x - x^3$$

zu einem Größten zu machen.

Setzt man die Gleichung an

$$d^2 (x + \delta) - (x + \delta)^3 = d^2x - x^3$$

löst die Klammern auf und dividirt auf beiden Seiten durch δ, so ergiebt sich

$$(d^2 - 3x^2) - 3x\delta - \delta^2 = 0$$

oder indem man δ immer mehr der Grenze Null nähert

$$d^2 - 3x^2 = 0$$

$$\begin{cases} x = \dfrac{d}{\sqrt{3}} \\[2ex] y = \dfrac{d\sqrt{2}}{\sqrt{3}} \end{cases}$$

Die Grundlinie des gesuchten Rechtecks muß sich also zur Höhe erhalten, wie 1 zu $\sqrt{2}$.

Durch Construktion findet man das gesuchte Rechteck, indem man den Durchmesser des gegebenen Kreises in drei gleiche Theile theilt und in den beiden Theilpunkten zum Durchmesser nach ent= gegengesetzten Richtungen Perpendikel errichtet. Die beiden Durch= schnittspunkte dieser Perpendikel mit der Peripherie und die beiden Endpunkte des angenommenen Durchmessers sind die vier Eckpunkte des gesuchten Rechtecks.

3. Einem Kreise vom Durchmesser d soll ein Rechteck, dessen Grundlinie x und dessen Höhe durch y bezeichnet werden mag, eingeschrieben werden, so daß

$$xy^3 \text{ ein Größtes}$$

wird.

Soll xy^3 ein Größtes werden, so muß auch das Quadrat von xy^3 oder x^2y^6 einen größten Werth annehmen.

Da aber $x^2 + y^2 = d^2$ ist, so muß

$$(d^2 - y^2) y^6 = d^2y^6 - y^8$$

so groß als möglich werden.

Zur Bestimmung des Werthes von y, welcher

$$f(y) = d^2y^6 - y^8$$

zu einem Größten macht, setze man die Gleichung an

$$d^2 (y + \delta)^6 - (y + \delta)^8 = d^2 y^6 - y^8$$

Derselben giebt man durch Auflösung der Klammern und Vernachlässigung der Quadrate und höheren Potenzen von δ leicht die Form

$$d^2 (y^6 + 6y^5\delta) - (y^8 + 8y^7\delta) = d^2 y^6 - y^8$$

und erhält nun

$$6d^2 y^5 - 8y^7 = 0$$

$$\begin{cases} y = \dfrac{d}{2} \sqrt{3} \\[2ex] x = \dfrac{d}{2} \end{cases}$$

Die Grundlinie des gesuchten Rechtecks muß also gleich dem Radius des gegebenen Kreises sein und es verhält sich dieselbe zur Höhe, wie 1 zu $\sqrt{3}$.

Bemerkung:

Vorstehende Aufgabe ist übereinstimmend mit der folgenden:

Aus einem cylindrischen Stamm einen käntigen Balken zu schneiden, so daß derselbe die größte Widerstandsfähigkeit gegen Durchbiegung besitzt.

4. Auf einer horizontalen Ebene befindet sich eine Kugel; man soll derselben einen geraden Kegel umschreiben, dessen Mantelfläche möglichst klein ist.

Es sei x der Radius des Grundkreises vom Kegel, y seine Höhe und s die Mantellinie; ferner sei r der Radius der Kugel.

Mit Hülfe der Aehnlichkeitssätze findet man nun zunächst

$$\frac{y - r}{s} = \frac{r}{x}$$

oder

$$r (s + x) = xy$$

Da ferner

$$y = \sqrt{s^2 - x^2} \ \text{ist,}$$

so erhält man

$$r (s + x) = x\sqrt{s^2 - x^2}$$

oder durch Quadriren und Ausführung der Division durch $(s + x)$

$$r^2 (s + x) = x^2 (s - x)$$

Aus dieser Gleichung ergiebt sich

$$s = x \cdot \frac{x^2 + r^2}{x^2 - r^2}$$

Die Oberfläche des Kegelmantels ist nun:

$$\pi x s = \pi x^2 \cdot \frac{x^2 + r^2}{x^2 - r^2}$$

Dieselbe nimmt einen kleinsten Werth an, wenn

$$x^2 \cdot \frac{x^2 + r^2}{x^2 - r^2} = \text{einem Kleinsten}$$

wird. Die Größe x findet man aus der Gleichung

$$(x + \delta)^2 \frac{(x + \delta)^2 + r^2}{(x + \delta)^2 - r^2} = x^2 \cdot \frac{x^2 + r^2}{x^2 - r^2}$$

Löst man die Klammern auf, vernachlässigt die Quadrate von δ und entfernt die beiden Nenner, so gewinnt man das folgende Resultat:

$$(x^2 - r^2)(x^2 + 2x\delta)(x^2 + 2x\delta + r^2) = x^2(x^2 + r^2)(x^2 + 2x\delta - r^2)$$

oder nach Ausführung der Multiplikationen, wobei das in δ^2 multiplicirte Glied der linken Seite weggelassen wird

$$x^6 - x^2 r^4 + 2x\delta(2x^4 - r^2 x^2 - r^4) = x^6 - x^2 r^4 + 2x\delta(x^4 + r^2 x^2)$$

Aus dieser Gleichung folgt leicht

$$x^4 - 2r^2 x^2 - r^4 = 0$$

oder

$$x^2 = r^2(1 + \sqrt{2})$$

Hieraus und mit Benutzung der früher gefundenen Gleichungen ergiebt sich endlich:

$$x = r\sqrt{1 + \sqrt{2}}$$

$$s = r(1 + \sqrt{2})^{\frac{3}{2}}$$

$$y = r(2 + \sqrt{2})$$

Letztere Darstellung der Höhe des gesuchten Kegels eignet sich hauptsächlich zur Construktion desselben.

5. Unter allen geraden Kegeln, welche dieselbe Mantelfläche besitzen, soll derjenige gesucht werden, dessen Inhalt so groß als möglich ist.

Behält man die Bezeichnungen aus der früheren Aufgabe bei, so ist

$$\pi x s = A$$

die gegebene Mantelfläche und

$$V = \frac{1}{3} \pi x^2 y$$

so groß als möglich zu machen.

Da

$$y^2 = s^2 - x^2$$

und

$$s^2 = \frac{A^2}{\pi^2 x^2}$$

so folgt

$$y^2 = \frac{A^2}{\pi^2 x^2} - x^2$$

Soll nun

$$\frac{1}{3}\pi x^2 y \text{ gleich einem Größten}$$

werden, so muß offenbar auch

$$x^4 y^2 = \frac{A^2}{\pi^2} x^2 - x^6$$

so groß als möglich sein.

Zur Bestimmung von x erhält man daher die Gleichung

$$\frac{A^2}{\pi^2}(x + \delta)^2 - (x + \delta)^6 = \frac{A^2}{\pi^2} x^2 - x^6$$

aus der man, ähnlich wie früher, für x findet

$$x = \sqrt{\frac{A}{\pi \sqrt{3}}}$$

und dann

$$y = \sqrt{\frac{2A}{\pi \sqrt{3}}} = x\sqrt{2}$$

$$s = \sqrt{\frac{3A}{\pi \sqrt{3}}} = x\sqrt{3}$$

Bei dem gesuchten Kegel verhalten sich also die Elemente x, y, s zu einander, wie $1 : \sqrt{2} : \sqrt{3}$.

6. Die von einem Tangentialrade unter Annahme der günstigsten Constructionsverhältnisse per Sekunde in Fußpfunden geleistete Arbeit A wird aus der Gleichung

$$\frac{A}{m} = VxR\cos\delta - x^2 r^2 + xr\sqrt{V^2\left(1 - \frac{R^2}{r^2}\sin^2\delta\right) - 2VxR\cos\delta + x^2 r^2}$$

gefunden, wenn man die Reibung des Wassers in den Radschaufeln nicht berücksichtigt und mit

R den äußeren Halbmesser des Radkranzes,
r den inneren Halbmesser des Radkranzes,
V die absolute Geschwindigkeit des Aufschlagwassers,
δ den Winkel, welchen die Richtung derselben mit der Richtung der äußeren Radtangente bildet,
x die Winkelgeschwindigkeit des ganzen Rades,
m die per Sekunde aufschlagende Wassermasse
bezeichnet.

Es soll nun die Winkelgeschwindigkeit x so bestimmt werden, daß der Ausdruck

$$\frac{A}{m} = f(x) = VxR\cos\delta - x^2r^2 + xr\sqrt{V^2\left(1 - \frac{R^2}{r^2}\sin^2\delta\right) - 2VxR\cos\delta + x^2r^2}$$

„ein Größtes" wird.

Nach dem Früheren erhält man den Werth von x aus der Gleichung

$$f(x + \omega) = fx$$

wenn unter ω eine unendlich kleine Größe verstanden wird. Die Bildung und Auflösung der betreffenden Gleichung in x würde aber auf diesem Wege mühsam und verwickelt werden und zwar wegen der in $f(x)$ enthaltenen Quadratwurzel. Bequemer wird dasselbe Ziel erreicht, indem man die Gleichung

$$f(x) = VxR\cos\delta - x^2r^2 + xr\sqrt{V^2\left(1 - \frac{R^2}{V^2}\sin^2\delta\right) - 2VxR\cos\delta + x^2r^2}$$

auf beiden Seiten durch xr dividirt, dann $xr - V\dfrac{R}{r}\cos\delta$ addirt und die so entstandene Gleichung auf beiden Seiten quadrirt. Hierdurch ergiebt sich

$$\left(\frac{fx}{xr} + xr - \frac{VR}{r}\cos\delta\right)^2 = V^2\left(1 - \frac{R^2}{r^2}\sin^2\delta\right) - 2VxR\cos\delta + x^2r^2$$

Löst man in dieser Gleichung die Klammern auf und multiplicirt mit x^2r^2, so ergiebt sich nach einigen Reduktionen

$$f^2(x) + 2fx\,(x^2r^2 - xVR\cos\delta) = V^2\left(1 - \frac{R^2}{r^2}\right)x^2r^2$$

Setzt man in dieser Gleichung an die Stelle von x den Werth $(x + \omega)$ und beachtet, daß hierdurch $f(x)$ eine Aenderung nicht erleidet, weil $f(x + \omega) = fx$ ist; so erhält man

$$f^2x + 2fx\left((x + \omega)^2r^2 - (x + \omega)VR\cos\delta\right) = V^2\left(1 - \frac{R^2}{r^2}\right)(x + \omega)^2r^2$$

Nun löse man hier die Klammern auf und subtrahire die vorhergehende Gleichung, so folgt mit Vernachlässigung des Gliedes ω^2

$$2fx\,(2x\omega r^2 - \omega VR\cos\delta) = V^2\left(1 - \frac{R^2}{r^2}\right)2x\omega r^2$$

oder nachdem man durch 2ω dividirt hat

$$fx\,(2xr^2 - VR\cos\delta) = V^2\left(1 - \frac{R^2}{r^2}\right)xr^2$$

Diese Gleichung multiplicire man auf beiden Seiten mit x und subtrahire von der oben gefundenen

$$f^2x + 2fx\,(x^2r^2 - xVR\cos\delta) = V^2\left(1 - \frac{R^2}{r^2}\right)x^2r^2$$

so erhält man

$$f^2 x - x \, VR \cos \delta \, fx = 0$$

d. h., weil f(x) offenbar > 0 sein muß

$$fx = VR \cos \delta \cdot x$$

Diesen Ausdruck für f(x) setze man nun in die oben erhaltene Gleichung

$$f(x) \, (2x r^2 - VR \cos \delta) = V^2 \left(1 - \frac{R^2}{r^2} \right) x r^2$$

ein, so findet man nach einigen einfachen Umformungen leicht die Werthe

$$\begin{cases} x = \dfrac{V \left(1 - \dfrac{R^2}{r^2} \sin^2 \delta \right)}{2\,R \cos \delta} \\[4mm] f(x) = \dfrac{V^2}{2} \left(1 - \dfrac{R^2}{r^2} \sin^2 \delta \right) \end{cases}$$

Die Maximalarbeit eines Tangentialrades beträgt demnach — selbst wenn man von der Reibung des Wassers in den Radschaufeln absieht — nur

$$A = m\, fx = \frac{m}{2} V^2 \left(1 - \frac{R^2}{r^2} \sin^2 \delta \right) \text{Fpf.}$$

Ferner ist der Gütegrad des Rades

$$= 1 - \frac{R^2}{r^2} \sin^2 \delta$$

nur bei der zweckmäßigsten Umfangsgeschwindigkeit

$$xR = \frac{V \left(1 - \dfrac{R^2}{r^2} \sin^2 \delta \right)}{2 \cos \delta}$$

zu erzielen.

Nicht selten ereignet es sich, daß die Maximalwerthe oder Minimalwerthe solcher Funktionen von x bestimmt werden sollen, welche nicht direkt gegeben sind (explicirte Funktionen), sondern die man sich erst durch Auflösung einer Gleichung verschaffen muß (implicirte Funktionen). Der zuletzt behandelte Fall bot bereits ein derartiges Beispiel dar. Es mögen der Uebung wegen noch einige Beispiele folgen.

Man soll denjenigen Werth von x finden, welcher die implicirte Funktion von x, y zu einem Größten macht, wenn y durch die Gleichung gegeben ist

$$x^3 + y^3 - 3 a x y = 0$$

Ist y für einen gewissen Werth von x „ein Größtes" geworden, so ändert es sich nicht, wenn x um eine unendlich kleine Größe ω verändert wird. Daher muß auch sein

$$(x + ω)^3 + y^3 - 3a(x + ω)y = 0$$

Subtrahirt man von dieser Gleichung die vorhergehende

$$x^3 + y^3 - 3axy = 0$$

löst dann die Klammern auf und läßt das Quadrat und den Kubus von ω weg, so erhält man

$$3x^2 ω - 3a ω y = 0$$

oder

$$x^2 = ay$$

Nun multiplicire man die Gleichung

$$x^3 + y^3 - 3axy = 0$$

mit x und setze für x^4 und x^2 die betreffenden Werthe a^2y^2 und ay aus der vorhergehenden Gleichung ein, so ergiebt sich

$$a^2y^2 + xy^3 - 3a^2y^2 = 0$$

d. h.

$$xy = 2a^2$$

Diese Gleichung hat man noch mit der obigen

$$x^2 = ay$$

zu verbinden, um die beiden Werthe zu erhalten

$$\begin{cases} x = a\sqrt[3]{2} \\ y = a\sqrt[3]{4} \end{cases}$$

Auf folgendem Wege läßt sich ganz elementar die Richtigkeit beider Resultate nachweisen. Man setze in die Gleichung

$$x^3 + y^3 - 3axy = 0$$

für x den Werth ein

$$x = p + \frac{ay}{p}$$

so gelangt man bald zu der Gleichung

$$p^6 + p^3y^3 + a^3y^3 = 0$$

welche sich auch folgendermaßen schreibt

$$\left(p^3 + \frac{y^3}{2}\right)^2 = \frac{y^6}{4} - a^3y^3$$

Der größte Werth, den man y beilegen darf, wird nun offenbar aus der Gleichung

$$\frac{y^6}{4} - a^3y^3 = 0$$

erhalten und dieser Werth ist

$$y = a\sqrt[3]{4}$$

Es sei allgemeiner y als Funktion von x durch die Gleichung

$$x^n + y^n - naxy = 0$$

gegeben. Man soll den Werth von x ermitteln, welcher y zu „einem Größten" macht.

Dazu verbinde man die beiden Gleichungen

$$(x + \omega)^n + y^n - na(x + \omega)y = 0 \quad \text{und}$$
$$x^n + y^n - naxy \qquad = 0$$

miteinander; löse in der oberen die Klammern auf, wobei man für $(x + \omega)^n$ mit Vernachlässigung des Quadrats und der höheren Potenzen von ω zu setzen hat

$$x^n + nx^{n-1} \cdot \omega$$

und subtrahire die beiden Gleichungen, so entsteht

$$nx^{n-1}\omega - na\omega y = 0$$

d. h.

$$x^{n-1} = ay$$

Multiplicirt man diese Gleichung mit nx, so folgt

$$nx^n = naxy$$

und daher aus der Gleichung

$$x^n + y^n - naxy = 0$$

wenn statt $naxy$ der Werth nx^n gesetzt wird,

$$y^n = (n - 1)x^n$$
$$y = x \sqrt[n]{n - 1}$$

Diesen Werth für y hat man nur in die Gleichung

$$x^{n-1} = ay$$

einzuführen, um leicht die gesuchten beiden Werthe zu erhalten

$$\left\{ \begin{aligned} x &= \sqrt[n-2]{a \sqrt[n]{n-1}} \\ y &= \sqrt[n]{n-1} \cdot \sqrt[n-2]{a \sqrt[n]{n-1}} \end{aligned} \right.$$

Es soll x so bestimmt werden, daß die Größe y in der Gleichung

$$ly - alx + bxy = c^*)$$

möglichst groß wird.

Man erhält die betreffenden Werthe von x und y nach dem Früheren aus den beiden Gleichungen

---

*) Die Zeichen ly und lx bedeuten hier die natürlichen Logarithmen von y und x.

$$\begin{cases} ly - al(x + \omega) + b(x + \omega)y = c \\ ly - alx \qquad\qquad + bxy \qquad = c \end{cases}$$

Durch Subtraktion folgt

$$al\left(\frac{x + \omega}{x}\right) = b\omega y$$

oder

$$al\left(1 + \frac{\omega}{x}\right) = b\omega y$$

Aus der Theorie der logarithmischen Reihen ergiebt sich

$$l\left(1 + \frac{\omega}{x}\right) = \frac{\omega}{x}$$

wo man in der Reihenentwickelung rechts das Quadrat und die höheren Potenzen von ω weggelassen hat. Daher

$$\frac{a\omega}{x} = b\omega y$$

$$a = bxy$$

Mit Hülfe dieser Gleichung erhält man aus

$$ly - alx + bxy = c$$

die folgende

$$l\left(\frac{y}{x^a}\right) = c - a$$

d. h.

$$\frac{y}{x^a} = e^{c-a}; \quad y = x^a e^{c-a}$$

Verbindet man diesen Werth von y mit der Gleichung

$$a = bxy$$

so ergiebt sich leicht:

$$\begin{cases} x = \sqrt[a+1]{\dfrac{a}{b}\,e^{a-c}} \\ y = \sqrt[a+1]{\dfrac{a^a}{b^a}\,e^{c-a}} \end{cases}$$

Theorie des Größten und Kleinsten einer Funktion von mehreren Veränderlichen.

Man sagt, eine Größe sei eine Funktion von mehreren Veränderlichen x, y, z, ...; wenn sie eine Veränderung erleidet, sobald man eine der Größen x, y, z, ... der Veränderung unterwirft. Eine Funktion von mehreren Veränderlichen x, y, z, ...

wird bezeichnet, indem man diese durch Kommata getrennten Ver=
änderlichen umklammert und dem Ganzen den charakteristischen Buch=
staben f, F, ... vorsetzt; zum Beispiel

$$f(x, y, z, \ldots) \quad \text{oder} \quad F(x, y, z, \ldots)$$

Hiernach bedeutet das Zeichen

$$f(x, y)$$

eine Größe, welche sich ändert, wenn entweder x oder y geändert wird.

Die Größe

$$a\,x^2 + b\,y^2 + c\,z^2 = F(x, y, z)$$

ist eine Funktion der drei Veränderlichen x, y, z; denn sie ändert
sich, sobald man eine dieser drei Größen selber verändert.

In der Funktion der Veränderlichen x, y, z, ...

$$f(x, y, z, \ldots)$$

nennt man die Größen x, y, z, ... unabhängige oder will=
kürliche Veränderliche, sobald dieselben unter einander in keinem
Zusammenhange stehen. Sind diese Größen dagegen einer oder
mehreren Bedingungen unterworfen, so kann man sich mittelst dieser
Bedingungen eine oder mehrere derselben durch die andern darge=
stellt denken und in diesem Falle nennt man die dargestellten Größen
abhängige Veränderliche, diejenigen Größen dagegen, durch welche
erstere dargestellt sind — unabhängige oder willkürliche Veränder=
liche. Vorläufig wollen wir der Einfachheit wegen annehmen, daß
es sich nur um Funktionen von lauter willkürlichen Veränderlichen
handle. Auch beschäftigen uns nur continuirliche Funktionen
mehrerer Veränderlichen, d. h. solche, welche nur um unend=
lich wenig sich verändern, wenn irgend eine der Ver=
änderlichen um unendlich wenig geändert wird.

Eine Funktion mehrerer Veränderlichen

$$f(x, y, z, \ldots)$$

nimmt für gewisse Werthe der Veränderlichen einen größ=
ten oder einen kleinsten Werth an, sobald sie beziehlich
kleiner oder größer wird, wenn man irgend welche der
Veränderlichen um etwas ändert.

Bezeichnet man die Werthe der Veränderlichen x, y, z, ..., für
welche die Funktion f(x, y, z, ...) einen größten oder kleinsten Werth
annimmt, entsprechend mit a, b, c, ..., so muß offenbar

$$
1. \quad \left\{
\begin{array}{l}
f(x, b, c, \ldots) < f(a, b, c, \ldots) \\
f(a, y, c, \ldots) < f(a, b, c, \ldots) \\
f(a, b, z, \ldots) < f(a, b, c, \ldots)
\end{array}
\right.
$$

u. s. w.

sein, wenn „f" ein Größtes ist und x, y, z, ... von a, b, c, ...
beziehlich verschieden angenommen werden; dagegen muß sein

$$2. \quad \begin{cases} f(x, b, c, \ldots) > f(a, b, c, \ldots) \\ f(a, y, c, \ldots) > f(a, b, c, \ldots) \\ f(a, b, z, \ldots) > f(a, b, c, \ldots) \end{cases}$$

u. f. w.

wenn $f(a, b, c, \ldots)$ ein Kleinstes ist und $x - a$, $y - b$, $z - c$, $\ldots$ von Null verschieden sind.

Die erste Ungleichheitsbedingung 1.

$$f(x, b, c, \ldots) < f(a, b, c, \ldots)$$

zeigt an, daß a derjenige Werth von x ist, welcher die Funktion der alleinigen Veränderlichen x

$$f(x, b, c, \ldots)$$

zu einem Größten macht. — Desgleichen folgt aus der Ungleichheits= bedingung

$$f(a, y, c, \ldots) < f(a, b, c, \ldots)$$

daß $y = b$ derjenige Werth ist, welcher die Funktion der einzelnen Veränderlichen y

$$f(a, y, c, \ldots)$$

zu einem Größten macht, u. f. f.

Sollen nun die Werthe von x, y, z, $\ldots$ aufgefunden werden, welche die Funktion dieser Veränderlichen

$$f(x, y, z, \ldots)$$

zu einem Größten machen, so bilde man zunächst die Gleichung zur Bestimmung desjenigen Werthes von x, welcher diese Funktion zu einem Größten macht, wenn y, z, $\ldots$ als augenblicklich unverän= derliche Größen angesehen werden; darauf die Gleichung zur Be= stimmung desjenigen Werthes von y, welcher die Funktion $f(x, y, z, \ldots)$ zu einem Größten macht, wenn y allein als augenblicklich veränder= lich angesehen wird, u. f. f. Auf diesem Wege wird man so viele Gleichungen erhalten, als Veränderliche zu bestimmen sind.

Die Aufsuchung der Werthe von x, y, z, $\ldots$, welche die Funk= tion $f(x, y, z, \ldots)$ zu einem Kleinsten machen, geschieht ganz ähnlich. Aus den Gleichungen 2. übersieht man ohne Schwierig= keit, daß diese Werthe, die der Reihe nach durch a, b, c, $\ldots$ be= zeichnet werden mögen, durch Ansetzung der Bedingungen

$$\left.\begin{array}{l} f(x, b, c, \ldots) \\ f(a, y, c, \ldots) \\ f(a, b, z, \ldots) \end{array}\right\} \text{gleich einem Kleinsten}$$

u. f. w.

herzuleiten sind.

Des Beispiels wegen mag die Aufgabe behandelt werden,
von allen Dreiecken dasjenige zu finden, welches die größte Fläche bei gegebenem Umfange $= 2s$ besitzt.

Bezeichnet man zwei Dreiecksseiten mit x und y, so ist die dritte der Aufgabe gemäß gleich $2s - x - y$.

Das Quadrat der Dreiecksfläche ist demnach

$$\triangle^2 = s (s - x) (s - y (x + y - s)$$

Dieser Ausdruck ist ein Größtes, wenn

$$(s - x) (s - y) (x + y - s)$$

so groß als möglich ist.

Es seien nun die gesuchten Werthe $x = a$, $y = b$, so hat man nach dem Früheren die Werthe von x und y aufzusuchen, durch welche jede der beiden Größen

$$(s - x) (s - b) (x + b - s)$$
$$(s - a) (s - y) (a + y - s)$$

ein Größtes wird. Dieses geschieht, wenn ω und ε zwei beliebige, aber unendlich kleine Größen sind aus den beiden Gleichungen

$$(s - x - \omega) (s - b) (x + \omega + b - s) = (s - x) (s - b) (x + b - s)$$
$$(s - a) (s - y - \varepsilon) (a + y + \varepsilon - s) = (s - a) (s - y) (a + y - s)$$

Da nun $x = a$ und $y = b$ die gesuchten Werthe sind, so folgt aus den beiden vorstehenden Gleichungen, nachdem die erste durch $s - b$ und die zweite durch $s - a$ dividirt ist

$$(s - a - \omega) (a + \omega + b - s) = (s - a) (a + b - s)$$
$$(s - b - \varepsilon) (a + b + \varepsilon - s) = (s - b) (a + b - s)$$

Führt man die Multiplikation aus und läßt in der ersten Gleichung ω^2, in der zweiten ε^2 weg, so erhält man:

$$\omega (s - a) - \omega (a + b - s) = 0$$
$$\varepsilon (s - b) - \varepsilon (a + b - s) = 0$$

oder

$$s - a = a + b - s$$
$$s - b = a + b - s$$

Demnach wird $a = b$ und endlich

$$a = \frac{2s}{3}$$

$$b = \frac{2s}{3}$$

$$2s - a - b = \frac{2s}{3}$$

Das gesuchte Dreieck ist also gleichseitig.

Um noch nachträglich zu untersuchen, ob die Dreiecksfläche durch die angegebenen Werthe auch wirklich zu einem Größten gemacht wird, setze man statt x und y die von a und b unendlich wenig aber beliebig verschiedenen Werthe

$$x = \frac{2s}{3} + \omega$$

$$y = \frac{2s}{3} + \varepsilon$$

in die Formel für $\triangle^2$ ein, so ergiebt sich

$$\triangle^2 = s \left(\frac{s}{3} - \omega \right) \left(\frac{s}{3} - \varepsilon \right) \left(\frac{s}{3} + \omega - \varepsilon \right)$$

oder nach ausgeführter Multiplikation

$$\triangle^2 = \frac{s^4}{27} - \frac{s^2}{3} \left\{ \omega^2 + \omega\varepsilon + \varepsilon^2 \right\}$$

Da der Ausdruck $(\omega^2 + \omega\varepsilon + \varepsilon^2)$, welcher sich auch darstellen läßt

$$\omega^2 + \omega\varepsilon + \varepsilon^2 = \frac{(\omega + \varepsilon)^2 + \omega^2 + \varepsilon^2}{2}$$

stets positiv ist, gleichviel ob ω und ε positive oder negative unendlich kleine Größen sind, und erst dann zur Null wird, wenn ω und ε gleichzeitig Null sind, so folgt, daß der größte Werth für $\triangle^2$ sein muß

$$\triangle^2 = \frac{s^4}{27}$$

oder

$$\triangle = \frac{s^2}{3\sqrt{3}}$$

Hierdurch ist erwiesen, daß das gleichseitige Dreieck unter allen Dreiecken von gleichem Umfang die größte Fläche einschließt.

———

Es sei zweitens ein Dreieck ABC gegeben; man soll in demselben einen Punkt P finden, so daß die Summe der Entfernungen

$$PA + PB + PC = \text{einem Kleinsten}$$

wird.

Um das Dreieck ABC zu bestimmen, fälle man vom Punkte C aus auf die gegenüberliegende Seite AB das Perpendikel $CD = h$ und bezeichne AD mit a; BD mit b. Nun fälle man von dem beliebig angenommenen Punkte P das Perpendikel $PQ = y$ auf die Grundlinie AB und bezeichne AQ mit x. Alsdann ist

$$\begin{cases} AP = \sqrt{x^2 + y^2} \\ BP = \sqrt{(a + b - x)^2 + y^2} \\ CP = \sqrt{(a - x)^2 + (h - y)^2} \end{cases}$$

Der Aufgabe gemäß sollen nun x und y dergestalt bestimmt werden, daß

$$\sqrt{x^2 + y^2} + \sqrt{(a+b-x)^2 + y^2} + \sqrt{(a-x)^2 + (h-y)^2}$$
$$= f(x, y)$$

so klein als möglich wird.

Sind x = m und y = n diejenigen Werthe, für welche f(x, y) möglichst klein wird, so muß man nach dem Früheren die Funktionen von je einer Veränderlichen

$$f(x, n)$$
$$f(m, y)$$

zu einem Kleinsten machen.

Dieses geschieht mittelst der beiden Gleichungen

$$f(x + \omega, n) = f(x, n) \atop f(m, y + \varepsilon) = f(m, y)\Bigg\} \ \text{oder} \ {f(m + \omega, n) = f(m, n) \atop f(m, n + \varepsilon) = f(m, n)}$$

in denen ω und ε beliebige unendlich kleine Größen bedeuten. Diese Gleichungen lauten ausgeführt

$$\sqrt{(m+\omega)^2+n^2} + \sqrt{(a+b-m-\omega)^2+n^2} + \sqrt{(a-m-\omega)^2+(h-n)^2} =$$
$$\sqrt{m^2 + n^2} + \sqrt{(a+b-m)^2 + n^2} + \sqrt{(a-m)^2 + (h-n)^2}$$

$$\sqrt{m^2+(n+\varepsilon)^2} + \sqrt{(a+b-m)^2+(n+\varepsilon)^2} + \sqrt{(a-m)^2+(h-n-\varepsilon)^2} =$$
$$\sqrt{m^2 + n^2} + \sqrt{(a+b-m)^2 + n^2} + \sqrt{(a-m)^2 + (h-n)^2}$$

Nun entwickele man die Radikanden der linken Seiten nach Potenzen von ω und ε beziehlich, vernachläſſige dann die Quadrate von ω und ε, und mache endlich von den Formeln der Newton'ſchen (Binomial =) Reihe

$$\sqrt{A + B\omega} = \sqrt{A} + \frac{B\omega}{2\sqrt{A}}$$

$$\sqrt{C + D\varepsilon} = \sqrt{C} + \frac{D\varepsilon}{2\sqrt{C}}$$

Gebrauch, so ergiebt sich

$$\sqrt{m^2 + n^2} + \frac{m\omega}{\sqrt{m^2 + n^2}} + \sqrt{(a+b-m)^2+n^2}$$

$$- \frac{\omega(a+b-m}{\sqrt{(a+b-m)^2+n^2}} + \sqrt{(a-m)^2+(h-n)^2}$$

$$- \frac{\omega(a-m)}{\sqrt{(a-m)^2+(h-n)^2}} = \sqrt{m^2 + n^2} + \sqrt{(a+b-m)^2 + n^2}$$

$$+ \sqrt{(a-m)^2+(h-n)^2}$$

und

$$\sqrt{m^2 + n^2} + \sqrt{(a+b-m)^2 + n^2} + \sqrt{(a-m)^2 + (h-n)^2}$$

$$+ \frac{n\varepsilon}{\sqrt{m^2 + n^2}} + \frac{n\varepsilon}{\sqrt{(a+b-m)^2 + n^2}} - \frac{(h-n)\varepsilon}{\sqrt{(a-m)^2 + (h-n)^2}}$$

$$= \sqrt{m^2 + n^2} + \sqrt{(a+b-m)^2 + n^2} + \sqrt{(a-m)^2 + (h-n)^2}$$

oder nach einfacher Umformung

$$1. \begin{cases} \dfrac{m}{\sqrt{m^2 + n^2}} - \dfrac{a+b-m}{\sqrt{(a+b-m)^2 + n^2}} = \dfrac{a-m}{\sqrt{(a-m)^2 + (h-n)^2}} \\[2ex] \dfrac{n}{\sqrt{m^2 + n^2}} + \dfrac{n}{\sqrt{(a+b-m)^2 + n^2}} = \dfrac{h-n}{\sqrt{(a-m)^2 + (h-n)^2}} \end{cases}$$

Ist

$$\angle APQ = \varphi$$
$$\angle BPQ = \eta$$
$$\angle PCD = \psi$$

so schreiben sich die vorstehenden Gleichungen

$$2. \begin{cases} \sin \varphi - \sin \eta = \sin \psi \\ \cos \varphi - \cos \eta = \cos \psi \end{cases}$$

Bildet man die Summe der Quadrate, so folgt

$$2 + 2 (\cos \varphi \cos \eta + \sin \varphi \sin \eta) = 1$$

oder

$$\cos (\varphi + \eta) = - \frac{1}{2}$$

daher

$$\varphi + \eta = 120^0 = \angle APB$$

Bildet man ferner die Summe der Quadrate der beiden aus 2. hergeleiteten Gleichungen

$$\sin \varphi = \sin \eta + \sin \psi$$
$$\cos \varphi = - \cos \eta + \cos \psi$$

so folgt leicht

$$\cos (\eta + \psi) = \frac{1}{2} \text{ oder } \eta + \psi = 60^0$$

Da $\angle \eta + \psi$ Nebenwinkel von $\angle BPC$ ist, so ergiebt sich weiter

$$\angle BPC = 120^0$$

Die drei Geraden AP, BP, CP bilden also Winkel von 120^0 mit einander.

Leicht findet man nun auf trigonometrischem Wege die Werthe

$$\operatorname{tg} \psi = \frac{a - b}{2h + (a + b)\sqrt{3}}$$

$$\operatorname{tg} \varphi = \frac{h\sqrt{3} + 2a + b}{h + b\sqrt{3}}$$

$$\operatorname{tg} \eta = \frac{h\sqrt{3} + a + 2b}{h + a\sqrt{3}}$$

$$m = \frac{(a + b)\,\operatorname{tg}\varphi}{\operatorname{tg}\varphi + \operatorname{tg}\eta}$$

$$n = \frac{a + b}{\operatorname{tg}\varphi + \operatorname{tg}\eta}$$

Diejenigen Werthe, welche eine Funktion mehrerer Veränderlichen zu einem Größten oder Kleinsten machen, lassen sich auch aus einer Gleichung herleiten. Sind nämlich beziehlich a, b, c, ... die Werthe von x, y, z, ..., welche die Funktion

$$f(x, \ y, \ z, \ldots)$$

zu einem Größten oder Kleinsten machen und bedeuten ω, ε, δ, ... beliebige unendlich kleine Größen, so muß nach dem Früheren jede der Funktionen einer Veränderlichen

$$f(x, \ b, \ c, \ldots)$$
$$f(a, \ y, \ c, \ldots)$$
$$f(a, \ b, \ z, \ldots)$$

ein Größtes oder Kleinstes für die resp. Werthe x = a; y = b; z = c; ... werden. Hierzu sind die Bedingungen erforderlich

$$f(a + \omega, \ b, \ c, \ldots) = f(a, \ b, \ c, \ldots)$$
$$f(a, \ b + \varepsilon, \ c, \ldots) = f(a, \ b, \ c, \ldots)$$
$$f(a, \ b, \ c + \delta, \ldots) = f(a, \ b, \ c, \ldots)$$
$$\text{u. f. w.}$$

Die Werthe von a, b, c, ..., welche sich aus diesen Bedingungen ergeben, können nur um unendlich wenig von denjenigen Werthen verschieden sein, welche aus folgenden Bedingungen hergeleitet werden

$$f(a + \omega, \ b + \varepsilon, \ c + \delta, \ldots) = f(a, \ b + \varepsilon, \ c + \delta, \ldots)$$
$$f(a, \ b + \varepsilon, \ c + \delta, \ldots) = f(a, \ b, \ c + \delta, \ldots)$$
$$f(a, \ b, \ c + \delta, \ldots) = f(a, \ b, \ c, \ldots)$$
$$\text{u. f. w.}$$

Aus diesen Gleichungen folgt nun:

$$f(a + \omega, \ b + \varepsilon, \ c + \delta, \ldots) = f(a, \ b, \ c, \ldots)$$

Diese eine Bedingung ist, wenn der Voraussetzung gemäß ω, ε, δ, ... unendlich kleine beliebige Größen sind, ausreichend zur Bestimmung der Werthe von a, b, c, ... In der That ergeben sich aus ihr sämmtliche oben erhaltenen Bedingungen, wenn man der Reihe nach alle willkürliche unendlich kleine Größen mit Ausnahme je einer gleich Null macht.

Wie man in jedem speciellen Falle finden wird, läßt sich die Größe $f(a + \omega, b + \varepsilon, c + \delta, ...)$ folgendermaßen darstellen

$$f(a + \omega, b + \varepsilon, c + \delta, ...) = f(a, b, c, ...) + A\omega + B\varepsilon + C\delta + ...$$

wenn bei der Entwickelung die Produktverbindungen der unendlich kleinen Größen vernachlässigt werden und A, B, C, ... Größen vorstellen, welche nur die Buchstaben a, b, c, ... enthalten. — Die Gleichung

$$f(a + \omega, b + \varepsilon, c + \delta, ...) = f(a, b, c, ...)$$

schreibt sich nun auch

$$A\omega + B\varepsilon + C\delta + ... = 0$$

Da in dieser Gleichung ω, ε, δ, ... beliebige unendlich kleine Größen sind, so kann man mit Ausnahme je einer derselben alle übrigen gleich Null machen und erhält hierdurch der Reihe nach die Gleichungen

$$0 = A = B = C = ...,$$

aus welchen a, b, c, ... herzuleiten sind.

Anmerkung:

Diese Herleitung der erforderlichen Gleichungen zur Bestimmung des größten oder kleinsten Werthes einer Funktion mehrerer Veränderlichen

$$f(x, y, z, ...)$$

ist so lange statthaft, als sämmtliche Veränderliche von einander unabhängig sind. Treten aber durch eine oder mehrere Gleichungen von der Form

$$\varphi(x, y, z, ...) = 0$$

diese Veränderlichen in Abhängigkeit zu einander, so würde man eine oder mehrere Beziehungen zwischen den unendlich kleinen Größen ω, ε, δ, ... von der Form

$$0 = \varphi(a + \omega, b + \varepsilon, c + \delta, ...) = \varphi(a, b, c, ...)$$

erhalten, denen man auch, da

$$\varphi(a + \omega, b + \varepsilon, c + \delta, ...) = \varphi(a, b, c, ...) + A_1\omega + B_1\varepsilon + C_1\delta + ...$$

gesetzt werden kann, die Form

$$A_1\omega + B_1\varepsilon + C_1\delta + ... = 0$$

geben kann. Aus dieser oder diesen Gleichungen sind so viele der unendlich kleinen Größen ω, ε, δ, ... durch die übrigen bestimmt, als Beziehungen zwischen den Veränderlichen der Funktion f (x, y, z, . . .) gegeben sind. Die nicht bestimmten der unendlich kleinen Größen bleiben willkürlich.

Soll des Beispiels wegen die Funktion

$$f (x, y, z)$$

einen größten oder kleinsten Werth annehmen, wenn die Veränderlichen der Bedingung

$$\varphi (x, y, z) = 0$$

genügen, so erhält man die Gleichungen

$$A\omega + B\varepsilon + C\delta = 0$$
$$A_1\omega + B_1\varepsilon + C_1\delta = 0$$
$$\varphi (a, b, c) = 0$$

Eliminirt man aus den beiden ersten Gleichungen δ, so erhält man

$$(AC_1 - A_1C)\,\omega + (BC_1 - B_1C)\,\varepsilon = 0$$

ω und ε bedeuten hier willkürliche unendlich kleine Größen; daher muß man getrennt erhalten

$$AC_1 - A_1C = 0$$
$$BC_1 - B_1C = 0$$

oder

$$\frac{A_1}{A} = \frac{B_1}{B} = \frac{C_1}{C}$$

Zur Bestimmung von a, b, c hat man den beiden Gleichungen

$$\frac{A_1}{A} = \frac{B_1}{B} = \frac{C_1}{C}$$

noch die obige

$$\varphi (a, b, c) = 0$$

hinzuzufügen.

Wir beschließen diesen Abschnitt mit Auflösung der folgenden Aufgabe:

Eine homogene schwere vollkommen biegsame Linie von der Länge 2l wird an zwei Punkten B und B_1 befestigt, welche in demselben Niveau liegen und deren gegenseitiger Abstand 2b ist. Man soll die Gestalt dieser Linie bestimmen, so daß ihr Schwerpunkt möglichst tief liegt.

Es sei P_0 der Halbirungspunkt der Geraden B B', so ist der Voraussetzung gemäß $P_0B = b$. Durch P_0 lege man eine Vertikale, so wird diese durch den tiefsten Punkt der Curve Q_0 gehen und letztere in zwei symmetrische Zweige zerlegen (der Beweis hiervon ist leicht zu führen). Die horizontale Strecke $P_0B = b$ theilen wir von P_0 ab in n gleiche unendlich kleine Theile, bezeichnen die

Theilpunkte der Reihe nach mit P_1; P_2; $\ldots P_{n-1}$ und führen durch dieselben Parallelen mit $P_0\,Q_0$, welche die Curve beziehlich in den Punkten Q_1; Q_2; $\ldots Q_{n-1}$ treffen mögen. Die Ordinaten $P_0\,Q_0$; $P_1\,Q_1$; $P_2\,Q_2$; $\ldots P_{n-1}\,Q_{n-1}$ werden durch resp. y_0; y_1; y_2; $\ldots y_{n-1}$ bezeichnet. Dann ist die Länge des halben Curvenbogens

$$1.\quad BQ_0 = l = \sum_0^{n-1} \sqrt{\frac{b^2}{n^2} + (y_{m+1} - y_m)^2}$$

wo das Summenzeichen sich auf den Buchstaben m bezieht. Ferner ist, wenn man unter ξ die Entfernung des Schwerpunktes vom Punkte P_0 versteht, nach statischen Principien

$$2.\quad l.\xi = \sum_0^{n-1} y_m \sqrt{\frac{b^2}{n^2} + (y_{m+1} - y_m)^2}$$

Man hat nun die n Veränderlichen y_0, y_1, $\ldots y_{n-1}$, welche der Bedingung genügen

$$l = \sum_0^{n-1} \sqrt{\frac{b^2}{n^2} + (y_{m+1} - y_m)^2}$$

so zu bestimmen, daß der Ausdruck

$$\sum_0^{n-1} y_m \sqrt{\frac{b^2}{n^2} + (y_{m+1} - y_m)^2}$$

ein Größtes wird.

Der Einfachheit wegen setze man allgemein den Curvenbogen $Q_0\,Q_m = s_m$, so ist

$$s_{m+1} - s_m = \sqrt{\frac{b^2}{n^2} + (y_{m+1} - y_m)^2}$$

und bezeichne ferner mit ε_0; ε_1; ε_2; $\ldots \varepsilon_{n-1}$ n vorläufig unbestimmte unendlich kleine Größen, um welche die resp. Ordinaten y_0; y_1; y_2; $\ldots y_{n-1}$ geändert werden mögen. Dann muß, damit

$$\sum_0^{n-1} y_m \sqrt{\frac{b^2}{n^2} + (y_{m+1} - y_m)^2} \text{ gleich einem Größten wird,}$$

$$3.\quad \sum_0^{n-1} (y_m + \varepsilon_m) \sqrt{\frac{b^2}{n^2} + (y_{m+1} - y_m + \varepsilon_{m+1} - \varepsilon_m)^2} =$$
$$\sum_0^{n-1} y_m \sqrt{\frac{b^2}{n^2} + (y_{m+1} - y_m)^2}$$

sein und zugleich müssen die n Größen ε_0, ε_1, $\ldots \varepsilon_{n-1}$ der **einen** Bedingung genügen

$$4.\quad l = \sum_0^{n-1} \sqrt{\frac{b^2}{n^2} + (y_{m+1} - y_m + \varepsilon_{m+1} - \varepsilon_m)^2} =$$
$$\sum_0^{n-1} \sqrt{\frac{b^2}{n^2} + (y_{m+1} - y_m)^2}$$

Nun bemerke man die Formeln

$$\sqrt{\frac{b^2}{n^2} + (y_{m+1} - y_m + \varepsilon_{m+1} - \varepsilon_m)^2} = \sqrt{\frac{b^2}{n^2} + (y_{m+1} - y_m)^2} +$$

$$\frac{(\varepsilon_{m+1} - \varepsilon_m)(y_{m+1} - y_m)}{\sqrt{\frac{b^2}{n^2} + (y_{m+1} - y_m)^2}};$$

$$(y_m + \varepsilon_m)\sqrt{\frac{b^2}{n^2} + (y_{m+1} - y_m + \varepsilon_{m+1} - \varepsilon_m)^2} =$$

$$y_m\sqrt{\frac{b^2}{n^2} + (y_{m+1} - y_m)^2} + \frac{(\varepsilon_{m+1} - \varepsilon_m)\, y_m\, (y_{m+1} - y_m)}{\sqrt{\frac{b^2}{n^2} + (y_{m+1} - y_m)^2}} +$$

$$\varepsilon_m\sqrt{\frac{b^2}{n^2} + (y_{m+1} - y_m)^2};$$

setze dann statt $\sqrt{\dfrac{b^2}{n^2} + (y_{m+1} - y_m)^2}$ den einfacheren Ausdruck $s_{m+1} - s_m$; so erhält man statt der Gleichung 3. die folgende:

$$5. \quad \sum_0^{n-1} (\varepsilon_{m+1} - \varepsilon_m)\, y_m\, \frac{y_{m+1} - y_m}{s_{m+1} - s_m} + \sum_0^{n-1} \varepsilon_m\, (s_{m+1} - s_m) = 0$$

und anstatt 4.

$$6. \quad \sum_0^{n-1} (\varepsilon_{m+1} - \varepsilon_m)\, \frac{y_{m+1} - y_m}{s_{m+1} - s_m} = 0$$

Nun ist

$$\sum_0^{n-1} (\varepsilon_{m+1} - \varepsilon_m)\, \frac{y_{m+1} - y_m}{s_{m+1} - s_m} = \sum_0^{n-1} \varepsilon_{m+1}\, \frac{y_{m+1} - y_m}{s_{m+1} - s_m} -$$

$$\sum_0^{n-1} \varepsilon_m\, \frac{y_{m+1} - y_m}{s_{m+1} - s_m}$$

und weil $\varepsilon_n = 0$

$$\sum_0^{n-1} \varepsilon_{m+1}\, \frac{y_{m+1} - y_m}{s_{m+1} - s_m} = \sum_1^{n-1} \varepsilon_m\, \frac{y_m - y_{m-1}}{s_m - s_{m-1}},$$

endlich hat man

$$\sum_0^{n-1} \varepsilon_m\, \frac{y_{m+1} - y_m}{s_{m+1} - s_m} = \sum_0^{n-1} \varepsilon_m\, \frac{y_{m+1} - y_m}{s_{m+1} - s_m} + \varepsilon_0\, \frac{y_1 - y_0}{s_1}$$

Durch Zusammenstellung dieser Resultate erhält man

$$\sum_0^{n-1} (\varepsilon_{m+1} - \varepsilon_m)\, \frac{y_{m+1} - y_m}{s_{m+1} - s_m} = \sum_1^{n-1} \varepsilon_m \left\{ \frac{y_m - y_{m-1}}{s_m - s_{m-1}} - \frac{y_{m+1} - y_m}{s_{m+1} - s_m} \right\}$$

$$- \varepsilon_0\, \frac{y_1 - y_0}{s_1}.$$

Demnach geht die Gleichung 6. über in

$$7. \quad \sum_{1}^{n-1} \varepsilon_m \left\{ \frac{y_m - y_{m-1}}{s_m - s_{m-1}} - \frac{y_{m+1} - y_m}{s_{m+1} - s_m} \right\} = \varepsilon_0 \frac{y_1 - y_0}{s_1}$$

Auf ähnliche Weise kann man die Gleichung 5. umformen in

$$8. \quad \sum_{1}^{n-1} \varepsilon_m \left[y_{m-1} \cdot \frac{y_m - y_{m-1}}{s_m - s_{m-1}} - y_m \cdot \frac{y_{m+1} - y_m}{s_{m+1} - s_m} + s_{m+1} - s_m \right]$$
$$= - \varepsilon_0 \left\{ s_1 - y_0 \frac{y_1 - y_0}{s_1} \right\}$$

Da vermöge der Gleichung 4. zwischen den n unendlich kleinen Größen ε_0; ε_1; ε_2; ... ε_{n-1} nur eine Beziehung besteht, so kann man die letzten $n-1$ derselben als willkürlich betrachten und ε_0 als von diesen abhängig. Um ε_0 aus 7. und 8. zu eliminiren, setze man der Kürze wegen

$$9. \quad \frac{s_1^2}{y_1 - y_0} - y_0 = \lambda$$

multiplicire 7. mit λ und addire zu 8., so folgt

$$10. \quad \sum_{1}^{n-1} \varepsilon_m \left[(y_{m-1} + \lambda) \cdot \frac{y_m - y_{m-1}}{s_m - s_{m-1}} - (y_m + \lambda) \cdot \frac{y_{m+1} - y_m}{s_{m+1} - s_m} \right.$$
$$\left. + s_{m+1} - s_m \right] = 0$$

Da aber die in dieser Summe enthaltenen $n-1$ Größen ε_1; ε_2; ... ε_{n-1} willkürlich unendlich klein sind, so muß man allgemein erhalten

$$11. \quad (y_{m-1} + \lambda) \frac{y_m - y_{m-1}}{s_m - s_{m-1}} - (y_m + \lambda) \frac{y_{m+1} - y_m}{s_{m+1} - s_m}$$
$$+ s_{m+1} - s_m = 0$$

und es muß diese Gleichung statthaben für jeden Werth von m von 1 bis $n-1$ incl.

Setzt man nun in 11. an die Stelle von m der Reihe nach die Zahlwerthe 1, 2, 3, ... m und addirt alle so entstehenden Gleichungen, so gelangt man zu dem Resultat

$$(y_0 + \lambda) \frac{y_1 - y_0}{s_1} - (y_m + \lambda) \frac{y_{m+1} - y_m}{s_{m+1} - s_m} + s_{m+1} = 0$$

welches sich vermöge 9. auch folgendermaßen schreibt

$$s_1 + s_{m+1} = (y_m + \lambda) \frac{y_{m+1} - y_m}{s_{m+1} - s_m}$$

Da im Allgemeinen die Größen

$$s_1 + s_{m+1} \quad \text{und} \quad \frac{s_m + s_{m+1}}{2}$$

endlich sind und beide nur um die unendlich kleine Größe

$$s_1 + \frac{s_{m+1} - s_m}{2}$$

von einander abweichen, so kann man die vorhergehende Gleichung umformen in

$$\frac{s_{m+1} + s_m}{2} = (y_m + \lambda) \frac{y_{m+1} - y_m}{s_{m+1} - s_m}$$

und aus ähnlichen Gründen in

$$\frac{s_{m+1} + s_m}{2} = \left(\frac{y_{m+1} + y_m}{2} + \lambda\right) \frac{y_{m+1} - y_m}{s_{m+1} - s_m}$$

Diese Gleichung multiplicire man mit $2(s_{m+1} - s_m)$, so folgt

$$s^2_{m+1} - s^2_m = y^2_{m+1} - y^2_m + 2\lambda(y_{m+1} - y_m)$$

Wenn man wieder für m der Reihe nach die Zahlwerthe 0, 1, 2, … m—1 einsetzt und addirt, so ergiebt sich

$$12. \quad s^2_m = y^2_m + 2\lambda y^m - (y_0{}^2 + 2\lambda y_0)$$

Da für $m = n$; $s_n = 1$; $y_n = 0$ ist, so wird

$$1^2 = -(y_0{}^2 + 2\lambda y_0)$$

und daher statt der vorhergehenden Gleichung erhalten

$$12. \quad s^2_m = y^2_m + 2\lambda y_m + 1^2$$

Diese Gleichung enthält eine Beziehung zwischen den Bogen= längen s_m und den Ordinaten y_m der Endpunkte derselben.

Zur weiteren Rechnung nehme man die oben gefundene Gleichung

$$s_1 + s_{m+1} = (y_m + \lambda) \frac{y_{m+1} - y_m}{s_{m+1} - s_m}$$

wieder auf und beachte, daß die Größen

$$s_1 + s_{m+1} \text{ und } s_m$$

nur um eine unendlich kleine Größe von einander abweichen; daß ferner

$$s_{m+1} - s_m = \sqrt{\frac{b^2}{n^2} + (y_{m+1} - y_m)^2}$$

Dann ergiebt sich

$$13. \quad s_m = (y_m + \lambda) \frac{(y_{m+1} - y_m)}{\sqrt{\frac{b^2}{n^2} + (y_{m+1} - y_m)^2}}$$

und wenn man zum Quadrat erhebt, 12. benutzt und mit $\frac{b^2}{n^2}$ $+ (y_{m+1} - y_m)^2$ multiplicirt

$$(\text{y}^2{}_\text{m} + 2\lambda\,\text{y}_\text{m} + \text{l}^2)\left(\frac{\text{b}^2}{\text{n}^2} + (\text{y}_{\text{m}+1} - \text{y}_\text{m})^2\right) = (\text{y}^2{}_\text{m} + 2\lambda\,\text{y}_\text{m} + \lambda^2)$$
$$(\text{y}_{\text{m}+1} - \text{y}_\text{m})^2$$

oder

$$(\text{y}^2{}_\text{m} + 2\lambda\,\text{y}_\text{m} + \text{l}^2)\,\frac{\text{b}^2}{\text{n}^2} = (\lambda^2 - \text{l}^2)\,(\text{y}_{\text{m}+1} - \text{y}_\text{m})^2$$

Da $\text{y}_{\text{m}+1} - \text{y}_\text{m}$ negativ ift, fo folgt durch Ausziehung der Quadratwurzel

$$-\frac{\text{b}}{\text{n}}\sqrt{\text{y}^2{}_\text{m} + 2\lambda\,\text{y}_\text{m} + \text{l}^2} = \sqrt{\lambda^2 - \text{l}^2}\,(\text{y}_{\text{m}+1} - \text{y}_\text{m})$$

und nach leichter Umformung

$$14. \qquad -\frac{\text{b}}{\text{n}}\,\frac{1}{\sqrt{\lambda^2 - \text{l}^2}} = \frac{\text{y}_{\text{m}+1} - \text{y}_\text{m}}{\sqrt{(\text{y}_\text{m} + \lambda)^2 - (\lambda^2 - \text{l}^2)}}$$

Nun fetze man

$$15. \quad \begin{cases} \text{z}_\text{m} = -(\text{y}_\text{m} + \lambda) + \sqrt{(\text{y}_\text{m} + \lambda)^2 - (\lambda^2 - \text{l}^2)} \quad \text{oder} \\[2mm] -(\text{y}_\text{m} + \lambda) = \frac{\text{z}_\text{m}}{2} + \frac{\lambda^2 - \text{l}^2}{2\,\text{z}_\text{m}} \end{cases}$$

fo ergiebt fich

$$\text{y}_{\text{m}+1} - \text{y}_\text{m} = -\frac{1}{2}(\text{z}_{\text{m}+1} - \text{z}_\text{m})\left\{1 - \frac{\lambda^2 - \text{l}^2}{\text{z}_\text{m}\,\text{z}_{\text{m}+1}}\right\}$$

oder da die in den unendlich kleinen Faktor $\text{z}_{\text{m}+1} - \text{z}_\text{m}$ multiplicirte Größe $1 - \dfrac{\lambda^2 - \text{l}^2}{\text{z}_\text{m}\,\text{z}_{\text{m}+1}}$ von $1 - \dfrac{\lambda^2 - \text{l}^2}{\text{z}^2{}_\text{m}}$ nur um unendlich wenig abweicht:

$$\text{y}_{\text{m}+1} - \text{y}_\text{m} = -\frac{1}{2}(\text{z}_{\text{m}+1} - \text{z}_\text{m})\left(1 - \frac{\lambda^2 - \text{l}^2}{\text{z}^2{}_\text{m}}\right)$$

Ferner wird

$$\sqrt{(\text{y}_\text{m} + \lambda)^2 - (\lambda^2 - \text{l}^2)} = \frac{\text{z}_\text{m}}{2}\left(1 - \frac{\lambda^2 - \text{l}^2}{\text{z}^2{}_\text{m}}\right)$$

Durch Division der beiden letzten Gleichungen folgt weiter:

$$\frac{\text{y}_{\text{m}+1} - \text{y}_\text{m}}{\sqrt{(\text{y}_\text{m} + \lambda)^2 - (\lambda^2 - \text{l}^2)}} = -\left\{\frac{\text{z}_{\text{m}+1}}{\text{z}_\text{m}} - 1\right\}$$

oder wegen 13.

$$\frac{\text{b}}{\text{n}}\,\frac{1}{\sqrt{\lambda^2 - \text{l}^2}} = \frac{\text{z}_{\text{m}+1}}{\text{z}_\text{m}} - 1$$

Addirt man die Einheit, nimmt dann die natürlichen Logarithmen und beachtet, daß für unendlich kleine δ

$$\lg(1 + \delta) = \delta$$

ift, fo folgt

$$\frac{b}{n} \frac{1}{\sqrt{\lambda^2 - l^2}} = \lg z_{m+1} - \lg z_m$$

Nun ſetze man für m der Reihe nach die Zahlwerthe 0, 1, 2, ... m — 1 und addire, ſo ergiebt ſich

16.
$$\frac{mb}{n} \frac{1}{\sqrt{\lambda^2 - l^2}} = \lg z_m - \lg z_0$$

Aus 13. überſieht man, daß $y_m + \lambda$ negativ iſt; deshalb erhält man aus 12.

$$- (\lambda + y_m) = \sqrt{s^2_m + \lambda^2 - l^2}$$
$$- (\lambda + y_0) = \sqrt{\lambda^2 - l^2}; \text{ da } s_0 = 0 \text{ iſt.}$$

Aus 15. folgt nun

$$z_0 = \sqrt{\lambda^2 - l^2}$$

Mit Hülfe dieſes Werthes ergiebt ſich aus 16.

$$\frac{mb}{n} \frac{1}{\sqrt{\lambda^2 - l^2}} = \lg \left(\frac{z_m}{\sqrt{\lambda^2 - l^2}} \right)$$

oder

$$z_m = \sqrt{\lambda^2 - l^2} \; e^{\frac{mb}{n} \cdot \frac{1}{\sqrt{\lambda^2 - l^2}}}$$

Die Gleichung 15. ſchreibt ſich jetzt

17.
$$- (y_m + \lambda) = \frac{1}{2} \sqrt{\lambda^2 - l^2} \left\{ e^{\frac{mb}{n} \cdot \frac{1}{\sqrt{\lambda^2 - l^2}}} + e^{-\frac{mb}{n} \cdot \frac{1}{\sqrt{\lambda^2 - l^2}}} \right\}$$

ferner geht 12. nun über in

18.
$$s_m = \frac{1}{2} \sqrt{\lambda^2 - l^2} \left\{ e^{\frac{mb}{n} \cdot \frac{1}{\sqrt{\lambda^2 - l^2}}} - e^{-\frac{mb}{n} \cdot \frac{1}{\sqrt{\lambda^2 - l^2}}} \right\}$$

Letztere Gleichung dient zur Beſtimmung von λ. Setzt man nämlich m = n, ſo ergiebt ſich, da $s_n = l$ iſt

19.
$$l = \frac{1}{2} \sqrt{\lambda^2 - l^2} \left\{ e^{\frac{b}{\sqrt{\lambda^2 - l^2}}} - e^{-\frac{b}{\sqrt{\lambda^2 - l^2}}} \right\}$$

Aus dieſer Gleichung beſtimme man durch Annäherung den negativen Werth von λ, ſo iſt durch 17. die Geſtalt der Curve und aus 18. ein beliebiges Bogenſtück s_m vollſtändig beſtimmt.

Setzt man noch der Kürze wegen

$$\begin{cases} \sqrt{\lambda^2 - l^2} = a \\ \dfrac{mb}{n} = x \\ y_m = y; \; s_m = s \end{cases}$$

so hat man zur Bestimmung der Curve und ihrer Elemente die einfacheren Formeln:

$$2 \cdot \frac{l}{a} = e^{\frac{b}{a}} - e^{-\frac{b}{a}}$$

$$\sqrt{a^2 + l^2} - y = \frac{a}{2}\left(e^{\frac{x}{a}} + e^{-\frac{x}{a}} \right)$$

$$s = \frac{a}{2}\left(e^{\frac{x}{a}} - e^{-\frac{x}{a}} \right)$$